U0390126

电工电子技术项目教程

主　编　张　琳

副主编　王艳华　崔红霞　山　磊

参　编　高静敏　刘金芝

机 械 工 业 出 版 社

本书为高职院校示范专业建设项目中的子项目，是以现代教育理论为指导思想，在对多家企业进行调研，并制定详细的课程标准的基础上进行编写的。本书将理论知识与技能训练紧密结合，充分体现“教、学、做一体”的原则，注重应用能力的培养。

本书以项目驱动为导向，以任务为引领，全书共8个项目，24个任务，以8个项目为载体，将电工学的基本知识、模拟电子技术、数字电子技术的相关内容融入其中。电路分析计算方法以够用为原则，突出基本技能和工程应用能力，使枯燥的知识不再抽象，学生在完成项目制作的同时，获得了知识，学到了技能。为增强教学效果，在每个项目中配有项目目标、相关知识、拓展知识、项目实施、项目练习，书后附有习题解答。

本书可作为高等职业院校、五年制高职院校、本科院校的二级职业技术学院及成人继续教育机电类等各专业的电工电子技术专业基础课教材，也可供机电类各专业工程技术人员学习参考。

图书在版编目（CIP）数据

电工电子技术项目教程/张琳主编. —北京：机械工业出版社，2014.10
ISBN 978-7-111-47919-2

Ⅰ.①电… Ⅱ.①张… Ⅲ.①电工技术-高等职业教育-教材②电子技术-高等职业教育-教材 Ⅳ.①TM②TN

中国版本图书馆CIP数据核字（2014）第209188号

机械工业出版社（北京市百万庄大街22号 邮政编码100037）
策划编辑：舒 雯 责任编辑：舒 雯
版式设计：赵颖喆 责任校对：任秀丽
责任印制：刘 岚
北京京丰印刷厂印刷
2015年1月第1版·第1次印刷
184mm×260mm·16.75印张·401千字
0 001—3 000册
标准书号：ISBN 978-7-111-47919-2
定价：39.00元

凡购本书，如有缺页、倒页、脱页，由本社发行部调换

电话服务
社服务中心：（010）88361066
销 售 一 部：（010）68326294
销 售 二 部：（010）88379649
读者购书热线：（010）88379203
策划编辑电话：（010）88379733

网络服务
教 材 网：http://www.cmpedu.com
机工官网：http://www.cmpbook.com
机工官博：http://weibo.com/cmp1952
封面无防伪标均为盗版

前言

随着科技的飞速发展和教育的进步，传统的教学模式已不适应现代社会需求。根据国家教育部提出的新要求，课程改革对项目式教程的内容提出了更高的要求。

电工电子技术是非电子类专业重要的基础课程。本书根据我国高等职业教育发展的新形势，依据教育部基础课程教学指导委员会“电工学课程教学基本要求”，按照工作过程对知识和技能的要求，结合高职院校培养应用型高级技术人才的定位来进行编写。

本书主要遵循“工学结合”的原则，在校企合作的办学模式基础上，根据企业的实际需求进行相应内容的选取，注重培养机电类应用型人才解决实际工程技术问题的能力。与目前市场上的其他同类教材相比，本教材具有以下特点。

（1）以项目驱动为导向，以任务为引领，围绕实用的电子产品制造展开基础理论学习，工学结合紧密，突出工作过程导向以及实践技能的培养，激发学生学习本课程的兴趣。

（2）本书力求精练实用，内容上阐述了电工、电子技术必需的基础知识和在机电领域的基础应用，体系上贯穿项目的制作，重点阐明器件、电路、系统的工作原理，强调分析与应用，突出实训技能的培养。

全书共 8 个项目、24 个任务，以 FM47 型万用表的装调、荧光灯照明电路、三相异步电动机正反转控制电路、直流稳压电源的制作、实用助听器的制作与调试、热释电人体红外传感器电路制作与调试、数码显示器的制作、三位显示测频仪的制作 8 个项目为载体，将直流电路的原理分析、正弦交流电路的原理分析、电动机的基础知识、电工基本技能、基本放大电路测试、集成运算放大器的应用、直流稳压电源的安装与调试、数字电路的基础知识、组合逻辑电路的应用、时序逻辑电路的应用等内容，融入到 8 个项目中，使枯燥的知识不再抽象，学生在完成项目制作的同时，获得知识，学习技能，提高学生的学习兴趣。

本书语言通俗易懂、层次清晰严谨，内容丰富实用、图文并茂，强调理论与实践相结合，体系安排遵循学生的认知规律。为增强教学效果，在每个项目中配有项目目标、相关知识、拓展知识、项目实施、项目小结、项目练习，以巩固本项目所学的知识。

本书由天津滨海职业学院张琳担任主编并统稿，参加编写的有：天津滨海职业学院张琳（项目 4、项目 5 和项目 6 部分内容）、崔红霞（项目 1）、高静敏（项目 2）、王艳华（项目 7）；天津石油职业技术学院刘金芝（项目 6 部分内容和项目 8）；连云港职业技术学院山磊（项目 3）。

本书在编写过程中，得到了天津滨海职业学院机电工程系刘秋艳主任和陈天祥主任及各位老师的大力支持和帮助，在此对为本书出版做出贡献的同志们表示衷心的感谢！

由于编者水平有限，书中难免出现差错和疏漏，恳请有关专家和广大读者批评指正。

编　者

2014 年 8 月

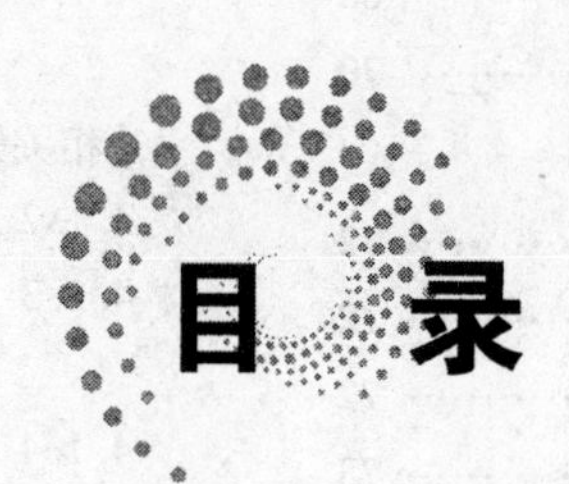
目 录

项目1　FM47型万用表的装调

1

【项目概述】

现代生活离不开电，电类和非电类专业的学生都有必要掌握一定的用电知识及电工操作技能。万用表是电工必备的仪表之一，每个电气工作者都应该熟练掌握其工作原理及使用方法。通过本次万用表的学习与安装实训，使学生了解万用表的工作原理，掌握锡焊技术的工艺要领及万用表的使用与调试方法。

【项目目标】

1. 知识目标

1）掌握电路中的基本物理量。

2）掌握电路基本元器件的特性。

3）理解并掌握基尔霍夫定律的应用。

4）掌握电路的分析方法。

2. 能力目标

1）掌握万用表的组装与使用。

2）掌握直流电路的装调与元器件焊接。

3）熟练掌握电路中常用仪器仪表的使用。

4）元器件的正确检测。

5）沟通能力及团队合作精神。

【项目信息】

任务1.1　FM47型万用表电路的结构

【任务目标】

1）认识电路的组成。

2）了解FM47型万用表电路的结构。

【任务内容】

1.1.1 FM47 型万用表电路结构

万用表又称多用表，分为指针式万用表和数字万用表。主要用来测量直流电流、直流电压、交流电流、交流电压、电阻等，有的万用表还可以用来测量电容、电感以及二极管、晶体管的某些参数。指针式万用表主要由表盘、转换开关、表笔和测量电路（内部）四个部分组成。下面以 MF47 型万用表为例作介绍，其外观及组成如图 1-1 所示，内部电路如图 1-2 所示。

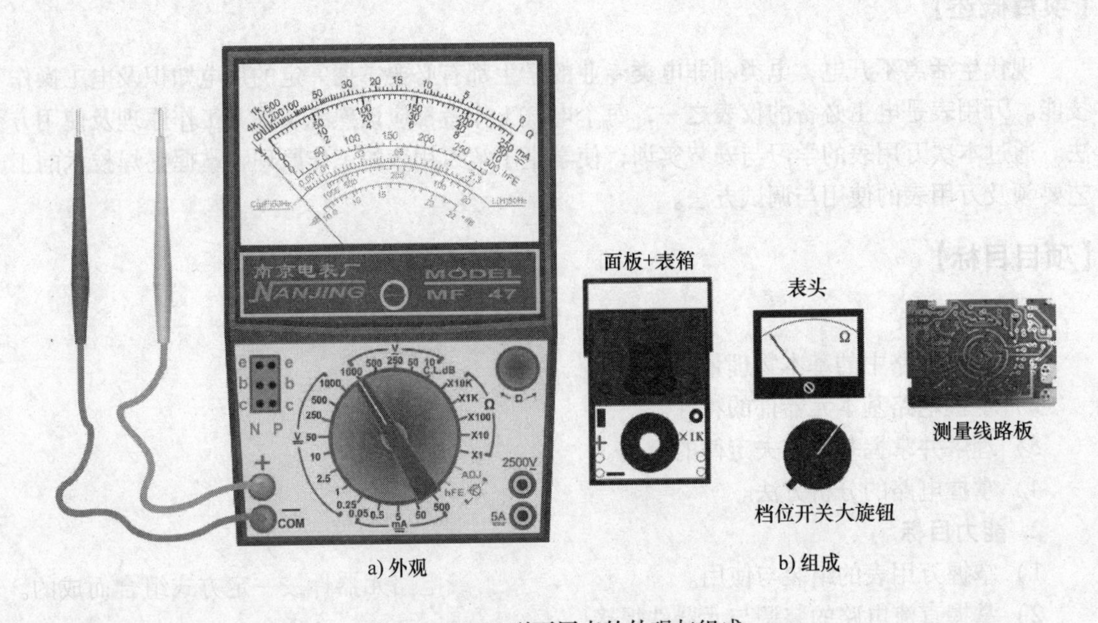

a) 外观　　b) 组成

图 1-1　FM47 型万用表的外观与组成

指针式万用表的表头是一只高灵敏度的磁电式直流电流表，万用表的主要性能指标基本上取决于表头的性能。表头的灵敏度是指表头指针满刻度偏转时流过表头的直流电流值，这个值越小，表头的灵敏度愈高。测量电压时的内阻越大，其性能就越好。

测量线路是用来把各种被测量转换到适合表头测量的微小直流电流的电路，由电阻、半导体元器件及电池组成 。它能将各种不同的被测量（如电流、电压、电阻等）、不同的量程，经过一系列的处理（如整流、分流、分压等）统一变成一定量的微小直流电流送入表头进行测量。

转换开关用来选择各种不同的测量线路，以满足不同种类和不同量程的测量要求。

表笔是用来测量的两端。红色表笔接到红色接线柱或标有“ + ”号的插孔内，黑色表笔接到黑色接线柱或标有“ - ”号的插孔内，不能接反，否则在测量直流电量时会因正负极的反接而使指针反转，损坏表头部件。

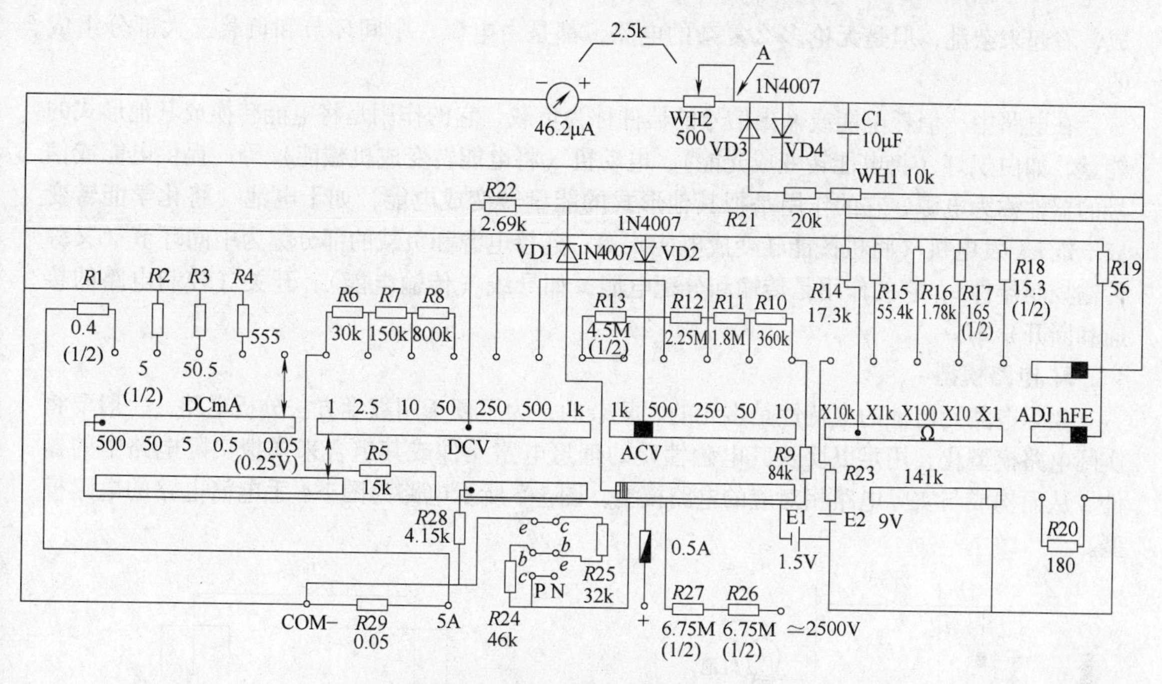

图 1-2　FM47 型万用表内部电路

【相关知识】

1.1.2　电路的基本概念

1. 电路的作用

电路是电流的通路，是为了某种需要由电工设备或电路元器件按一定方式组合而成的。它的功能主要有以下两方面，如图 1-3 所示。

（1）实现电能的传输、分配与转换　解决这方面的问题就是人们通常说的电力工程，它包括发电、输电、配电、电力拖动、电热、电气照明，以及交直流电之间的整流和逆变等。

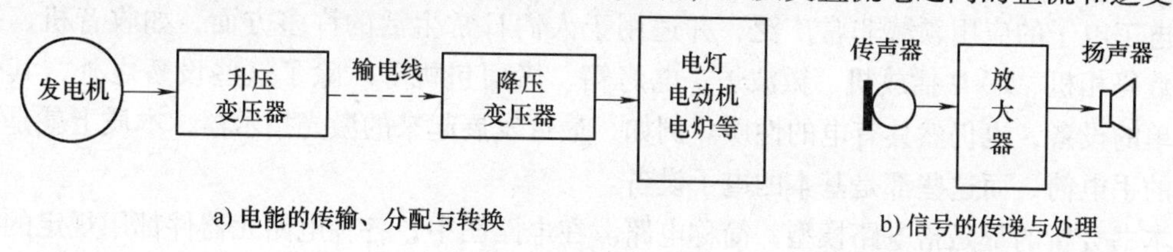

a) 电能的传输、分配与转换　　b) 信号的传递与处理

图 1-3　电路的功能

（2）实现信号的传递与处理　例如，扩音机的输入是由声音转换而来的电信号，通过晶体管组成的放大电路，输出的便是放大了的电信号，从而实现放大功能；电视机可将接收到的信号，经过处理，转换成图像和声音。

2. 电路的组成

从图 1-2 所示的万用表电路图可以看出，电路由电阻、电容、电源、晶体管等元器件组成，看起来杂乱，但是无论多么复杂的电路，都是由电源、中间环节和负载三大部分组成的。

在电路中，消耗电能或输出信号的器件称为负载，它的作用是将电能转换成其他形式的能量，如白炽灯（将电能转变成光能）、电动机（将电能转变成机械能）等；提供电能或信号的器件称为电源，它的作用是把其他形式的能量转变成电能，如干电池（将化学能转变成电能）、发电机（将机械能转变成电能）等；连接电源和负载的部分称为中间环节（又称传输控制器件），它的作用是传输和分配电能，如导线（传输电能）、开关（控制电路的接通和断开）等。

3. 电路模型

实际电路元器件的电特性是多元的、复杂的，为了便于用数学方法分析电路，一般要将实际电路模型化，用足以反映其电磁性质的理想电路元件或其组合来模拟实际电路中的器件，从而构成与实际电路相对应的电路模型。图 1-5 所示电路为图 1-4 手电筒电路的电路模型。

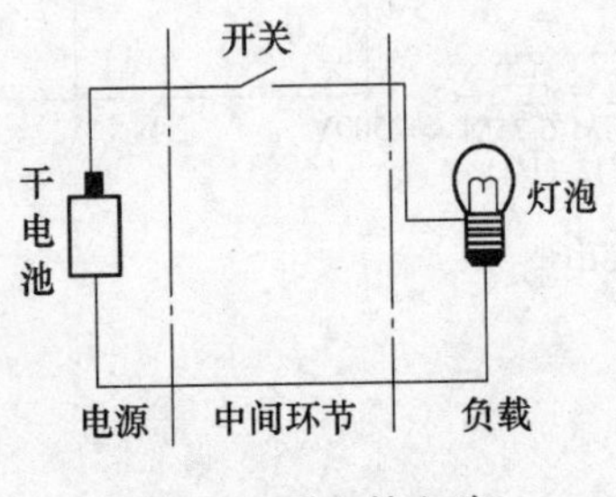

图 1-4　手电筒电路

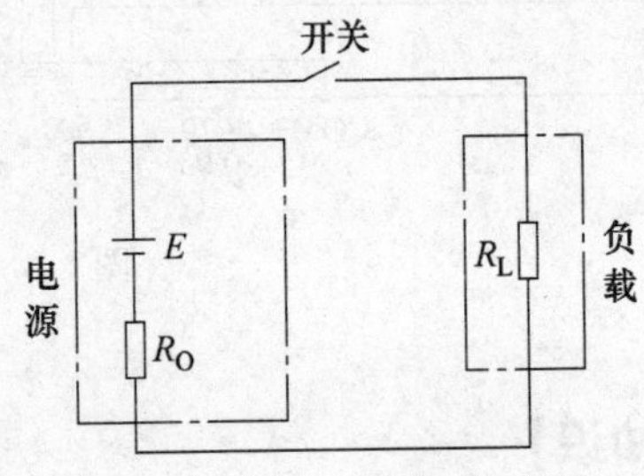

图 1-5　手电筒电路模型

电池是电源的一种，可等效为电动势 E 和内阻 R_0；电灯泡主要具有消耗电能的性质，是电阻元件，其参数为电 R_L；筒体用来连接电池和灯泡，其电阻忽略不计，认为是无电阻的理想导体。

在全电路（含有电源和负载的闭合电路为全电路）中，负载和中间环节称为外电路，而电源内部电路称为内电路。

电工电子的应用领域非常广泛，并适用于人们日常生活的许多方面，如收音机、摄像机、数码相机、DVD 播放机、微波炉、电烤箱、烤面包机等。除了这些设备之外，其他一些简单的设备，也仍然具有电的性质。例如，最近发展起来的激光指示器，本质上就是一个专门的手电筒，而这些都是基本的电子设备。

本书分析的都是指电路模型，简称电路。在电路图中，各种电路元器件都用规定的图形符号表示。

1.1.3　描述电路的基本物理量

1. 电流

电荷的定向移动形成电流。物理学规定“电流的方向是电子定向流动的反方向或正电荷的流动方向”。电流方向在外电路中从高电位通过负载流向低电位，在电源内部则是从低电位流向高电位。

衡量电流强弱的物理量是电流，用I表示。即单位时间内通过导体横截面的电荷量。其标准单位是安培（A），常用的单位还有kA、mA、μA、nA等。它们之间的关系为

$$1\text{A}=10^3\text{mA}=10^6\mu\text{A}=10^9\text{nA},\ 1\text{kA}=10^3\text{A}$$

（1）直流电流　像普通干电池电源那样，电流流动方向不变的电流就称为直流电流，简称直流，用符号“DC”表示。直流是用直流发电机（交流电动机驱动）产生的。交流电流通过硅整流器整流也可以产生直流，但这不是完全的直流电流，其中或多或少有交流脉动成分。与之相区别，像电池电源这样发出的直流电流称为稳恒直流电流，其电流用I表示。

对于直流电流，单位时间内通过导体截面的电荷量是恒定不变的，其大小为

$$I=\frac{Q}{T} \tag{1-1}$$

（2）交流电流　电流大小和电流流动方向随时间变化的电流称为交变电流，简称交流，用符号“AC”表示。其中，按正弦曲线波形变化的交流电流称为正弦交流电流，其电流用i表示。

除正弦交流电流外，还有按方波、三角波等变化的交流信号。

对于交流，若在一个无限小的时间间隔dt内，通过导体横截面的电荷量为dq，则该瞬间的电流为

$$i=\frac{\mathrm{d}q}{\mathrm{d}t} \tag{1-2}$$

（3）电流的方向　在电路分析计算时，可以人为规定电流方向，称为参考方向。因为在复杂电路中很难事先判断出元器件中物理量的实际方向，在实际分析计算时可以按以下步骤进行。

1）在电路分析前先任意设定一个正方向（用箭头），作为参考方向。

2）根据电路的定律、定理，列出物理量间相互关系的代数表达式。

3）根据计算结果确定实际方向。

若计算结果为正，则实际方向与假设的参考方向一致；若计算结果为负，则实际方向与参考方向相反；若未标参考方向，则结果的正、负无意义。图1-6表示了电流的参考方向（图中虚线所示）与实际方向（图中实线所示）之间的关系。

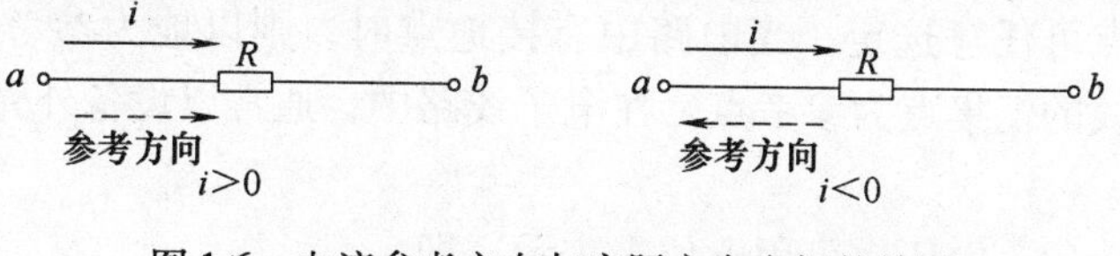

图1-6　电流参考方向与实际方向之间的关系

例1-1　如图1-7所示，电流的参考方向已标出，并已知$I_1=-1\text{A}$，$I_2=1\text{A}$，试指出电流的实际方向。

解：$I_1=-1\text{A}<0$，则I_1的实际方向与参考方向相反，应由点B流向点A。

$I_2=1\text{A}>0$，则I_2的实际方向与参考方向相同，由点B流向点A。

2. 电压与电位

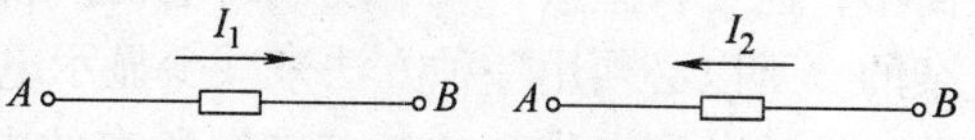

（1）电压　就像水从高的位置往低的位置流动一样，电流从高电位向低电位流动，如图

图1-7　例1-1题图

1-8 所示。为了让电子流动，必须要有电压。和水位类似，电位的差称为电位差。为使电子能流动，作为推动的力量，电位差一般被称作电压，用 U 表示，电压的标准单位是伏特（V），常用的单位还有 kV、mV、μV 等。各单位之间的换算关系是：$1\text{V}=10^3\text{mV}=10^{-3}\text{kV}$。

电路中，电场力把单位正电荷（q）从 a 点移到 b 点所做的功（W）称为 a、b 两点间的电压，也称电位差，即

$$u_{ab}=\frac{\mathrm{d}w}{\mathrm{d}q} \tag{1-3}$$

对于直流，则为 $$U_{ab}=\frac{W}{Q} \tag{1-4}$$

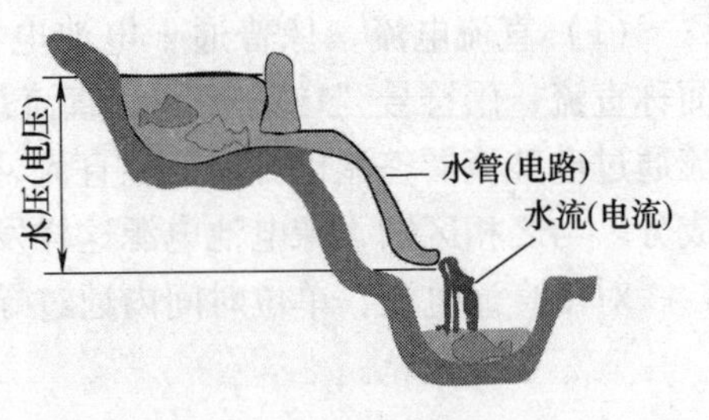

图 1-8　水流和电流的对比

和电流的参考方向一样，在电路分析计算前可以在电路图上标示电压的方向，称为参考方向。当参考方向与实际方向相同时，电压值为正；反之，电压值则为负。电压参考方向的表示方式可用极性“+”“-”表示，还可用双下标或箭头表示，如图 1-9 所示。若用双下标表示，如 U_{ab}表示 a 指向 b。显然 $U_{ab}=-U_{ba}$。值得注意的是电压总是针对两点而言。

例 1-2　如图 1-10 所示，电压的参考方向已标出，并已知 $U_1=1\text{V}$，$U_2=-1\text{V}$，试指出电压的实际方向。

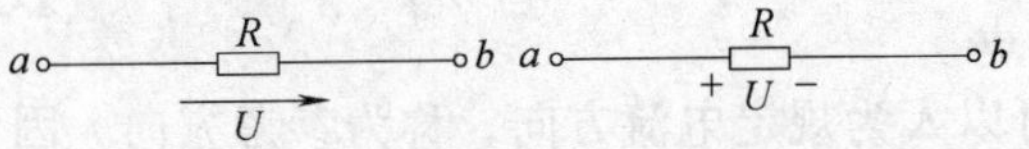

图 1-9　电压参考方向的设定

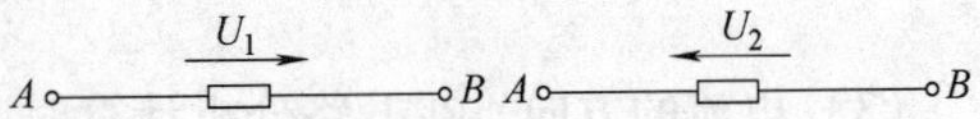

图 1-10　例 1-2 题图

解：　$U_1=1\text{V}>0$，则 U_1 的实际方向与参考方向相同，由 A 指向 B。

$U_2=-1\text{V}<0$，则 U_2 的实际方向与参考方向相反，由 A 指向 B。

（2）电位　电路中某点至参考点的电压称为电位。通常设参考点的电位为零。某点电位为正，说明该点电位比参考点高；某点电位为负，说明该点电位比参考点低。电压常用双下标表示，而电位则用单下标表示，若参考点为 O 点，例如 A 点的电位记为 V_A 或 ν_A，显然，$V_A=V_{AO}$，$\nu_A=\nu_{AO}$。电位的单位是伏特（V）。

电路中的参考点可任意选定。当电路中有接地点时，则以地为参考点。若没有接地点时，则选择较多导线的汇集点为参考点。在电子线路中，通常以设备外壳为参考点。参考点用符号“⊥”表示。

有了电位的概念后，电压也可用电位来表示，即

$$\left.\begin{aligned}U_{AB}&=V_A-V_B\\u_{AB}&=\nu_A-\nu_B\end{aligned}\right\} \tag{1-5}$$

因此，电压也称为电位差。

设置参考电位还有一个原因是为了简化电路图（当电路中只有两三个元器件时，问题较简单，但可以想象，一个现代的电视接收机甚至是一个无线电接收器的最终完成图是相当复杂的，所以必须用一种方法来减少显示电路中连接线路的数量）。具体做法就是设置一个电路连接的共同点作为参考点来供所有的电气进行测量，这个公共的电气连接点称为“接地参考”或简称为接地，用符号“⏚”表示。电路图中标有接地符号的部分被认定为在电

气上相互连接，尽管大多并没有明确的连接显示。

电路常常是在金属底盘上安放的，这种情况下，机箱除提供电路的机械支撑外，本身就可以作为常用的电气接地面。

例1-3 如图1-11所示的电路中，若分别选a点与b点为参考点，试求电路中各点的电位V_a、V_b、V_c、V_d以及U_{ab}、U_{cb}和U_{db}。

解：设a为参考点，即

$V_a = 0\text{V}$

$V_b = U_{ba} = -10 \times 6 = -60(\text{V})$

$V_c = U_{ca} = 4 \times 20 = 80(\text{V})$

$V_d = U_{da} = 6 \times 5 = 30(\text{V})$

$U_{ab} = V_a - V_b = 0 - (-60) = 60(\text{V})$

$U_{cb} = V_c - V_b = 80 - (-60) = 140(\text{V})$

$U_{db} = V_d - V_b = 30 - (-60) = 90(\text{V})$

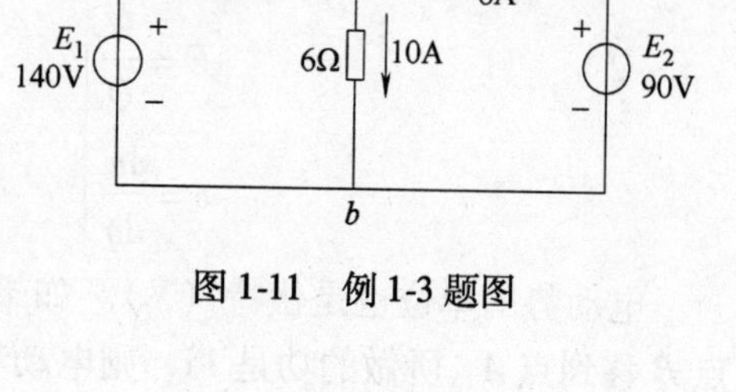

图1-11 例1-3题图

设b为参考点，即

$V_b = 0(\text{V})$

$V_a = U_{ab} = 10 \times 6 = 60(\text{V})$

$V_c = U_{cb} = E_1 = 140(\text{V})$

$V_d = U_{db} = E_2 = 90(\text{V})$

$U_{ab} = V_a - V_b = 60 - 0 = 60(\text{V})$

$U_{cb} = V_c - V_b = 140 - 0 = 140(\text{V})$

$U_{db} = V_d - V_b = 90 - 0 = 90(\text{V})$

结论：1）电位值是相对的，参考点选取的不同，电路中各点的电位也将随之改变；值得注意的是在一个电路或一个电系统中，只能选择一个参考电位点，否则会引起错误的结论。

2）电路中任两点间的电压值是固定的，不会因参考点的不同而变，即与零电位参考点的选取无关。

例1-4 如图1-12所示的电路，计算开关S断开和闭合时A点的电位V_A。

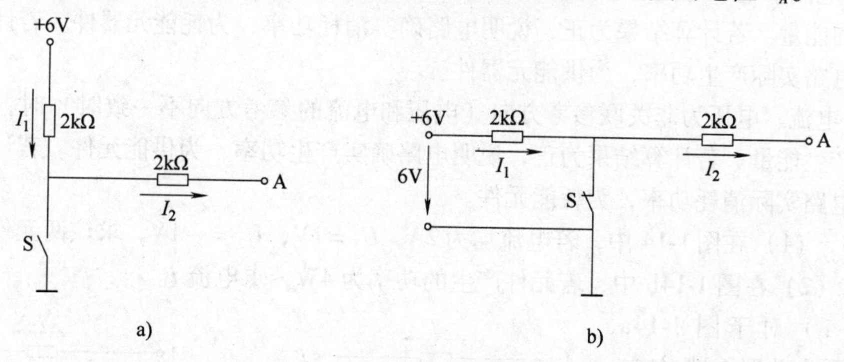

图1-12 例1-4题图

解：当开关S断开时，电路如图1-12a所示。

电流 $I_1=I_2=0$，电位 $V_A=6\text{V}$

当开关闭合时，电路如图 1-12b 所示。

电流 $I_2=0$，电位 $V_A=0\text{V}$

3. 电动势

如图 1-13 所示，电源力把单位正电荷由低电位点 B 经电源内部移到高电位点 A 克服电场力所做的功，称为电源的电动势。它是反映电源将其他形式能转换成电能本领的物理量。电动势用 E 或 e 表示，即

$$\left.\begin{aligned} E &= \frac{W}{Q} \\ e &= \frac{\mathrm{d}w}{\mathrm{d}q} \end{aligned}\right\} \tag{1-6}$$

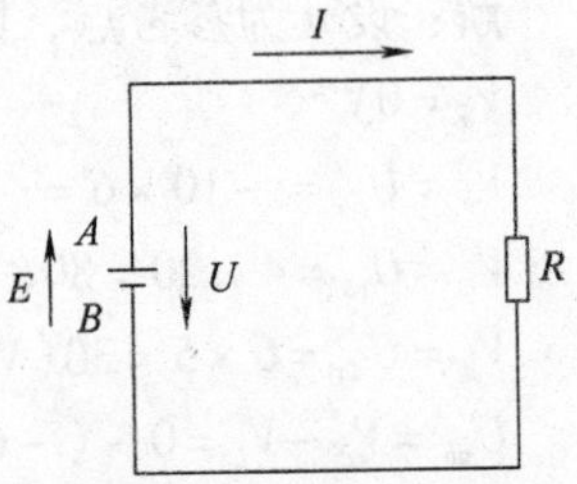

图 1-13 电动势

电动势的单位也是伏特（V）。如果外力把 1 库仑的电量从点 B 移到点 A，所做的功是 1J，则电动势就等于 1V。

电动势与电压的实际方向不同，电动势的方向是从低电位指向高电位，即由“-”极指向“+”极，而电压的方向则从高电位指向低电位，即由“+”极指向“-”极。此外，电动势只存在于电源的内部。

4. 功率

单位时间内电场力或电源力所做的功，称为功率，用 P 或 p 表示。即

$$\left.\begin{aligned} P &= \frac{W}{T} \\ p &= \frac{\mathrm{d}w}{\mathrm{d}t} \end{aligned}\right\} \tag{1-7}$$

若已知元器件的电压和电流，功率的表达式则为

$$\left.\begin{aligned} P &= UI \\ p &= ui \end{aligned}\right\} \tag{1-8}$$

功率的单位是瓦特（W）。

1）当电流、电压为关联参考方向（电流和电压参考方向一致）时，式（1-8）表示元器件消耗的能量。若计算结果为正，说明电路确实消耗功率，为耗能元器件。若计算结果为负，说明电路实际产生功率，为供能元器件。

2）当电流、电压为非关联参考方向（电压和电流的参考方向不一致时）时，式（1-8）表示元件产生能量。若计算结果为正，说明电路确实产生功率，为供能元件。若计算结果为负，说明电路实际消耗功率，为耗能元件。

例 1-5 （1）在图 1-14 中，若电流均为 2A，$U_1=1\text{V}$，$U_2=-1\text{V}$，求该两元件消耗或产生的功率。（2）在图 1-14b 中，若元件产生的功率为 4W，求电流 I。

解：（1）对于图 1-14a，电流、电压为关联参考方向，元件消耗的功率为

$P=U_1I=1\times2=2(\text{W})>0$

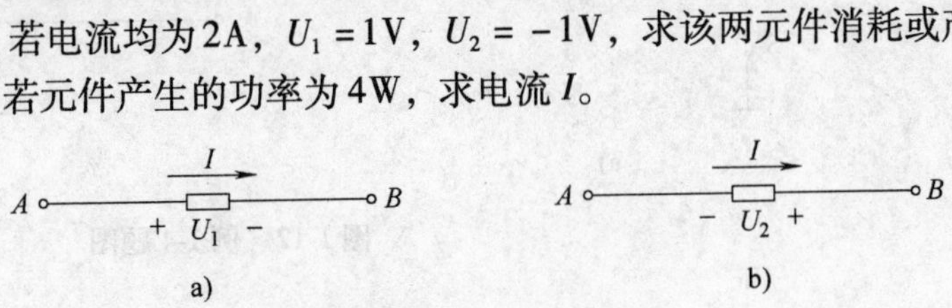

图 1-14 例 1-5 题图

表明元件消耗功率，为负载。

对图1-14b，电流、电压为非关联参考方向，元件产生的功率为

$$P = U_2 I = (-1) \times 2 = -2(\mathrm{W}) < 0$$

表明元件消耗功率，为负载。

(2) 图1-14b中电流、电压为非关联参考方向，且是产生功率，故

$$P = U_2 I = 4(\mathrm{W})$$

$$I = \frac{4}{U_2} = \frac{4}{-1} = -4(\mathrm{A})$$

负号表示电流的实际方向与参考方向相反。

1.1.4 电阻元件与欧姆定律

1. 电阻元件

导体对电流的阻碍作用称为电阻，用符号 R(英语 Resistance 的第一个字母)表示。其单位为Ω(欧姆)，常用的电阻单位还有千欧(kΩ)、兆欧(MΩ)。

$$1\mathrm{k}\Omega = 10^3\Omega,\ 1\mathrm{M}\Omega = 10^6\Omega$$

(1) 电阻的性质　导体的电阻是由它本身的物理条件决定的，不同的导体对电流的阻碍作用不同。在一定的温度下，截面积均匀的导体的电阻 R 与导体的长度 L 成正比，与导体的横截面积 S 成反比，还与导体的材料有关，这种关系用公式表述为

$$R = \rho \frac{L}{S} \tag{1-9}$$

式中 R——电阻，单位为Ω；

L——导体的长度，单位为m；

S——导体的横截面积，单位为m^2；

ρ——导体的电阻率，单位为Ω·m，与物体材料的性质有关，在数值上等于单位长度、单位截面积的物体在20℃时所具有的电阻值。

不同的材料有不同的电阻率。表1-1给出了常用电工材料在20℃时的电阻率。可以看出，银的电阻率最小，是最好的导电材料，铜次之，再次是铝。但银的价格高，只在特殊地方(例如触点)使用，使用最普遍的是铜。在需要大电阻的场合，则采用电阻率大的合金，如电炉丝就用镍铬合金制造。

表1-1 常用电工材料的电阻率

材料	电阻率 ρ($\times 10^{-6}$Ω·m)(20℃)	电阻率的温度系数 α(20℃)	材料	电阻率 ρ($\times 10^{-6}$Ω·m)(20℃)	电阻率的温度系数 α(20℃)
银	0.0159	0.00380	康铜	0.48	0.000008
铜	0.0175	0.00393	锰铜	0.47	—
铝	0.0283	0.00410	黄铜	0.07	0.002
铁	0.0978	0.0050	镍铬合金	1.09	0.00016
钨	0.0578	0.0051	铁铬铝合金	1.4	0.00028
钢	0.13~0.25	—			

例 1-6 绕制 10Ω 的电阻，问需要直径为 1mm 的康铜丝多少米？

解： $S=\frac{\pi d^2}{4}=\frac{3.14\times(1\times10^{-3})^2}{4}=7.85\times10^{-7}$ （m^2）

查表 1-1 可知 20℃时康铜的电阻率为 $\rho=0.48\times10^{-6}\Omega\cdot m$

由 $R=\rho\frac{L}{S}$，得 $L=\frac{RS}{\rho}=\frac{10\times7.85\times10^{-7}}{4.8\times10^{-7}}=16.35$ （m）

实际电路中使用的电阻一般标有两个参数或值。第一个参数是“阻值”，大小用 Ω 表示；第二个参数是“功率”，表示没有过热及燃烧时消耗电源能量的数量。在大多数应用中，功率的典型值是 1/4W 和 1/2W，更高功率的应用中还有 1W、2W、5W 或 10W，甚至更高。

（2）电导　电阻的倒数称为电导，用 G 表示，即 $G=1/R$。单位是西门子，符号为 S。

（3）电阻的标注方法　电阻的标注方法通常有文字符号法和色标法两种。

1）文字符号法是指将电阻的主要参数用数字和文字符号直接标在电阻体表面上的方法。

2）色标法是用颜色表示电阻元件的各种参数，直接标志在产品上的一种标志方法。它具有颜色醒目、标志清晰等特点，在国际上广泛使用。各种固定电阻色标见表 1-2。色标环电阻的识别方法在任务三中作具体介绍。

表 1-2　各种固定电阻色环标志

颜色	有效数字	乘数	允许误差（%）	颜色	有效数字	乘数	允许误差（%）
棕	1	10^1	±1	灰	8	10^8	
红	2	10^2	±2	白	9	10^9	+50 −20
橙	3	10^3	—				
黄	4	10^4	—	黑	0	10^0	
绿	5	10^5	±0.5	金	—	10^{-2}	±10
蓝	6	10^6	±0.2	银	—	10^{-1}	±5
紫	7	10^7	±0.1				

2. 欧姆定律

（1）部分电路欧姆定律　一段不含电源的电阻电路，又称为均匀电路。若电阻元件的阻值不随外加电压或电流而变化，这类电阻称为线性电阻。当电流、电压参考方向一致时，如图 1-15 所示，实验证明：通过该段电路的电流 I 与加在电路两端的电压 U 成正比，与该段电路的电阻 R 成反比。即

$$U=IR \quad 或 \quad I=\frac{U}{R}$$

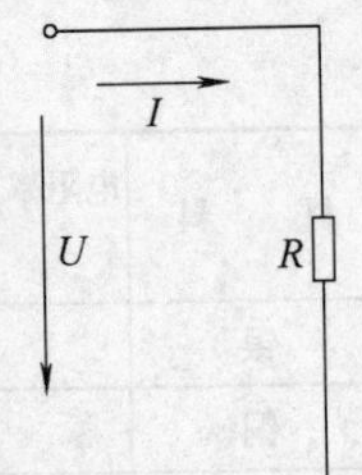

图 1-15　部分电路欧姆定律

在温度一定的条件下，加在电阻两端的电压与通过电阻的电流之间的关系也称为伏安特性。伏安特性过原点且为直线，如图 1-16a 图所示，若电阻元件的阻值随电压或电流而改变，称为非线性电阻。非线性电阻伏安特性曲线不是通过原点的直线，而是一条曲线，如图 1-16b 图所示。

（2）全电路欧姆定律　全电路是指含有电源的闭合电路。如图 1-17 所示。图中虚线框

内代表一个实际的电源。电源内一般都是有内电阻的，这个电阻称为电源内电阻（一般内电阻较小），用字母 r 表示。

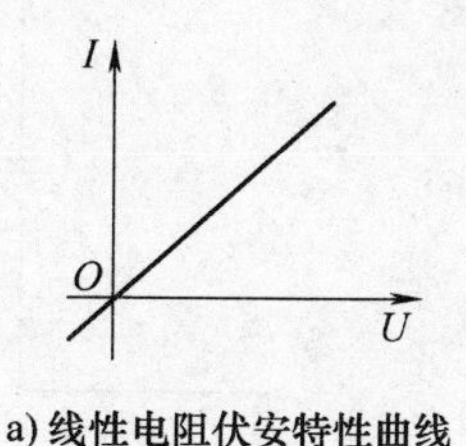

a) 线性电阻伏安特性曲线

u
O
i

b) 非线性电阻伏安特性曲线

图1-16　线性电阻和非线性电阻的伏安特性曲线

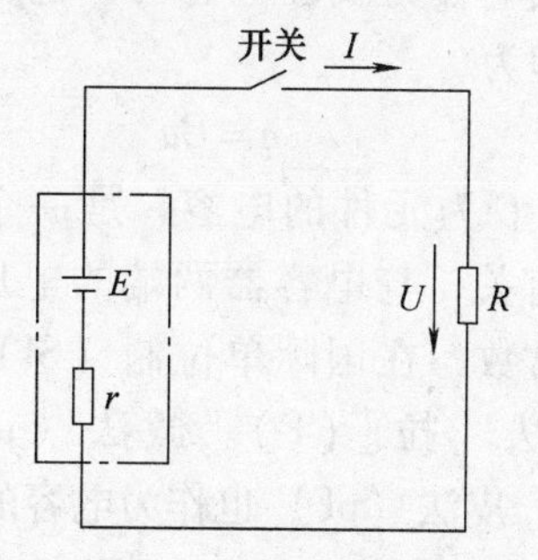

图1-17　全电路欧姆定律

当开关闭合时，负载 R 上就有电流通过，根据焦耳定律和能量守恒定律可得表达式

$$E = RI + rI \text{ 或 } I = \frac{E}{R + r}$$

即

$$E = RI + rI = U_{外} + U_{内} \tag{1-10}$$

式中　E——电源的电动势，单位V；

R——外电路（负载）电阻，单位Ω；

r——内电路电阻，单位Ω；

I——电路中的电流，单位A；

$U_{外}$——外电路的电压降；

$U_{内}$——电源内阻上的电压降。

式（1-10）表明，闭合电路中的电流，与电源的电动势成正比，与整个电路的电阻（包括内电阻和外电阻）成反比，这就是全电路欧姆定律。

1.1.5　电容与电感元件

1. 电容元件

电容器简称电容，具有存储电荷的能力。广义地说，由绝缘材料（介质）隔开的两个导体即形成一个电容，在电路中电容用字母“C”表示。图形符号为⊣⊢（无极性）、+⊣⊢（有极性）。在电路中用于调谐、滤波、耦合、旁路、能量转换和延迟等。常见电容器如图1-18所示。

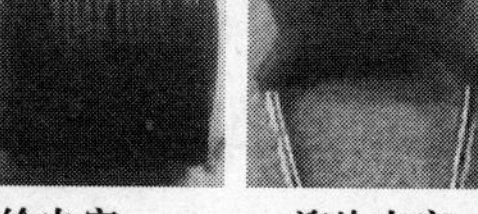

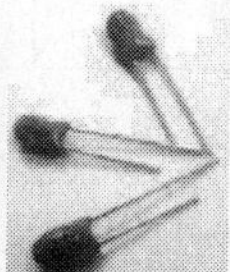
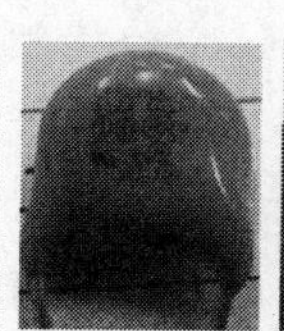

涤纶电容　瓷片电容　聚酯电容　钽电容　安规电容　电解电容

图1-18　常见电容器

电容元件作为储能元件能够储存电场能量，其电路模型如图 1-19 所示。

当电容为线性电容时，电容元件的特性方程为

$$q = Cu \tag{1-11}$$

式中，C 为元件的电容，是一个与电容器本身有关，与电容器两端的电压、电流无关的常数，在国际单位制（SI）中，其单位为法［拉］（F）。微法（μF）、纳法（nF）、皮法（pF）也作为电容的单位。

$1\mu F = 10^{-6} F$，$1nF = 10^{-9} F$，$1\ pF = 10^{-12} F$

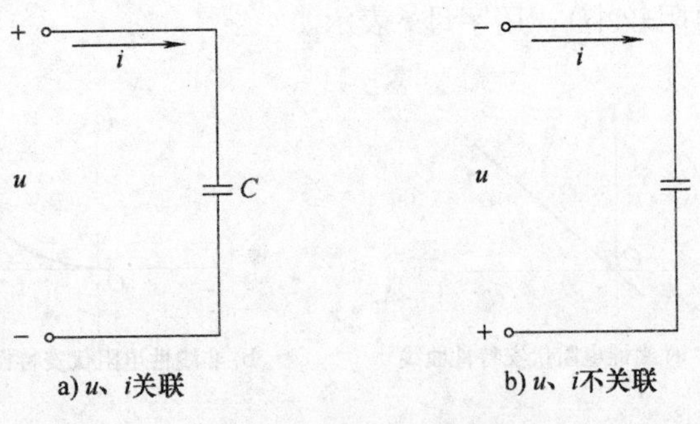

图 1-19　电容器电路模型

从式（1-11）可以看出，电容的电荷量是随电容的两端电压变化而变化的，由于电荷的变化，电容中就产生了电流，则

$$i_C = \frac{dq}{dt}（设\ u、i\ 关联） \tag{1-12}$$

i_C 是电容由于电荷的变化而产生的电流，将式（1-11）代入式（1-12）中得

$$i_C = C\frac{du}{dt} \tag{1-13}$$

上式表示线性电容的电流与端电压对时间的变化率成正比。

当$\frac{du}{dt}=0$ 时，则 $i_C=0$，说明电容元件的两端电压恒定不变，通过电容的电流为零，电容处于开路状态。故电容元件对直流电路来说相当于开路。

电容所储存的电场能为

$$W_C = \frac{1}{2}Cu^2 \tag{1-14}$$

2. 电感元件

电感元件作为储能元件能够储存磁场能量，其电路模型如图 1-20 所示。从模型图中可以看出，电感器是由一个线圈组成，通常将导线绕在一个铁心上制作成一个电感线圈，如图 1-21 所示。

线圈的匝数与穿过线圈的磁通之积为 $N\Phi$，称为磁链。

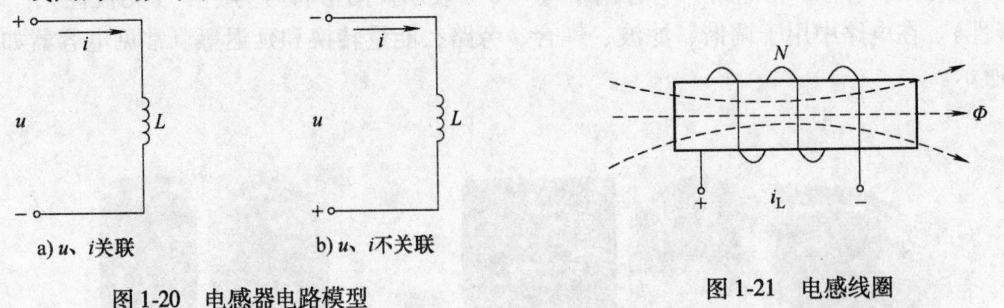

图 1-20　电感器电路模型　　图 1-21　电感线圈

当电感元件为线性电感元件时，电感元件的特性方程为

$$N\Phi = Li \tag{1-15}$$

式中 L——元件的电感系数（简称电感），是一个与电感器本身有关，与电感器的磁通、电流无关的常数，又叫做自感，在国际单位制（SI）中，其单位为亨［利］（H），有时也用毫亨（mH）、微亨（μH），$1\text{mH}=10^{-3}\text{H}$，$1\mu\text{H}=10^{-6}\text{H}$；

Φ——磁通，单位是韦［伯］（Wb）。

当通过电感元件的电流发生变化时，电感元件中的磁通也发生变化，根据电磁感应定律，在线圈两端将产生感应电压，设电压与电流关联时，电感线圈两端将产生感应电压

$$u_L = L\frac{\mathrm{d}i}{\mathrm{d}t} \tag{1-16}$$

式（1-16）表示线性电感的电压 u_L 与电流 i 对时间 t 的变化率 $\frac{\mathrm{d}i}{\mathrm{d}t}$ 成正比。

在一定的时间内，电流变化越快，感应电压越大；电流变化越慢，感应电压越小；若电流变化为零时（即直流电流），则感应电压为零，电感元件相当于短路。**故电感元件在直流电路中相当于短路。**

当流过电感元件的电流为 i 时，它所储存的能量为

$$W_L = \frac{1}{2}Li^2 \tag{1-17}$$

从式（1-17）中可以看出，电感元件在某一时的储能仅与当时的电流值有关。

1.1.6 电压源和电流源

电源是将其他形式的能量（如化学能、机械能、太阳能、风能等）转换成电能后提供给电路的设备，是电流能够流动的源泉。本节主要介绍电路分析中的基本电源：电压源和电流源。

1. 电压源

（1）理想电压源　实际电路设备中所用的电源，多数是需要输出较为稳定的电压，即：当负载电流改变时，电源所输出的电压值尽量保持或接近不变。但实际电源总是存在内阻的，因此当负载增大时，电源的端电压总会有所下降。为了使设备能够稳定运行，工程应用中，希望电源的内阻越小越好，当电源内阻等于零时，就成为理想电压源。理想电压源是忽略内阻损耗的实际电源抽象得到的理想化二端电路元件，即内阻为零，且电源两端的端电压值恒定不变（直流电压），如图1-22a所示。它的特点是电压的大小取决于电压源本身的特性，与流过的电流无关。流过电压源的电流大小与电压源外部电路有关，由外部负载电阻决定。因此，也称之为独立电压源。其特征方程为

$$U = U_s \tag{1-18}$$

其伏安特性曲线，是一条平行于横坐标的直线，如图1-22b所示。

如果电压源的电压 $U_s=0$，则此时电压源的伏安特性曲线，就是横坐标，也就是电压源相当于短路。

（2）实际电压源　理想电压源实际上是不存在的。也就是说，实际电源总是有内阻的，实际电压源可以用一个理想电压源 U_s 与一个理想电阻 r 串联组合成一个电路来表示，如图1-23a所示。其特征方程为

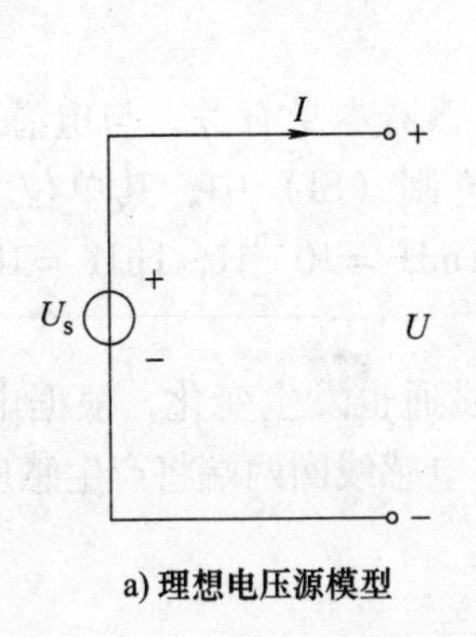

a) 理想电压源模型

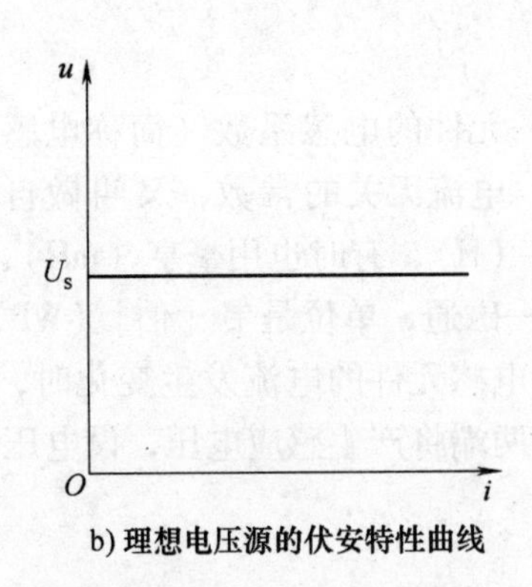

b) 理想电压源的伏安特性曲线

图 1-22　理想电压源及其伏安特性曲线

$$U = U_s - Ir \tag{1-19}$$

实际电压源的伏安特性曲线如图 1-23b 所示，可见电源输出的电压随负载电流的增加而下降。

2. 电流源

（1）理想电流源　实际电路设备中所用的电源，并不是在所有情况下都要求电源的内阻越小越好。在某些特殊的场合下，有时要求电源具有很大的内阻，因为高内阻的电源能够有一个比较稳定的电流输出。

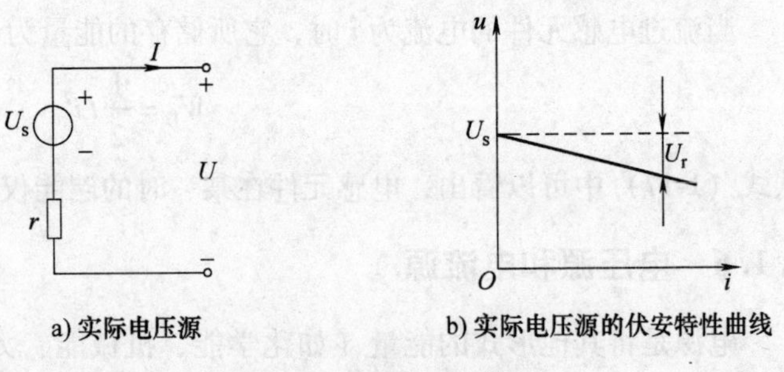

a) 实际电压源　　b) 实际电压源的伏安特性曲线

图 1-23　实际电压源模型

理想电流源，也是实际电源抽象出来的理想二端电路元件。即内阻为无限大、输出恒定电流 I_s 的电源。如图 1-24a 所示。

它的特点是电流的大小取决于电流源本身的特性，与电源的端电压无关。端电压的大小与电流源外部电路有关，由外部负载电阻决定。因此，也称其为独立电流源。

电流为 I_s 的直流电流源的伏安特性曲线，是一条垂直于横坐标的直线，如图 1-24b 所示，其特性方程为

$$I = I_s \tag{1-20}$$

如果电流源短路，流过短路线路的电流就是 I_s，而电流源的端电压为零。

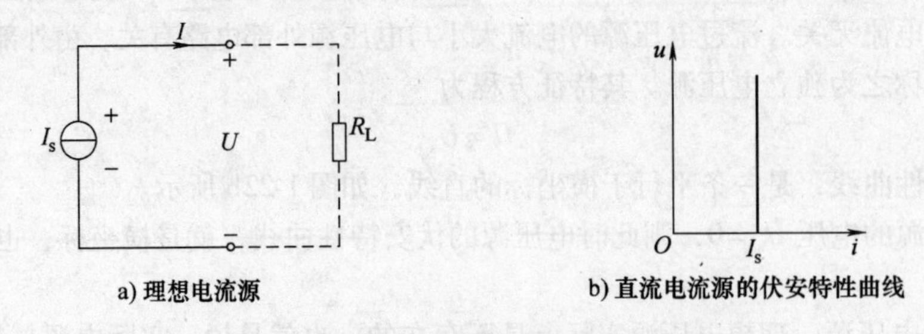

a) 理想电流源　　b) 直流电流源的伏安特性曲线

图 1-24　理想电流源及其伏安特性曲线

（2）实际电流源　实际电流源可以用一个理想电流源 I_s 与一个内阻 r 并联组合成一个电路来表示，如图 1-25a 所示。其特征方程为

$$I = I_s - I_G \tag{1-21}$$

式中　$I_G = U/r$

实际电流源的伏安特性曲线如图 1-25b 所示，可见电源输出的电流随负载电压的增加而减少。

和电压源一样，在电路理论分析中，常采用理想电流源模型（恒流源，如图 1-24a 所示），即：电流源内阻 $r = \infty$ 或 $r >> $ 负荷电阻 R_L。

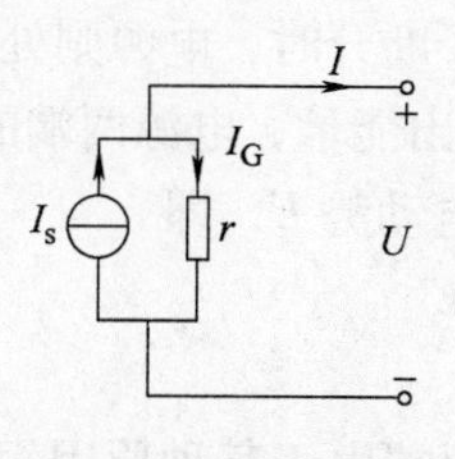

a) 实际电流源模型

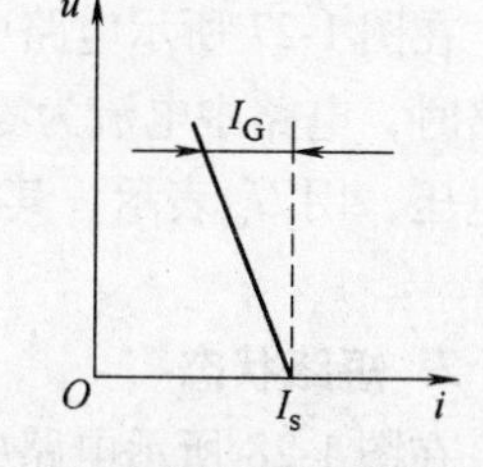

b) 实际电流源的伏安特性曲线

图 1-25　实际电流源及其伏安特性曲线

例 1-7　在图 1-23 中，设 $U_s = 20V$，$r = 1\Omega$，外接电阻 $R = 4\Omega$，求电阻 R 上的电流 I。

解：根据式（1-19）$U = U_s - I_r = I_R$

则有
$$I = \frac{U_s}{R + r} = \frac{20}{4 + 1} = 4\ (A)$$

例 1-8　在图 1-25 中，设 $I_s = 5A$，$r = 1\Omega$，外接电阻 $R = 9\Omega$，求电阻 R 上的电压 U。

解：根据式（1-21）

$$I = I_s - \frac{U}{r} = \frac{U}{R}$$

则有
$$U = \frac{R_r}{R + r} I_s = \frac{1 \times 9}{1 + 9} \times 5 = 4.5\ (V)$$

3. 电压源与电流源的等效变换

电压源与电流源都是电路模型，只要它们能够提供相同的外特性，电压源模型与电流源模型也可以等效变换，如图 1-26 所示。这里 $E = I_s R_i'$，或 $I_s = E/R_i$，$R_i = R_i'$。

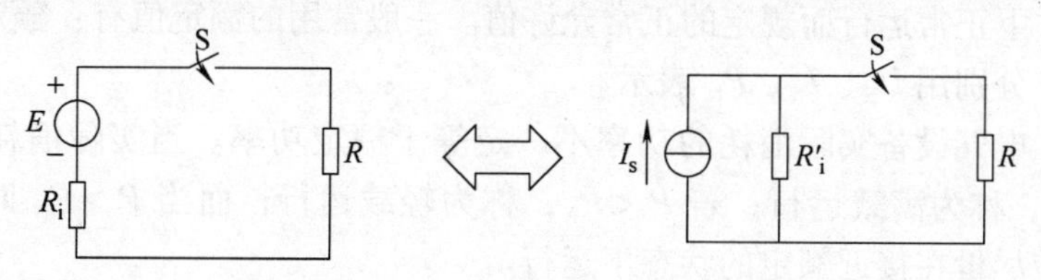

图 1-26　电压源和电流源的等效变换

1）两种电源的等效关系是仅对外电路而言的，至于电源内部，一般是不等效的（两种电源内阻的电压降及功率损耗一般不相等）。恒压源和恒流源之间没有等效关系，因为二者内阻不相等。

2）采用两种电源等效变换的方法，可将复杂电路简化为简单电路，给电路分析带来方便。

1.1.7 电路的三种状态

电路在不同的工作条件下，会处于不同的状态，并具有不同的特点。电路的工作状态有三种：开路状态、短路状态和负载状态。

1. 开路状态（空载状态）

在图 1-27 所示电路中，当开关 K 断开时，电源则处于开路状态。开路时，电路中电流为零，电源不输出能量，电源两端的电压称为开路电压，用 U_{oc} 表示，其值等于电源电动势 E，即

$$U_{oc}=E$$

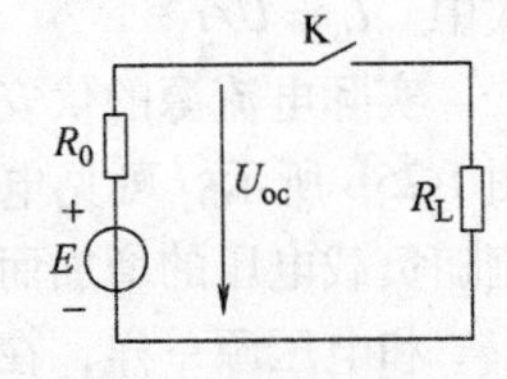

图 1-27 开路状态

2. 短路状态

在图 1-28 所示电路中，当电源两端由于某种原因短接在一起时，电源则被短路。短路电流 $I_{SC}=\dfrac{E}{R_0}$ 很大，此时电源所产生的电能全被内阻 R_0 所消耗。

短路通常是严重的事故，应尽量避免发生，为了防止短路事故，通常在电路中接入熔断器或断路器，以便在发生短路时能迅速切断故障电路。

3. 负载状态（通路状态）

电源与一定大小的负载接通，称为负载状态。这时电路中流过的电流称为负载电流，如图 1-29 所示。负载的大小是以消耗功率的大小来衡量的。当电压一定时，负载的电流越大，则消耗的功率亦越大，负载也越大。

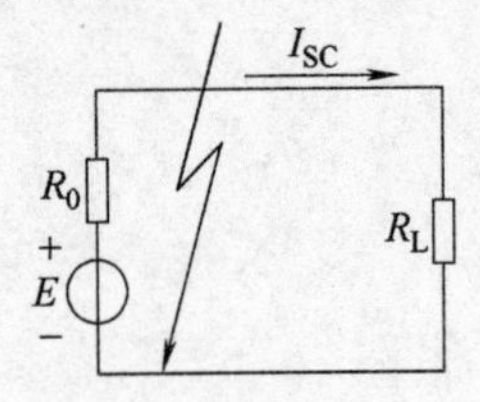

图 1-28 短路状态

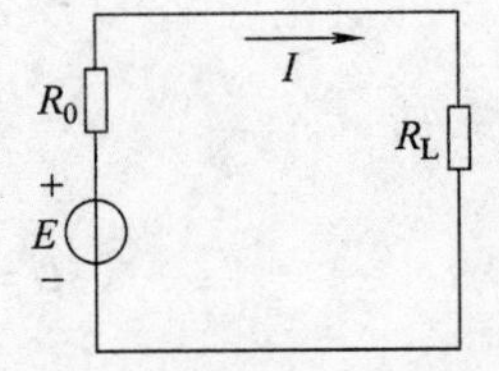

图 1-29 负载工作状态

为使电气设备正常运行，在电气设备上都标有额定值，额定值是生产厂为了使产品能在给定的工作条件下正常运行而规定的正常允许值。一般常用的额定值有：额定电压、额定电流、额定功率，分别用 U_N、I_N、P_N 表示。

需要指出，电气设备实际消耗的功率不一定等于额定功率。当实际消耗的功率 P 等于额定功率 P_N 时，称为满载运行；若 $P<P_N$，称为轻载运行；而当 $P>P_N$ 时，称为过载运行。电气设备应尽量在接近额定的状态下运行。

电路在通路、开路、短路三种状态下的特点见表 1-3。

表 1-3 电路在三种状态下的特点

电路状态	电阻 R_L	电流 I	电压 U
通路	R_L	$I=\dfrac{E}{R_L+R_0}$	$U=E-IR_0$
开路	∞	0	$U=E$
短路	0	$I=\dfrac{E}{R_0}$，很大	$U=0$

例1-9　如图1-30所示，设内阻$r=0.2\Omega$，电阻$R=9.8\Omega$，电源电动势$E=2V$，不计电压表和电流表对电路的影响，求开关在不同位置时，电压表和电流表的读数各为多少？

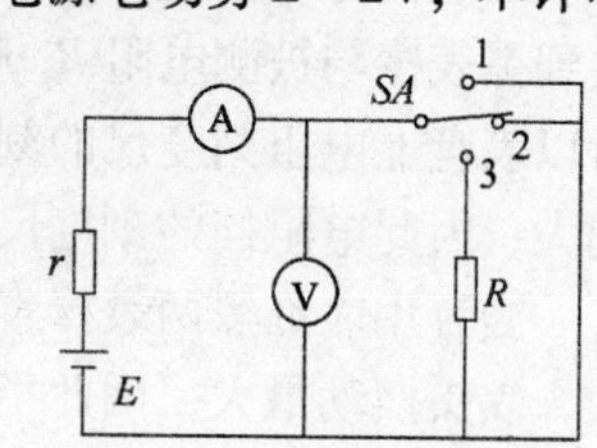

图1-30　例1-9题图

解：开关接“1”位置：电路处于短路状态，电压表的读数为零；电流表中流过的短路电流为

$$I_{短}=\frac{E}{r}=\frac{2}{0.2}=10\ (\mathrm{A})$$

开关接“2”位置：电路处于开路状态，电压表的读数为电源电动势的数值，即2V；电流表流过的电流为零，即$I_{断}=0$。

开关接“3”位置：电路处于通路状态，电流表的读数为

$$I=\frac{E}{R+r}=\frac{2}{9.8+0.2}=0.2\ (\mathrm{A})$$

电压表的读数　$U=IR=0.2\times9.8=1.96\ (\mathrm{V})$

任务1.2　FM47型万用表电路的工作原理

【任务目标】

1）理解电阻的串并联和基尔霍夫定律。
2）掌握电路的分析与计算方法。
3）了解FM47型万用表电路的工作原理。

【任务内容】

1.2.1　FM47型万用表电路工作原理

FM47型万用表由表头、电阻测量挡、电流测量挡、直流电压测量挡和交流电压测量挡几个部分组成，其工作原理如图1-31所示。

当我们把挡位开关旋钮SA打到交流电压挡时，通过二极管VD整流，电阻R_3限流，由表头显示出来；

当打到直流电压挡时不需二极管整流，仅需电阻R_2限流，表头即可显示。

当打到直流电流挡时既不需二极管整流，也不需电阻R_2限流，表头即可显示。

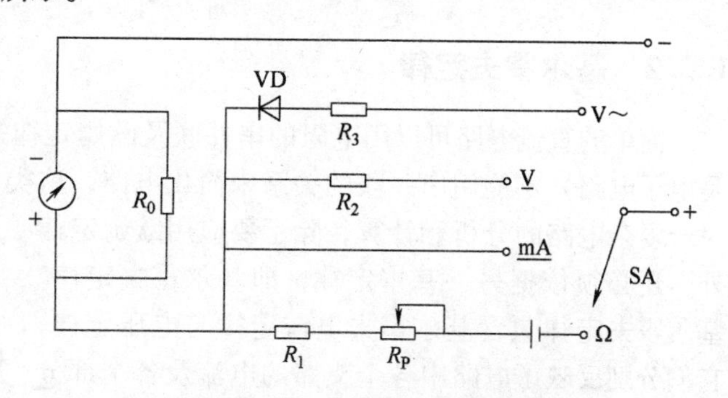

图1-31　万用表各挡位测量原理

测电阻时将转换开关SA拨到“Ω”挡，这时外部没有电流通入，因此必须使用内部电池作为电源，设外接的被测电阻为R_x，表内的总电阻为R，形成的电流为I，由R_x、电池E、可调电位器R_P、固定电阻R_1和表头部分组成闭合电路，形成的电流I使表头的指针偏

转。红表棒与电池的负极相连，通过电池的正极与电位器 R_P 及固定电阻 R_1 相连，经过表头接到黑表棒与被测电阻 R_x 形成回路产生电流使表头显示。I 和被测电阻 R_x 不成线性关系，所以表盘上电阻刻度尺的刻度是不均匀的。当电阻越小时，回路中的电流越大，指针的摆动越大，因此电阻挡的刻度尺刻度是反向分度。

当万用表红黑两表棒直接连接时，相当于外接电阻最小 $R_x=0$，此时通过表头的电流最大，表头摆动最大，因此指针指向满刻度处，向右偏转最大，显示阻值为 0Ω。看电阻挡的零位是在左边还是在右边，其余挡的零位与它是否一致。反之，当万用表红黑两表棒开路时 $R_x \to \infty$，R 可以忽略不计，那么此时通过表头的电流最小，因此指针指向 0 刻度处，显示阻值为∞。

指针式万用表的表盘如图 1-32 所示。表盘上第一条刻度（最上面的刻度）：电阻值刻度（读数时从右向左读）。第二条刻度：交、直流电压电流值刻度（读数时从左向右读）。

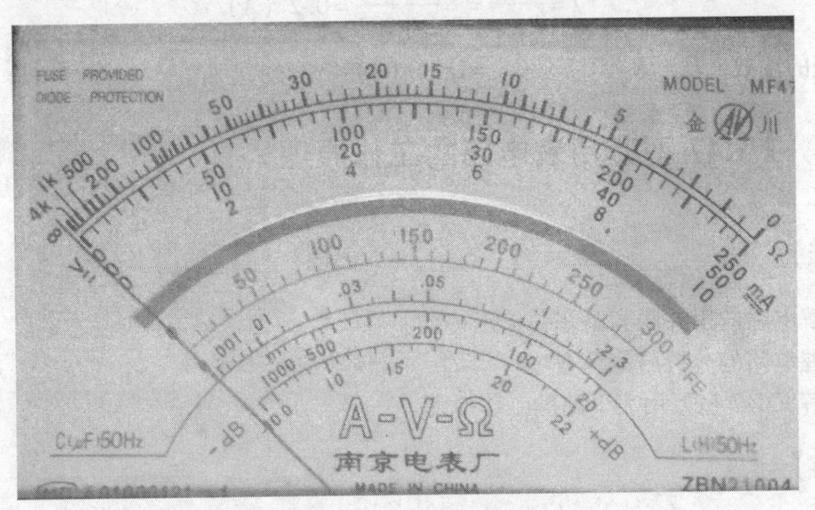

图 1-32　指针式万用表的表盘

【相关知识】

1.2.2　基尔霍夫定律

简单的直流电路可以用电阻的串并联及欧姆定律来分析和计算，但是实际电路（特别是电子电路）不能用串并联的关系来简化电路，这类电路称为复杂电路，如图 1-33 所示。对于复杂电路的分析和计算，除了要应用欧姆定律外，还必须依据另一基本定律，即基尔霍夫定律。基尔霍夫定律包含基尔霍夫电流定律与电压定律，它们分别反映了电路中各个支路的电流及各个部分电压之间的关系。

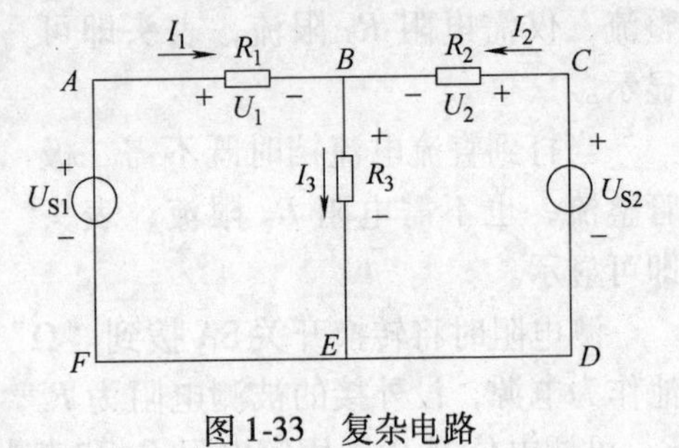

图 1-33　复杂电路

1. 相关术语

1）支路：电路中通过同一个电流的每一个分支。图 1-33 中有三条支路，分别是 BAF、BCD 和

BE。支路 BAF、BCD 中含有电源，称为含源支路。支路 BE 中不含电源，称为无源支路。

2）节点：电路中三条或三条以上支路的连接点。图 1-33 中 B、E（F、D）为两个节点。

3）回路：电路中的任一闭合路径。图 1-33 中有三个回路，分别是 $ABEFA$、$BCDEB$、$ABCDEFA$。

4）网孔：内部不含支路的回路。图 1-33 中 $ABEFA$ 和 $BCDEB$ 都是网孔，而 $ABCDEFA$ 不是网孔。

2. 基尔霍夫电流定律（KCL）

基尔霍夫电流定律指出：任一时刻，流入电路中任一节点的电流之和等于流出该节点的电流之和。基尔霍夫电流定律简称 KCL，反映了节点处各支路电流之间的关系。

在图 1-33 所示电路中，对于节点 B 可以写出

$$I_1 + I_2 = I_3$$

或改写为

$$I_1 + I_2 - I_3 = 0$$

即

$$\Sigma I = 0 \tag{1-22}$$

由此，基尔霍夫电流定律也可表述为：任一时刻，流入电路中任一节点电流的代数和恒等于零。

基尔霍夫电流定律不仅适用于节点，也可推广应用到包围几个节点的闭合面（也称广义节点）。如图 1-34 所示的电路中，可以把三角形 ABC 看作广义的节点，用 KCL 可列出

$$I_A + I_B + I_C = 0$$

即

$$\Sigma I = 0 \tag{1-23}$$

可见，在任一时刻，流过任一闭合面电流的代数和恒等于零。

例 1-10　如图 1-35 所示电路，电流的参考方向已标明。若已知 $I_1 = 2A$，$I_2 = -4A$，$I_3 = -8A$，试求 I_4。

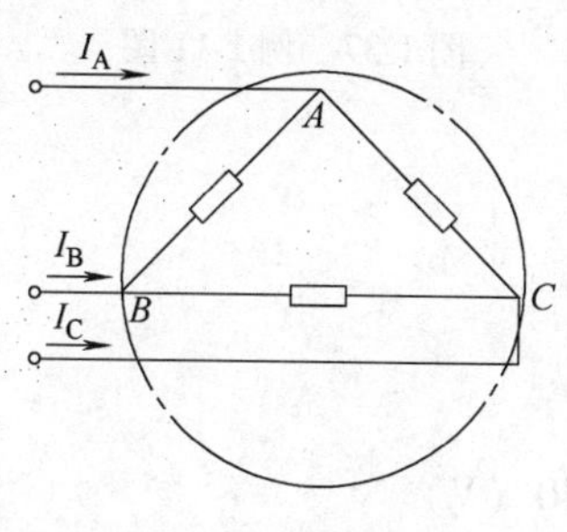

图 1-34　KCL 的推广

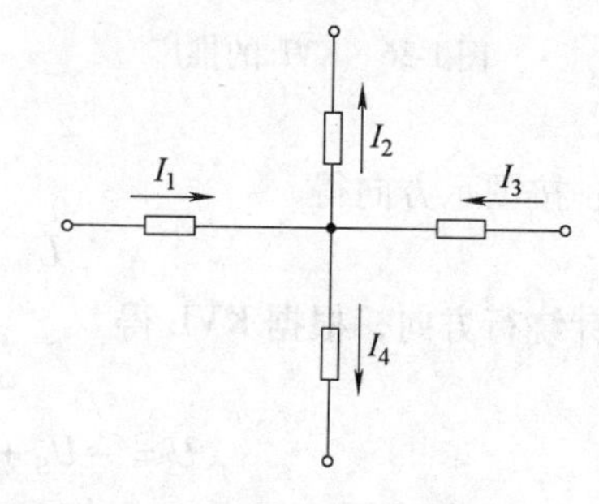

图 1-35　例 1-10 图

解：根据 KCL 可得

$$I_1 - I_2 + I_3 - I_4 = 0$$

$$I_4 = I_1 - I_2 + I_3 = 2 - (-4) + (-8) = -2(A)$$

3. 基尔霍夫电压定律（KVL）

基尔霍夫电压定律指出：在任何时刻，沿电路中任一闭合回路，各段电压的代数和恒等

于零。基尔霍夫电压定律简称 KVL，其一般表达式为

$$\Sigma U = 0 \tag{1-24}$$

应用上式列电压方程时，首先假定回路的绕行方向，然后选择各部分电压的参考方向，凡参考方向与回路绕行方向一致者，该电压前取正号；凡参考方向与回路绕行方向相反者，该电压前取负号。

在图 1-33 中，对于回路 *ABCDEFA*，若按顺时针绕行方向，根据 KVL 可得

$$U_1 - U_2 + U_{S2} - U_{S1} = 0$$

根据欧姆定律，上式还可表示为

$$I_1R_1 - I_2R_2 + U_{S2} - U_{S1} = 0$$

即

$$\Sigma IR = \Sigma U_S \tag{1-25}$$

式（1-25）表示，沿回路绕行方向，各电阻电压降的代数和等于各电源电动势的代数和。

基尔霍夫电压定律不仅应用于回路，也可推广应用于一段不闭合电路。如图 1-36 所示的电路中，*A*、*B* 两端未闭合，若设 *A*、*B* 两点之间的电压为 U_{AB}，按逆时针绕行方向可得

$$U_{AB} - U_{S2} - U_R = 0$$

则

$$U_{AB} = U_{S2} + RI$$

上式表明，开口电路两端的电压等于该两端点之间各段电压降之和。

例 1-11 求图 1-37 所示电路中 10Ω 电阻及电流源的端电压。

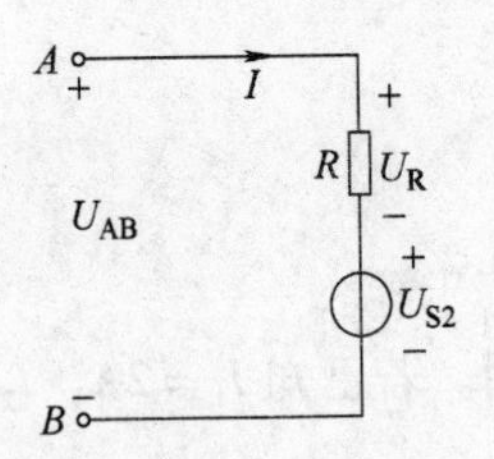

图 1-36 KVL 的推广

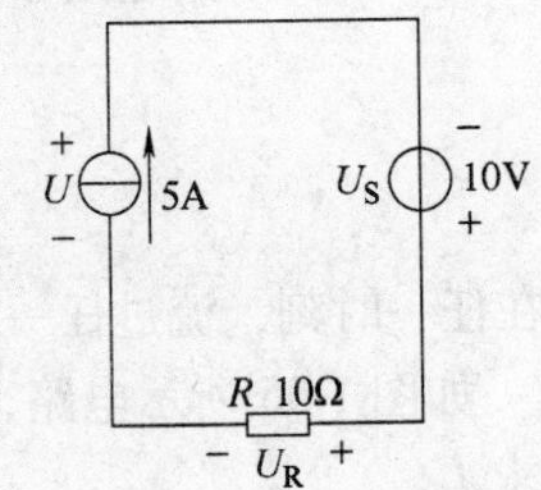

图 1-37 例 1-11 图

解：按图示方向得

$$U_R = 5 \times 10 = 50\ (\text{V})$$

按顺时针绕行方向，根据 KVL 得

$$-U_S + U_R - U = 0$$

$$U = -U_S + U_R = -10 + 50 = 40\ (\text{V})$$

例 1-12 如在图 1-38 中，已知 $R_1 = 4\Omega$，$R_2 = 6\Omega$，$U_{S1} = 10\text{V}$，$U_{S2} = 20\text{V}$，试求 U_{AC}。

解：由 KVL 得

$$IR_1 + U_{S2} + IR_2 - U_{S1} = 0$$

$$I = \frac{U_{S1} - U_{S2}}{R_1 + R_2} = \frac{-10}{10} = -1(\text{A})$$

由 KVL 的推广形式得

$$U_{AC} = IR_1 + U_{S2} = -4 + 20 = 16(\text{V})$$

或

$$U_{AC}=U_{S1}-IR_2=10-(-6)=16(\mathrm{V})$$

由本例可见，电路中某段电压和路径无关。因此，计算时应尽量选择较短的路径。

例1-13　求图1-39所示电路中的U_2、I_2、R_1、R_2及U_S。

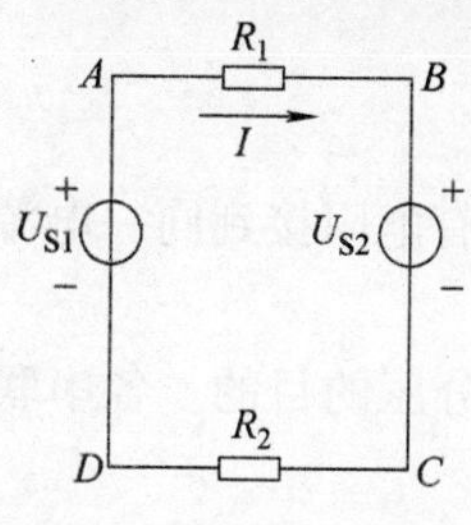

图1-38　例1-12图

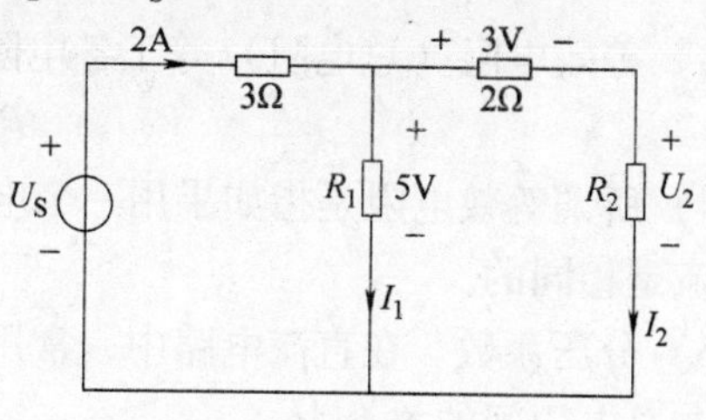

图1-39　例1-13图

解：

$$I_2=\frac{3}{2}=1.5\ (\mathrm{A})$$

由KVL可得

$$U_2-5+3=0$$

$$U_2=2\ (\mathrm{V})$$

$$R_2=\frac{U_2}{I_2}=\frac{2}{1.5}=1.33\ (\Omega)$$

由KCL可得

$$I_1+I_2=2$$

$$I_1=2-1.5=0.5\ (\mathrm{A})$$

$$R_1=\frac{5}{0.5}=10\ (\Omega)$$

对于左边的网孔，由KVL可得

$$3\times2+5-U_S=0$$

$$U_S=11\mathrm{V}$$

1.2.3　电阻的串并联

1. 电阻的串联

在电路中，若干个电阻元件依次相连，这种连接方式称为串联。图1-40给出了三个电阻的串联电路及其等效电路。

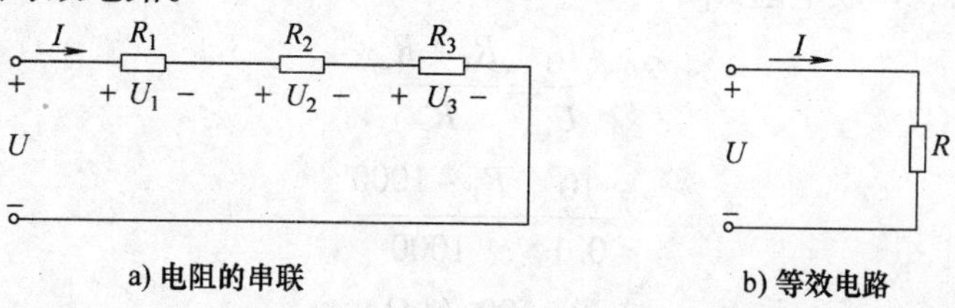

a) 电阻的串联　　b) 等效电路

图1-40　电阻的串联

串联电路有以下几个特点：

1）通过各电阻的电流相等。

2）总电压等于各电阻上电压之和，即

$$U = U_1 + U_2 + U_3$$

3）等效电阻（总电阻）等于各电阻之和，即

$$R = R_1 + R_2 + R_3 \tag{1-26}$$

4）所谓等效电阻是指如果用一个电阻 R 代替串联的所有电阻接到同一电源上，电路中的电流是相同的。

5）分压系数。在直流电路中，常用电阻的串联来达到分压的目的。各串联电阻两端的电压与总电压间的关系为

$$\begin{cases} U_1 = R_1 I = \dfrac{R_1}{R} U \\ U_2 = R_2 I = \dfrac{R_2}{R} U \\ U_3 = R_3 I = \dfrac{R_3}{R} U \end{cases} \tag{1-27}$$

式中 $\dfrac{R_1}{R}$、$\dfrac{R_2}{R}$、$\dfrac{R_3}{R}$——分压系数，由分压系数可直接求得各串联电阻两端的电压。

由式（1-24）还可知

$$U_1 : U_2 : U_3 = R_1 : R_2 : R_3$$

即电阻串联时，各电阻两端的电压与电阻的大小成正比。

6）各电阻消耗的功率与电阻成正比，即

$$P_1 : P_2 : P_3 = R_1 : R_2 : R_3$$

例 1-14 多量程直流电压表是由表头、分压电阻和多位开关连接而成的，如图 1-41 所示。如果表头满偏电流 $I_g = 100\mu A$，表头电阻 $R_g = 1000\Omega$，现在要制成量程为 10V、50V、100V 的三量程电压表，试确定分压电阻值。

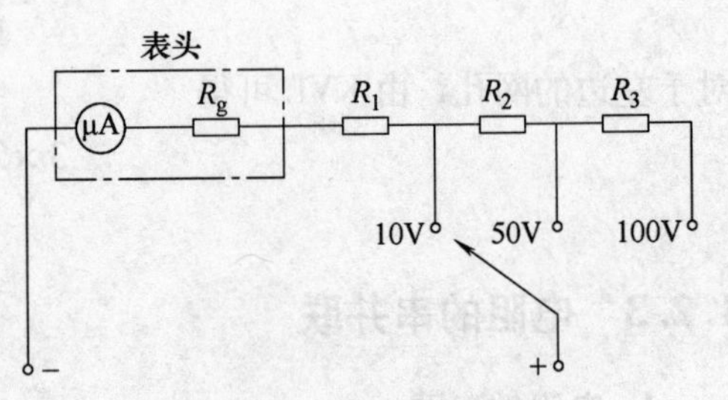

图 1-41 例 1-14 图

解： 当 $I_g = 100\mu A$ 流过表头时，表头两端的电压

$$U_g = R_g I_g = 1000 \times 100 \times 10^{-6} = 0.1 \text{ (V)}$$

当量程 $U_1 = 10V$ 时，串联电阻 R_1

$$\frac{U_1}{U_g} = \frac{R_1 + R_g}{R_g}$$

$$\frac{10}{0.1} = \frac{R_1 + 1000}{1000}$$

得

$$R_1 = 99 \text{ (k}\Omega\text{)}$$

当量程 $U_2 = 50V$ 时，串联电阻 R_2

$$\frac{U_2}{U_1}=\frac{R_2+(R_g+R_1)}{(R_g+R_1)}$$

$$\frac{50}{10}=\frac{R_2+100}{100}$$

得

$$R_2=400\ (\mathrm{k\Omega})$$

当量程 $U_3=100\mathrm{V}$ 时，串联电阻 R_3 用上述方法可得 $R_3=500\mathrm{k\Omega}$。

2. 电阻的并联

在电路中，若干个电阻一端联在一起，另一端也联在一起，使电阻所承受的电压相同，这种连接方式称为电阻的并联。图1-42所示为三个电阻的并联电路及其等效电路。

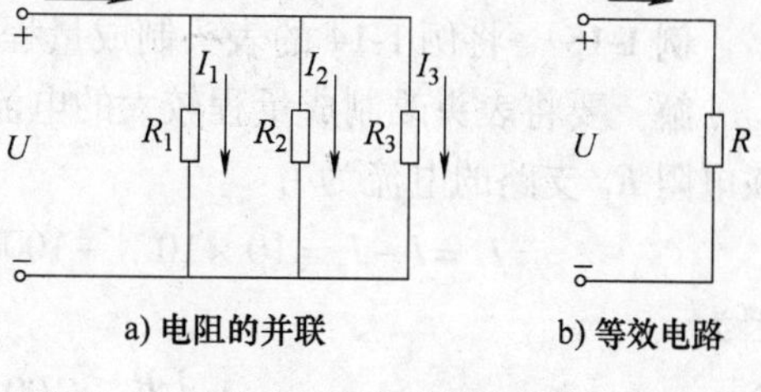

图1-42　电路的并联

并联电路有以下几个特点：

1）各并联电阻两端的电压相等。

2）总电流等于各电阻支路的电流之和，即

$$I=I_1+I_2+I_3$$

3）等效电阻 R 的倒数等于各并联电阻倒数之和，即

$$\frac{1}{R}=\frac{1}{R_1}+\frac{1}{R_2}+\frac{1}{R_3}$$

上式也可写成

$$G=G_1+G_2+G_3 \tag{1-28}$$

式（1-28）表明，并联电路的电导等于各支路电导之和。

对于只有两个电阻 R_1 及 R_2 并联，则等效电阻为

$$R=\frac{R_1R_2}{R_1+R_2}$$

4）分流系数。在电路中，常用电阻的并联来达到分流的目的。各并联电阻支路的电流与总电流的关系为

$$\begin{cases}I_1=G_1U=\dfrac{G_1}{G}I\\ I_2=G_2U=\dfrac{G_2}{G}I\\ I_3=G_3U=\dfrac{G_3}{G}I\end{cases} \tag{1-29}$$

式中　$\frac{G_1}{G}$、$\frac{G_2}{G}$、$\frac{G_3}{G}$——分流系数，由分流系数可直接求得各并联电阻支路的电流。

由式（1-29）还可知

$$I_1:I_2:I_3=G_1:G_2:G_3$$

即电阻并联时，各电阻支路的电流与电导的大小成正比。也就是说电阻越大，分流作用就越小。

当两个电阻并联时

$$I_1 = \frac{R_2}{R_1 + R_2} I$$

$$I_2 = \frac{R_1}{R_1 + R_2} I$$

5）各电阻消耗的功率与电导成正比，即

$$P_1 : P_2 : P_3 = G_1 : G_2 : G_3$$

例 1-15　将例 1-14 的表头制成量程为 10mA 的电流表。

解： 要将表头改制成量程较大的电流表，可将电阻 R_F 与表头并联，如图 1-43 所示。并联电阻 R_F 支路的电流为 I_F

$$I_F = I - I_g = 10 \times 10^{-3} - 100 \times 10^{-6} = 9.9 \times 10^{3}\ \text{(A)}\ = 9.9\ \text{(mA)}$$

因为

$$I_F R_F = I_g R_g$$

所以

$$R_F = \frac{I_g R_g}{I_F} = \frac{100 \times 10^{-6} \times 1000}{9.9 \times 10^{-3}} = 10.1\ (\Omega)$$

即用一个 10.1Ω 的电阻与该表头并联，即可得到一个量程为 10mA 的电流表。

3. 电阻的混联

实际应用中经常会遇到既有电阻串联又有电阻并联的电路，称为电阻的混联电路。

求解电阻的混联电路时，首先应从电路结构，根据电阻串并联的特征，分清哪些电阻是串联的，哪些电阻是并联的，然后应用欧姆定律、分压和分流的关系求解。

由图 1-44 可知，R_3 与 R_4 串联，然后与 R_2 并联，再与 R_1 串联，即

等效电阻

$$R = R_1 + R_2 /\!/ (R_3 + R_4)$$

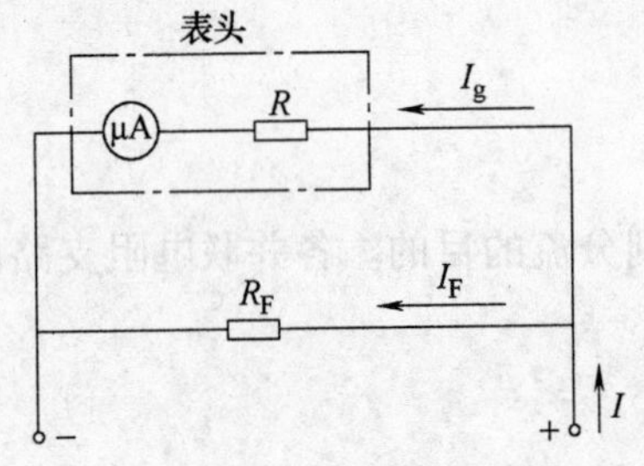

图 1-43　例 1-15 图

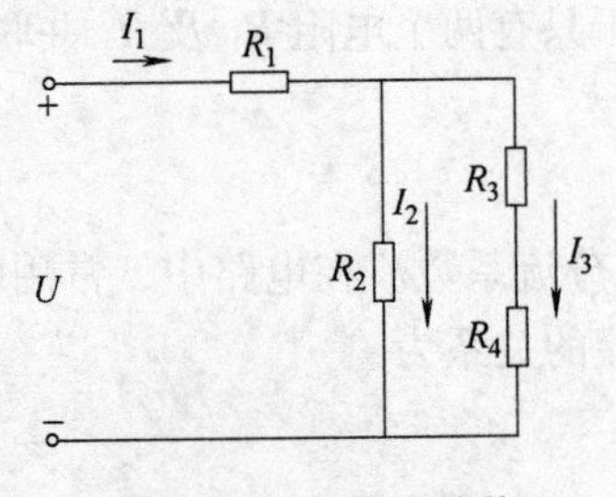

图 1-44　电阻的混联

符号“//”表示并联。

则

$$I = I_1 = \frac{U}{R}$$

$$I_2 = \frac{R_3 + R_4}{R_2 + R_3 + R_4} I$$

$$I_3 = \frac{R_2}{R_2 + R_3 + R_4} I$$

各电阻两端的电压的计算读者自行完成。

1.2.4 线性网络常用的分析方法

1. 支路电流法

支路电流法是最基本的分析方法。它是以支路电流为求解对象，应用基尔霍夫电流定律和基尔霍夫电压定律分别对节点和回路列出所需要的方程组，然后再解出各未知的支路电流。

支路电流法求解电路的步骤如下：

1）标出支路电流参考方向和回路绕行方向。

2）根据KCL，列写节点的电流方程式。

3）根据KVL，列写回路的电压方程式。

4）解联列方程组，求取未知量。

例1-16 如图1-45所示，为两台发电机并联运行共同向负载R_L供电。已知$E_1=130V$，$E_2=117V$，$R_1=1\Omega$，$R_2=0.6\Omega$，$R_L=24\Omega$，求各支路的电流及发电机两端的电压。

解：①选各支路电流参考方向如图1-45所示，回路绕行方向均为顺时针方向。

②列写KCL方程：

节点A： $I_1+I_2=I$

③列写KVL方程：

$ABCDA$回路：$E_1-E_2=R_1I_1-R_2I_2$

$AEFBA$回路：$E_2=R_2I_2+R_LI$

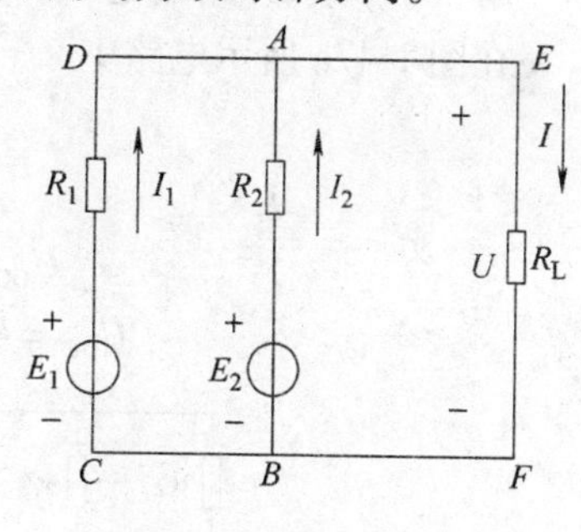

图1-45 例1-16图

其基尔霍夫定律方程组为

$$\begin{cases}I_1+I_2=I\\E_1-E_2=R_1I_1-R_2I_2\\E_2=R_2I_2+R_LI\end{cases}$$

将数据代入各式后得

$$\begin{cases}I_1+I_2=I\\130-117=I_1-0.6I_2\\117=0.6I_2+24I\end{cases}$$

解此联立方程得

$$I_1=10A \qquad I_2=-5A \qquad I=5A$$

发电机两端电压U为

$$U=R_LI=24\times5=120\ (V)$$

2. 戴维南定理

对于一个复杂的电路，有时并不需要了解所有支路的情况，而只要求出其中某一支路的电流，这时采用戴维南定理较为简单。

在介绍戴维南定理之前，先介绍一下二端网络的概念。电路也称为电网络或网络，任何具有两个出线端的部分电路都成为二端网络。含有电源的二端网络称为有源二端网络；不含电源的二端网络称为无源二端网络。在图1-46中，图a点化线框内的部分就是一个有源二端网络，图b是有源二端网络的一般形式，图c是有源二端网络的等效图。

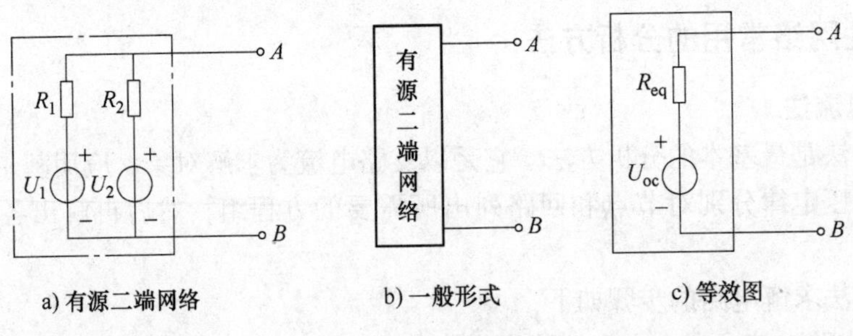

a) 有源二端网络　　b) 一般形式　　c) 等效图

图 1-46　二端网络

戴维南定理指出：任何一个线性有源二端网络，对外电路来说，总可以用一个电压源与电阻的串联模型来替代。电压源的电动势等于该有源二端网络的开路电压 U_{OC}，其内阻则等于该有源二端网络中所有电压源短路、电流源开路后的等效电阻 R_{eq}。

例 1-17　用戴维南定理化简如图 1-47a 所示电路。

解：（1）求开路端电压 U_{OC}

在图 1-47a 所示电路中

$$(3+6)\ I+9-18=0$$

$$I=1\text{A}$$

$$U_{OC}=U_{ab}=6I+9=6\times1+9=15\ (\text{V})$$

或

$$U_{OC}=U_{ab}=-3I+18=-3\times1+18=15\ (\text{V})$$

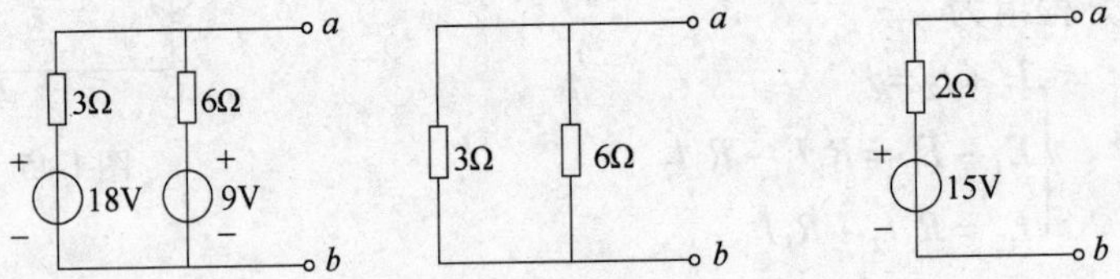

a)　　b)　　c)

图 1-47　例 1-17 图

（2）求等效电阻 R_{eq}

将电路中的电压源短路，得无源二端网络，如图 1-47b 所示。可得

$$R_{eq}=R_{ab}=\frac{3\times6}{3+6}=2\ (\Omega)$$

（3）作等效电压源模型：作图时，应注意使等效电源电压的极性与原二端网络开路端电压的极性一致，电路如图 1-47c 所示。

例 1-18　用戴维南定理计算如图 1-48a 所示电路中电阻 R_L 上的电流。

解：（1）把电路分为待求支路和有源二端网络两个部分。移开待求支路，得有源二端网络，如图 1-48b 所示。

（2）求有源二端网络的开路端电压 U_{OC}。因为此时 $I=0$，由图 1-48b 可得

$$I_1=3-2=1\ (\text{A})$$

$$I_2=2+1=3\ (\text{A})$$

$$U_{OC}=1\times4+3\times2+6=16\ (\text{V})$$

（3）求等效电阻 R_{eq}。将有源二端网络中的电压源短路、电流源开路，可得无源二端网络，如图 1-48c 所示，则

$$R_{eq}=2+4=6\ (\Omega)$$

（4）画出等效电压源模型，接上待求支路，电路如图 1-48d 所示。所求电流为

$$I=\frac{U_{OC}}{R_{eq}+R_L}=\frac{16}{6+2}=2\ (\mathrm{A})$$

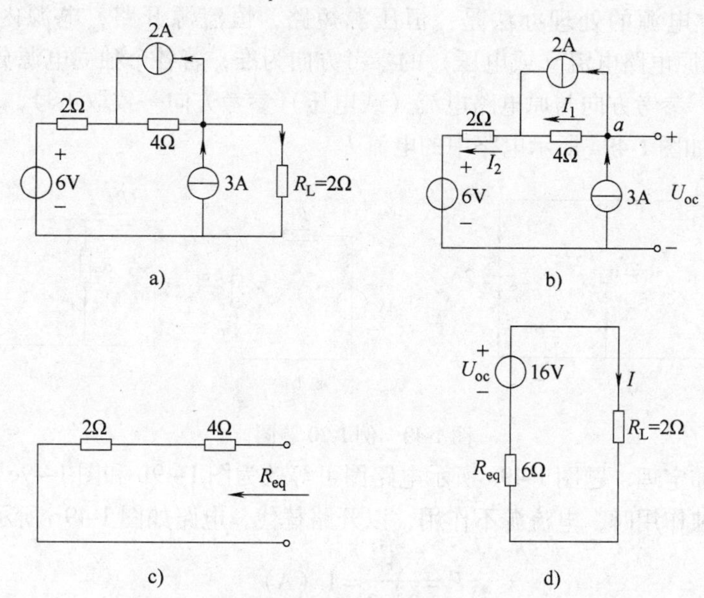

图 1-48　例 1-18 图

例 1-19　试求例 1-18 中负载电阻 R_L 的功率。若 R_L 为可调电阻，问 R_L 为何值时获得的功率最大？其最大功率是多少？由此总结出负载获得最大功率的条件。

解：（1）利用例 1-18 的计算结果可得：$P_L=I^2R_L=2^2\times2=8\ (\mathrm{W})$

（2）若负载 R_L 是可变电阻，由图 1-48d，可得

$$I=\frac{U_{OC}}{R_{eq}+R_L}$$

则 R_L 从网络中所获得的功率为

$$P_L=\left(\frac{U_{OC}}{R_{eq}+R_L}\right)^2R_L$$

上式说明：负载从电源中获得的功率取决于负载本身的情况，当负载开路（无穷大电阻）或短路（零电阻）时，功率皆为零。当负载电阻在 0 ~ ∞ 之间变化时负载可获得最大功率。这个功率最大值 P_{max} 应发生在 $\frac{dP_L}{dR_L}=0$ 的时候，经计算得

$$R_L=R_{eq}=6\Omega$$

$$P_{Lm}=\left(\frac{U_{OC}}{2R_{eq}}\right)^2R_{eq}=\frac{U_{OC}^2}{4R_{eq}}=\frac{16^2}{4\times6}=10.7\ (\mathrm{W})$$

综上所述，负载获得最大功率的条件是负载电阻等于等效电源的内阻，即 $R_L = R_{eq}$。电路的这种工作状态称为电阻匹配。

3. 叠加定理

叠加定理是指：在由多个独立电源共同作用的线性电路（电路参数不随电压、电流的变化而改变）中，任一支路的电流（或电压）都是电路中各个独立电源（电压源或电流源）单独作用时，在该支路产生的电流（或电压）的叠加（代数和）。

对不作用独立电源的处理办法是：恒压源短路，恒流源开路，电源内阻保留。叠加（求代数和）时以原电路电流（或电压）的参考方向为准，若各个独立电源分别单独作用时的电流（或电压）参考方向与原电路电流（或电压）参考方向一致取正号，相反则取负号。

例 1-20 求如图 1-49a 所示电路中的电流 I。

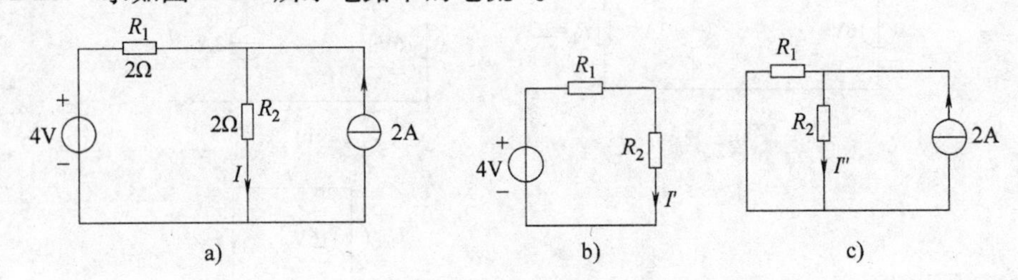

图 1-49 例 1-20 题图

解： 应用叠加定理，题图 1-49a 所示电路图可等效为图 1-49b 和图 1-49c 两个图的叠加。当电压源单独作用时，电流源不作用，以开路替代，电路如图 1-49b 所示。则

$$I' = \frac{4}{2+2} = 1 \text{ (A)}$$

当电流源单独作用时，电压源不作用，以短路线替代，如图 1-49c 所示，则

$$I'' = 2 \times \frac{2}{2+2} = 1 \text{ (A)}$$

$$I = I' + I'' = 1 + 1 = 2 \text{ (A)}$$

应用叠加原理计算电路，实质上是把计算复杂电路的过程转换为计算若干个简单电路的过程。要提醒注意以下几方面内容。

1）叠加原理只适用于线性电路中电流和电压的计算，不能用来计算功率。因为电功率与电流和电压是平方关系而非线性关系。

2）每个电源单独作用时所产生电流或电压的正负号切不可忽视，叠加时应取代数和。

【项目实施】

任务 1.3 FM47 型万用表电路的焊接与调试

【任务目标】

1）掌握元器件的选择及元器件的检测方法。

2）掌握电路的焊接方法。

3）掌握电路的测试方法。

【任务内容】

1.3.1　电路焊接调试准备工作

1. 准备制作工具及仪器仪表

1）电路焊接工具：电烙铁、烙铁架、焊锡、松香。

2）制作加工工具：剥线钳、平口钳、镊子、剪刀。

3）测试仪器仪表：万用表、示波器。

2. 清点元器件

1）电阻（单位：Ω）29只（含康铜丝分流器R29）。

2）可调电阻1支，WH2.102或501。

3）电位器1支WH1103，配套旋钮1只。

4）电容器：1只：即C110U/16V，C2不装。

5）二极管4只VD1，VD2，VD3，VD4，均为1N4007，VD5和VD6不装。

6）保险夹2只，0.5A保险管1只。

7）细线五条其中长线3条，短线2条。长线三条为：从线路板到1.5V负极片一条，从线路板到9V正极片一条，从线路板到9V负极片一条。短线2条为：9V负极片到1.5V正极片一条，线路板上短路线一条。

8）晶体管插座1只，配套插片6条。

9）螺钉M3X6 2个（用于后盖固定）。

10）电池夹（4个）（小夹为1.5V+）。

3. 元器件的检测

（1）二极管极性的判断　判断二极管极性时可用实验室提供的万用表，将红表棒插在“+”，黑表棒插在“-”，将二极管搭接在表棒两端（见图1-50），观察万用表指针的偏转情况，如果指针偏向右边，显示阻值很小，表示二极管与黑表棒连接的为正极，与红表棒连接的为负极，与实物相对照，黑色的一头为正极，白色的一头为负极，也就是说阻值很小时，与黑表棒搭接的是二极管的黑头；反之，如果显示阻值很大，那么与红表棒搭接的是二极管的正极。

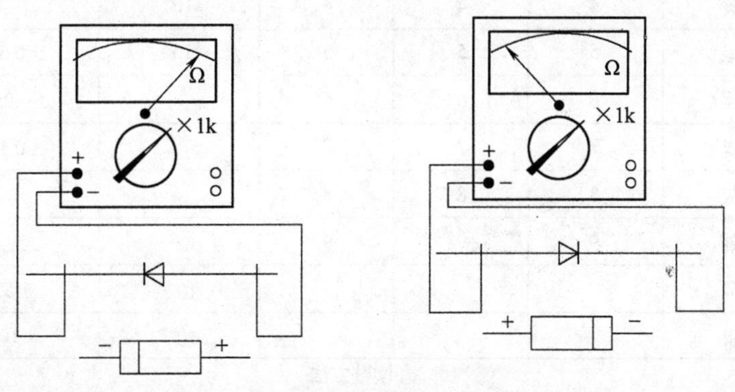

图1-50　二极管极性判断

（2）电解电容极性的判断　注意观察在电解电容侧面有“－”，是负极，如图1-51所示。如果电解电容上没有标明正负极，也可以根据它引脚的长短来判断，长脚为正极，短脚为负极。如果已经把引脚剪短，并且电容上没有标明正负极，那么可以用万用表来判断，判断的方法是正接时漏电流小（阻值大），反接时漏电流大。

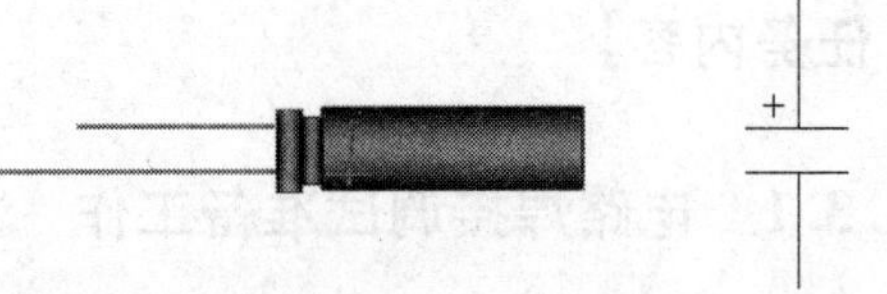

图1-51　电解电容极性的判断

（3）电阻色环的认识

1）四色环电阻：前二条色环用来表示阻值，第三环表示数字后面添加“0”的个数，这三条色环是相隔比较靠近的，而第四环相对距离较大，这是表示误差的。如果电阻色环不好分辨出哪个是第一个色环，最简单的方法就是“第四环”不是金色就是银色，而其他颜色会出现的很少（只对四环电阻有用，五环电阻不适用）。

色环电阻器阻值＝第一、二色环数值组成的两位数×第三色环的倍率（10^n）

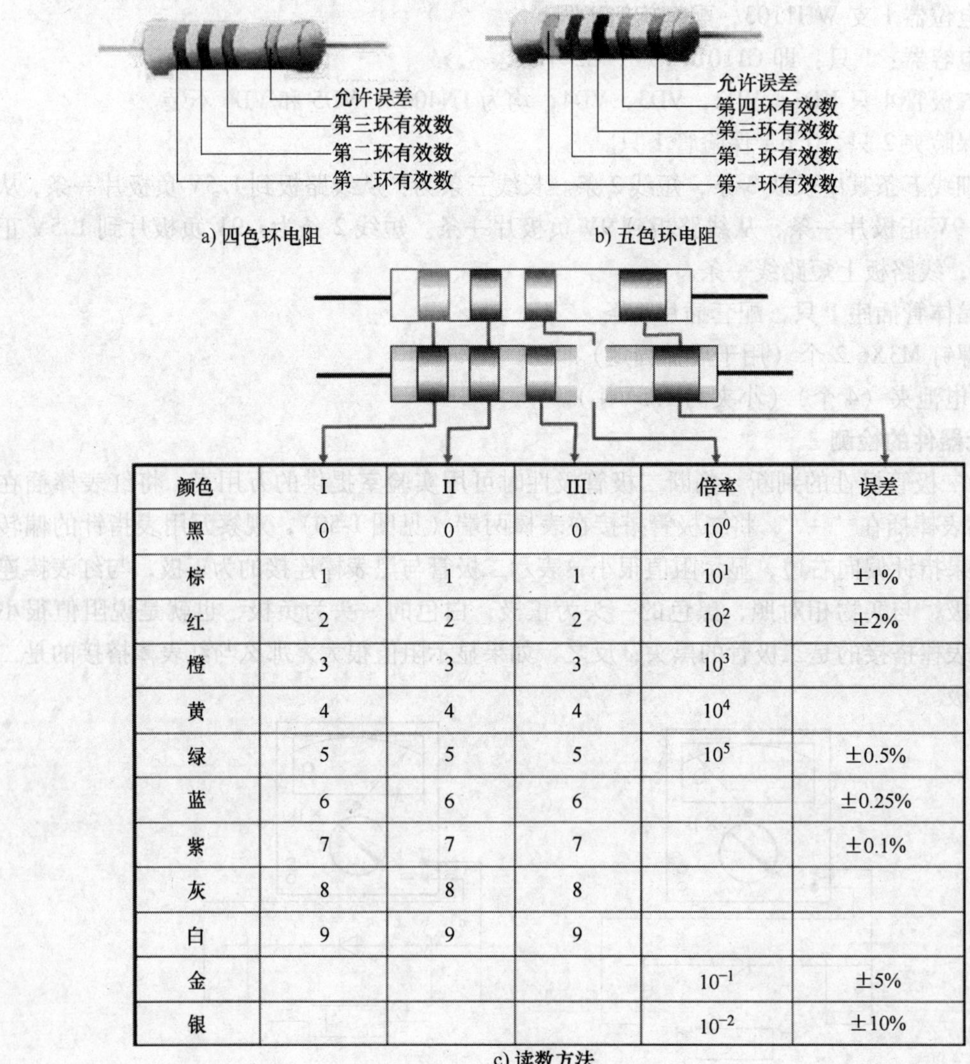

颜色	I	II	III	倍率	误差
黑	0	0	0	10^0	
棕	1	1	1	10^1	±1%
红	2	2	2	10^2	±2%
橙	3	3	3	10^3	
黄	4	4	4	10^4	
绿	5	5	5	10^5	±0.5%
蓝	6	6	6		±0.25%
紫	7	7	7		±0.1%
灰	8	8	8		
白	9	9	9		
金				10^{-1}	±5%
银				10^{-2}	±10%

c) 读数方法

图1-52　色环电阻的读数方法

例1-21　电阻器上的色环从左到右依次为棕、黑、红、银，如图1-52a所示，计算阻值。

解：由图1-52c可知，第一棕环代表1，第二黑环代表0，第三环代表2，第四银环代表±10%的误差。可求得电阻值为$10 \times 10^2\Omega$。从而识别出该电阻为1kΩ±10%的电阻器。

若电阻器上的色环依次为 绿，红，黄，银，则阻值为52×10000=520kΩ 误差为10%。

2）五色环电阻：第一道色环表示阻值的第一位数字；第二道色环表示阻值的第二位数字；第三道色环表示阻值的第三位数字，第四道色环表示阻值的倍乘数；第五道色环表示误差范围。一般五环电阻是相对较精密的电阻。

例如：

若五环颜色分别为红，红，黑，黑，棕，则电阻值为220 * 1 = 220Ω，误差为1%。

若五环颜色分别为紫，红，棕，红，绿，则电阻值为721 * 100 = 72.1kΩ，误差为0.5%。

3）六色环电阻：就是指用六色环表示阻值的电阻，六色环电阻前五色环与五色环电阻表示方法一样，第六色环表示该电阻的温度系数。只在有特定要求的场合下的电子产品才会使用，一般使用非常少。

从材料袋中取出一黄电阻，注意别的东西不要丢失，封好塑料袋的封口。对照幻灯片观察，看它有几条色环，黄电阻有4条色环，其中有一条色环与别的色环间相距较大，且色环较粗，读数时应将其放在右边。每条色环表示的意义（见图1-52c），色环表格左边第一条色环表示第一位数字，第2个色环表示第2个数字，第3个色环表示乘数，第4个色环也就是离开较远并且较粗的色环，表示误差。

蓝色或绿色的电阻，与黄电阻相似，首先找出表示误差的，比较粗的，而且间距较远的色环将它放在右边。从左向右，前三条色环分别表示三个数字，第4条色环表示乘数，第5条表示误差。

从上可知，金色和银色只能是乘数和允许误差，一定放在右边；表示允许误差的色环比别的色环稍宽，离别的色环稍远。

4. 焊接前的准备工作

（1）清除元器件表面的氧化层　左手捏住电阻或其他元器件的本体，右手用锯条轻刮元器件管脚的表面，左手慢慢地转动，直到表面氧化层全部去除，如图1-53所示。

（2）元器件管脚的弯制成形　直接从元器件根部，将元器件管脚弯制成形，如图1-54所示电阻左侧引脚，是不正确的。正确的方法是用镊子夹住距离元器件根部大约1~2mm处，将元器件管脚弯制成形。或根据印制电路板孔距而定，不要太短。在焊接板上排列电阻时，竖排粗环在下，横排粗环在右。

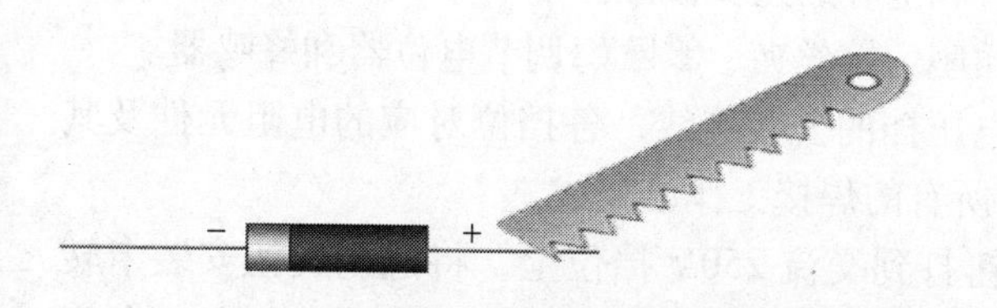

图1-53　清除元器件表面的氧化层

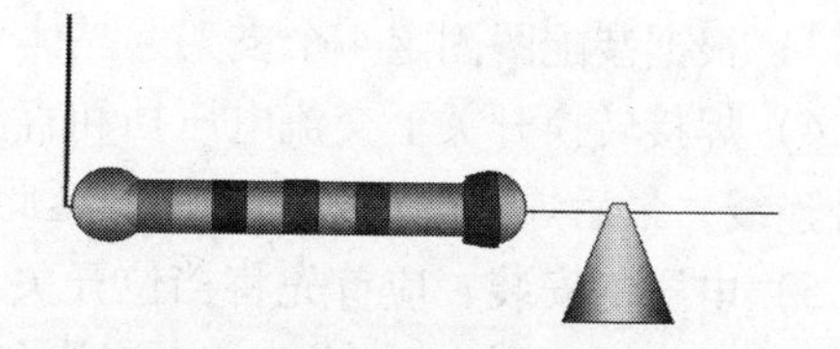
图1-54　元器件管脚的弯制成型

(3) 电阻做好后按色环读数并贴好　将胶带轻轻贴在纸上，把电阻插入，贴牢，写上电阻值。电阻阻值标示要向外，以便查对和维修更换。

(4) 在焊接练习板上练习　焊点大小要适中、圆润、牢固、光亮美观，不允许有毛刺或虚焊，如图 1-55 所示。焊锡不能粘到转换开关的固定连接片上。元件尽量排列整齐，才可以看出练习后是否进步，并改进不足。练习时注意不断总结，把握加热时间、送锡多少，不可在一个点加热较长时间，否则会使印制电路的焊盘烫坏。

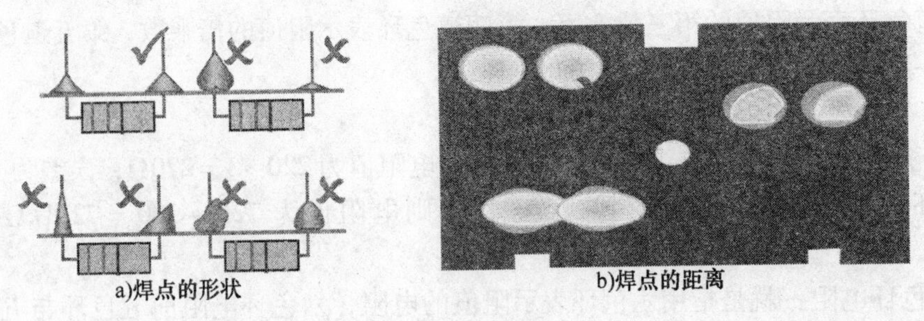

图 1-55　焊点的形状

1.3.2　万用表电路的焊接与组装

元器件焊接时注意不仅要位置正确，还要焊接可靠，形状美观。这也就要求其元件、组件的布局必须紧凑；布线合理，长度适中，引线沿底壳应走直线、拐直角；位置得当，排列整齐。

在焊接练习板上练习合格后，对照图纸插放元器件，用万用表校验，检查每个元器件插放是否正确、整齐，二极管、电解电容极性是否正确，电阻读数的方向是否一致，全部合格后方可进行元器件的焊接。

焊接完后的元器件，要求排列整齐，高度一致。为了保证焊接的整齐美观，焊接时应将线路板板架在焊接木架上焊接，两边架空的高度要一致，元器件插好后，要调整位置，使它与桌面相接触，保证每个元器件焊接高度一致。焊接时，电阻不能离开线路板太远，也不能紧贴线路板焊接，以免影响电阻的散热。

应先焊接水平放置的元器件，后焊接垂直放置的或体积较大的元器件，如分流器、可调电阻等。

焊接时不允许用电烙铁运载焊锡丝，因为烙铁头的温度很高，焊锡在高温下会使助焊剂分解挥发，易造成虚焊等焊接缺陷。焊接步骤如下。

1）按照实验原理图，分别将每个电阻焊接到线路板上。

2）焊接 4 个二极管和电容。注意二极管和电容的正负极性。

3）根据装配图固定 4 个支架、晶体管插座、熔丝夹、零欧姆调节电位器和蜂鸣器。

4）焊接转换开关上交流电压挡和直流电压挡的公共连线，各挡位对应的电阻元件及其对外连线，最后焊接电池架的连线。至此，所有的焊接工作已完成。

5）电刷的安装，应首先将挡位开关旋钮打到交流 250V 挡位上，将电刷旋钮安装卡转向朝上，V 形电刷有一个缺口，应该放在左下角，因为电路板的三条电刷轨道中间的两条间隙较小，外侧两条较大，与电刷相对应。当缺口在左下角时电刷接触点上面有两个相距较远，下面两个相距较近，一定不能放错。电刷四周都要卡入电刷安装槽，用手轻轻按下，即可安装成功。

6）检查、核对组装后的万用表电路，底板装进表盒，装上转换开关旋钮，送指导教师检查。

线路板正反两面元件的安装如图 1-56 和图 1-57 所示。

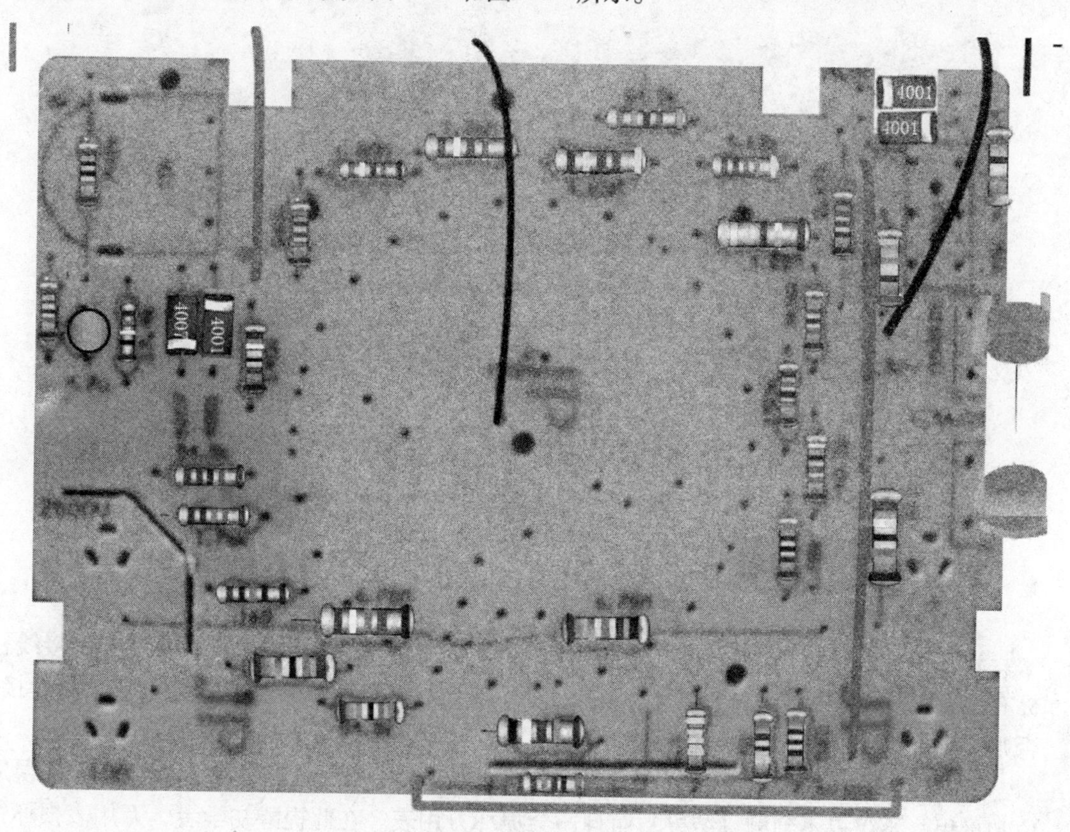

图 1-56　线路板反面元件的安装

特别提示：

1）焊接前电阻要看清阻值大小，并用万用表校核。电容、二极管要看清极性。

2）一旦焊错要小心地用烙铁加热后取下重焊。拨下的动作要轻，如果安装孔堵塞，要边加热，边用针通开。

3）电阻的读数方向要一致，色环不清楚时要用万用表测定阻值后再装。

4）旋螺钉时用力要适中，不可用力太大。

1.3.3　万用表的使用

1. 操作中的注意事项

1）万用表在使用时，必须水平放置，以免造成误差。

2）万用表在使用过程中不要碰撞硬物或跌落到地面上，不要靠近强磁场，以免测量结果不准确。

图 1-57　线路板正面零部件的安装

3）进行测量前，先检查红、黑表笔连接的位置是否正确。红色表笔接到红色接线柱或标有“-”号的插孔内，黑色表笔接到黑色接线柱或标有“-”号的插孔内，不能接反，否则在测量直流电量时会因正负极的反接而使指针反转，损坏表头部件。

4）在表笔连接被测电路之前，一定要查看所选挡位与测量对象是否相符，否则误用挡位和量程，不仅得不到测量结果，而且还会损坏万用表。在此提醒初学者，万用表损坏往往就是上述原因造成的。

5）在使用万用表过程中，不能用手去接触表笔的金属部分和被测元器件，这样一方面可以保证测量的准确，另一方面也可以保证人身安全。

6）测量中若需转换量程，必须在表笔离开电路后才能进行，否则选择开关转动产生的电弧易烧坏选择开关的触点，造成接触不良的事故。

7）在实际测量中，经常要测量多种电量，每一次测量前要注意根据每次测量任务把选择开关转换到相应的挡位和量程，这是初学者最容易忽略的环节。

8）万用表使用完毕，应将转换开关置于交流电压的最大挡。如果长期不使用，还应将万用表内部的电池取出来，以免电池腐蚀表内其他器件。

2. 测量电阻的方法

1）上好电池（注意电池正负极）。

2）插好表笔，“-”黑；“+”红。

3）机械调零。若不在零位，应通过机械调零的方法（即使用小螺钉旋具调整表头下方机械调零旋钮）使指针回到零位。

4）量程的选择。先粗略估计所测电阻阻值，再选择合适量程，如果被测电阻不能估计其值，一般情况将开关拔在 RX100 或 RX1K 的位置进行初测，然后看指针是否停在中线附近，如果是，说明挡位合适；如果指针太靠零，则要减小挡位；如果指针太靠近无穷大，则要增大挡位，如图 1-59 所示。

5）欧姆调零：量程选准以后在正式测量之前必须调零，否则测量值有误差。具体方法如下：将红黑两笔短接、看指针是否指在零刻度位置，如果没有，调节欧姆调零旋钮，使其指在零刻度位置，如图 1-58 所示。

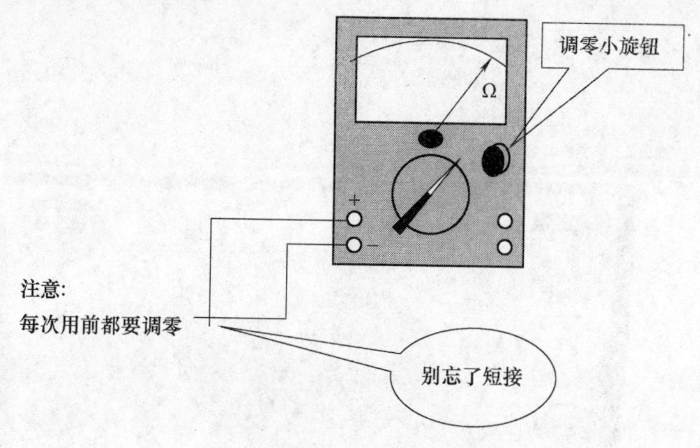

图 1-58　万用表测量前调零

注意：如果重新换挡以后，在正式测量之前也必须调零一次。

6）连接电阻测量：万用表两表笔并接在所测电阻两端进行测量。注意：

①不能带电测量。

②被测电阻不能有并联支路。

7）读数：阻值 = 刻度值 × 倍率。

8）挡位复位：将挡位开关打在 OFF 位置或打在交流电压 1000V 挡。

3. 测量交流电压的方法

1）上好电池，注意电池正负极。

2）插好表笔，“ − ”黑；“ + ”红。

3）机械调零。

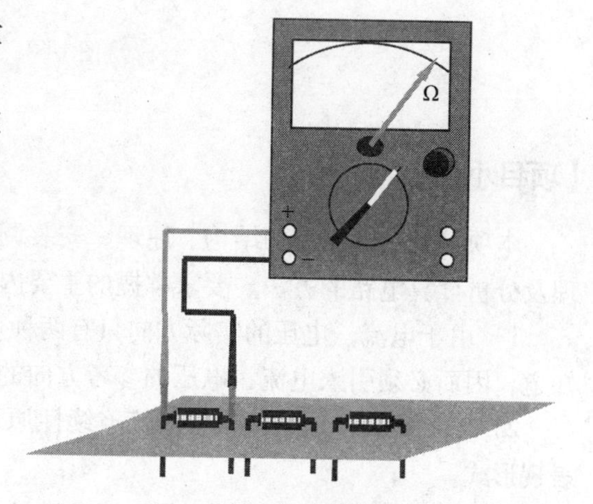

图 1-59　用万用表测量电阻值

4）量程的选择：将选择开关旋至交流电压挡相应的量程进行测量。如果不知道被测电压的大致数值，需将选择开关旋至交流电压挡最高量程上预测，然后再旋至交流电压挡相应的量程上进行测量。

5）开始测量。将两表笔并接在被测电压两端进行测量（交流电不分正负极）。

6）读数。读数时选择第二条刻度，并根据所选择的量程来选择第二条刻度的三组数字刻度读数。

例如：读出图 1-60 所示测量电压的大小是多大?

图 1-60　电压读数

【项目小结】

本项目通过万用表的结构、原理、安装调试，阐述了电路的组成、基本物理量、基本定理及分析计算电路的方法。要求掌握的主要内容有以下几点。

1）由于电流、电压的实际方向只有两种可能性，且在电路的分析、计算之前很难事先知道，因而必须引入电流、电压的参考方向的概念。

2）基尔霍夫电流定律来自电流连续性原理，基尔霍夫电压定律是能量守恒原理的一种表现形式。

3）实际电源的电压源模型与电流源模型可进行等效变换，电源变换是简化电路的一个十分有效的工具。

4）戴维南定理表明任一线性含电源的单口网络就端口特性而言，可简化为一个实际电源。

5）电源有三种工作状态：有载、开路和短路，合理使用电气设备，应尽可能使它们工作在额定状态下。

【项目练习】

1-1　电路由哪几部分组成，各部分的作用是什么？

1-2 电压、电位、电动势有何异同？

1-3 理想电压源和理想电流源各有何特点？它们与实际电源的区别主要在哪里？

1-4 试说明什么是支路、回路和节点。

1-5 求图1-61电路中A点电位。

1-6 试求如图1-62所示电路中A点和B点的电位。如将A、B两点直接连接或接一电阻，对电路工作有何影响？

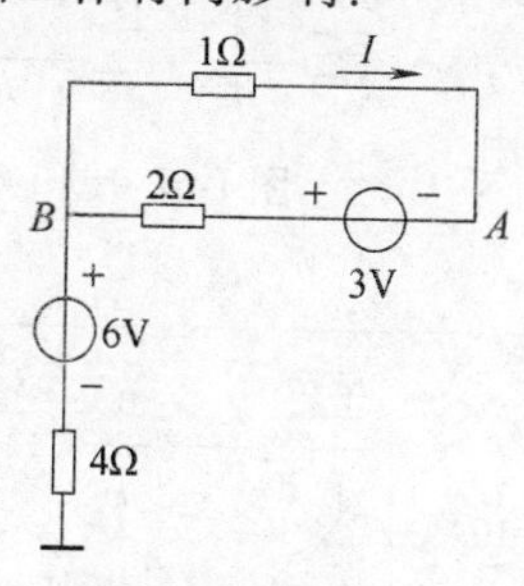

图1-61 题1-5图

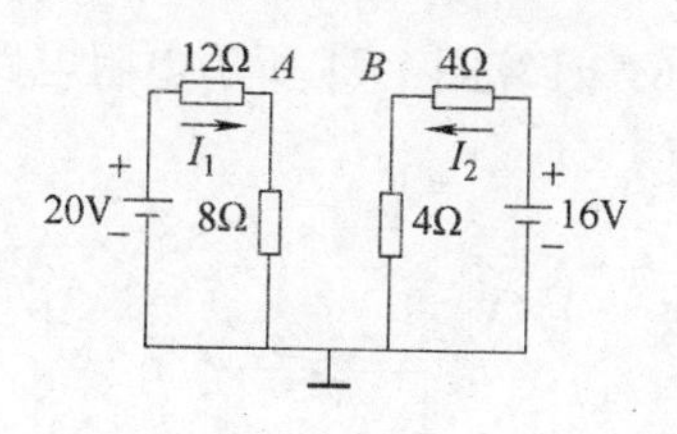

图1-62 题1-6图

1-7 一只110V，8W的指示灯，现在要接在380V的电源上，问要串多大阻值的电阻？该电阻应选用多大功率的？

1-8 有一直流电源，其额定功率$P_N=200W$，额定电压$U_N=50V$，内阻$R_0=0.5\Omega$，负载电阻R可以调节，其电路如图1-63所示。试求：（1）额定工作状态下的电流及负载电阻；（2）开路状态下的电源端电压；（3）电源短路状态下的电流。

1-9 将如图1-64所示各电路变换成电压源等效电路。

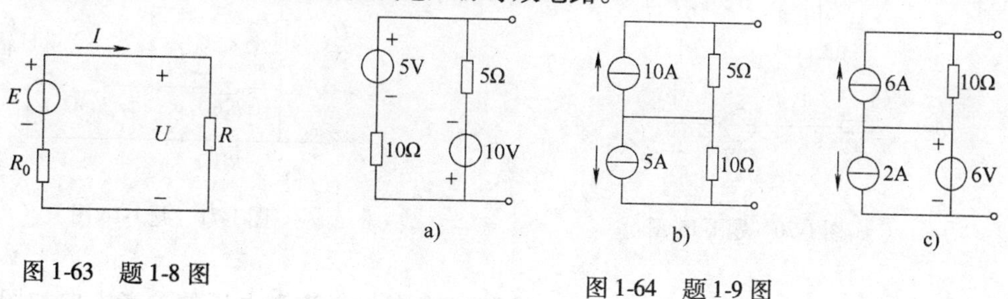

图1-63 题1-8图

图1-64 题1-9图

1-10 将如图1-65所示各电路变换成电流源等效电路。

1-11 在图1-66所示的电路中，要在12V直流电源上使6V，50mA的电珠正常发光，应该采用哪一个电路连接电阻？

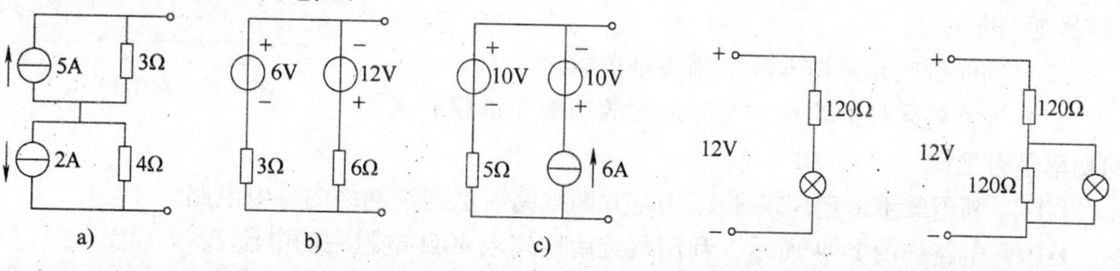

图1-65 题1-10图

图1-66 题1-11图

1-12　在图1-67所示电路中，已知 $I_1=0.01\mu A$，$I_2=0.3\mu A$，$I_5=9.61\mu A$，求电流 I_3，I_4 和 I_6。

1-13　图1-68所示电路中，已知 $I_1=0.3A$，$I_2=0.5A$，$I_3=1A$，求电流 I_4。

1-14　试求图1-69所示电路中的 I_2，I_3，U_4。

1-15　求图1-70所示电路中 A、B、C 各点电位及电阻 R 值。

1-16　计算图1-71所示电阻电路的等效电阻 R，并求电流 I 和 I_5。

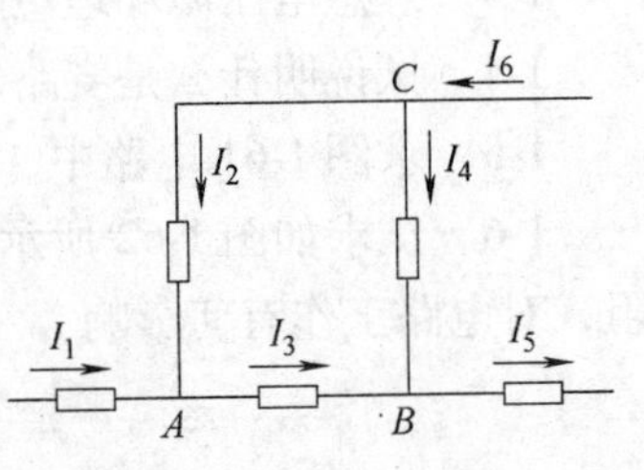

图1-67　题1-12图

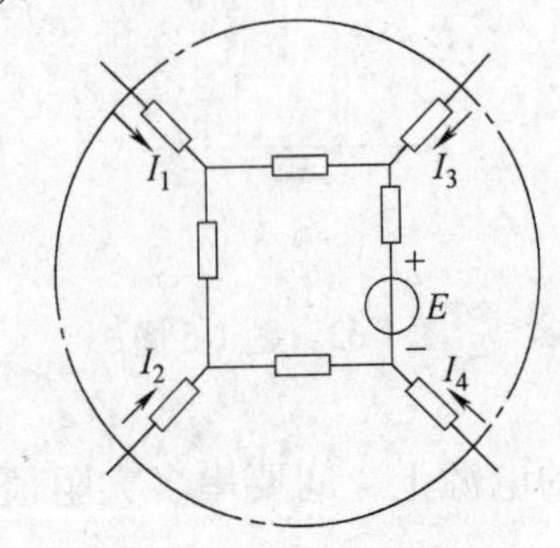

图1-68　题1-13图

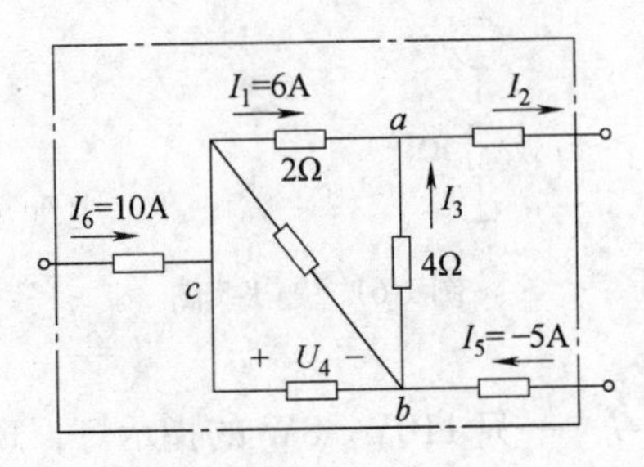

图1-69　题1-14图

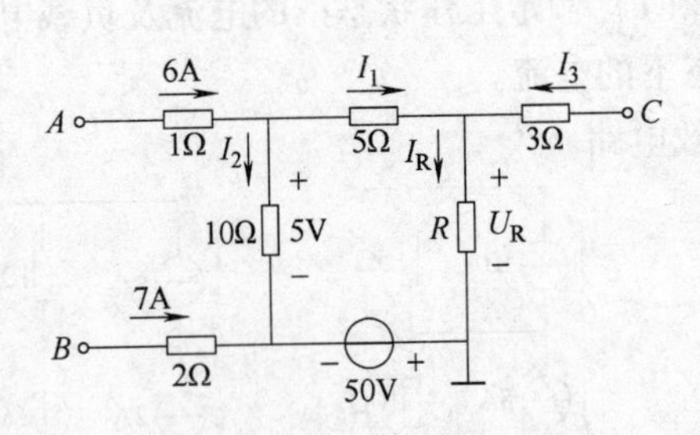

图1-70　题1-15图

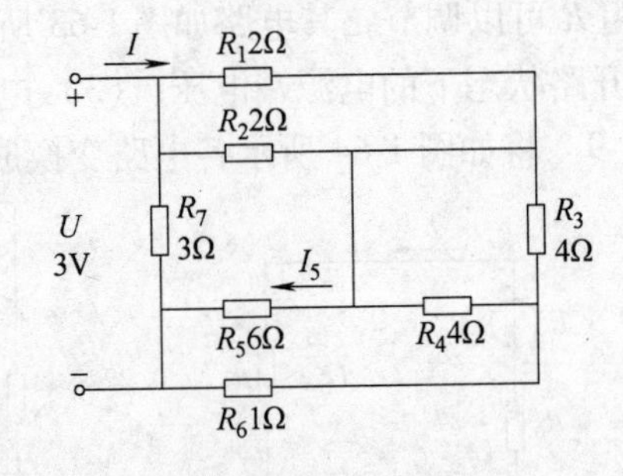

图1-71　题1-16图

1-17　在图1-72中，五个元件代表电源或负载。电流和电压的参考方向如图中所示，今通过实验测量得知 $I_1=-4A$，$I_2=6A$，$I_3=10A$，$U_1=140V$，$U_2=-90V$，$U_3=60V$，$U_4=-80V$，$U_5=30V$。

（1）试标出各电流的实际方向和各电压的实际极性（可另画一图）。

（2）判断哪些元件是电源，哪些是负载。

（3）计算各元件的功率，电源发出的功率和负载取用的功率是否平衡。

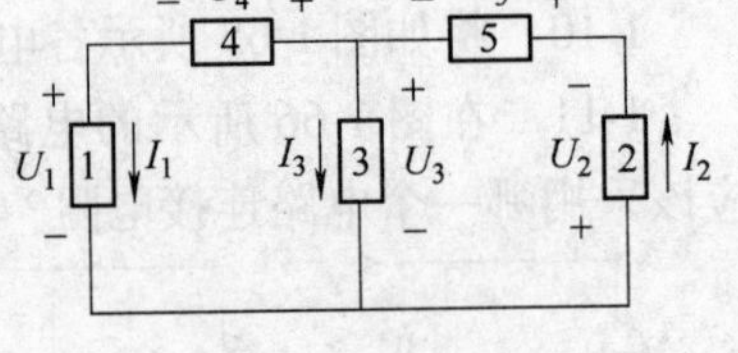

图1-72　题1-17图

1-18　利用戴维南定理求图1-73a、b两电路所示二端网络的等效电路。

1-19　电路如图1-74所示，利用戴维南定理求40Ω电阻中的电流 I。

1-20　应用戴维南定理计算图1-75所示电路中1Ω电阻中的电流 I_1。

1-21　用叠加原理计算图1-76所示各支路的电流。

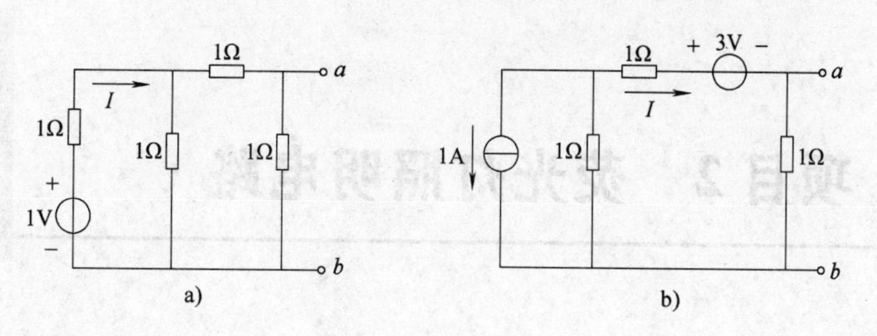

图 1-73 题 1-18 图

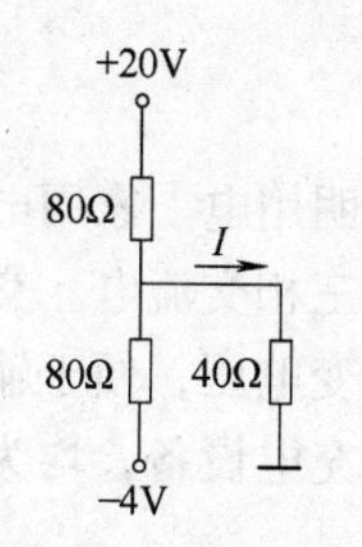

图 1-74 题 1-19 图

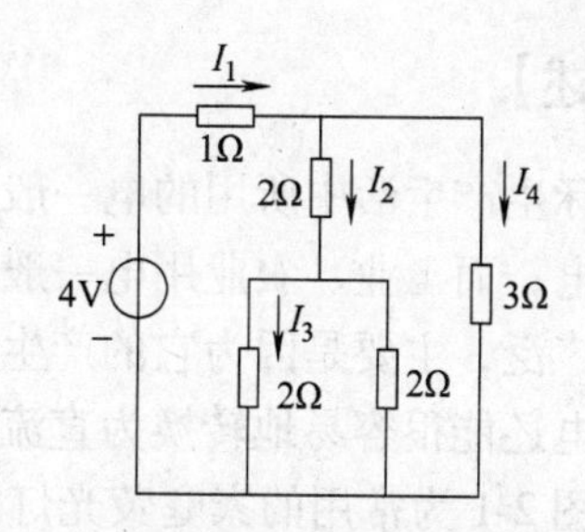

图 1-75 题 1-20 图

1-22 应用叠加原理计算图 1-77 所示电路中各支路的电流和各元件（电源和电阻）两端的电压，并说明功率平衡关系。

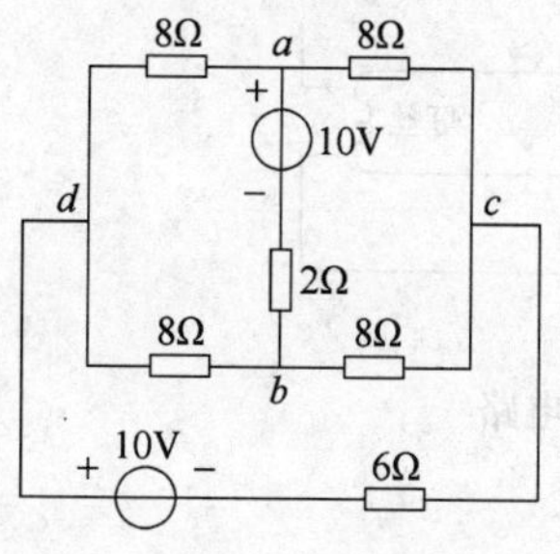

图 1-76 题 1-21 图

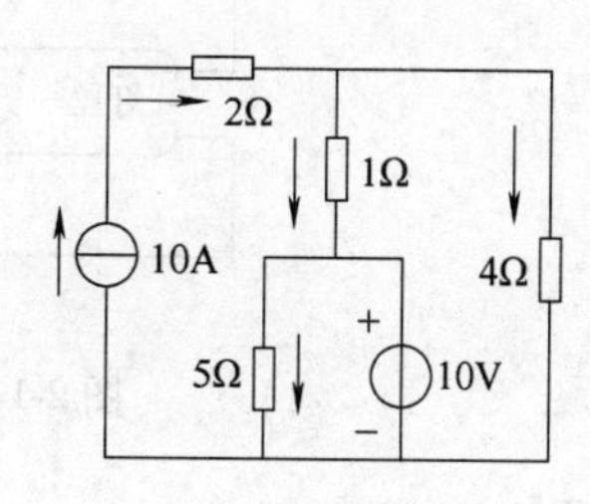

图 1-77 题 1-22 图

1-23 在图 1-78 所示电路中，N 为有源二端网络，当开关 S 断开时，电流表读数为 $I=1.8\text{A}$，当开关 S 闭合时，电流表读数为 1A。试求有源二端网络的等值电压源参数。

1-24 电路如图 1-79 所示。

（1）试求电流 I；

（2）若将 ab 连接线改为 10Ω 电阻，则求该电流 I。

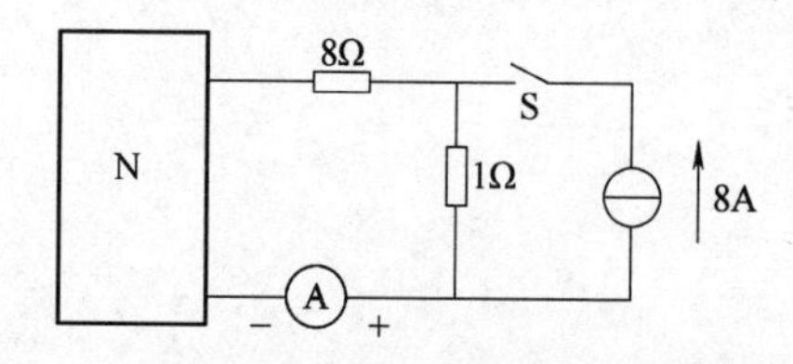

图 1-78 题 1-23 图

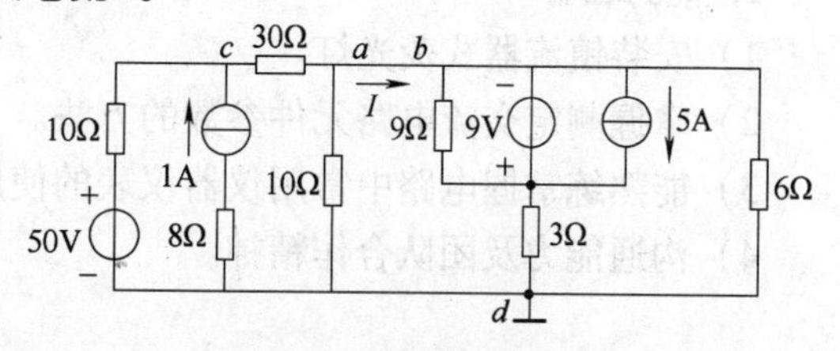

图 1-79 题 1-24 图

项目 2　荧光灯照明电路

2

【项目概述】

在实际生产生活中所用的电一般都为交流电，比如家庭照明用电、家用电器用电等均是单相交流电；而工业、农业用电一般都采用电动机，其用电为三相交流电。交流电的使用之所以非常广泛，主要是因为它的产生容易，并能利用变压器改变电压，便于输送和使用。此外，交流电还能很容易地转换为直流电使用，如手机等电器的充电设备，均为交流转换为直流充电。图 2-1 为常用的家庭荧光灯管照明电路。

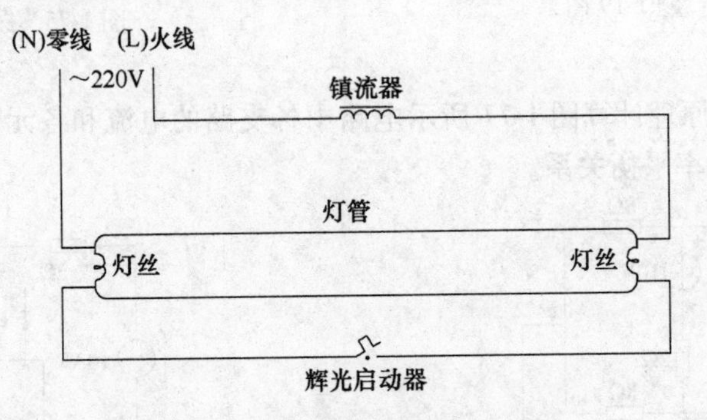

图 2-1　常用的家庭荧光灯照明电路

【项目目标】

1. 知识目标

1）理解正弦交流电的三要素及相量表示。

2）掌握正弦交流电中基本元器件的电压和电流关系。

3）掌握正弦交流电中功率的计算。

4）掌握三相交流电路中线电压与相电压、线电流与相电流的关系。

2. 能力目标

1）安装镇流器式荧光灯。

2）掌握测定交流电路元件参数的方法。

3）能熟练掌握电路中常用仪器仪表的使用。

4）沟通能力及团队合作精神。

【项目信息】

任务2.1 荧光灯照明电路的组成

【任务目标】

1）掌握正弦量的三要素。
2）掌握相位差。
3）掌握正弦量与相量之间的关系。

【任务内容】

如图2-1所示，家庭所用的荧光灯照明线路由镇流器、辉光启动器（俗称跳泡）、灯管等组成，其中镇流器为电感器件，灯管可看作电阻器件，供电为220V单相交流电源。通过对灯管电路的安装、分析、测试，使学生熟悉电路的组成及各部件的作用，并掌握交流电路中各部件电压、电流及功率的关系及测量方法。

【相关知识】

2.1.1 正弦交流电的基本知识

1. 正弦交流电的概念

日常所用的电分两种，一种是电压和电流的大小和方向都是恒定不变的，称作直流电；另一种是电压的大小或方向是随时间作周期性变化的，称作交流电。常见的交流信号波形如图2-2所示。

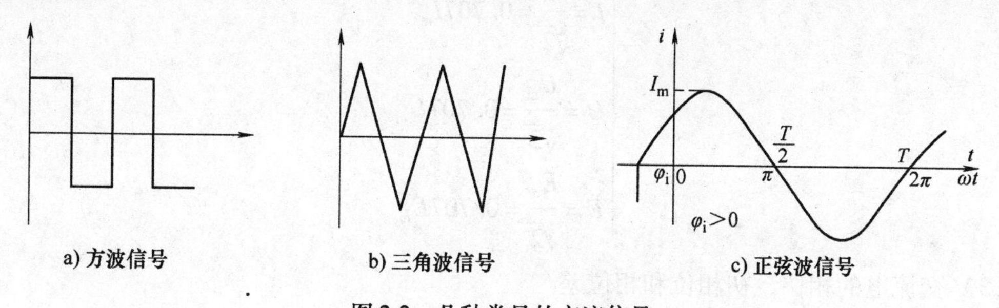

a) 方波信号　b) 三角波信号　c) 正弦波信号

图2-2 几种常见的交流信号

随时间按正弦变化的电压或电流称为正弦交流电，简称正弦量，日常生活所用的电均为正弦交流电。

2. 正弦交流电的三要素

在电子电路中，交流信号可以由信号发生器产生，方波信号和三角波信号一般均用在电子电路中。在电力电路中，正弦交流电一般由交流发电动机产生，以正弦交流电流为例，其数学表达式为

$$i = I_m \sin(\omega t + \varphi) \tag{2-1}$$

式中，i 为瞬时值，I_m 称为最大值，ω 称为角频率，φ 称为初相位（或初相角），且由表达式可知，最大值、初相位、角频率一经确定，则 i 随时间变化的关系也就确定了，所以这三个量称为正弦交流电的三要素。

（1）交流电的周期、频率和角频率　正弦量变化一次所需的时间称为周期，用 T 表示，单位是秒（s）；每秒钟变化的次数称为频率，用 f 表示，单位是赫兹（Hz）。周期和频率互为倒数。即

$$T = \frac{1}{f} \tag{2-2}$$

正弦量表达式中的 ω 是角频率，即正弦量每秒钟变化的弧度数，单位是弧度/秒（rad/s）。因为正弦量一周期经历了 2π 弧度，所以角频率为

$$\omega = 2\pi f = \frac{2\pi}{T} \tag{2-3}$$

式中，ω、T、f 都是反映正弦量变化快慢的量。

（2）交流电的瞬时值、最大值和有效值　正弦量任一瞬间的值称为瞬时值，用小写字母表示。如 i，u，e 分别表示电流、电压和电动势的瞬时值。瞬时值中最大的值是幅值，或称为最大值，用 I_m，U_m，E_m 表示。

一个交流电流 i 通过一个电阻时，在一个周期内产生的热量与一个直流电流 I 通过这个电阻时，在同样的时间产生的热量相等，则称直流电流的数值是交流电流的有效值。

有效值定义：有效值是根据电流的热效应来定义的，周期电流 i 和直流电流 I 分别通过两个阻值相等的电阻 R，如果在相同的时间 T 内，两个电阻消耗的能量相等，则称该直流电流 I 的值为周期电流 i 的有效值。同理，交流电压和电动势分别用 U、E 表示。

通过数学分析可得正弦交流电的有效值为

$$\begin{cases} I = \dfrac{I_m}{\sqrt{2}} = 0.707 I_m \\ U = \dfrac{U_m}{\sqrt{2}} = 0.707 U_m \\ E = \dfrac{E_m}{\sqrt{2}} = 0.707 E_m \end{cases} \tag{2-4}$$

（3）交流电的相位、初相位和相位差

A：相位：正弦量表达式中的角度。

B：初相：$t=0$ 时的相位。

C：相位差：两个同频率正弦量的相位之差，其值等于它们的初相之差。如

$$u = U_m \sin(\omega t + \varphi_u) \qquad i = I_m \sin(\omega t + \varphi_i)$$

则相位差为：

$$\varphi = (\omega t + \varphi_u) - (\omega t + \varphi_i) = \varphi_u - \varphi_i \tag{2-5}$$

$\varphi = 0$，u 与 i 同相；$\varphi > 0$，u 超前 i，或 i 滞后 u；$\varphi = \pm\pi$，u 与 i 反相；$\varphi = \pm\dfrac{\pi}{2}$，$u$ 与

i 正交。

相位差关系图如图 2-3 所示。

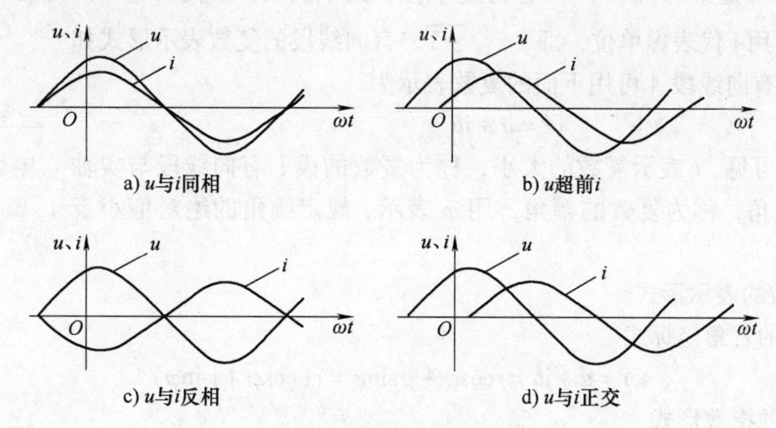

图 2-3 交流电相位关系图

例 2-1 已知单相正弦交流电流 i_1、i_2 的瞬时值表达式为 $i_1 = 14.1\sin\left(\omega t - \dfrac{\pi}{6}\right)\text{A}$，$i_2 = 28.2\sin\left(\omega t + \dfrac{5\pi}{6}\right)\text{A}$，试写出 i_1、i_2 的相位关系。

解：i_1、i_2 频率相同，其相位差为 $\varphi = \varphi_1 - \varphi_2 = -\dfrac{\pi}{6} - \dfrac{5\pi}{6} = -\pi$

所以 i_1、i_2 反相。

例 2-2 已知单相正弦电压为 $u = 220\sqrt{2}\sin\left(\omega t + \dfrac{\pi}{2}\right)$，电流为 $i = 7.07\sin\omega t$，试求 u、i 的相位关系，并求出其有效值。

解：u、i 频率相同，故其相位差为 $\varphi = \varphi_{\text{u}} - \varphi_{\text{i}} = \dfrac{\pi}{2} - 0 = \dfrac{\pi}{2}$

故其相位关系为：电压超前电流$\dfrac{\pi}{2}$，u、i 正交。

2.1.2 正弦量的相量表示法

正弦量的三要素，可以用一些方法表示出来，前面提到过两种。一种是用三角函数表示，如 $i = I_{\text{m}}\sin(\omega t + \varphi_{\text{i}})$，一种是用正弦波表示。这两种表示方法很直观，但不便于计算，所以对电路进行分析与计算时经常采用相量表示法，即用复数式与相量图来表示正弦交流电。

由图 2-3 可以看出，矢量在任一时刻在 y 轴上的投影 $i = I_{\text{m}}\sin(\omega t + \varphi_{\text{i}})$ 即为此时交流电的瞬时值。用 $\dot{I}_{\text{m}}$、$\dot{U}_{\text{m}}$ 表示电流、电压的最大值矢量，用 $\dot{I}$、$\dot{U}$ 表示电流、电压的有效值矢量。矢量记为 $\dot{I}_{\text{m}} = I\cos\varphi + \text{j}I\sin\varphi = I_{\text{m}}\angle\varphi_{\text{i}}$，$\dot{U}_{\text{m}} = U\cos\varphi + \text{j}I\sin\varphi = U_{\text{m}}\angle\varphi_{\text{u}}$，即

$$\dot{I}_{\text{m}} = \sqrt{2}\dot{I} \qquad \dot{U}_{\text{m}} = \sqrt{2}\dot{U}$$

1. 复数

（1）实部、虚部和模　$\sqrt{-1}$称为虚单位，数学上用 i 来代表它，因为在电工中 i 代表电流，所以改用 j 代表虚单位，即 $j=\sqrt{-1}$，有向线段的复数表示形式如图 2-4 所示，有向线段 A 可用下面的复数表示为

$$A=a+jb$$

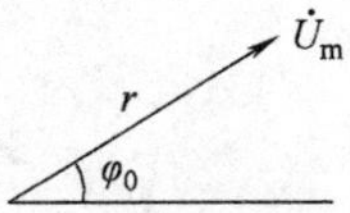

图 2-4　有向线段的复数表示

由图 2-4 可见，r 表示复数的大小，称为复数的模。有向线段与实轴正方向间的夹角，称为复数的幅角，用 φ 表示，规定幅角的绝对值小于 180°。

（2）复数的表示形式

1）复数的直角坐标式

$$A=a+jb=r\cos\varphi+jr\sin\varphi=r(\cos\varphi+j\sin\varphi) \tag{2-6}$$

2）复数的指数形式

$$A=re^{j\varphi} \tag{2-7}$$

3）复数的极坐标形式

$$A=r\angle\varphi \tag{2-8}$$

2. 正弦量的相量表达式

为了与一般的复数相区别，我们把表示正弦量的复数称为相量，并在大写字母上打“·”表示。于是表示正弦电压 $u=U_m\sin(\omega t+\varphi)$ 的相量为

$$\dot{U}_m=U_m(\cos\varphi+j\sin\varphi)=U_m e^{j\varphi}=U_m\angle\varphi \tag{2-9}$$

或

$$\dot{U}=U(\cos\varphi+j\sin\varphi)=Ue^{j\varphi}=U\angle\varphi \tag{2-10}$$

式中　$\dot{U}_m$——电压的幅值相量；

$\dot{U}$——电压的有效值相量。

3. 相量图

按照正弦量的大小和相位关系用初始位置的有向线段画出的若干个相量的图形，称为相量图。在相量图上能形象地看出各个正弦量的大小和相互间的相位关系。如

$$\begin{cases}u=U_m\sin(\omega t+\varphi_1)\\ i=I_m\sin(\omega t+\varphi_2)\end{cases} \tag{2-11}$$

则其相量图如图 2-5 所示。

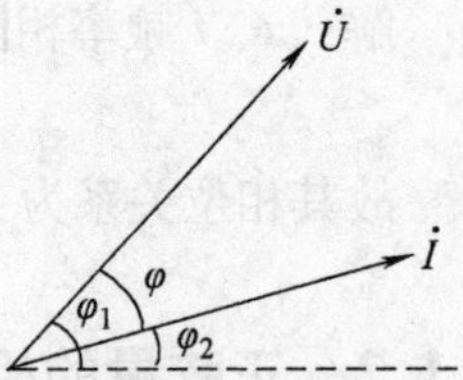

图 2-5　电压和电流的相量图

由图 2-5 可以得出，电流的初相位为 φ_2，电压的初相位为 φ_1，二者之间的相位差为 φ，且电压超前电流。

注意：只有正弦周期量才能用相量表示，相量不能表示非正弦周期量，且只有同频率的正弦量才能画在同一相量图上，不同频率的正弦量不能画在一个相量图上，否则无法比较和计算。

2.1.3　正弦量的加减运算

在分析正弦交流电路的时候，常会遇到多个正弦量相加减的问题。由数学知识可以证明，同频率的几个正弦量相加减后，正弦量频率不变，正弦量加减可用复数法或相量法计

算。

正弦量的复数加减运算如下：

$$A_1 = a_1 + \mathrm{j}b_1 \qquad A_2 = a_2 + \mathrm{j}b_2$$

$$A_1 \pm A_2 = (a_1 \pm a_2) + \mathrm{j}(b_1 \pm b_2)$$

正弦量的几何作图法加减运算

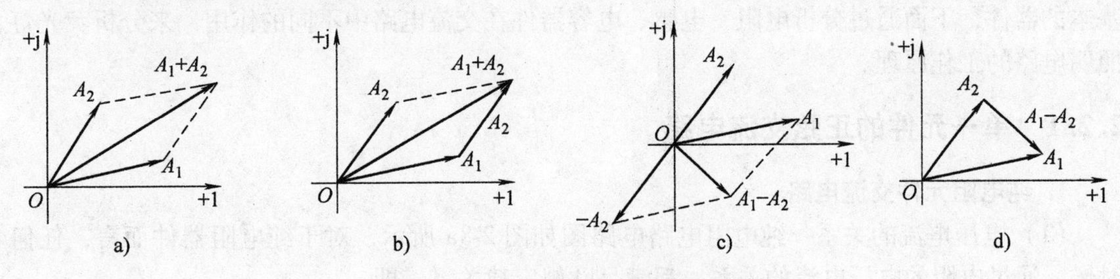

图2-6 正弦量的几何图法加减运算

图2-6中，图a和c为平行四边形法，图b和d为三角形法。

$$A_1 = r_1\cos\varphi_1 + \mathrm{j}r_1\sin\varphi_1 \qquad A_2 = r_2\cos\varphi_2 + \mathrm{j}r_2\sin\varphi_2 \tag{2-12}$$

$$\begin{aligned} A_1 \pm A_2 &= (r_1\cos\varphi_1 \pm r_2\cos\varphi_2) + \mathrm{j}(r_1\sin\varphi_1 \pm r_2\sin\varphi_2) \\ &= \sqrt{(r_1\cos\varphi_1 \pm r_2\cos\varphi_2)^2 + (r_1\sin\varphi_1 \pm r_2\sin\varphi_2)^2}\angle\arctan\frac{r_1\sin\varphi_1 \pm r_2\sin\varphi_2}{r_1\cos\varphi_1 \pm r_2\cos\varphi_2} \end{aligned} \tag{2-13}$$

例2-3 已知 $\dot{I}_{1\mathrm{m}} = 3\angle 60°\mathrm{A}$、$\dot{I}_{2\mathrm{m}} = 4\angle -30°\mathrm{A}$，求两个电流之和 $\dot{I}_{\mathrm{m}}$ 并写出其瞬时值表达式。

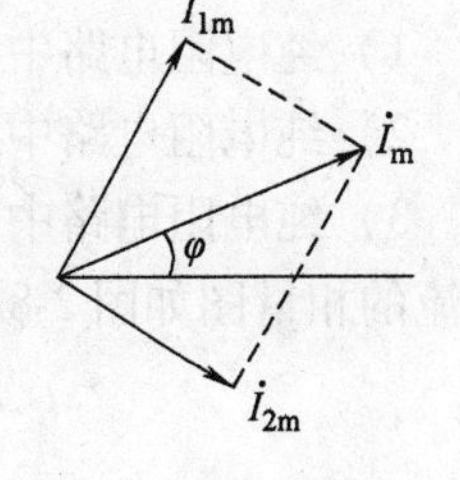

图2-7 例2-3相量图

解：电流相量图如图2-7所示。

$$I_{\mathrm{m}} = \sqrt{3^2 + 4^2} = 5\ (\mathrm{A})$$

$$\varphi = \arctan\frac{I_{1\mathrm{m}}}{I_{2\mathrm{m}}} - 30° = 23.1°$$

$$\dot{I}_{\mathrm{m}} = 5\angle 23.1°\ (\mathrm{A})$$

$$i = 5\sin(2\pi ft + \varphi) = 5\sin(100\pi t + 23.1°) = 5\sin(314t + 23.1°)\ (\mathrm{A})$$

任务2.2 荧光灯照明电路的分析

【任务目标】

1）掌握正弦交流电中基本元器件的电压和电流关系。
2）掌握正弦交流电相量分析法。
3）掌握正弦交流电中功率的计算。
4）掌握提高功率因数的方法。

【任务内容】

在如图 2-1 所示电路中，荧光灯照明电路可看做是电阻和电感元件串联组成的电路，且为电感性负载。当电路中电感性负载比较多时，电路的功率因数较低，需提高功率因数。提高功率因数的方法是在电路中并联合适的电容。电阻、电感、电容是正弦交流电路中三个电基本的器件，下面通过分析电阻、电感、电容器件在交流电路中不同的作用，来分析荧光灯照明电路的工作原理。

2.2.1 单一元件的正弦交流电路

1. 纯电阻元件交流电路

(1) 电压电流的关系　纯电阻电路电路图如图 2-8a 所示，对于纯电阻器件而言，任何时候，通过电阻的电压电流的关系，都满足欧姆定律关系，即

$$u = Ri$$

或

$$i = \frac{u}{R} \tag{2-14}$$

设单相交流电路中，通过电阻元件的电流为 $i = I_m \sin\omega t$

则根据欧姆定律关系，电阻两端的电压为

$$u = Ri = RI_m \sin\omega t = U_m \sin\omega t \tag{2-15}$$

结论：

1）纯电阻电路中，$u = Ri$ 或 $U_m = RI_m$ 或 $U = RI$。

2）纯电阻电路中，电压电流频率相同。

3）纯电阻电路中，电压电流同相位。纯电阻电路电压电流波形图如图 2-8b 所示，电压电流的相量图如图 2-8c 所示。

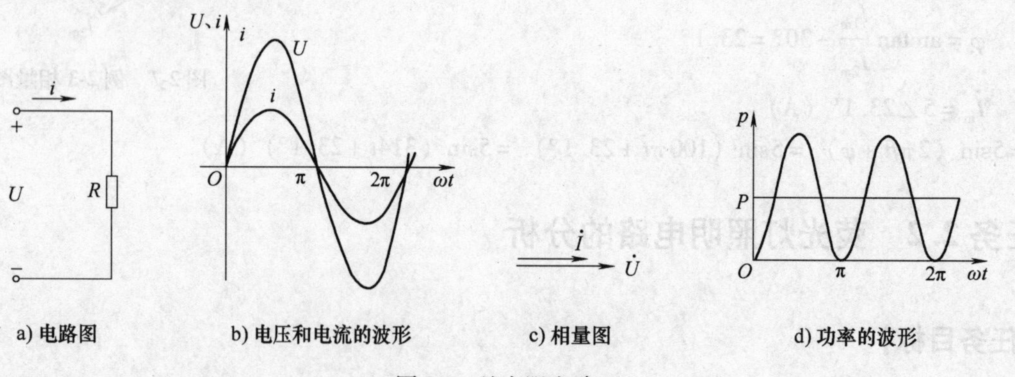

图 2-8　纯电阻电路

(2) 纯电阻电路的功率

1）瞬时功率。电路中，瞬时电压与瞬时电流的乘积称为瞬时功率，用小写字母 p 表示。

$$p = ui = U_m \sin\omega t I_m \sin\omega t = \frac{U_m I_m}{2}\sin^2\omega t$$

$$=\frac{\sqrt{2}U\sqrt{2}I}{2}(1-\cos 2\omega t)$$

$$=UI(1-\cos 2\omega t) \tag{2-16}$$

①电阻元件瞬时功率 p 始终大于0，故电阻元件总是从电源吸收电能并转换成热能。

②电阻元件上的功率频率是电压或电流频率的2倍。

瞬时功率的波形图如图2-8d 所示。

2）平均功率。瞬时功率无实际意义，日常生活中所说的器件功率均指平均功率，如40W 荧光灯管等。平均功率：瞬时功率在交流电一个周期内的平均值称为平均功率，也称为有功功率。用大写字母 P 表示。

由电阻瞬时功率表达式可知，电阻元件的瞬时功率分为两部分，一部分是 UI，一部分是 $-UI\cos\omega t$，其中 $-UI\cos\omega t$ 一个周期内平均值为0，故电阻元件的平均功率为

$$P=UI=I^2R=\frac{U^2}{R} \tag{2-17}$$

例2-4 已知某电炉两端的电压 $u=220\sqrt{2}\sin\left(314t+\frac{\pi}{6}\right)$V，工作时的电阻为100Ω。

（1）试写出电流的瞬时值表达式；（2）画出电压、电流的相量图；（3）求电阻消耗的功率。

解： 由 $u=220\sqrt{2}\sin\left(314t+\frac{\pi}{6}\right)$V 可知 $U=220$V

（1）电流的瞬时值表达式为

$$i=\frac{u}{R}=\frac{220\sqrt{2}\sin\left(314t+\frac{\pi}{6}\right)}{100}=2.2\sqrt{2}\sin\left(314t+\frac{\pi}{6}\right)\text{A}$$

(2)相量图如图2-9 所示。

(3)电阻消耗的功率

$$P=\frac{U^2}{R}=\frac{220^2}{100}=484(\text{W})$$

2. 纯电感元件的交流电路

在电感器件组成的电路中,若把电感器件看做一个理想器件,视线圈电阻为零,则这种线圈组成的电路为纯电感电路,电感元件上电压电流的关系为：$u=L\frac{di}{dt}$。

(1)纯电感电路电压电流关系　交流纯电感电路如图2-10 所示。

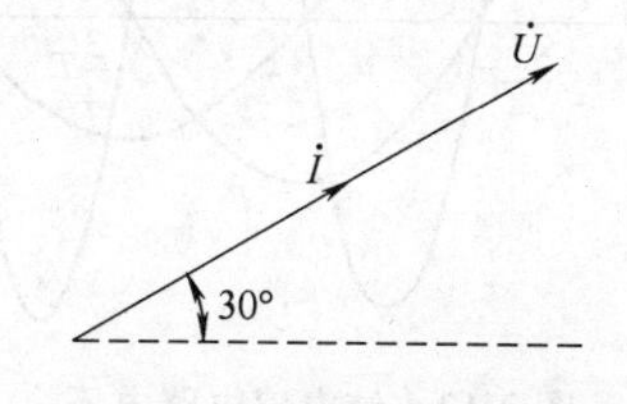

图2-9　电炉电压电流相量图

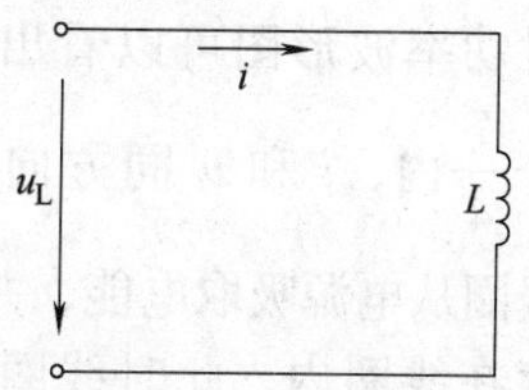

图2-10　纯电感电路电路图

设交流电路中，流过电感元件的电流为：$i = I_m \sin\omega t$，根据电感元件电压电流关系可得

$$u = L\frac{\mathrm{d}(I_m \sin\omega t)}{\mathrm{d}t} = \omega L I_m \cos\omega t = \omega L I_m \sin\left(\omega t + \frac{\pi}{2}\right) = U_m \sin\left(\omega t + \frac{\pi}{2}\right) \tag{2-18}$$

1）纯电感元件中，$U_m = \omega L I_m$ 故

$$I_m = \frac{U_m}{\omega L} = \frac{U_m}{X_L} \quad 或\ I = \frac{U}{X_L} \tag{2-19}$$

$$X_L = \omega L = 2\pi f L \tag{2-20}$$

X_L 称为电感的感抗，单位为欧姆（Ω）。

感抗 X_L 反映了电感元件阻碍交流电流通过的能力，其大小由电感 L 和电路中的频率 ω 决定。当 L 一定时，感抗 X_L 与频率成正比，所以电感元件对高频电流有较大的阻碍作用，对低频电流阻碍较小。当 $\omega\to\infty$ 时，$X_L\to\infty$，电感相当于开路；当 $\omega=0$（即直流）时，$X_L=0$，电感相当于短路，故电感线圈有“通直流、阻交流”或“通低频、阻高频”的特性。在实际工作中，常用电感元件的这一特性，用在无线设备中的高频扼流电路和滤波电路中。

2）纯电感电路中，电压电流频率相同。

3）纯电感电路中，电压超前电流 90°。

电感元件电压电流波形图如图 2-11a 所示，相量图如图 2-11b 所示。

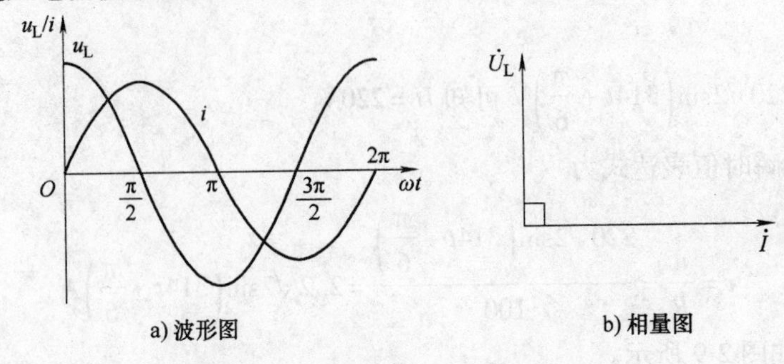

图 2-11　纯电感元件上电压电流关系

（2）功率

1）瞬时功率 p。纯电感电路的瞬时功率为

$$p = ui = U_m \sin\left(\omega t + \frac{\pi}{2}\right) I_m \sin\omega t$$

$$= U_m I_m \sin\omega t \cos\omega t = UI \sin 2\omega t \tag{2-21}$$

纯电感电路电压、电流、功率波形图如图 2-12 所示。

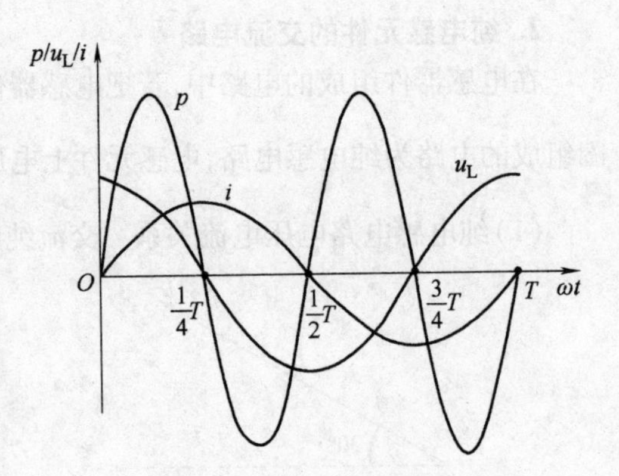

图 2-12　纯电感电路电压、电流、功率波形图

由瞬时功率波形图可以看出，在电流的第一、三两个 $\frac{T}{4}$ 内，i 和 u 同方向，瞬时功率为正，表明线圈从电源吸取电能，并将其转换为磁场能量储存在线圈内，此时线圈相当于一个负载。在电流的第二、四两个 $\frac{T}{4}$ 内，i 和 u 反方

向，瞬时功率为负，表明线圈将储存的磁场能量转换成电能返送给电源。此时线圈相当于一个电源。所以线圈总是与电源不断地交换能量，不消耗电能。

2）平均功率 P。由式（2-17）可知，纯电感元件在一个周期内的平均功率为 0，故纯电感元件在交流电路中不消耗电能。因此，在交流电路中，限流元件一般不采用电阻，如荧光灯电路的镇流器等，均采用电感元件限流。

3）无功功率。虽然电感元件不消耗电能，但电源要对它供给电流，因而电感元件在工作中仍需占用电源设备容量，这是供电部门所不希望的。对于这种功率，用无功功率来衡量，其值为瞬时功率的最大值，单位为乏（var）。

$$Q_L = U_L I = I^2 X_L = \frac{U_L^2}{X_L} \tag{2-22}$$

必须指出："无功"含义是交换，而不是消耗，更不能把"无功"误解为无用。如具有电感的变压器、电动机等，都是靠电磁转换来进行工作的，如果没有无功功率的存在，这些设备是不能工作的。

例 2-5　一个 5mH 的电感线圈，接在 $u = 10\sqrt{2}\sin\left(10^6 t + \frac{\pi}{6}\right)$ 的电源上。（1）试写出电流的瞬时值表达式；（2）画出电流、电压的相量图；（3）求出电路的无功功率。

解： ∵　$u = 10\sqrt{2}\sin\left(10^6 t + \frac{\pi}{6}\right)$

∴　$X_L = \omega L = 10^6 \times 5 \times 10^{-3} = 5 \times 10^3$（Ω）

（1）由于电流的有效值为

$$I = \frac{U}{X_L} = \frac{10}{5 \times 10^3} = 2 \times 10^{-3}\ \text{(A)} = 2\ \text{(mA)}$$

因此电流的瞬时值表达式为

$$i = 2\sqrt{2}\sin\left(10^6 t + \frac{\pi}{6} - \frac{\pi}{2}\right) = 2\sqrt{2}\sin\left(10^6 t - \frac{\pi}{3}\right)\ \text{(mA)}$$

（2）电流、电压的相量图如图 2-13 所示。

（3）电路的无功功率

$$Q_L = UI = 10 \times 2 \times 10^{-3} = 0.02\ \text{(var)}$$

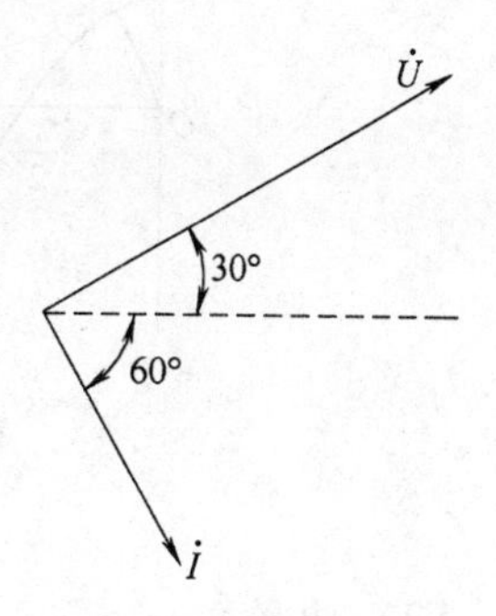

图 2-13　例 2-5 电压电流相量图

3. 纯电容电路

（1）纯电容电路电压电流关系　在交流电路中，如果只用电容器做负载，且可以忽略介质的损耗时，这个电路就称为纯电容电路。如图 2-14 所示，电容元件电压电流关系为

$$i = C\frac{\mathrm{d}u}{\mathrm{d}t}$$

设交流电路中，电容两端的电压为：$u = U_m \sin\omega t$，电压电流参考方向一致，根据电容元件电压电流关系可得

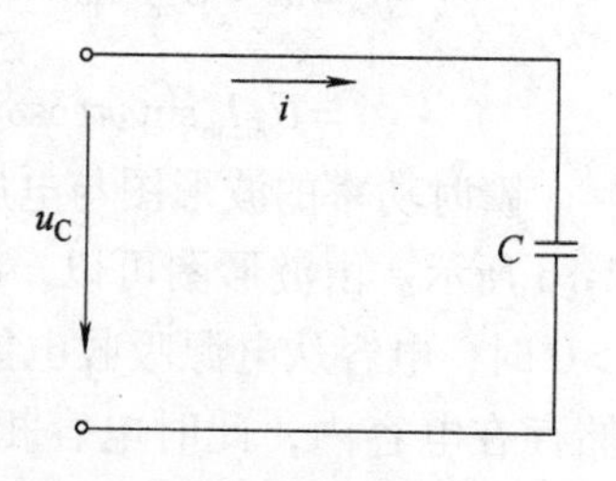

图 2-14　纯电容电路

$$i = L\frac{Cd(U_m\sin\omega t)}{dt} = \omega CU_m\cos\omega t = \omega CU_m\sin\left(\omega t+\frac{\pi}{2}\right) = I_m\sin\left(\omega t+\frac{\pi}{2}\right) \tag{2-23}$$

结论：

1）纯电容元件中，$I_m = \omega CU_m$ 故

$$I_m = \frac{U_m}{\frac{1}{\omega C}} = \frac{U_m}{X_C} \quad 或\ I = \frac{U}{X_C} \tag{2-24}$$

$$X_C = \frac{1}{\omega C} = \frac{1}{2\pi fC} \tag{2-25}$$

式中 X_C——电容的容抗，单位为欧姆（Ω）。

容抗 X_C 反映了电容元件阻碍交流电流通过的能力，其大小由电容 C 和电路中的频率 ω 决定。当 C 一定时，容抗 X_C 与频率成反比，所以电容元件对低频电流有较大的阻碍作用，对高频电流阻碍较小。当 $\omega\to\infty$ 时，$X_C\to 0$，电容相当于短路；当 $\omega=0$（即直流）时，$X_C\to\infty$，电容相当于断路，故电容有“通交流、阻直流”或“通高频、阻低频”的特性。在实际工作中，常用电容元件的这一特性，用作滤波电路和选频。

2）纯电容电路中，电压电流频率相同。

3）纯电容电路中，电流超前电压 90°或电压滞后电流 90°。

电容元件电压电流波形图如图 2-15a 所示，相量图如图 2-15b 所示。

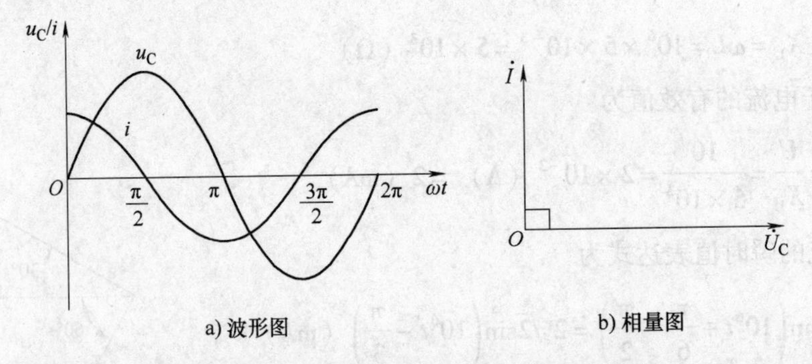

图 2-15 纯电容电路电压电流波形图和相量图

（2）功率

1）瞬时功率用 p 表示，其表达式为

$$p = ui = U_m\sin\omega t\times I_m\sin\left(\omega t+\frac{\pi}{2}\right)$$

$$= U_mI_m\sin\omega t\cos\omega t = UI\sin 2\omega t \tag{2-26}$$

瞬时功率的波形图与电压、电流波形的关系如图 2-16 所示。由波形图可以，瞬时功率时正时负，当 $p>0$ 时，电容从电源吸收电能，并将其转换为电场能储存在电容内，此时电容相当于一个负载；当 $p<0$ 时，电容将储存的电场能转换为电能返送回电源，此

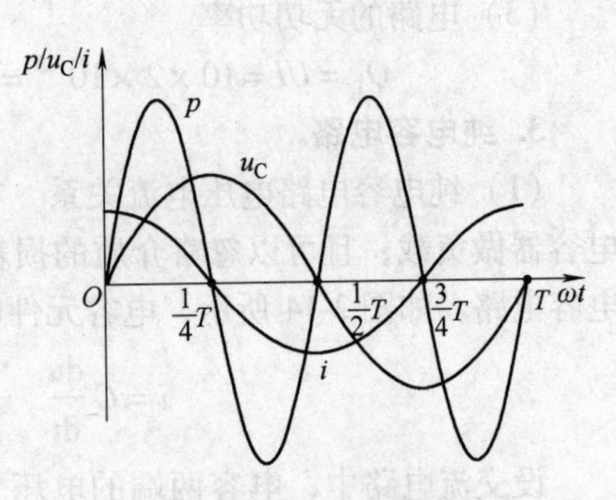

图 2-16 纯电容电路电压电流功率波形图

时电容相当于一个电源。

2）平均功率。纯电容元件在一个周期内的平均功率为0，故纯电容元件在交流电路中不消耗电能。

3）无功功率。和纯电感一样，电容元件在电路中同样要占用电源资源，故同样规定其瞬时功率的最大值为无功功率，用 Q_C 表示，单位为乏（var）。

$$Q_C = U_C I = I^2 X_C = \frac{U_C^2}{X_C} \tag{2-27}$$

例 2-6 若把一个 $C = 40\mu F$ 的电容器接到电压为 $u = 220\sqrt{2}\sin\left(314t + \frac{\pi}{3}\right)V$ 的电源上。

试求：(1) 电容的容抗；(2) 写出电流的瞬时值表达式；(3) 画出电流和电压的相量图。

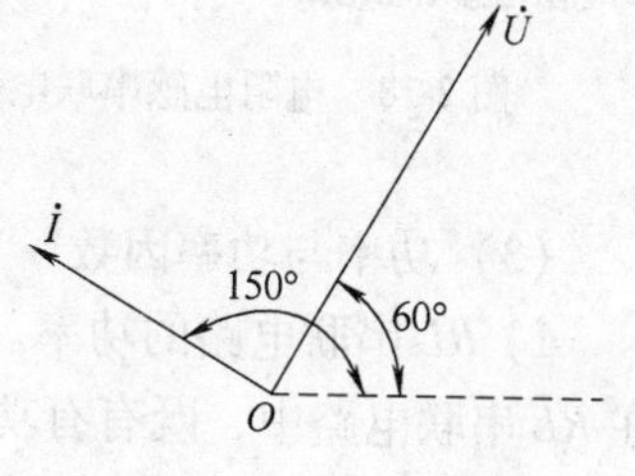

图 2-17 例 2-6 相量图

解：(1) 容抗为 $X_C = \frac{1}{\omega C} = \frac{1}{314 \times 40 \times 10^{-6}} = 80$ (Ω)

(2) 由于电流的有效值为

$$I = \frac{U}{X_C} = \frac{220}{80} = 2.75 \text{ (A)}$$

故电流的瞬时值表达式为

$$i = 2.75\sqrt{2}\sin\left(314t + \frac{\pi}{3} + \frac{\pi}{2}\right) = 2.75\sqrt{2}\sin\left(314t + \frac{5\pi}{6}\right) \text{ (A)}$$

(3) 电流和电压的相量图如图 2-17 所示。

2.2.2 交流串联电路

1. 电阻和电感串联电路

电阻、电感串联电路如图 2-18a 所示，相量图如图 2-18b 所示。

(1) 电压和电流相位关系　由串联电路中电流相等的特性可知，电阻和电感元件上的电流相等，而电感上的电压超前电流 90°，电阻上电压电流同相位，所以可得电阻、电感电压相位图如图 2-18b 所示。

(2) 电压和电流的数值关系

电阻上电压 $U_R = IR$

电感上电压 $U_L = IX_L$

由矢量图可知

$$U = \sqrt{U_R^2 + U_L^2} = \sqrt{(IR)^2 + (IX_L)^2} = I\sqrt{R^2 + X_L^2} = |Z|I$$

令 $|Z| = \sqrt{R^2 + X_L^2}$ 则

$$U = |Z|I \tag{2-28}$$

电压超前电流

$$\varphi = \arctan\frac{U_L}{U_R} \tag{2-29}$$

将电压相量图稍作变化，可得电压三角形如图 2-19a 所示。将电压三角形各边同时除以电流有效值 I，可得阻抗三角形，如图 2-19b 所示。

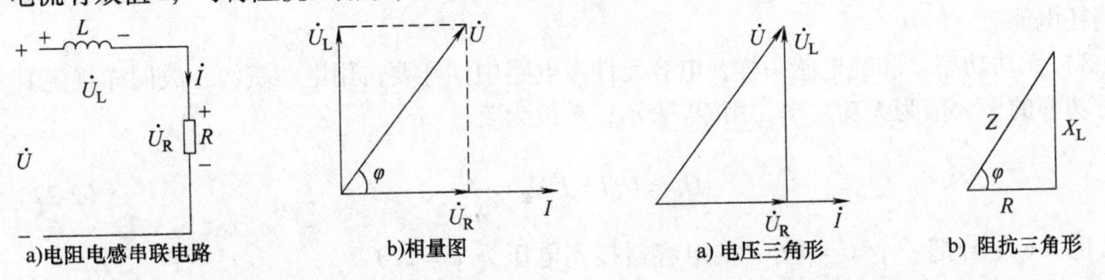

a)电阻电感串联电路　　b)相量图

图 2-18　电阻电感串联电路及相量图

a) 电压三角形　　b) 阻抗三角形

图 2-19　*RL* 串联电路电压三角形和阻抗三角形

（3）功率与功率因数

1）*RL* 串联电路的功率。在 *RL* 串联电路中，电阻为耗能元件，电感为储能元件。因此，在 *RL* 串联电路中，既有有功功率，又有无功功率。

电路中的有功功率为电阻消耗的功率，其值为

$$P = U_R I = I^2 R = \frac{U_R^2}{R} \tag{2-30}$$

电路中的无功功率为电感与电源能量交换的最大值，其大小为

$$Q_L = U_L I = I^2 X_L = \frac{U_L^2}{X_L} \tag{2-31}$$

电源提供的功率，即电路中电压与电流的乘积，称为电路的视在功率，用 S 表示，单位为 V · A

$$S = UI = I^2 |Z| = \frac{U^2}{|Z|} \tag{2-32}$$

把电压三角形中各边分别乘以电流有效值 I，则得功率三角形，如图 2-20 所示。

由功率三角形可得

$$S = \sqrt{P_2 + Q_L^2} \qquad P = S\cos\varphi \qquad Q_L = S\sin\varphi \tag{2-33}$$

一般情况下，日常生活中所用的电气设备，其铭牌上所标的额定功率均指额定有功功率，而供电部门电源铭牌上标注的为额定容量，指其额定视在功率。

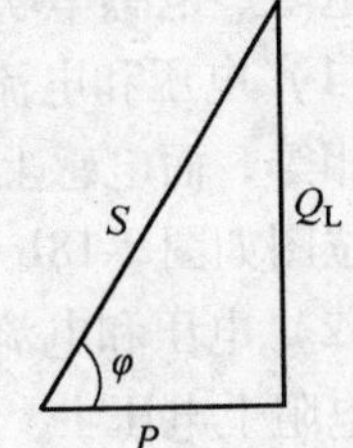

图 2-20　电阻电感串联电路功率三角形

2）功率因数。从功率三角形可知，电源提供的功率不能完全被利用，转换成其他形式的能，这就存在电源利用率的问题，为了反映这种利用，把有功功率和视在功率的比值称为电路的功率因数，即

$$\text{功率因数} = \frac{\text{有功功率}}{\text{视在功率}} = \frac{P}{S} = \cos\varphi$$

由电压三角形和阻抗三角形可知

$$\cos\varphi = \frac{P}{S} = \frac{U_R}{U} = \frac{R}{|Z|} \tag{2-34}$$

由功率因数的定义可知，功率因数越大，说明电源发出的电能转换为其他形式的能量越多，电源利用率越高。在同一电压下，输送相同的功率，功率因数越大，线路电流就越小，线路的损失也就越小，所以在交流电路中，要尽量提高功率因数。

例2-7 有一个电感线圈，接到20V的直流电源时，通过的电流为1A，将此线圈接于1000Hz，20V的交流电源时，通过的电流为0.8A，求线圈的电阻和电感。

解： 因为线圈具有通直流阻交流的特性，所以当线圈接于20V直流时，$X_L=0$

$$R=\frac{U}{I}=\frac{20}{1}=20\ (\Omega)$$

当接交流电源时

$$|Z|=\frac{U}{I}=\frac{20}{0.8}=25\ (\Omega)$$

$$X_L=\sqrt{|Z|^2-R^2}=\sqrt{25^2-20^2}=15\ (\Omega)$$

$$X_L=2\pi fL$$

$$\therefore\quad L=\frac{X_L}{2\pi f}=\frac{15}{2\pi\times1000}=2.4\ (\text{mH})$$

2. *RLC* 串联电路

RLC 串联电路图如图2-21a所示，相量图如图2-21b所示。

（1）电压电流的关系 设电路电流

$$i=I_m\sin\omega t$$

根据基尔霍夫电压定律可知

$$u=u_R+u_L+u_C$$

用相量形式表示则有

$$\dot{U}=\dot{U}_R+\dot{U}_L+\dot{U}_C$$

因为串联电路电流相等，因此以电流相量为参考相量，作出R、L、C上电压的相量图如图2-21b所示。

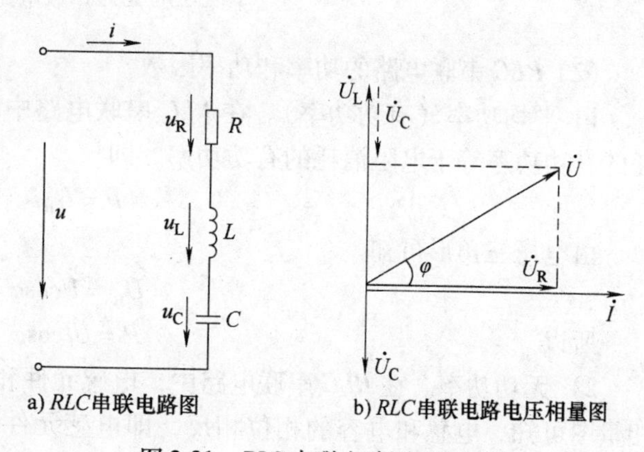

图2-21 *RLC* 串联电路图和相量图

根据相量图，可知

$$U=\sqrt{U_R^2+(U_L-U_C)^2}=\sqrt{(IR)^2+(IX_L-IX_C)^2}=I\sqrt{R^2+(X_L-X_C)^2}=I|Z| \quad (2\text{-}35)$$

$$|Z|=\sqrt{R^2+(X_L-X_C)^2}=\sqrt{R^2+X^2} \quad (2\text{-}36)$$

式中 X——X_L-X_C，是感抗与容抗之差，称为电抗，单位为欧姆（Ω）。

$$X_L=\omega L=2\pi fL \qquad X_C=\frac{1}{\omega C}=\frac{1}{2\pi fC} \quad (2\text{-}37)$$

Z 体现了电路对电流的阻力，反映了总电压和电流的数值关系，称为阻抗，单位为欧姆（Ω）。

阻抗三角形如图2-22所示。

电压与电流之间的相位差为

$$\varphi=\arctan\frac{U_L-U_C}{U_R}=\arctan\frac{X_L-X_C}{R}=\arctan\frac{X}{R} \quad (2\text{-}38)$$

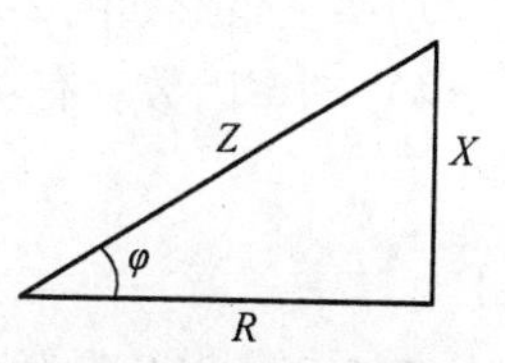

图2-22 *RLC* 串联电路阻抗三角形

1）当 $X_L > X_C$ 时，$U_L > U_C$，$\varphi > 0$，电压 u 超前电流 i，此时电路的性质为电感性。

2）当 $X_L < X_C$ 时，$U_L < U_C$，$\varphi < 0$，电压 u 滞后电流 i，此时电路的性质为电容性。

3）当 $X_L = X_C$ 时，$U_L = U_C$，$\varphi = 0$，电压 u 与电流 i 同相位，此时电路的性质为电阻性，这时电路发生串联谐振。

RLC 串联电路性质如图 2-23 所示。

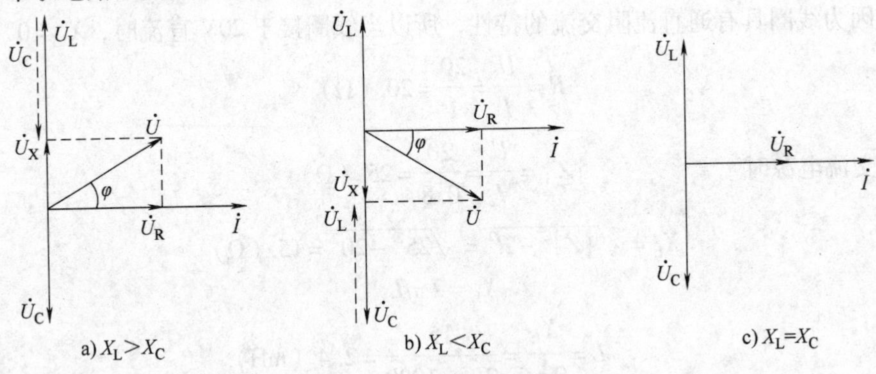

a) $X_L > X_C$　　b) $X_L < X_C$　　c) $X_L = X_C$

图 2-23　*RLC* 串联电路的性质

（2）*RLC* 串联电路的功率和功率因数

1）平均功率（有功功率）。在 *RLC* 串联电路中，只有电阻元件消耗能量，整个电路消耗的有功功率等于电阻消耗的有功功率，即

$$P = U_R I$$

由电压三角形可知

$$U_R = U\cos\varphi \tag{2-39}$$

所以

$$P = UI\cos\varphi \tag{2-40}$$

2）无功功率。在 *RLC* 串联电路中，电感元件和电容元件与电源之间进行能量交换，由相量图可知，电感和电容的相位相反，即电感元件吸收电能时，电容元件在释放电能，反之，电感元件在释放电能时，电容元件在吸收电能，所以 *RLC* 串联电路的无功功率为电感的无功功率与电容上无功功率之差，即

$$Q = Q_L - Q_C = U_L I - U_C I = (U_L - U_C)I \tag{2-41}$$

由相量图可知

$$U_L - U_C = U\sin\varphi \tag{2-42}$$

所以

$$Q = UI\sin\varphi \tag{2-43}$$

3）视在功率。交流电路总电压和总电流有效值的乘积为电路的视在功率，所以 *RLC* 串联电路的视在功率为

$$S = UI = \sqrt{P^2 + Q^2} \tag{2-44}$$

功率三角形如图 2-24 所示。

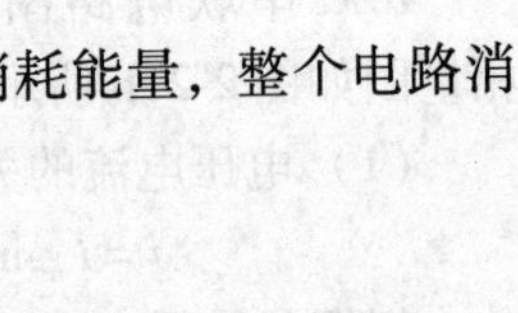

图 2-24　*RLC* 串联电路功率三角形

4）功率因数。有功功率与视在功率的比值称为功率因数，即

$$\cos\varphi = \frac{P}{S} = \frac{U_R}{U} = \frac{R}{|Z|} \tag{2-45}$$

例 2-8　*RLC* 串联电路中，已知 $R = 5\text{k}\Omega$，$L = 6\text{mH}$，$C = 0.001\mu\text{F}$，$U = 5\sqrt{2}\sin 10^6 t$。（1）求电流 i 和各元件上的电压，画出相量图；（2）当角频率变为 $2\times10^5\text{rad/s}$ 时，电路的

性质有无改变。

解：(1)
$$X_L=\omega L=10^6\times6\times10^{-3}=6(\text{k}\Omega)$$
$$X_C=\frac{1}{\omega C}=\frac{1}{10^6\times0.001\times10^{-6}}=1(\text{k}\Omega)$$
$$Z=R+\text{j}(X_L-X_C)=5+\text{j}(6-1)=5\sqrt{2}\angle45°(\text{k}\Omega)$$

$\varphi>0$，电路呈感性。

由 $u=5\sqrt{2}\sin10^6t$，得电压相量为

$$\dot{U}_m=5\sqrt{2}\angle0°(\text{V})\qquad \dot{I}_m=\frac{\dot{U}_m}{Z}=\frac{5\sqrt{2}\angle0°}{5\sqrt{2}\angle45°}=1\angle-45°(\text{mA})$$
$$\dot{U}_{Rm}=R\dot{I}_m=5\times1\angle-45°=5\angle-45°(\text{V})$$
$$\dot{U}_{Lm}=\text{j}X_L\dot{I}_m=\text{j}6\times1\angle-45°=6\angle45°(\text{V})$$
$$\dot{U}_{Cm}=-\text{j}X_C\dot{I}_m=-\text{j}1\times1\angle-45°=1\angle-135°(\text{V})$$
$$i=\sin(10^6t-45°)(\text{mA})\qquad u_R=5\sin(10^6t-45°)(\text{V})$$
$$u_L=6\sin(10^6t+45°)(\text{V})\qquad u_C=\sin(10^6t-135°)(\text{V})$$

电压电流相量图如图2-25所示。

(2)当角频率变为 2×10^5rad/s 时，电路阻抗为

$$\begin{aligned}Z&=R+\text{j}(X_L-X_C)\\&=5+\text{j}\left(2\times10^5\times6\times10^{-3}-\frac{1}{2\times10^5\times0.001\times10^{-6}}\right)\\&=5-\text{j}3.8=6.28\angle-37.2°(\text{k}\Omega)\end{aligned}$$

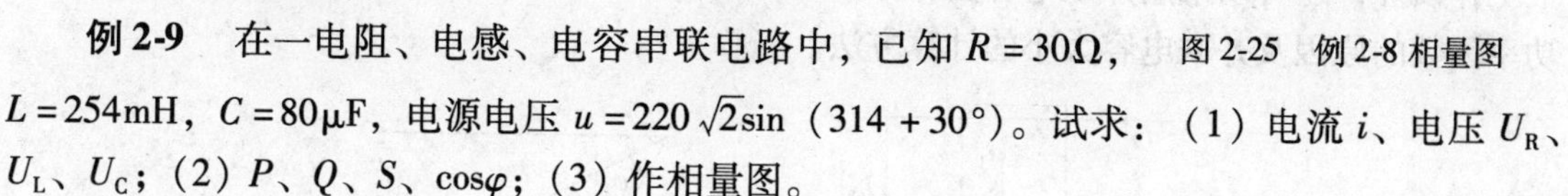

图2-25 例2-8相量图

$\varphi>0$，电路呈容性。

例2-9 在一电阻、电感、电容串联电路中，已知 $R=30\Omega$，$L=254\text{mH}$，$C=80\mu\text{F}$，电源电压 $u=220\sqrt{2}\sin(314+30°)$。试求：(1)电流 i、电压 U_R、U_L、U_C；(2)P、Q、S、$\cos\varphi$；(3)作相量图。

解：(1)线圈的感抗

$$X_L=\omega L=314\times254\times10^{-3}=80\ (\Omega)$$

电容的容抗

$$X_C=\frac{1}{\omega C}=\frac{1}{314\times80\times10^{-6}}=40\ (\Omega)$$

电路的阻抗

$$|Z|=\sqrt{R^2+(X_L-X_C)^2}=\sqrt{30^2+(80-40)^2}=50\ (\Omega)$$

电流的有效值

$$I=\frac{U}{|Z|}=\frac{220}{50}=4.4\ (\text{A})$$

总电压与电流的相位差

$$\varphi=\arctan\frac{X_L-X_C}{R}=\arctan\frac{80-40}{30}=53.1°$$

电流的瞬时值表达式

$$i=4.4\sqrt{2}\sin\ (314t+30°-53.1°)\ =4.4\sqrt{2}\sin\ (314t-23.1°)\ (\mathrm{A})$$

各元件上的电压

$$U_{\mathrm{R}}=IR=4.4\times30=132\ (\mathrm{V})$$

$$U_{\mathrm{L}}=IX_{\mathrm{L}}=4.4\times80=352\ (\mathrm{V})$$

$$U_{\mathrm{C}}=IX_{\mathrm{C}}=4.4\times40=176\ (\mathrm{V})$$

（2）有功功率　$P=UI\cos\varphi=220\times4.4\cos53.1°=581\ (\mathrm{W})$

无功功率　$Q=UI\sin\varphi=220\times4.4\times\sin53.1°=774\ (\mathrm{var})$

视在功率　$S=UI=220\times4.4=968\ (\mathrm{V\cdot A})$

功率因数　$\cos\varphi=\dfrac{P}{S}=\cos53.1°=0.6$

（3）相量图如图2-26所示。

3. 功率因数的提高

前面说过功率因数越大，电源利用率越高，在同一电压下，输送相同功率时，功率因数越大，线路的损失也就越小。然而在日常生产和生活中，使用的电气设备大多都有电动机等感性负载，其功率因数都较低，这些直接影响着供电部门电源的利用率。因而为了合理使用电能，提高发电设备的利用率，减少输电线路的损耗，国家电业部门规定：用电企业的功率因数必须在0.9以上。所以提高功率因数，是企业用电应该采取的措施。

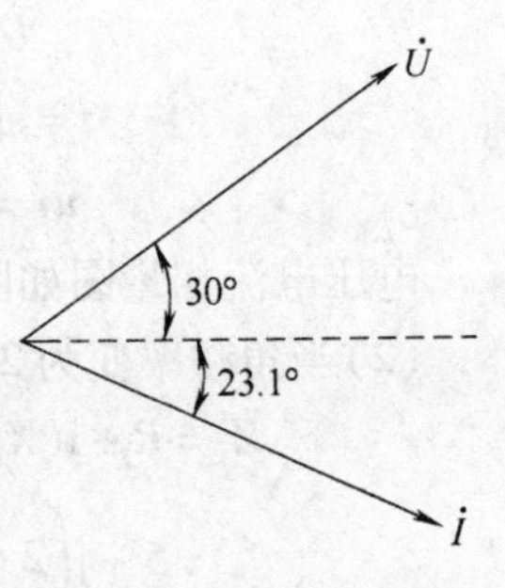

图2-26　例2-9相量图

提高功率因数的方法，除了尽量使电动机等设备在满负荷状态下工作以外，还可以采用并联电容法，如图2-27a所示。下面分析并联电容之所以能够提高功率因数的原因及并联电容大小的计算方法。

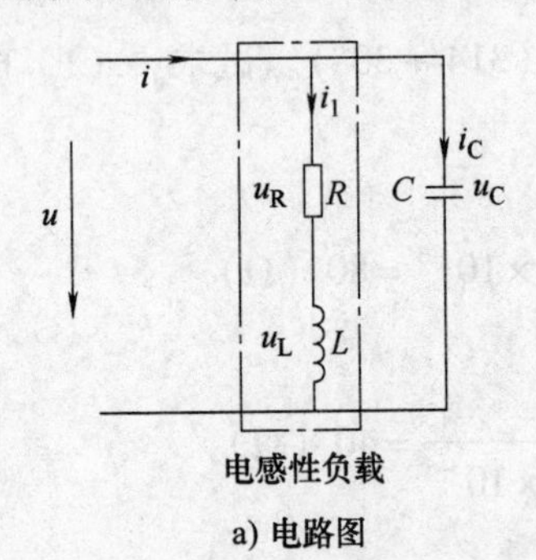

a) 电路图

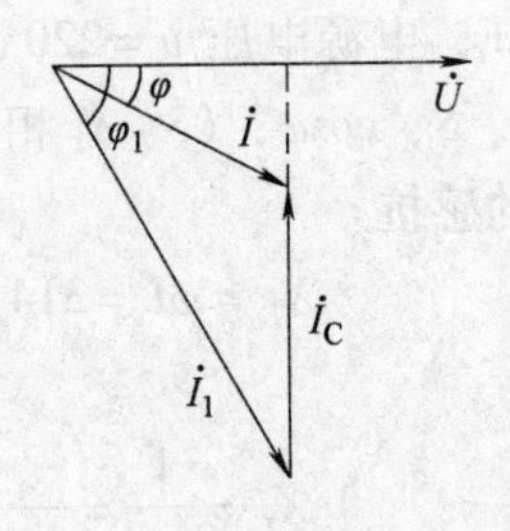

b) 功率因数提高电流相量图

图2-27　功率因数的提高

因并联电路电压相等，所以以电压为参考矢量，可画出各支路电流的矢量图如图2-27b所示。

并联电容前后，电路中电阻不变，因此，电路消耗的有功功率不变，电路电压不变，并联电容前后电路的功率因数已知。

可得 $I_1=\dfrac{P}{U\cos\varphi_1}$ $I=\dfrac{P}{U\cos\varphi}$

由相量图可知

$$I_C=I_1\sin\varphi_1-I\sin\varphi$$
$$=\frac{P}{U\cos\varphi_1}\sin\varphi_1-\frac{P}{U\cos\varphi}\sin\varphi$$
$$=\frac{P}{U}(\tan\varphi_1-\tan\varphi)$$
$$=U\omega C$$

∴

$$C=\frac{P}{\omega U^2}(\tan\varphi_1-\tan\varphi)$$

例2-10 今有40W荧光灯一只，连接在电压 $U=220V$ 的电源上。灯管工作时属于纯电阻负载，镇流器可近似看作纯电感。已知灯管两端电压 $U_R=110V$。试求：（1）流过灯管的电流 I 及负载的功率因数 $\cos\varphi_1$；（2）欲将电路功率因数提高到 $\cos\varphi=0.8$，应并联多大的电容，此时电路总电流为多少？

解：（1）$I_1=\dfrac{P}{U_R}=\dfrac{40}{110}=0.36\ (A)$ $\cos\varphi_1=\dfrac{P}{UI_1}=\dfrac{40}{0.36\times220}=0.5$ $\varphi_1=60°$

（2）欲将电路功率因数提高到 $\cos\varphi=0.8$，即 $\varphi=36.9°$，应并联电容

$$C=\frac{P}{2\pi fU^2}(\tan\varphi_1-\tan\varphi)=\frac{40}{2\times3.14\times50\times220^2}(\tan60°-\tan36.9°)=2.58\ (\mu F)$$

此时电路的总电流为

$$I=\frac{P}{U\cos\varphi}=\frac{40}{220\times0.8}=0.227\ (A)$$

【项目实施】

任务2.3 荧光灯照明电路的安装与测试

【任务目标】

1）掌握安装镇流器式荧光灯方法。
2）掌握测定交流电路元件参数的方法。
3）能熟练掌握电路中常用仪器仪表的使用。
4）理解荧光灯照明电路工作原理。

【任务内容】

2.3.1 荧光灯照明电路的工作原理与安装

1. 荧光灯照明电路工作原理

（1）荧光灯电路的构造 荧光灯电路由灯管、镇流器、辉光启动器以及电容器等部件

组成。各部件的结构和工作原理如下。

1）灯管。灯管是一根玻璃管，内壁涂有一层荧光粉，不同的荧光粉可发出不同颜色的光。灯管内充有稀薄的惰性气体（如氩气）和水银蒸气，灯管两端有由钨制成的灯丝，灯丝涂有受热后易于发射电子的氧化物。当灯丝有电流通过时，使灯管内灯丝发射电子，还可使管内温度升高，水银蒸发。这时，若在灯管的两端加上足够的电压，就会使管内氩气电离，从而使灯管由氩气放电过渡到水银蒸气放电。放电时发出不可见的紫外光线照射在管壁内的荧光粉上面，使灯管发出各种颜色的可见光线。

2）镇流器。镇流器是与灯管相串联的一个元件，实际上是绕在硅钢片铁心上的电感线圈，其感抗值很大。镇流器的作用是：①限制灯管的电流；②产生足够的自感电动势，使灯管容易放电起燃。镇流器一般有两个出头，但有些镇流器因为在电压不足时容易起燃，多绕了一个线圈，因此也有四个出头的镇流器。

3）辉光启动器。辉光启动器是一个小型的辉光管，在小玻璃管内充有氖气，并装有两个电极。其中一个电极是由线膨胀系数不同的两种金属组成（通常称双金属片），冷态时两电极分离，受热时双金属片会因受热而变弯曲，使两电极自动闭合。

（2）荧光灯的启辉过程　闭合开关接通电源后，电源电压经镇流器、灯管两端的灯丝加在辉光启动器的U形动触片和静触片之间，引起辉光放电。放电时产生的热量使得用金属片制成的U形动触片膨胀并向外伸展，与静触片接触，使灯丝预热并发射电子。在U形动触片和静触片接触时，两者之间电压为零，所以停止辉光放电。U形动触片冷却收缩并复原与静触片分离，动、静触片断开瞬间在镇流器两端产生一个比电源电压高得多的感应电动势，这个感应电动势与电源电压串联后加在灯管两端，使灯管内惰性气体被电离而引起弧光放电。随着管内温度的逐渐升高，液态汞汽化游离，引起汞蒸气弧光放电而产生肉眼看不见的紫外线，紫外线激发灯管内壁的荧光粉后，发出近似日光的可见光。

正常工作时，灯管两端的电压较低（40W灯管的两端电压约为110V，20W的灯管约为60V），此电压不足以使辉光启动器再次产生辉光放电。因此，辉光启动器仅在启辉过程中起作用，一旦启辉完成，便处于断开状态。

2. 安装准备工作

（1）准备制作工具及仪器仪表

1）荧光灯散件一套。

2）荧光灯安装示教板一块。

（2）教师讲解

1）认识器材：将荧光灯各部件实物分发给学生，采用边观察边讲解的方法进行教学，强调并展示荧光灯三大部件：灯管、镇流器、辉光启动器。灯座和灯架为辅助配套部件，市场多为铁皮制成，实验采用木板安装。

2）识读电路图，了解其电路符号表示：把荧光灯电路图画在黑板上，为降低难度，可暂时将镇流器与荧光灯管画成一直线，用两种不同颜色的粉笔分别代表相线和零线。可暂时不画出辉光启动器的符号，待讲辉光启动器简单工作过程时再补上。

3）镇流器的作用以及辉光启动器工作原理：镇流器的作用实在启动时产生高压点亮灯管，点亮后限制工作电流和稳定工作电压。只作了解即可。为提高学生兴趣和提高课堂效果，在讲解辉光启动器的作用和工作原理时，可作一个简单演示：将辉光启动器与一小功率

220V 灯泡串联，然后接电源。当辉光启动器闭合时灯泡亮。演示时间不宜太长。

4）在电路图上补上镇流器和辉光启动器的符号。

3. 电路的安装

1）把两个灯座套在灯管上并适当压紧，测算出两个支架的距离，用记号笔标示在灯架上，确定固定位置。

2）用手钻钻适当大小的孔用于穿线（直径约 5mm）。

3）给辉光启动器接上 40cm 的软线。

4）用螺钉将辉光启动器座、镇流器固定在灯架背面的适当位置。

5）按照电路图的连接规律留出连接灯座的导线头，穿过穿线孔。

6）严格按照课本说明和老师示范连接灯座并接线，接线时，应注意把接镇流器一端的引线与通过开关接进的相线相连接，并把灯座固定在灯架上（按记号的位置）。

7）将插头线与荧光灯电路连接，并将接头处用绝缘胶布包扎好。

8）安装荧光灯管。要求双手配合，用力适度，方向正确。

9）在辉光启动器座上安装辉光启动器（注意逆时针旋转 90°即可）。

10）检查电路是否安装正确。

最后经老师检查同意后进行通电试验。

【相关知识】

2.3.2 电路中的谐振

在含有电感和电容元件的交流电路中，当电路输入端电压和电流同相位时，称电路发生了谐振，电路谐振分串联谐振和并联谐振。

（1）串联谐振　图 2-28 所示为 *RLC* 串联电路。

当 $X_L = X_C$ 时，

$$\varphi = \arctan \frac{X_L - X_C}{R} = 0° \tag{2-46}$$

电路阻抗 $|Z| = \sqrt{R^2 + (X_L - X_C)^2} = R$，此时电路电压和电流同相位，称电路发生了串联谐振。

串联谐振的条件为 $X_L = X_C$　即

$$\omega L = \frac{1}{\omega C} \tag{2-47}$$

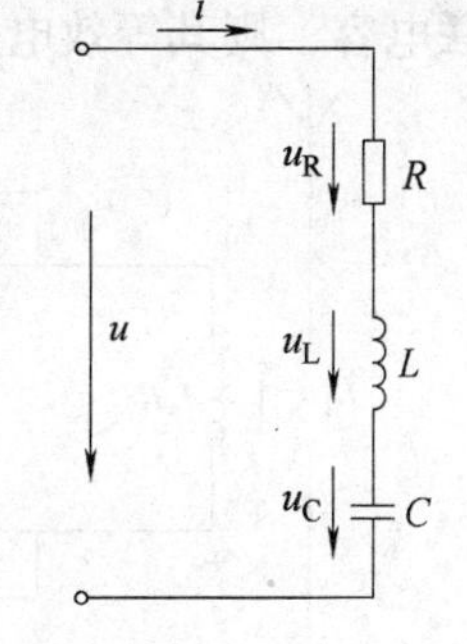

图 2-28　*RLC* 串联电路

ω 为谐振角频率，用 ω_0 表示，由上式可得

$$\omega_0 = \frac{1}{\sqrt{LC}} \tag{2-48}$$

电路发生谐振时的频率称为谐振频率，用 f_0 表示

$$f_0 = \frac{1}{2\pi\sqrt{LC}} \tag{2-49}$$

串联谐振具有以下特征：

1）电路的阻抗角 $\varphi=0$，电压电流同相位，电路呈电阻性。电源只给电阻提供能量，电感和电容的能量交换在它们两者之间进行。

2）电路中的阻抗值最小。电源电压 U 一定时，电流 I 最大。

$$|Z|=\sqrt{R^2+(X_L-X_C)^2}=R \tag{2-50}$$

3）串联谐振时电流最大：

$$I_0=\frac{U}{R} \tag{2-51}$$

4）串联谐振时，将在电感元件和电容元件上产生高电压。

因为谐振时，电感元件和电容元件上电压大小相等，方向相反，相互抵消，电阻元件上电压为电源电压 U。

$$U_L=U_C=I_0X_L=I_0X_C \tag{2-52}$$

$$U=U_R=I_0R \tag{2-53}$$

串联谐振的危害：串联谐振时，若 $X_L=X_C>>R$ 时，则 $U_L=U_C>>U$。当电压过高时，将有可能击穿线圈和电容器的绝缘，产生事故。所以，在电力系统中，应尽量避免谐振。

串联谐振的应用：在无线电工程中，常利用谐振这个特点，在某个频率上获得高电压。

串联谐振在无线电工程中，通常用来选择频率。如收音机里的调谐电路，如图 2-29 所示。这里有一个频率选择性的问题。频率选择性的好坏用品质因数 Q 来衡量。

$$Q=\frac{U_L}{U}=\frac{\omega_0LI_0}{RI_0}=\frac{\omega_0L}{R} \tag{2-54}$$

品质因数 Q 与频率的关系曲线称为谐振曲线，品质因数 Q 值越大，谐振曲线越尖锐，频率选择性能越好。

由于串联谐振能在电感和电容上产生高于电源许多倍的电压，故串联谐振也称电压谐振。

（2）并联谐振　日常生活所用的感性负载，都可以等效为 RL 串联的电路，若电路中有并联电容，则其等效电路图如图 2-30 所示。

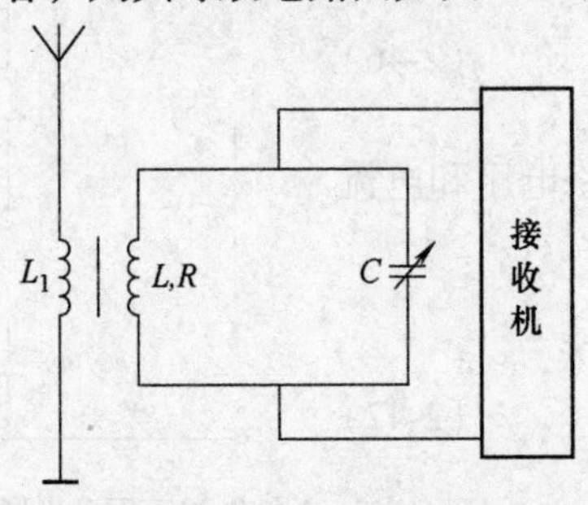

图 2-29　收音机调谐电路

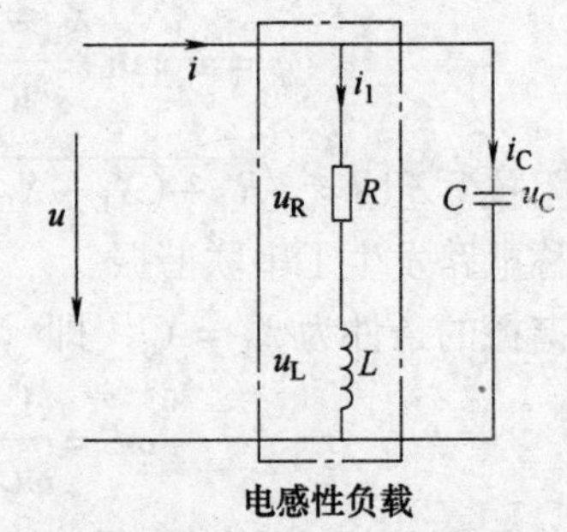

图 2-30　RLC 并联电路

电路的等效阻抗

$$Z=\frac{(R+j\omega L)\frac{1}{j\omega C}}{R+j\omega L+\frac{1}{j\omega C}}=\frac{R+j\omega L}{j\omega RC-\omega^2LC+1} \tag{2-55}$$

通常线圈的电阻很小，所以谐振时一般满足 $\omega_0 L >> R$。式（2-55）可写成

$$Z \approx \frac{j\omega L}{j\omega RC - \omega^2 LC + 1} = \frac{1}{\frac{RC}{L} + j\omega C + \frac{1}{j\omega L}} = \frac{1}{\frac{RC}{L} + j\left(\omega C - \frac{1}{\omega L}\right)} \tag{2-56}$$

若阻抗角为零，则有

$$\omega C = \frac{1}{\omega L} \tag{2-57}$$

由此，可得出谐振条件或谐振频率为

$$\omega_0 = \frac{1}{\sqrt{LC}} \tag{2-58}$$

$$f_0 = \frac{1}{2\pi\sqrt{LC}} \tag{2-59}$$

当电源频率与电路参数 L 和 C 之间的满足上述关系式时，电路发生谐振。可见，调节 L 或 C 或 f 都能使电路发生谐振。

并联谐振具有以下特征。

1）电路的阻抗角 $\varphi = 0°$，电压电流同相位，电路呈电阻性。

2）电路中的阻抗值最大（阻抗的分母值最小，阻抗值最大）。电源电压 U 一定时，电流 I 最小。

$$Z = \frac{L}{RC} \tag{2-60}$$

$$I = \frac{U}{|Z|} = \frac{U}{\frac{L}{RC}} \tag{2-61}$$

3）并联谐振时，电感支路和电容支路上的电流可能远远大于电路中的总电流。所以，并联谐振也称为电流谐振。

谐振时的大电流可能给电气设备造成损坏。所以，在电力系统中，应尽量避免谐振。但也可以利用这个特点，进行频率选择。

频率选择性能的好坏也用品质因数 Q 来表示。

$$Q = \frac{I_C}{I} \approx \frac{1}{\omega_0 RC} = \frac{\omega_0 L}{R} \tag{2-62}$$

在电子技术中，串联谐振、并联谐振有着广泛的应用。

2.3.3 三相交流电路

在现代电力系统中，绝大多数采用三相制供电。三相交流发电机比同功率的单相交流发电机体积小、成本低，在距离相同、电压相同、输送功率相同的情况下，三相输电比单相输电节省材料；在工矿企业中，三相交流电动机是主要的用电负载；许多需要大功率直流电源的用户，通常利用三相整流来获得波形平滑的直流电压。

由三个频率相同、振幅相同、相位互差 120°的正弦电压源所构成的电源称为三相电源。

由三相电源供电的电路称为三相电路。

1. 三相交流电源

（1）三相电源的产生　三相电源由三相交流发电机产生。在三相交流发电机中有3个相同的线圈。3个线圈的首端分别用A、B、C表示，末端分别用X、Y、Z表示。这3个线圈分别称为A相、B相、C相，所产生的三相电压分别为

$$
\begin{aligned}
u_A &= \sqrt{2}U_p\sin\omega t & \dot{U}_A &= U_p\angle 0^\circ \\
u_B &= \sqrt{2}U_p\sin(\omega t - 120^\circ) & \dot{U}_B &= U_p\angle -120^\circ \\
u_C &= \sqrt{2}U_p\sin(\omega t + 120^\circ) & \dot{U}_C &= U_p\angle 120^\circ
\end{aligned} \tag{2-63}
$$

三相电源波形图和相量图如图2-31所示。

三相交流电压出现正幅值（或相应零值）的顺序称为相序，即相序为A、B、C。上述三相电压的相序A、B、C称为正序或顺序。反之，若B相超前A相120°，C相超前B相120°，这种相序称为负序或逆序。电力系统一般采用正序。

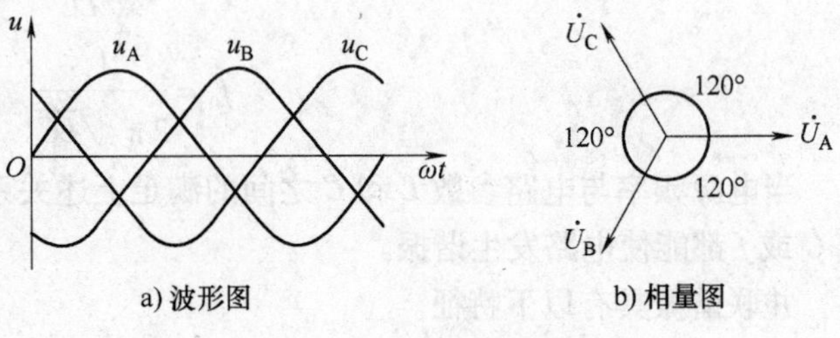

a) 波形图　b) 相量图

图2-31　三相电源波形图

对称三相电源是由三相发电机提供的。我国三相系统电源频率$f=50$Hz，入户电压为220V，而日本、美国、欧洲等国家采用60Hz和110V。

三个电压达到最大值的先后次序称为相序，图示相序为 A→B→C（C返回A）。

（2）三相电源的连接

1）三相四线制电路连接。三相电源有两种连接方法：星形联结和三角形联结，常用的为三相四线制星形联结。

三相四线制：3个末端连接成一个公共点（称为中性点）用“N”表示，从中性点引出的输电线称为中性线，俗称零线。通常与大地连接。由3个首端引出3根线称为端线或相线，俗称火线。三相电源电路图如图2-32a所示，有时为了简便，常不画发电机的线圈连接方式，只画4条输电线表示，如图2-32b所示。

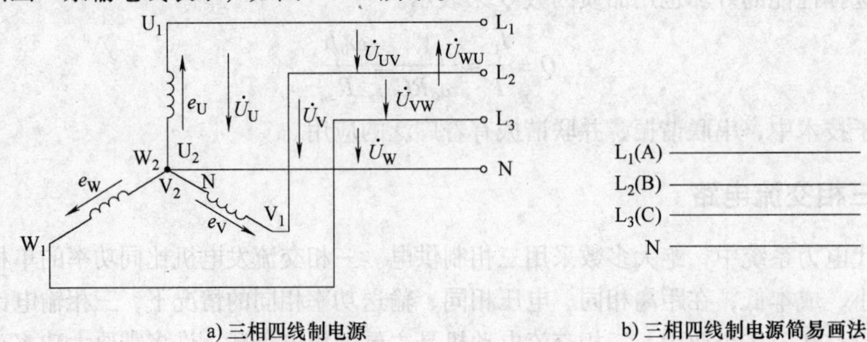

a) 三相四线制电源　b) 三相四线制电源简易画法

图2-32　三相四线制电路

2）三相四线制电源电压。三相四线制可输送两种电压：端线与端线之间的电压，称为线电压，U线$=U_{AB}=U_{BC}=U_{CA}$；端线与中性线之间的电压，称为相电压。U相$=U_A=U_B=U_C$，线电压与相电压相量图如图2-33所示，由相量图可知

$$U_{AB}=2U_A\cos30°=\sqrt{3}U_A \tag{2-64}$$

同理可得：

$$\begin{aligned}U_{BC}&=2U_B\cos30°=\sqrt{3}U_B\\U_{CA}&=2U_C\cos30°=\sqrt{3}U_C\end{aligned} \tag{2-65}$$

即线、相电压之间的关系为

$$U_{线}=\sqrt{3}U_{相} \tag{2-66}$$

由相量图可知，线电压超前于相电压30°。

2. 三相负载及连接

三相负载有两种，分三相对称负载和三相不对称负载。三相对称负载：三相负载，每相负载的阻抗值相等，阻抗角相等，且阻抗的性质相同，则称三相负载为三相对称负载；反之，若此三个条件有一个不相等，则为三相不对称负载。三相不对称负载接成星形时，必须采用三相四线制。

1）对称三相负载星形联结。对称三相负载星形联结接线图如图2-34所示。

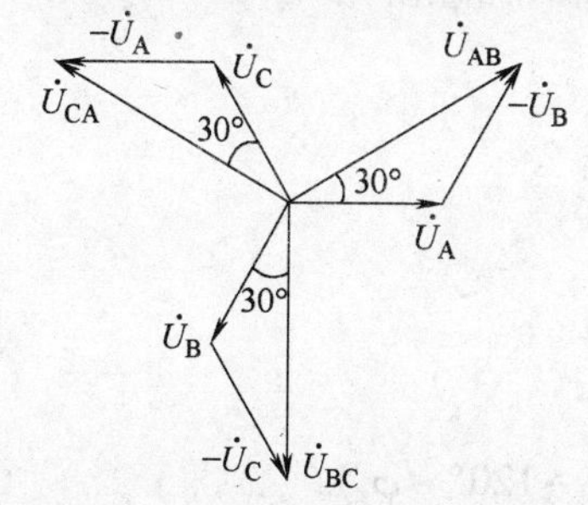

图2-33　三相线电压与线电压相量图

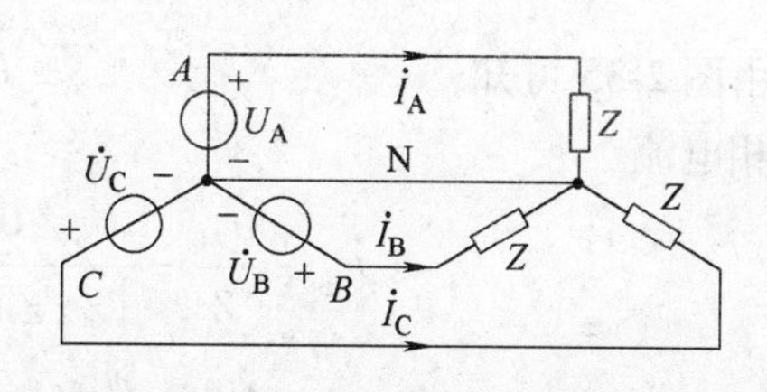

图2-34　三相负载星形联结接线图

三相负载接通电源后，电路中就有电流产生。在三相电路中，通过每相负载的电流称为相电流，用I_A、I_B、I_C表示，统计为I_p或$I_{相}$。流过端线（相线）的电流称为线电流，用I_l或$I_{线}$表示。

由图2-33和图2-34可知，三相负载Y形联结时

$$U_{Y线}=\sqrt{3}U_{Y相} \tag{2-67}$$

$$I_l=I_p \tag{2-68}$$

$$\dot{I}_A=\frac{\dot{U}_A}{Z}=\frac{U_p\angle0°}{|Z|\angle\varphi_z}=\frac{U_p}{|Z|}\angle-\varphi_z \tag{2-69}$$

$$\dot{I}_B=\frac{\dot{U}_B}{Z}=\frac{U_p\angle-120°}{|Z|\angle\varphi_z}=\frac{U_p}{|Z|}\angle(-120°-\varphi_z) \tag{2-70}$$

$$\dot{I}_C=\frac{\dot{U}_C}{Z}=\frac{U_p\angle120°}{|Z|\angle\varphi_z}=\frac{U_p}{|Z|}\angle(120°-\varphi_z) \tag{2-71}$$

$$\dot{I}_A+\dot{I}_B+\dot{I}_C=0 \tag{2-72}$$

中性线中没有电流，所以省去中性线不影响三相对称负载星形联结时的正常工作，三相四线制变成了三相三线制。故在三相对称负载中，一般都采用三相三线制工作，高压输电时，三相负载是对称的三相变压器，所以采用三相三线制。

说明：三相负载不对称时，各相电流不相等，此时中性线电流不为零，故中性线不能取消，以保证各相电压平衡。故在不对称三相负载中，中性线上不能安装熔断器和开关，且应尽量使负载较均匀地分布在三相上，以减小中性线电流。

2）对称三相负载三角形联结。三相负载三角形联结接线图和相量图如图 2-35 所示。

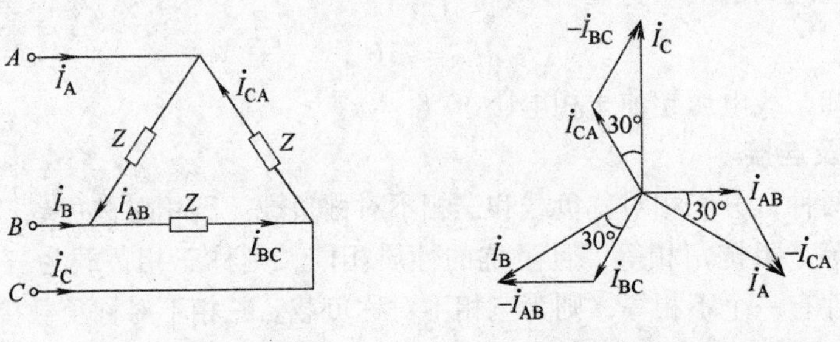

a) 三相负载三角形接法线路图　　b) 三相负载三角形接法相量图

图 2-35　三相负载三角形联结接线图和相量图

由图 2-35 可知：
$$U_{\triangle相}=U_{\triangle线} \tag{2-73}$$

相电流

$$\begin{aligned}
\dot{I}_{AB}&=\frac{\dot{U}_{AB}}{Z}=\frac{U_p\angle 0°}{|Z|\angle\varphi_z}=\frac{U_p}{|Z|}\angle-\varphi_z\\
\dot{I}_{BC}&=\frac{\dot{U}_{BC}}{Z}=\frac{U_p\angle-120°}{|Z|\angle\varphi_z}=\frac{U_p}{|Z|}\angle(-120°-\varphi_z)\\
\dot{I}_{CA}&=\frac{\dot{U}_{CA}}{Z}=\frac{U_p\angle 120°}{|Z|\angle\varphi_z}=\frac{U_p}{|Z|}\angle(120°-\varphi_z)
\end{aligned} \tag{2-74}$$

线电流

$$\dot{I}_A=\dot{I}_{AB}-\dot{I}_{CA}=\sqrt{3}I_{AB}\angle-30° \tag{2-75}$$

$$\dot{I}_B=\dot{I}_{BC}-\dot{I}_{AB}=\sqrt{3}I_{BC}\angle-30° \tag{2-76}$$

$$\dot{I}_C=\dot{I}_{CA}-\dot{I}_{BC}=\sqrt{3}I_{CA}\angle-30° \tag{2-77}$$

$$I_l=\sqrt{3}I_p \tag{2-78}$$

3. 三相功率

$$P=3P_p=3U_pI_p\cos\varphi_z=\sqrt{3}U_lI_l\cos\varphi_z \tag{2-79}$$

$$Q=3Q_p=3U_pI_p\sin\varphi_z=\sqrt{3}U_lI_l\sin\varphi_z \tag{2-80}$$

$$S=3P_p=3U_pI_p=\sqrt{3}U_lI_l \tag{2-81}$$

例 2-11　三相三线制电源的线电压 $U_l=100\sqrt{3}$V，每相负载阻抗为 $R=8\Omega$，$X_L=6\Omega$，求负载为星形及三角形两种情况下的电流和三相功率。

解：（1）负载星形联结时，相电压的有效值为

$$U_{\mathrm{P}}=\frac{U_1}{\sqrt{3}}=100\ (\mathrm{V})$$

$$I_{相}=\frac{U_{相}}{|Z|}=\frac{100}{\sqrt{6^2+8^2}}=10\ (\mathrm{A})\qquad I_{线}=I_{相}=10\ (\mathrm{A})$$

三相总功率

$$P=\sqrt{3}U_1I_1\cos\varphi_z=\sqrt{3}\times100\sqrt{3}\times10\times0.8=2400\ (\mathrm{W})$$

（2）负载为三角形联结时

$$U_{相}=U_{线}=100\sqrt{3}\ (\mathrm{V})\qquad I_{相}=\frac{U_{相}}{|Z|_{相}}=\frac{100\sqrt{3}}{\sqrt{8^2+6^2}}=10\sqrt{3}\ (\mathrm{A})\qquad I_{线}=\sqrt{3}I_{相}=30\ (\mathrm{A})$$

$$P=\sqrt{3}U_1I_1\cos\varphi_z=\sqrt{3}\times100\sqrt{3}\times30\times0.8=7200\ (\mathrm{W})$$

由此可知，负载由星形联结改为三角形联结后，相电流增加到原来的$\sqrt{3}$倍，线电流增加到原来的3倍，功率增加也到原来的3倍。

例2-12 某三相对称感性负载以三角形联结，负载功率因数 $\cos\varphi=0.8$，接在线电压 $U_{线}=380\mathrm{V}$ 的三相电源上，测得电路总功率为3465.6W。（1）试求负载的相电流和电源的线电流；（2）求负载的电阻和感抗；（3）若该负载星形联结在该电源上时的相电流和线电流。

解：（1）

$$I_{线}=\frac{P}{\sqrt{3}U_{线}\cos\varphi}=\frac{3465.6}{\sqrt{3}\times380\times0.8}=6.58\ (\mathrm{A})$$

$$I_{相}=\frac{I_{线}}{\sqrt{3}}=\frac{6.58}{\sqrt{3}}=3.8\ (\mathrm{A})$$

（2）

$$U_{相}=U_{线}=380\ (\mathrm{V})$$

$$|Z|=\frac{U_{相}}{I_{相}}=\frac{380}{3.8}=100\ (\Omega)$$

$$R=|Z|\cos\varphi=100\times0.8=80\ (\Omega)$$

$$X_{\mathrm{L}}=|Z|\sin\varphi=100\times\sqrt{1-(0.8)^2}=60\ (\Omega)$$

（3）

$$U_{相}=\frac{U_{线}}{\sqrt{3}}=\frac{380}{\sqrt{3}}=220\ (\mathrm{V})$$

$$I_{相}=\frac{U_{相}}{|Z|}=\frac{220}{100}=2.2\ (\mathrm{A})$$

$$I_{线}=\sqrt{3}I_{相}=\sqrt{3}\times2.2=3.8\ (\mathrm{A})$$

2.3.4 安全用电

电能可以为人类服务，为人类造福。但若不能正确使用电器，违反电气操作规程或疏忽大意，则可能造成设备损坏，引起火灾，甚至人身伤亡等严重事故。因此，懂得一些安全用电的常识和技术是必要的。

电流对人体的伤害有三种形式：电击、电伤和电磁场伤害。电击是指电流通过人体，破

坏人的心脏、肺及神经系统的正常功能。电伤是指电流的热效应、化学效应和机械效应对人体的伤害，主要是指电烧伤、电烙印、皮肤金属化。电磁场生理伤害是指在高频磁场的作用下，人会出现头晕、乏力、记忆力减退、失眠、多梦等神经系统的症状。

（1）电击　电击是指当电流通过人体内部器官所产生的对人体的伤害，会对人体的心脏、神经系统、肺部的正常功能造成破坏。电击是非常危险的，当有一定强度的电流通过人体时，会使肌肉剧烈收缩，人体的细胞组织受到严重损害，甚至使心脏停止跳动或人窒息而死。通常所说的触电事故基本上是指电击。

（2）电伤　电伤是指电流的热效应、化学效应或机械效应的放射作用对人体外部造成的局部伤害，包括电弧烧伤、烫伤、电烙印等都称电伤。

（3）安全电流与电压　通过人体的电流达5mA时，人就会有所感觉，达几十毫安时就能使人失去知觉乃至死亡。当然，触电的后果还与触电持续的时间有关，触电时间越长就越危险。通过人体的电流一般不能超过7～10mA。人体电阻在极不利情况下约为1000Ω左右，若不慎接触了220V的市电，人体中将会通过220mA的电流，这是非常危险的。

为了减少触电危险，规定凡工作人员经常接触的电气设备，如行灯、机床照明灯等，一般使用36V以下的安全电压。在特别潮湿的场所，应采用12V以下的电压。

（4）几种触电方式　按照人体触及电体的方式和电流通过人体的途径，触电方式大致有四种，即单相触电、低压两相触电、跨步电压触电和高压电击。

1）单相触电。即人体站在地面或其他接地导体上触及一相带电体的触电。大部分触电事故都是单相触电。

2）低压两相触电。即人体同时触及两相带电体的触电，这时由于人体受到的电压高达到220V或380V，所以危险性很大。

3）跨步电压触电。当带电体接地有电流流入地下时，电流在接地点周围土壤中产生电压，人在接地点周围，两脚之间出现的电压即称跨步电压。由此引起的触电事故称为跨步电压触电。往往高压故障接地处或有大电流流过的接地装置附近，都可以出现较高跨步电压。

4）高压电击。对于高于1000V以上的高压电气设备，当人体过分接近它时，高压电可将空气电离，然后通过空气进入人体，此时还伴有高电弧，能把人烧伤。

（5）防触电的安全技术　防止触电的技术措施有：绝缘、屏护和间距；接地和接零；漏电保护；采用安全电压；加强绝缘。

1）绝缘、屏护和间距是最为常见的安全措施 。它是防止人体触及或过分接近带电体造成触电事故以及防止短路、故障接地等电气事故的主要安全措施。

①绝缘：就是用绝缘物把带电体封闭起来。瓷、玻璃、云母、橡胶、木材、胶木、塑料、布、纸和矿物油等都是常用的绝缘材料。应当注意，很多绝缘材料受潮后会丧失绝缘性能或在强电场作用下，会遭到破坏，丧失绝缘性能。

②屏护：即采用遮拦、护罩、护盖箱匣等把带电体同外界隔绝开来。电器开头的可动部分一般不能使用绝缘，而需要屏护。高压设备不论是否有绝缘，均应采取屏护。这样不仅可防止触电，还可防止电弧伤人。

③间距：就是保证必要的安全距离。间距除用于防止触及或过分接近带电体外，还能起到防止火灾、防止混线、方便操作的作用。在低压工作中，最小检修距离不应小于0.1m。在高压无遮拦操作检修中，10kV、35kV、110kV、220kV、500kV设备不停电时的安全距离

分别是0.7m、1.0m、1.5m、3m、5m。在架空线路中检修，人体或其所携带工具与临近带电导线的最小距离，10kV及以下者不应小于1.0m；35kV者不应小于2.5m。在架空线路附近吊装作业时，起重机具、吊物与线路之间的最小距离，1kV以下不应小于1.5m，1～10kV不应小于2m。

2）接地和接零。

①接地：指与大地的直接连接，电气装置或电气线路带电部分的某点与大地连接、电气装置或其他装置正常时不带电部分某点与大地的人为连接都称为接地。接地分为正常接地、故障接地和保护接地。

a. 正常接地：即人为接地。

b. 故障接地：即电气装置或电气线路的带电部分与大地之间意外的连接。

c. 保护接地：为了防止电气设备外露的不带电导体意外带电造成危险，将该电气设备经保护接地线与深埋在地下的接地体紧密连接起来的做法叫保护接地。

由于绝缘破坏或其他原因而可能呈现危险电压的金属部分，都应采取保护接地措施。如电动机、变压器、开关设备、照明器具及其他电气设备的金属外壳都应予以接地。一般低压系统中，保护接地电阻应小于4Ω。

②保护接零：就是把电气设备在正常情况下不带电的金属部分与电网的零线紧密地连接起来。

应当注意的是，在三相四线制的电力系统中，通常是把电气设备的金属外壳同时接地、接零，这就是所谓的重复接地保护措施，但还应该注意，零线回路中不允许装设熔断器和开关。

3）装设漏电保护装置。为了保证在故障情况下人身和设备的安全，应尽量装设漏电流动作保护器。它可以在设备及线路漏电时通过保护装置的检测机构取得异常信号，经中间机构转换和传递，然后促使执行机构动作，自动切断电源起保护作用。

4）采用安全电压。这是用于小型电气设备或小容量电气线路的安全措施。根据欧姆定律，电压越大，电流也就越大。因此，可以把可能加在人身上的电压限制在某一范围内，使得在这种电压下，通过人体的电流不超过允许范围，这一电压就叫做安全电压。安全电压的工频有效值不超过50V，直流不超过120V。我国规定工频有效值的等级为42V，36V，24V，12V和6V。特别危险环境下的携带式电动工具应采用42V；有电击危险环境中使用的手持照明灯和局部照明灯应采用36V或24V安全电压。凡金属容器内、隧道内、矿井内、特别潮湿处等工作地点狭窄、行动不便及周围有大面积接地导体的环境，使用手提照明灯时应采用12V安全电压，水下作业应采用6V安全电压。

5）加强绝缘。加强绝缘就是采用双重绝缘或另加总体绝缘，即保护绝缘体以防止通常绝缘损坏后的触电。

（6）安全用电常识

1）自觉提高安全用电意识和觉悟，确保生命和财产安全，从内心真正地重视安全用电。

2）要熟悉空气断路器（俗称总闸）的位置，一旦发生火灾、触电或其他电气事故时，应第一时间切断电源，避免造成更大的财产损失和人身伤亡事故。要保持必要的防火间距及良好的通风。要有良好的过热、过电流保护装置。在易爆的场地（如矿井、化学车间等），要采用防爆电器。

3）不能私拉私接电线、不能在电线上或其他电器设备上悬挂衣物和杂物、不能私自加装使用大功率或不符合国家安全标准的电器设备，如有需要，应向有关部门提出申请审批，由工作人员进行安装普通水枪灭火，最好穿上绝缘套靴。

4）不能私拆灯具、开关、插座等电器设备，不要使用灯具烘烤衣物或挪作其他用途，当设备内部出现冒烟、拉弧、焦味等不正常现象，应立即切断设备的电源，并通知电工人员进行检修，避免扩大故障范围和发生触电事故；当剩余电流断路器（俗称漏电开关）出现跳闸现象时，不能私自重新合闸。

5）在浴室或湿度较大的地方使用电器设备（如电吹风）应确保室内通风良好，避免因电器的绝缘变差而发生触电事故。

6）确保电器设备良好散热（如电视机、电热开水器、电脑、音响等），不能在其周围堆放易燃易爆物品及杂物，防止因散热不良而损坏设备或引起火灾。

7）珍惜电力资源，养成安全用电和节约用电的良好习惯，当要长时间离开或不使用时，要确定切断电源（特别是电热器具）的情况下才能离开。

8）带有机械传动的电器、电气设备、必须装护盖、防护罩或防护栅栏进行保护才能使用，不能将手或身体进入运行中的设备机械传动位置，对设备进行清洁时，须确保切断电源、机械停止工作并确保安全的情况下才能进行，防止发生人身伤亡事故。

9）绝不允许用铜线、铝线、铁线代替熔丝，断路器损坏后立即更换，熔丝和断路器的大小一定要与用电容量相匹配，否则容易造成触电或电气火灾。

10）用电设备的金属外壳必须与保护线可靠连接，单相用电要用三芯电缆连接，三相用电得用四芯电缆连接，保护在户外与低压电网的保护中性线或接地装置可靠连接。保护中性线必须重复接地。

11）电缆或电线的接口或破损处要用电工胶布包好，不能用医用胶布代替，更不能用尼龙纸包扎。不要用电线直接插入插座内用电。

12）电器通电后发现冒烟、发出烧焦气味或着火时，应立即切断电源，切不可用水或泡沫灭火器灭火。

【项目小结】

通过对本章的学习，可以清楚了解单相交流电路及三相交流电路。

1）大小和方向随时间作周期性变化的电流、电压或电动势称为交流电，按正弦规律变化的称为正弦交流电。交流电某一时刻的实际方向与参考方向一致时，交流电值为正，相反时交流电值为负。

2）正交流电的三要素：最大值、初相位、频率，在表达式 $i=I_m\sin(\omega t+\varphi)$ 中，I_m 为最大值，ω 角频率，φ 为初相角。正弦交流电的值分别用不同的符号表示，瞬时值用相应的小写字母表示，如 i；最大值用相应的大写字母加下标 m 表示，如 I_m，有效值用相应的大写字母表示，如 I。对于交流电而言，平常所说的电压电流值或电压、电流表的测量值均为其有效值，有效值与最大值之间的关系是：$有效值=\frac{最大值}{\sqrt{2}}$。两个同频率正弦交流电的相位差为其初相位之差，其相位关系有超前、滞后、同相、正交几种关系。

3）常用的正弦交流电表示方法有三种：表达式、波形图、相量图。同频率正弦量的加减运算通常用相量图计算。在正弦交流电分析中，常用相量法来分析交流电路。

4）正弦交流电路常用的元件为电阻、电感、电容，只有单一元件组成的正弦交流电路为单一参数电路。单一参数电路电压电流数值关系、相位关系及功率比较见表 2-1。

表 2-1　单一参数电路电压电流数值关系、相位关系及功率比较

类型	单一电阻电路	单一电感电路	单一电容电路
电阻或电抗	R	$X_L=\omega L=2\pi fL$	$X_C=\dfrac{1}{\omega C}=\dfrac{1}{2\pi fC}$
电压电流数值关系	$U_R=RI$	$U_L=X_LI$	$U_C=X_CI$
电压电流相位关系	电压电流同相位	电压超前电流 90°	电压滞后电流 90°
功率	有功功率 $P=U_RI=RI^2$（W）	无功功率 $Q_L=U_LI=X_LI^2$（var）	无功功率 $Q_C=U_CI=X_CI^2$（var）

5）由 *RLC* 组成的电路，因电压电流相位关系不同，故电路中电压电流的瞬时值满足 KCL 和 KVL，但 KCL 或 KVL 不能用于有效值，其分析方法用相量法分析。在 *RLC* 组成的电路中，只有电阻元件消耗有功功率。电路消耗的有功功率与电源发出的视在功率的比值称作功率因数，电感性负载电路中，尽量提高功率因数，以保证电网电能的合理利用。提高功率因数的方法一般采用并联电容法实现。典型的 *RLC* 串联电路，电压、阻抗和功率之间的关系构成三角形关系。如图 2-36 所示。

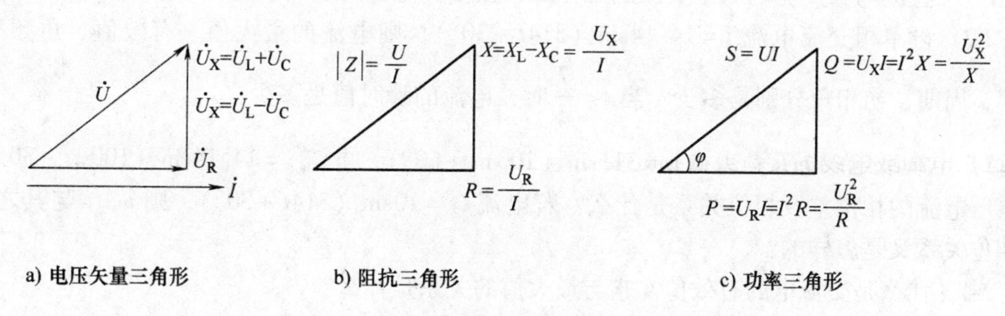

图 2-36　*RLC* 串联电路电压、阻抗、功率三角形

其中 $U=\sqrt{U_R^2+(U_L-U_C)^2}$，$|Z|=\sqrt{R^2+(X_L-X_C)^2}$，$S=\sqrt{P^2+(Q_L-Q_C)^2}$

有功功率（平均功率）$P=UI\cos\varphi=U_RI$，单位为 W

无功功率　$P=UI\sin\varphi=U_XI$，单位为 var

视在功率　$S=UI$，单位为 V·A

功率因数　$\cos\varphi=\dfrac{U_R}{U}=\dfrac{R}{|Z|}=\dfrac{P}{S}$

6）电路的性质：在 *RLC* 组成的电路中，若总电压超前总电流，则为感性电路；若总电压滞后总电流，则为容性电路；若总电压与总电流同相位，则为阻性电路，此时也称为电路发生谐振。*RLC* 串联发生的谐振称串联谐振，也称为电压谐振，串联谐振时，电路中阻抗最小，电流最大，此特性常用于选频；*RLC* 并联发生的谐振称为并联谐振，也称为电流谐振，并联谐振时，电路中的阻抗最大，电流最小。

7）三相对称交流电动势的特征是：三个电动势的频率相同、最大值相等、相位互差120°；当三相负载对称时，多采用三相三线制供电；当三相负载不对称时，采用三相四线制供电。

8）三相交流电路中三相负载有星形接法和三角形接法两种，无论何种接法，每相负载均可看做是单相电路。三相电路电压有相电压和线电压两种，三相负载星形和三角形两种接法下，相线电压、电流关系及功率分别是

星形接法：$U_{Y线}=\sqrt{3}U_{Y相}$，$I_{Y线}=I_{Y相}$

三角形接法：$U_{\triangle线}=U_{\triangle相}$，$I_{\triangle线}=\sqrt{3}I_{\triangle相}$

无论何种接法，功率为 $P=3U_{相}I_{相}\cos\varphi=\sqrt{3}U_{线}I_{线}\cos\varphi$

$$Q=3U_{相}I_{相}\sin\varphi=\sqrt{3}U_{线}I_{线}\sin\varphi$$

$$S=3U_{相}I_{相}=\sqrt{3}U_{线}I_{线}$$

9）由单相负载组成的三相电路或由照明和动力负载混合组成的三相电路，一般都不对称，这时应采用三相四线制。中性线的作用就在于它能保证三相负载成为三个互不影响的独立电路，当负载不对称时，也能使负载正常工作，电路发生故障时还可缩小故障的影响范围。

【项目练习】

2-1　直流电和交流电的主要区别是什么？正弦交流电的三要素是什么？

2-2　设单相交流电流 $i=14.14\sin(314t+30°)$，则电流的最大值、有效值、角频率、频率、周期、初相角分别是多少？当 $t=\frac{T}{4}$时，电流的瞬时值是多少？

2-3　单相交流电压表达式 $u=311\sin(100\pi t+60°)$，电流 $i=14.14\sin(100\pi t-30°)$，则电压电流的相位差及相位关系是什么？若电流 $i_2=10\sin(314t+30°)$，则 u，i 与其之间的相位关系又是怎样的？

2-4　什么是交流电的有效值？它与最大值的关系是什么？

2-5　两个频率相同的正弦交流电流，它们的有效值是 $I_1=8\text{A}$，$I_2=6\text{A}$，求在下面各种情况下，合成电流的有效值。

（1）i_1 与 i_2 同相；（2）i_1 与 i_2 反相；（3）i_1 超前 i_2 90°角度；（4）i_1 滞后 i_2 60°角度。

2-6　一个额定电压为220V，额定功率为100W的电烙铁，接在 $U=220\text{V}$，$f=50\text{Hz}$ 的电源上。求（1）电烙铁的电流；（2）若电源电压降为110V，电烙铁的电阻不变，此时的电流和功率各为多少？（3）画出电压电流相量图。

2-7　在纯电感电路中，$U=220\text{V}$，$f=50\text{Hz}$，线圈中的 $L=\frac{10}{\pi}\text{H}$。试求：（1）感抗 X_L；（2）电流 I_L；（3）有功功率 P_L；（4）无功功率 Q_L；（5）画出电压电流相量图。

2-8　在纯电容电路中，已知 $C=\frac{50}{\pi}\mu\text{F}$，$f=50\text{Hz}$。（1）当 $u_C=220\sqrt{2}\sin(\omega t-20°)\text{V}$ 时，求电流 i_C；（2）当 $\dot{I}_C=0.11\angle 60°\text{A}$ 时，求 $\dot{U}_C$；（3）画出电压电流相量图。

2-9　为了测量一个空心线圈的参数，在线圈两端加上 $f=50\text{Hz}$ 的正弦电压，测得电压

$U=110\text{V}$，电流 $I=0.5\text{A}$，功率 $P=40\text{W}$。试计算线圈的电阻和电感，并画出相量图和阻抗三角形。

2-10 有一线圈，接在电压为48V的直流电源上，测得电流为8A。然后再将这个线圈改接到电压为120V、50Hz的交流电源上，测得的电流为12A。试问线圈的电阻及电感各为多少？

2-11 如图2-37所示正弦交流电路，已标明电流表 A_1 和 A_2 的读数，试用相量图求电流表A的读数。

2-12 在 RLC 串联的电路中，$R=40\Omega$，$L=223\text{mH}$，$C=80\mu\text{F}$，外加电源电压 $U=220\text{V}$，$f=50\text{Hz}$。求：(1) 电路的复阻抗 $|Z|$；(2) 电流 I；(3) 电阻、电感、电容元件的端电压 U_R、U_L、U_C；(4) 电路的有功功率 P、无功功率 Q 和视在功率 S；(5) 判断电路的性质。

2-13 如图2-38所示正弦交流电路，已知 $i=100\sqrt{2}\sin(\omega t+30°)$ mA，$\omega=10000\text{rad/s}$，且知该电路消耗功率 $P=10\text{W}$，功率因数 $\cos\varphi=0.707$。

试求 (1) 电阻 R 和电感 L；(2) 写出 u 的表达式。

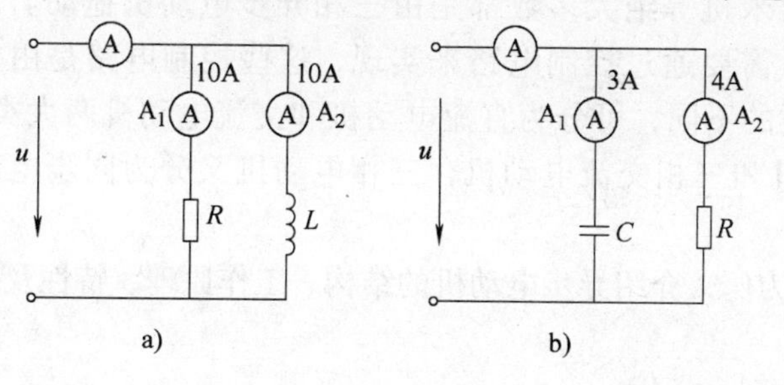

图2-37 题2-11图

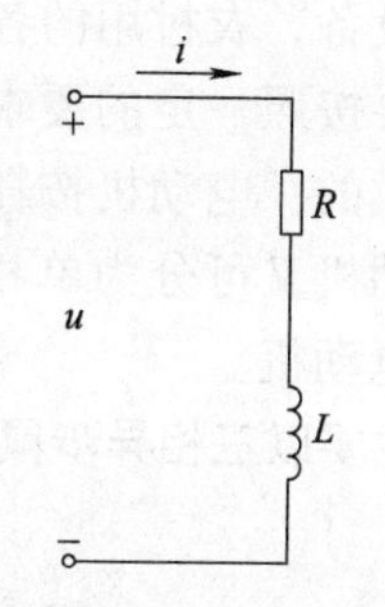

图2-38 题2-13图

2-14 40W的荧光灯，接在电源电压为220V的单相电源上，通过的电流为0.51A。(1) 求电路的功率因数；(2) 若想把功率因数提高到0.9，应并联多大容量的电容？

2-15 一台三相交流电动机，定子线圈星形联结，接到电源线电线电压 $U_{线}=380\text{V}$ 的对称三相电源上，其线电流 $I_{线}=2.2\text{A}$，电路的功率因数 $\cos\varphi=0.8$。试求 (1) 每相线圈的阻抗 Z；(2) 三相负载的有功功率、无功功率和视在功率。

2-16 已知对称三相负载，接在电源线电压为380V的三相电源上，每相负载的电阻为 $R=80\Omega$，$X_L=60\Omega$。

(1) 求负载星形联结时的相电压、相电流和线电流及电路的有功功率、无功功率及视在功率；

(2) 求负载三角形联结时的相电压、相电流和线电流及电路的有功功率、无功功率及视在功率；

(3) 比较三相负载星形联结时线电流和三角形联结时线电流的关系。

项目3 三相异步电动机正反转控制电路

3

【项目概述】

在日常生产和生活中，三相异步电动机的应用是十分广泛的，它可以将电能转换为机械能，在工农业生产和军事、科技等方面，可以说三相异步电动机无处不在。例如，工厂里机械设备，农村用的各种水泵和碾米机等绝大多数都是由三相异步电动机拖动。而电动机若要按照一定的要求进行运转，需要通过控制电路来实现，这些控制电路是由控制电器组成的。电动机按耗用电能种类的不同，可分为直流电动机和交流电动机两大类，而交流电动机又可分为单相交流电动机和三相交流电动机，三相电动机又分为同步电动机和异步电动机。

本章主要以三相异步鼠笼式电动机为例，介绍异步电动机的结构、工作原理、特性及使用方法。

【项目目标】

1. 知识目标

1）理解三相异步电动机的结构与转动原理 。

2）熟悉三相异步电动机的铭牌和技术参数。

3）掌握常用的低压控制电器原理及应用。

4）熟悉三相异步电动机的选择方法。

5）掌握三相异步电动机控制电路原理。

2. 能力目标

1）能够读懂三相异步电动机铭牌参数。

2）能够根据控制电路选择电器器件。

3）能够根据控制电路画出电器布置图和接线图。

4）能够根据接线图熟练接线。

5）能够熟练使用各种仪表进行电路检测。

【项目信息】

任务3.1　三相异步电动机的结构与工作原理

【任务目标】

1）熟悉三相异步电动机的结构。
2）理解旋转磁场的产生原理，掌握同步转速的计算。
3）学会三相异步电动机反转的处理。
4）熟悉三相异步电动机铭牌数据和技术参数。

【任务内容】

在生产中，三相异步电动机的应用十分普遍，因此熟悉三相异步电动机的结构及其工作原理、铭牌数据及技术参数，以及三相异步电动机的转速及转动方向的调整，是非常必要的。

3.1.1　三相异步电动机的基本结构

三相异步电动机的主要部件是定子（包括机座）和转子两部分，其结构如图3-1所示。

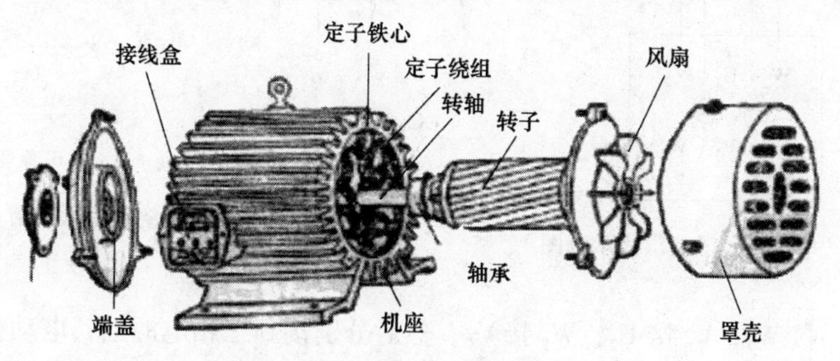

图3-1　三相异步电动机的结构

1. 三相异步鼠笼电动机的定子

三相异步电动机的定子主要由机座和装在机座内的圆筒形铁心及铁心上的定子绕组构成。机座一般是由铸铁或铸钢制成，在机座内装有定子铁心，铁心是由互相绝缘的硅钢片叠成。铁心的内圆周表面冲有均匀的平行槽，在槽中放置了对称三相绕组。图3-2a～c分别为未装绕组和装有绕组的三相异步电动机的定子及定子铁心的形状。

（1）定子铁心　定子铁心是电动机磁路的组成部分，由图3-2c所示开关硅钢片叠压而成圆筒形状，以减少铁损，圆筒内表面均匀分布的槽，用于嵌放定子绕组。

（2）定子绕组　三相异步电动机的定子绕组按一定规则嵌放在定子槽内，三相绕组共有六个引线端，分别固定在接线盒内的接线柱上，各相绕组的始端分别用U_1、V_1、W_1表示；末端用U_2、V_2、W_2表示。定子绕组的始末端在机座接线盒内的排列次序如图3-3所示。

三相异步电动机具有三相对称的定子绕组，定子绕组一般采用高强度漆包线绕成。三相

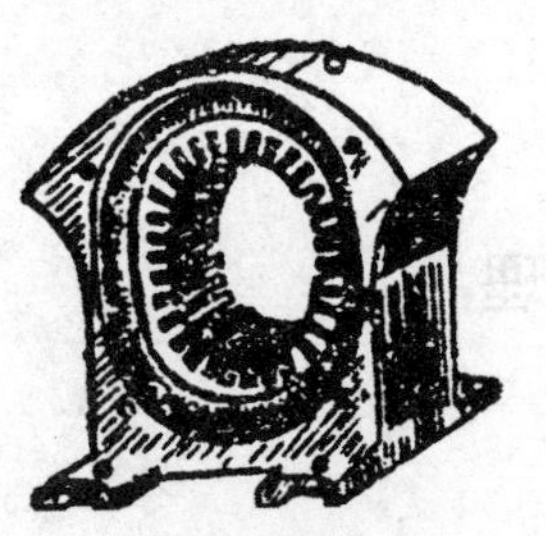

a) 未装绕组定子

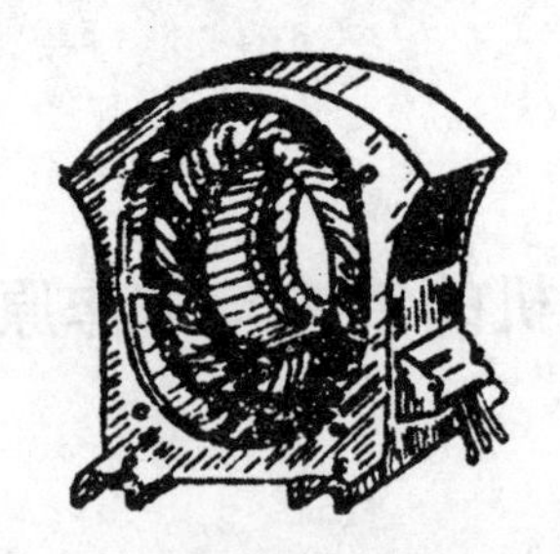

b) 装有绕组的定子

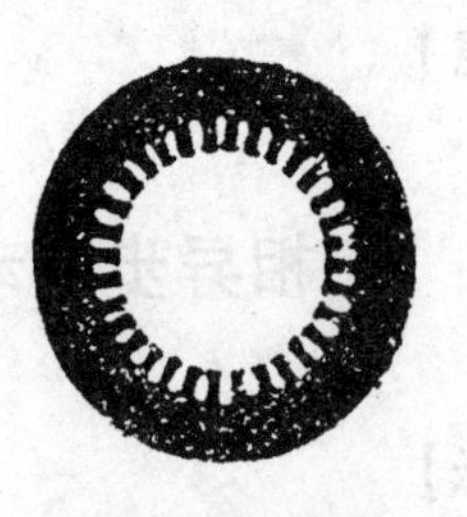

c) 定子铁心形状

图 3-2　三相异步电动机定子结构

绕组的六个出线端（首端 U_1、V_1、W_1，末端 U_2、V_2、W_2）通过机座的接线盒连接到三相电源上。

（3）定子绕组的接法　定子绕组有星形联结和三角形联结两种接法。若将 U_2，V_2，W_2 接在一起，U_1，V_1，W_1 分别接到 A，B，C 三相电源上，电动机为星形联结，实际接线与原理接线如图 3-4 所示。

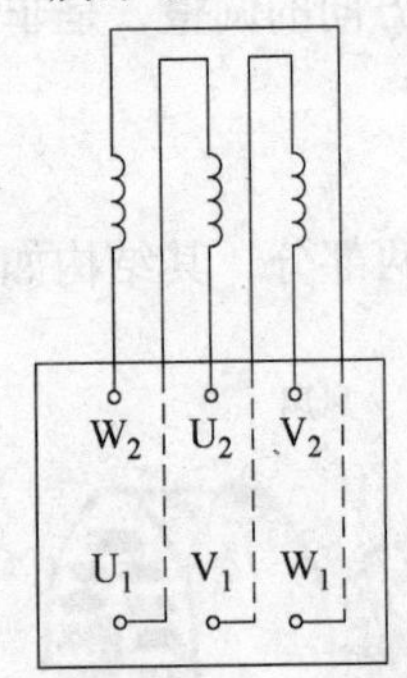

图 3-3　电动机定子引出线示意图

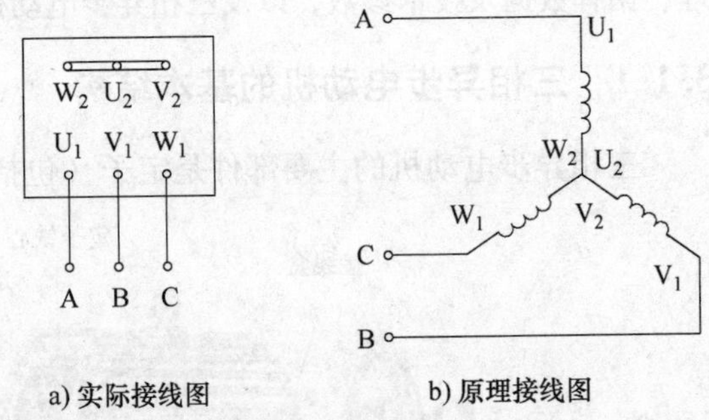

a) 实际接线图　　b) 原理接线图

图 3-4　定子绕组星形联结示意图

如果将 U_1 接 W_2，V_1 接 U_2，W_1 接 V_2，然后分别接到三相电源上，电动机就是三角形联结，如图 3-5 所示。

2. 三相异步电动机的转子

三相异步电动机的转子是电动机的旋转部分，由转子铁心、转子绕组、转轴等组成。

（1）转子铁心　转子铁心是由互相绝缘的硅钢片叠成圆柱形，其表面冲有均匀分布的平行槽，用来嵌放转子绕组，转轴固定在铁心中央。转子铁心硅钢片的形状如图 3-6 所示。

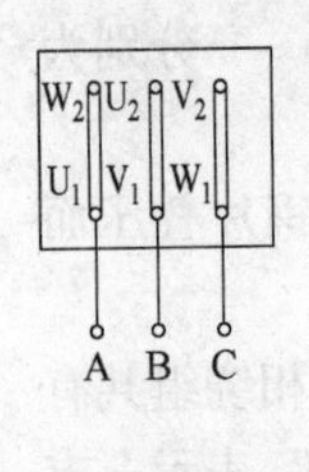

a) 实际接线图

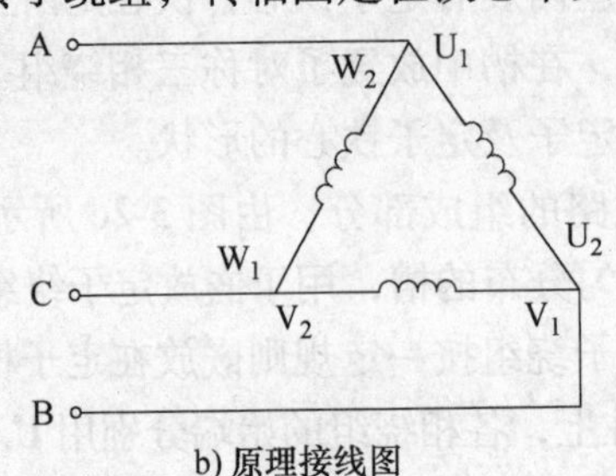

b) 原理接线图

图 3-5　定子绕组三角形联结示意图

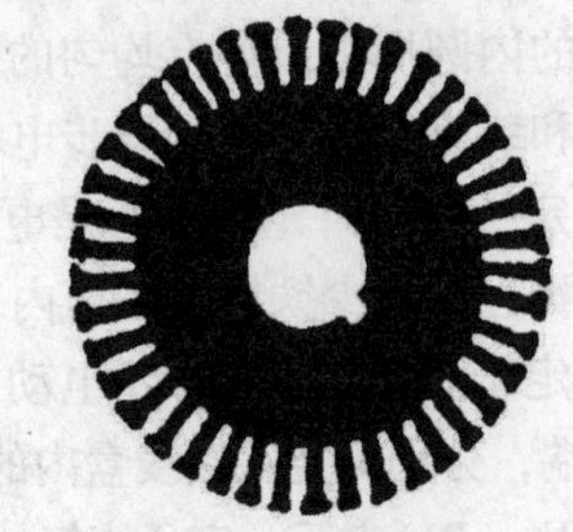

图 3-6　三相异步电动机转子铁心硅钢片形状

（2）转子绕组　三相异步电动机的转子绕组根据构造上的不同，分为鼠笼式和绕线式两种形式。

1）鼠笼式园子转子绕组。

①鼠笼式转子的铁心槽内放置有粗铜条，铜条的两端用短路环焊接起来，形状像一个圆筒形捕鼠的笼子，因此叫做鼠笼式转子，如图 3-7a 所示。

②目前，100kW 以下的鼠笼式电动机通常采用铸铝式，即把铝熔化后浇注到转子铁心槽内，同时将转子端部的短路环和冷却电动机的风扇也一起用铝铸成，如图 3-7b 所示，这种方法既简单又节省铜材。

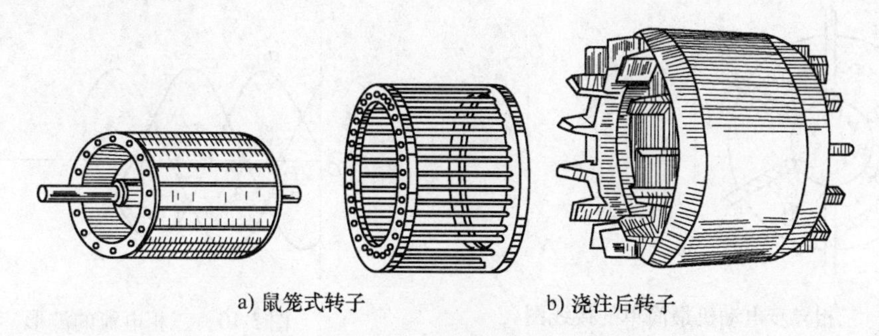

a) 鼠笼式转子　　b) 浇注后转子

图 3-7　异步电动机鼠笼式绕组结构图

2）绕线式绕组。绕线式转子绕组和定子绕组相似，也为三相对称绕组。转子的三相绕组通常接成星形，三相绕组的始端分别接到固定在轴上的三个铜制滑环，环与环、环与轴都彼此绝缘。在各环上用弹簧压着炭制电刷，通过电刷使转子绕组与变阻器接通。绕线式转子的特点是：转子绕组通过滑环和电刷与变阻器接通，可以改变异步电动机的起动性能或调节电动机的转速。在正常工作情况下，转子绕组是短路的，不接入变阻器。绕线式与鼠笼式电动机在结构上有所不同，但工作原理是相同的。三相异步电动机绕线式转子结构图如图 3-8 所示。

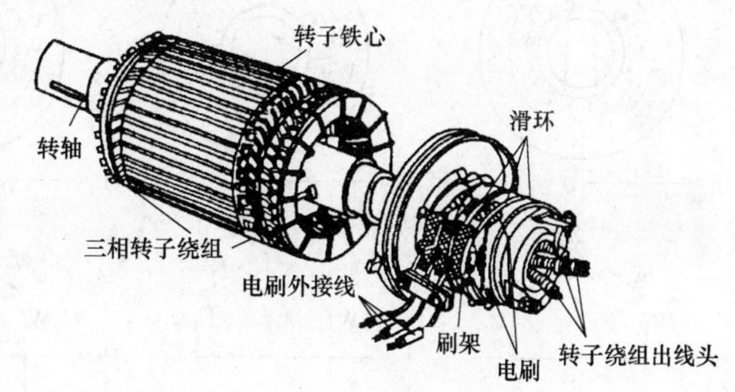

图 3-8　三相异步电动机绕线式转子结构图

3.1.2　三相异步电动机的工作原理

三相异步电动机定子绕组通往三相电流，便产生旋转磁场，转子在旋转磁场中作切割磁力线运动，产生感应电动势，从而产生感应电流，载流转子在磁场中受力产生电磁转矩，从而使电子旋转。所以三相电动机之所以能转起来，是因为在三相异步电动机中有旋转磁场产生。

1. 旋转磁场的产生

三相对称绕组 U_1U_2、V_1V_2、W_1W_2 的线圈边嵌放在定子铁心槽内，其首端 U_1、V_1、W_1

（或末端 U_2、V_2、W_2）在空间互差 120°。

为了便于说明问题，假设三相定子绕组每相绕组只有一个线圈，三相绕组接成 Y 形联结，其最简单的接线图如图 3-9 所示。

三相绕组接在电路中组成对称三相负载，接通三相对称电源后，产生三个对称电流，即

$$i_U = I_m \sin \omega t$$
$$i_V = I_m \sin(\omega t - 120°)$$
$$i_W = I_m \sin(\omega t - 240°)$$

其波形如图 3-10 所示。

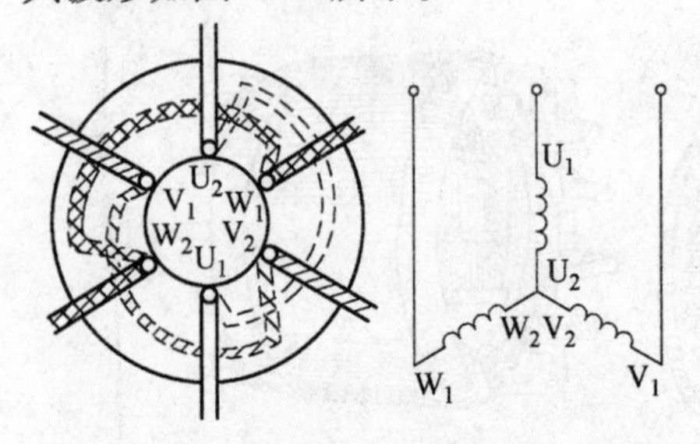

图 3-9　三相异步电动机最简单的接线图

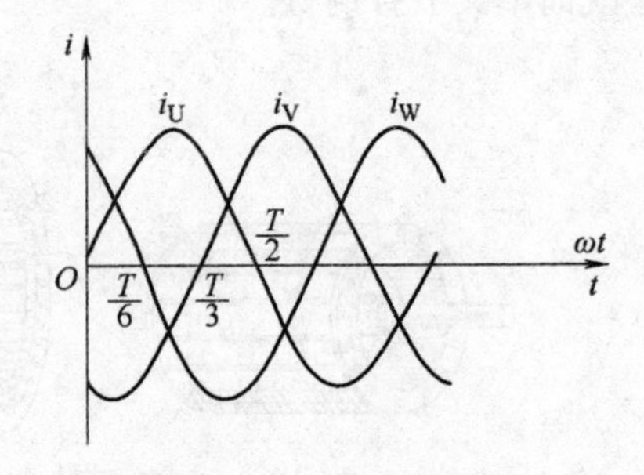

图 3-10　三相电流的波形

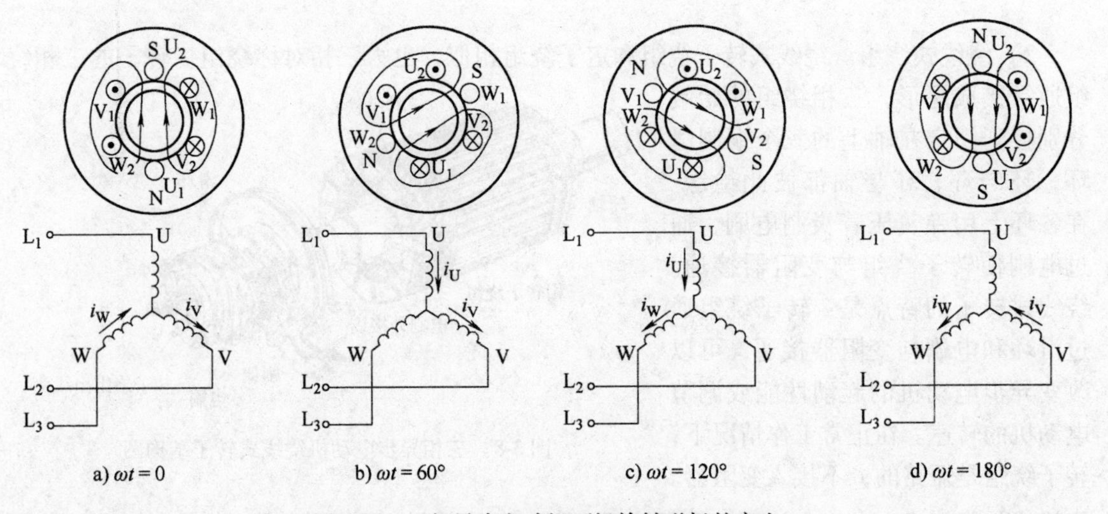

图 3-11　三相异步电动机两极旋转磁场的产生

当 $\omega t = 0$ 时，i_U 为 0，故 U 相绕组中没有电流；i_V 为负，则电流从 V 相绕组末端 V_2 流入，从首端 V_1 流出。i_W 为正，则电流从 W 相绕组首端 W_1 流入，从末端 W_2 流出。将每相绕组所产生的磁场相加，可得三相电流的合成磁场。$\omega t = 0$ 时的合成磁场、磁极和绕组电流方向如图 3-11a 所示。

当 $\omega t = 60°$时，i_U 为正，则电流从 U 相绕组首端 U_1 流入，从末端 U_2 流出；i_V 为负，则电流从 V 相绕组末端 V_2 流入，从首端 V_1 流出；i_W 为 0，故 W 相绕组中没有电流。$\omega t = 60°$时的合成磁场、磁极和绕组电流方向如图 3-11b 所示。

当 $\omega t = 120°$时，i_U 为正，则电流从 U 相绕组首端 U_1 流入，从末端 U_2 流出；i_V 为 0，故

V 相绕组中没有电流；i_W 为负，则电流从 W 相绕组末端 W_2 流入，从首端 W_1 流出。ωt = 120°时的合成磁场、磁极和绕组电流方向如图 3-11c 所示。

当 ωt = 180°时，i_U 为 0，故 U 相绕组中没有电流；i_V 为正，则电流从 V 相绕组首端 V_1 流入，从末端 V_2 流出；i_W 为负，则电流从 W 相绕组末端 W_2 流入，从首端 W_1 流出。ωt = 180°时的合成磁场、磁极和绕组电流方向如图 3-11d 所示。与图 a 相比可知，电流变化了 180°电角度，磁场在空间旋转 180°。

由上可知，当三相对称的定子绕组通入对称的三相电流时，将在电动机中产生旋转磁场，且旋转磁场为一对磁极时，电流变化电角度为 360°，合成磁场也在空间旋转 360°。

2. 旋转磁场的转速

根据上面的分析，当三相绕组每相有一个线圈时，则产生两个磁极（一对磁极），且电流变化一个周期，两极旋转磁场在空间旋转一周，若电流的频率为 f，则旋转磁场的转速为每秒 f 转。若以 n_0 表示旋转磁场的每分钟转速，则一对磁极，旋转磁场每 min 的转速为

$$n_0 = 60f \tag{3-1}$$

如果每相绕组有两个线圈（4 个线圈边），适当地安排绕组的分布，可以形成四个极的旋转磁场，即 $P = 2$。可以证明，$P = 2$ 时，电流变化一个周期、合成磁场在空间只旋转 180°，其转速为

$$n_0 = \frac{60f}{2} \tag{3-2}$$

由此可以推广到 P 对磁极的旋转磁场的转速为

$$n_0 = \frac{60f}{P} \tag{3-3}$$

由此可得，旋转磁场的转速取决于电源频率和电动机的磁极对数。

旋转磁场的转速亦称同步转速。

表 3-1 列出了不同磁极对数所对应的转速。

表 3-1　不同磁极对数时的旋转磁场转速

P	1	2	3	4	5	6
n_0（r/min）	3000	1500	1000	750	600	500

3. 旋转磁场的方向

由以上分析可以看出，当按如图 3-12 所示接通三相电源后，旋转磁场的方向为 U_{VW}，旋转磁场以顺时针方向旋转。以同样的方法可以分析，当如图 3-12 所示相序接通三相电源后，则旋转磁场方向为 U_{WV}，旋转磁场以逆时针方向旋转。由此可知，三相异步电动机的旋转磁场方向与通入三相绕组中电流的相序有关。如果把三根电源线中的任意两根对调，则可使旋转磁场的方向反转。

4. 异步电动机的转动原理

（1）异步电动机转动原理　如前所述，在三相定子绕组中通入三相对称电流后，则会产生一个转速为 n_0 的旋转磁场，假设某瞬间定子电流产生的磁场方向如图 3-13 所示，且在空间按顺时针方向旋转。因转子尚未转动，所以静止的转子与旋转磁场产生相对运动，转子以逆时针方向在转子导体中产生感应电动势，并在形成闭合回路的转子导体中产生感应电

流，其方向用右手定则判定，方向如图 3-13 所示，笼型转子上方导体电流流出纸面，下方导体电流流进纸面。载流转子导体在磁场中受到磁场力 F 的作用，其方向用左手定则判定，方向如图 3-13 所示。电磁力在转轴上形成电磁转矩。由图可见，电磁转矩的方向与旋转磁场的方向一致，使转子按旋转磁场的方向转动。

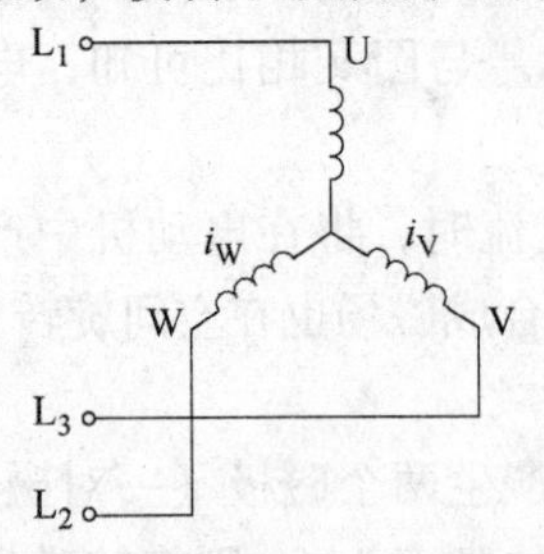

图 3-12　三相绕组相序互换接线图

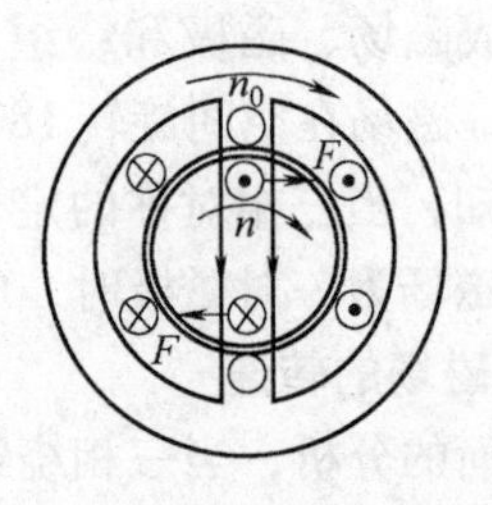

图 3-13　转子转动原理图

用 n 表示转子转速，则 n 必是总小于同步转速 n_0，否则两者之间没有相对运动，就不会产生感应电动势及感应电流，电磁转矩也无法形成。这就是异步电动机名称的由来。

（2）异步电动机的转差率　通常，把同步转速 n_0 与转子转速 n 的差与 n_0 的比值称为异步电动机的转差率，用 s 表示，即

$$s=\frac{n_0-n}{n_0} \quad 或 \quad s=\frac{n_0-n}{n_0}\times 100\% \tag{3-4}$$

转差率 s 是描述异步电动机运行的一个重要物理量。在电动机起动瞬间，$n=0$，$s=1$，转差率最大。空载运行时，转子转速最高，转差率最小。额定负载运行时，转子转速相对空载时要低，故转差率比空载时要高，约为 1% ~6%。

（3）异步电动机反转　如上所述，三相异步电动机转向与旋转磁场方向相同，所以若想改变电动机转子的转向，只要改变旋转磁场的方向即可，即改变电源相序，将三相电源，任意两根电源线对调，则可改变电动机的转动方向。

注意：两次对调电源线，则电动机与原来转动方向相同。

3.1.3　三相异步电动机的铭牌数据

图 3-14 是电动机的铭牌数据示例。电动机的型号是表示电动机的类型、用途和技术特征的代号。用大写拼音字母和阿拉伯数字组成，各有一定含义，其含义如图 3-15 所示。

三相异步电动机

型号　Y132M-4	功率　7.5kW	频率　50Hz
电压　380V	电流　15.4A	接法　△
转速　1440r/min	绝缘等级　B	工作方式　连续
	年　月　日	×××电机厂

图 3-14　电动机的铭牌示例

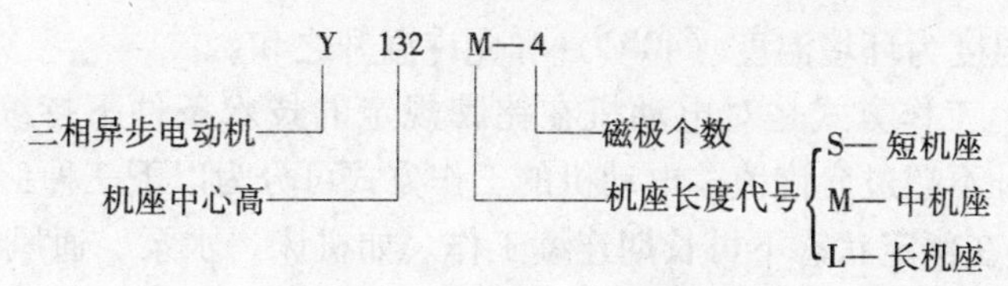

图 3-15　铭牌中型号的意义

常用三相异步电动机产品名称代号及其汉字意义见表 3-2。

表 3-2　常用三相异步电动机产品名称代号

产品名称	新代号	汉字意义	旧代号
鼠笼式异步电动机	Y，Y—L	异	J，J0
绕线式异步电动机	YR	异绕	JR，JR0
防爆型异步电动机	YB	异爆	JB，JBS
防爆安全型异步电动机	YA	异安	JA
高起动转矩异步电动机	YQ	异起	JQ，JQ0

表中 Y、Y—L 系列是新产品。Y 系列定子绕组是铜线，Y—L 系列定子绕组是铝线。

铭牌上其他数据的意义如下。

（1）电压　铭牌上的电压是指电动机额定运行时，定子绕组上应加的额定电源线电压值，用 U_N表示。三相异步电动机的额定电压有 380V，3000V，6000V 等多种。

（2）电流　铭牌上的电流是指电动机在额定运行时，定子绕组的额定线电流值，用 I_N 表示。

（3）功率和效率　铭牌上的功率是指电动机的额定功率。额定功率是电动机在额定运行状态下，其轴上输出的机械功率，用 P_{2N}表示。

电动机输出功率 P_{2N}与从电源输入的功率 P_{1N}不相等，其差值（$P_{1N}-P_{2N}$）为电动机的损耗，所以电动机的效率为

$$\eta=\frac{P_{2N}}{P_{1N}}\times 100\% \tag{3-5}$$

额定运行时效率约为 72% ~93%。

对电源来说电动机为三相对称负载，由电源输入的功率为

$$P_{1N}=\sqrt{3}U_N I_N\cos\varphi \tag{3-6}$$

（4）频率　铭牌上的频率是指定子绕组外加的电源频率。我国工业用电的标准频率为 50Hz。

（5）接法　铭牌上的接法是指电动机在额定运行时定子绕组的连接方式。

（6）转速　铭牌上的转速是指电动机在额定电压、额定频率及输出额定功率时的转速，称额定转速 n_N。

（7）绝缘等级　绝缘等级是根据电动机绕组所用的绝缘材料、按使用时的最高允许温度而划分的不同等级。常用绝缘材料的等级及其最高允许温度见表 3-3。

表 3-3　常用的绝缘材料等级及最高温度

绝缘等级	A	E	B	F	H
最高允许温度/℃	105	120	130	155	180

上述最高允许温度为环境温度（40℃）和允许温升之和。

（8）工作方式　工作方式是对电动机在铭牌规定的技术条件下持续运行时间的限制，以保证电动机的温升不超过允许值。电动机的工作方式可分为以下三种：

1）连续工作。在额定状态下可长期连续工作。如机床、水泵、通风机等设备所用的异步电动机。

2）短时工作。在额定情况下，持续运行时间不允许超过规定的时限，否则会使电动机过热。短时工作分为10min，30min，60min，90min等四种。

3）断续工作。可按与系列相同的工作周期，以间歇方式运行，如吊车、起重机等。

任务3.2　三相异步电动机中常用的低压电器

【任务目标】

1）理解常用低压电器工作原理。

2）掌握常用低压电器的选择、接线及使用场合。

3）熟悉各低压电器的电路符号图。

【任务内容】

低压电器通常是指工作在交流额定电压1200V、直流额定电压1500V及以下的电路中，起通断、保护、控制或调节作用的电器产品。它是电力拖动自动控制系统的基本组成元件。按照电器动作性质不同，低压电器可分为手控电器和自控电器两大类。手控电器是指依靠人力直接操作的电器，如刀开关、封闭式开关、转换开关、按钮等。自控电器是指按照指令信号或物理参数（如电流、电压、时间、熔断器组、速度等）的变化而自动动作的电器，如各种型号的接触器、继电器等。按用途分又可分为低压配电电器和低压控制电器两大类。低压配电电器主要用于低压供电系统，如刀开关、低压断路器、转换开关和熔断器等。低压控制电器主要用于电力拖动控制系统，如接触器、继电器、控制器、行程开关、主令控制器和万能转换开关等。

1. 刀开关

刀开关是一种手动配电电器，主要用来隔离电源或手动接通与断开交直流电路，也可用于不频繁的接通与分断额定电流以下的负载，如小型电动机、电炉等。适用于交流50Hz、500V以下小电流电路中，主要作为一般电灯、电阻和电热器等回路的控制开关用。

（1）刀开关结构　如图3-16所示，刀开关主要由以下部件组成：与瓷柄相连的动触刀座、静触头刀座、熔丝、进线及出线接线座，这些为导电部分，固定在瓷底板上，外面用胶盖盖着。胶盖的作用是：①保护操作人员在操作时不会触及带电部分；②将各极隔开，防止因极间飞弧导致电源短路；③防止飞弧飞出盖外，灼伤操作人员；④防止金属零件掉落在闸刀上形成短路。熔丝提供了短路保护功能，在使用时，根据负载情况选用合适熔丝。

（2）刀开关的分类　根据闸刀刀片数多少，刀开关可分单极（单刀）、双极（双刀）和三极（三刀）。

（3）刀开关的选择　选择刀开关时，应注意以下三个问题：第一，根据电压和极数选

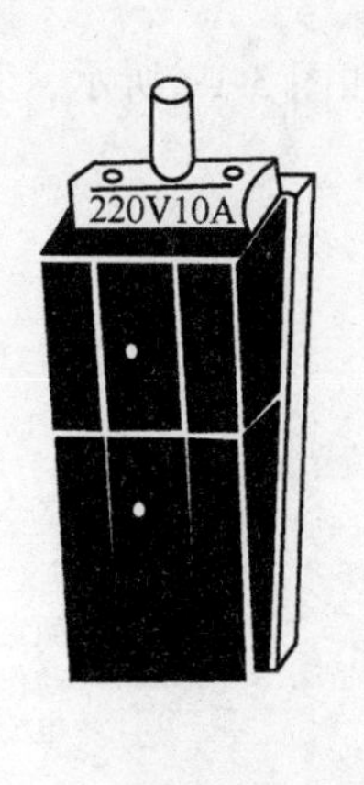

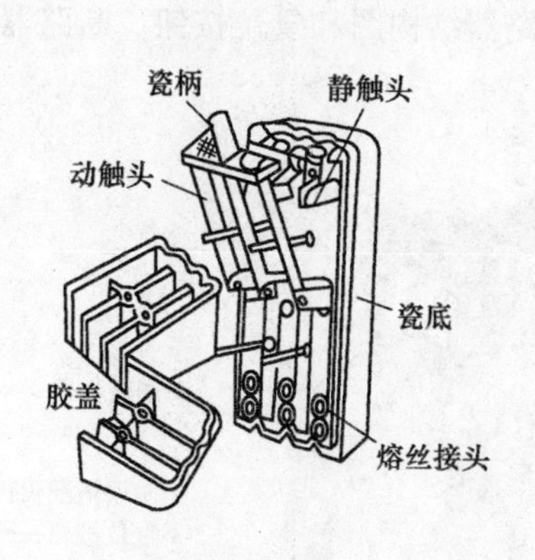

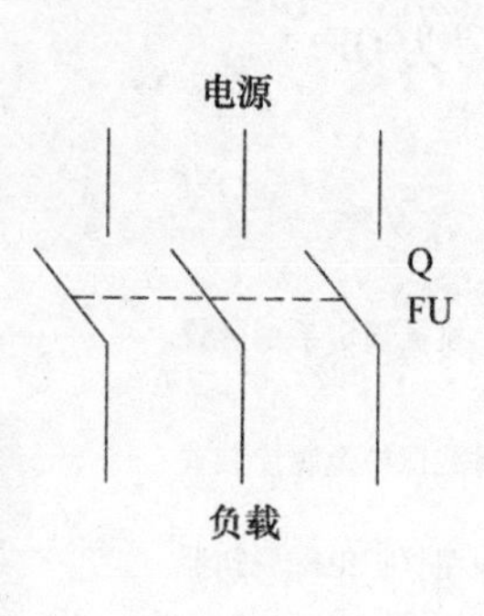

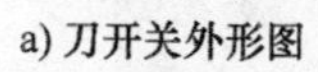
a) 刀开关外形图　　b) 刀开关结构图　　c) 刀开关电路图符号

图 3-16　刀开关外形、结构及接线图

择；第二，根据额定电流选择；第三，选择开关时，应注意检查各刀片与对应夹座是否直线接触，有无歪斜。

2. 断路器

断路器是指在电路中作接通、分断和承载额定工作电流，并能在线路发生过载、短路、欠电压的情况下进行可靠的保护的开关装置。在分断故障电流后一般不需要变更零部件，有些断路器还具有漏电保护功能，在日常生产和生活中已获得了广泛的应用。图 3-17 分别为 1～4 极断路器外形图。

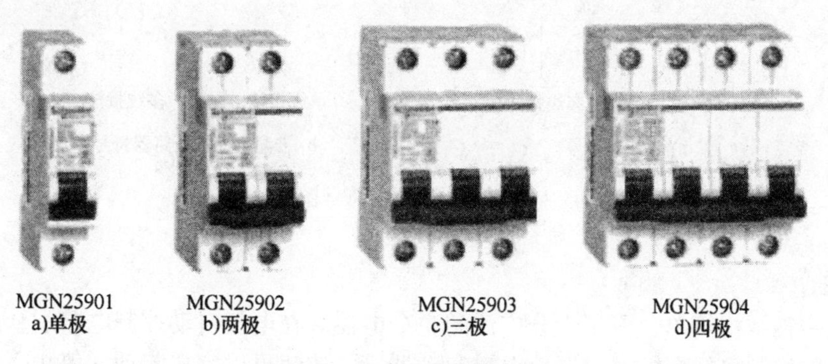

图 3-17　各类型断路器外形图

断路器按其使用范围分为高压断路器和低压断路器，高低压界线划分比较模糊，一般将 3kV 以上的称为高压电器。

低压断路器也称自动空气开关，由触头系统、灭弧系统、操动机构、脱扣器、外壳等构成，其结构图如图 3-17 所示。当短路时，大电流（一般为额定电流的 10～12 倍）产生的磁场克服反力弹簧，脱扣器拉动操动机构动作，开关瞬时跳闸。当过载时，电流变大，发热量加剧，双金属片变形到一定程度推动机构动作（电流越大，动作时间越短）。具有漏电保护的断路器，其功能相当于熔断器式开关、过电流继电器、失压继电器、热继电器及漏电保护器等电器部分或全部的功能总和，是低压配电网中一种重要的保护电器。当断路器动作后，具有复位按钮的断路器，需按复位按钮后，方可重新合闸，复位按钮不同品牌的断路器各不相同，图 3-18 为其中某一品牌断路器结构图和复位按钮。断路器符号图如图 3-19 所示，其符号为 QF。

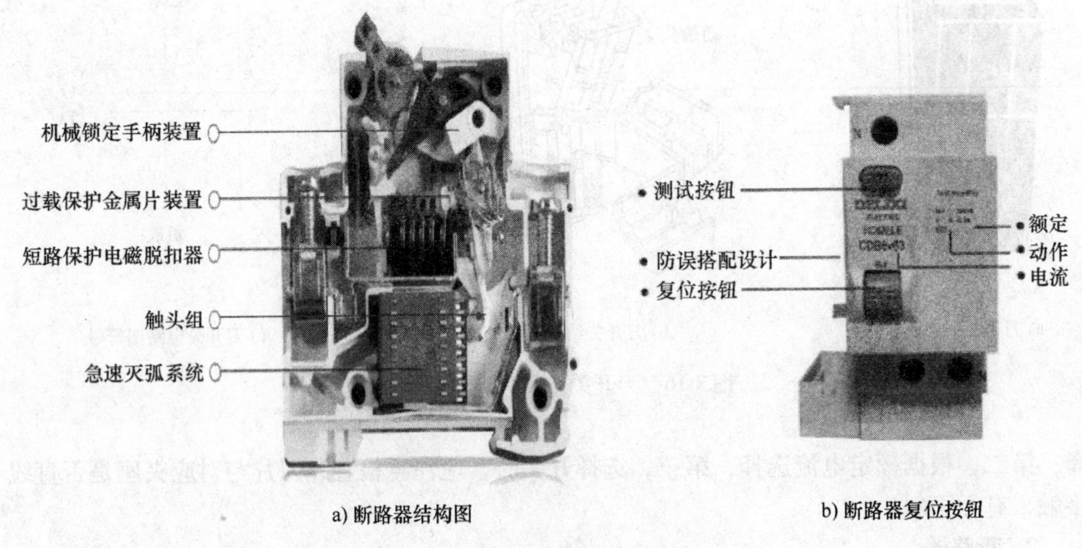

a) 断路器结构图　　b) 断路器复位按钮

图 3-18　断路器结构图和复位按钮

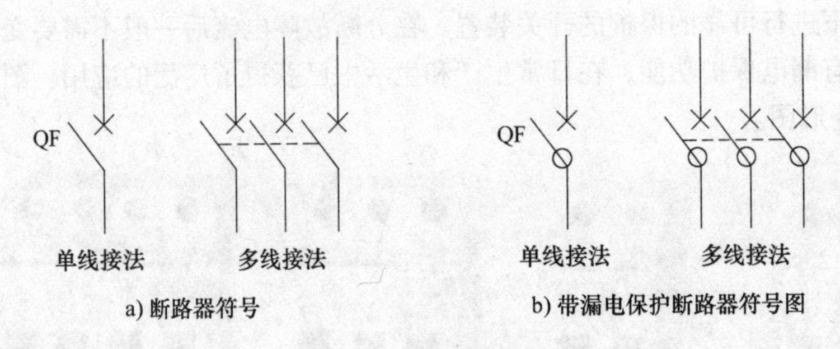

a) 断路器符号　　b) 带漏电保护断路器符号图

图 3-19　断路器符号图

3. 按钮

按钮是一种结构简单、应用十分广泛的主令电器。在电气自动控制电路中，用于手动发出控制信号以控制接触器、继电器、电磁起动器等。按钮可以完成起动、停止、正反转、变速及互锁等基本控制。

按钮的结构种类很多，可分为普通揿钮式、蘑菇头式、自锁式、自复位式、旋柄式、带指示灯式、带灯符号式及钥匙式等，有单钮、双钮、三钮及不同组合形式，一般是采用积木式结构，由按钮帽、复位弹簧、桥式触头和外壳等组成，通常做成复合式，有一对常闭触点和常开触点。

1）常闭触点：按钮未按下时为闭合接通状态的触点，称为常闭触点。

2）常开触点：按钮未按下时断开的触点，称为常开触点。

通常每一个按钮有两对触点。每对触点由一个常开触点和一个常闭触点组成。当按下按钮，两对触点同时动作，常闭触点断开，常开触点闭合。

为了标明各个按钮的作用，避免误操作，通常将按钮帽做成不同的颜色，以示区别，其颜色有红、绿、黑、黄、蓝、白等。一般情况下，红色表示停止按钮，绿色表示起动按钮。按钮实物图和符号图如图 3-20 所示。

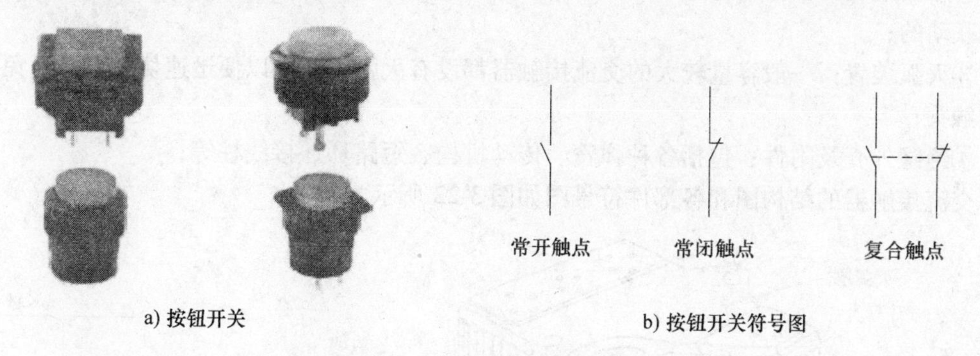

a) 按钮开关　　b) 按钮开关符号图

图 3-20　按钮实物图和符号图

4. 熔断器

熔断器是根据电流超过规定值一定时间后，以其自身产生的热量使熔体熔化，从而使电路断开的原理制成的电流保护器。熔断器广泛应用于低压配电系统和控制系统及用电设备中，作为短路和过电流保护，是应用最普遍的保护器件之一。

熔断器主要由熔体和熔管两个部分及外加填料等组成。使用时，将熔断器串联于被保护电路中，当被保护电路的电流超过规定值，并经过一定时间后，由熔体自身产生的热量熔断熔体，使电路断开，起到保护的作用。

图 3-21 列出了几种常用的熔断器图形和熔断器的符号图。

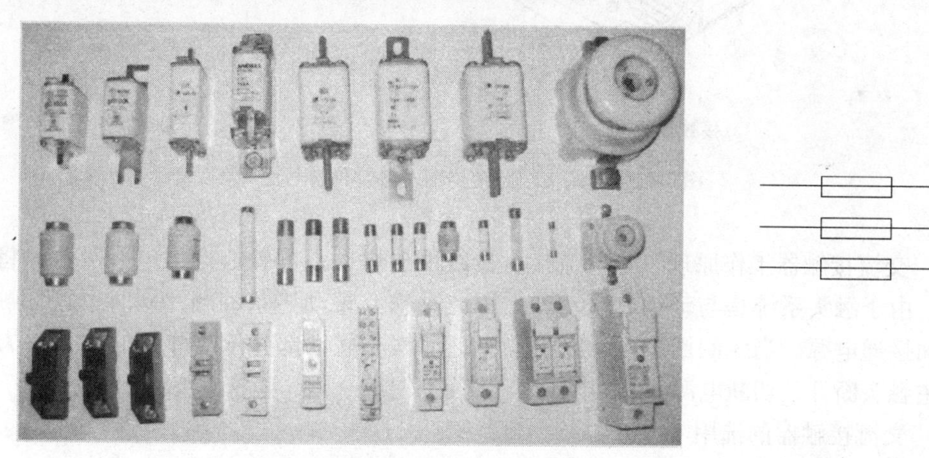

a) 常用的熔断器　　b) 熔断器符号图

图 3-21　常用的熔断器图形和熔断器符号图

5. 接触器

接触器是电力拖动与自动控制系统中重要的一种低压电器，用作电力系统的开断和控制电路，它利用主触头来开闭主电路，利用辅助触头来执行控制电路命令。按其主触头通过电流的种类，可分为交流接触器和直流接触器两种。

（1）交流接触器的结构　交流接触器主要有四部分组成。

①电磁系统：包括吸引线圈、动铁心和静铁心；

②触头系统：包括三组主触头和一至两组常开、常闭辅助触头，它和动铁心是连在一起互相联动的；

③灭弧装置：一般容量较大的交流接触器都设有灭弧装置，以便迅速切断电弧，免于烧坏主触头；

④绝缘外壳及附件：包括各种弹簧、传动机构、短路环、接线柱等；

交流接触器的结构图和各部件符号图如图 3-22 所示。

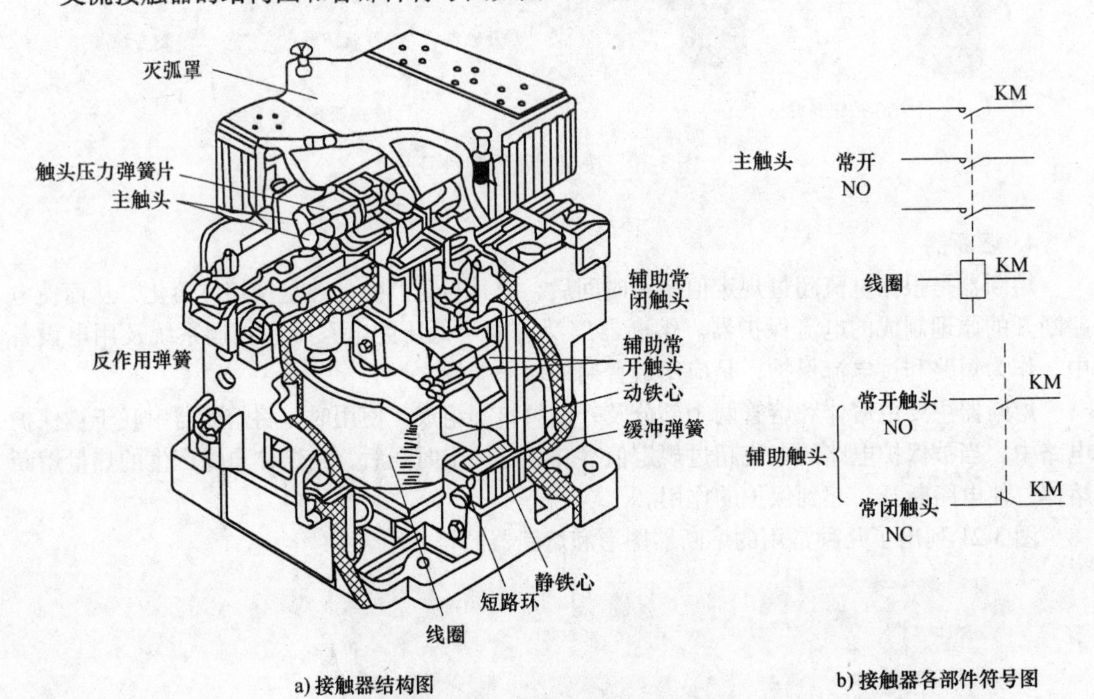

图 3-22　交流接触器结构图及各部件符号图

（2）交流接触器工作原理　当交流接触器线圈通电时，静铁心产生电磁吸力，将动铁心吸合，由于触头系统是与动铁心联动的，因此动铁心带动三条动触片同时运行，触点闭合，从而接通电源。当线圈断电时，吸力消失，动铁心联动部分依靠弹簧的反作用力而分离，使主触头断开，切断电源。

（3）交流接触器的选用

1）接触器主触头的额定电压大于等于负载额定电压。

2）接触器主触头的额定电流大于等于 1.3 倍负载额定电流。

3）接触器线圈额定电压。当线路简单、使用电器较少时，可选用 220V 或 380V；当线路复杂、使用电器较多或不太安全的场所，可选用 36V、110V 或 127V。

4）接触器的触头数量、种类应满足控制线路要求。

5）操作频率（每小时触头通断次数）。当通断电流较大及通断频率超过规定数值时，应选用额定电流大一级的接触器型号。否则会使触头严重发热，甚至熔焊。

（4）交流接触器的维护　在电气设备进行维护工作时，应一并对接触器进行维护工作。

1）外部维护

①清扫外部灰尘。

②检查各紧固件是否松动，特别是导体连接部分，防止接触松动而发热。

2）触头系统维护

①检查动、静触头位置是否对正，三相是否同时闭合，如有问题应调节触头弹簧。

②检查触头磨损程度，磨损深度不得超过1mm，触头有烧损，开焊脱落时，须及时更换；轻微烧损时，一般不影响使用。清理触头时不允许使用砂纸，应使用整形锉。

③测量相间绝缘电阻，阻值不低于10MΩ。

④检查辅助触头动作是否灵活，触头行程应符合规定值，检查触头有无松动脱落，发现问题时，应及时修理或更换。

3）铁心部分维护。

①清扫灰尘，特别是运动部件及铁心吸合接触面间。

②检查铁心的紧固情况，铁心松散会引起运行噪声加大。

③铁心短路环有脱落或断裂要及时修复。

4）电磁线圈维护

①测量线圈绝缘电阻。

②线圈绝缘物有无变色、老化现象，线圈表面温度不应超过65°C。

③检查线圈引线连接，如有开焊、烧损应及时修复。

5）灭弧罩部分维护

①检查灭弧罩是否破损。

②灭弧罩位置有无松脱和位置变化。

③清除灭弧罩缝隙内的金属颗粒及杂物。

（5）接触器的型号及含义　以接触器型号为CJ10-20为例。

1）C表示接触器。

2）J表示交流。

3）10表示设计序号。

4）20表示主触头额定工作电流。

6. 热继电器

热继电器是一种电气保护元件。它是利用电流的热效应来推动动作机构使触点闭合或断开的保护电器，主要用于电动机的过载保护、断相保护、电流不平衡保护及其他电气设备发热状态时的控制。

（1）热继电器的基本结构　热继电器的基本结构包括加热元件、主双金属片、动作机构和触点系统以及温度补偿元件。热继器结构图如图3-23所示。

（2）工作原理　热继电器的加热元件由电阻丝做成，其电阻值较小，双金属片由两片线膨胀系数不同的金属片压合而成。工作时热元件串接在电动机的主电路中，电阻丝围绕着双金属片。电动机正常运行时，加热元件产生的热量不足以使热继电器触点动作。当电动机过载时，双金属片弯曲增大，推动导板使常闭触点断开，从而切断电动机控制电路以起保护作用。热继电器动作后一般不能自动复位，要等双金属片冷却后按下复位按钮复位。其动作电流可以通过调节旋转凸轮于不同位置来实现。热继电器的符号图如图3-24所示。

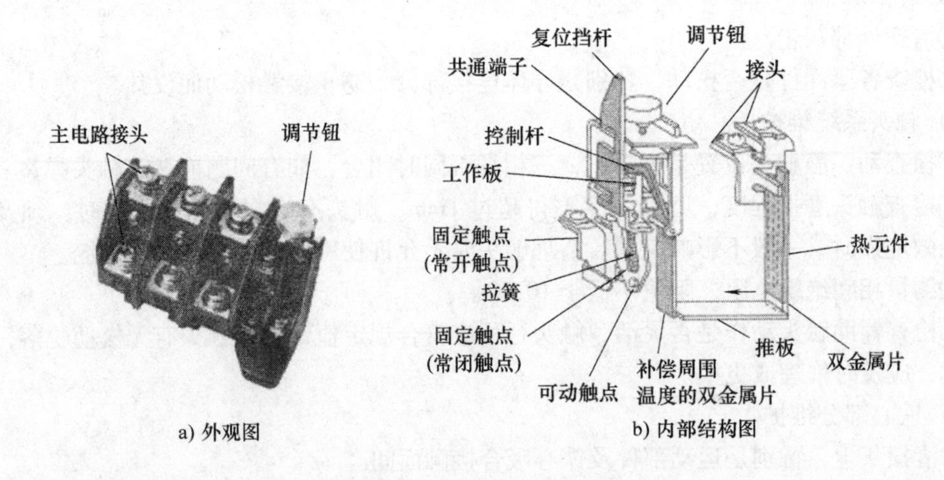

图 3-23　热继电器结构图

7. 中间继电器

中间继电器（intermediate relay）用于继电保护与自动控制系统中，以增加触点的数量及容量，还被用于在控制电路中传递中间信号。中间继电器的结构和原理与交流接触器基本相同，与接触器的主要区别在于：接触器的主触头可以通过大电流，而中间继电器的触头只能通过小电流，所以它只能用于控制电路中。中间继电器一般是没有主触点的，因为过载能力比较小，所以它用的全部都是辅助触点，数量比较多。

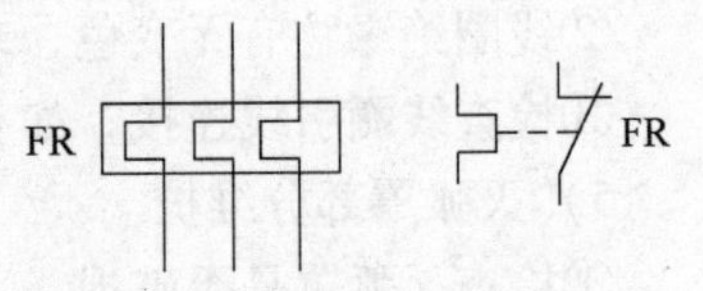

图 3-24　热继电器符号图

在工业控制线路和现在的家用电器控制线路中，常常会有中间继电器存在，对于不同的控制线路，中间继电器的作用有所不同，其在线路中的作用常见的有以下几种。

（1）代替小型接触器　中间继电器的触点具有一定的带负荷能力，当负载容量比较小时，可以用来替代小型接触器使用，比如电动卷闸门和一些小家电的控制。这样的优点是不仅可以起到控制的目的，而且可以节省空间，使电器的控制部分做得比较精致。

（2）增加接点数量　这是中间继电器最常见的用法，例如，在电路控制系统中，一个接触器的接点需要控制多个接触器或其他元件时可在线路中增加一个中间继电器。

（3）增加接点容量　中间继电器的接点容量虽然不是很大，但也具有一定的带负载能力，同时其驱动所需要的电流又很小，因此可以用中间继电器来扩大接点容量。比如一般不能直接用感应开关、晶体管的输出去控制负载比较大的电器元件，而是在控制线路中使用中间继电器，通过中间继电器来控制其他负载，达到扩大控制容量的目的。

（4）转换接点类型　在工业控制线路中，常常会出现这样的情况，控制要求需要使用接触器的常闭接点才能达到控制目的，但是接触器本身所带的常闭接点已经用完，无法完成控制任务。这时可以将一个中间继电器与原来的接触器线圈并联，用中间继电器的常闭接点去控制相应的元件，转换一下接点类型，达到所需要的控制目的。

（5）用作开关　在一些控制线路中，一些电器元件的通断常常使用中间继电器，用其接点的开闭来控制，例如彩电或显示器中常见的自动消磁电路，晶体管控制中间继电器的通断，从而达到控制消磁线圈通断的作用。

图3-25为某种型号的中间继电器实物图。

8. 时间继电器

时间继电器是一种利用电磁原理或机械原理实现延时控制的控制电器。其种类很多，有电磁式延时继电器、电动式时间继电器、热延时继电器、混合式延时继电器、固体时间继电器。

时间继电器按其延时方式还可分为通电延时型和断电延时型两种类型。

（1）通电延时继电器　电源接通后，时间继电器立即开始延时，当设定的时间到后，接通电路，执行控制电路设定的动作。

（2）断电延时继电器　电源断开后，时间继电器开始延时，当设定的时间到后，断开电路，执行电路控制设定的动作。

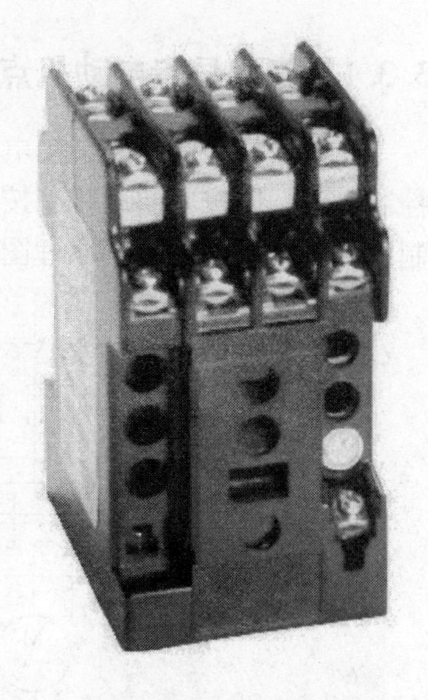

图3-25　中间继电器实物图

通电延时和断电延时继电器的动作原理如图3-26所示。

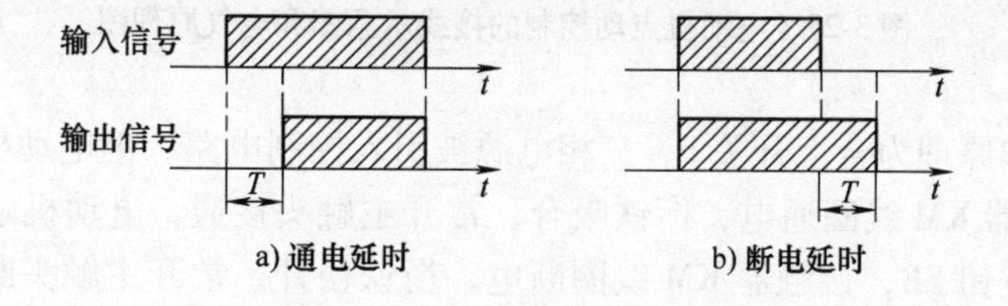

图3-26　时间继电器动作情况图

任务3.3　三相异步电动机常用的控制电路

为了使电动机能够按照设备的要求运转，需要对电动机进行控制。电动机的控制电路通常由电动机、控制电器、保护电器与生产机械及传动装置组成。传统的电动机控制系统主要由各种低压电器组成，称为继电器—接触器控制系统。电动机的自动控制电路由各种开关、继电器、接触器等电器组成，它能够根据人所发出的控制指令信号，实现对电动机的自动控制、保护和监测等功能。

【任务目标】

1）理解异步电动机直接起动控制线路自锁的概念，掌握其实现方法。

2）理解异步电动机正反转控制线路联锁（互锁）的概念，掌握其实现方法。

3）学会分析三相异步电动机控制电路。

4）学会根据三相异步电动机控制线路的配盘规则。

5）学会根据控制电路图画接线图。

6）能够读懂接线图，并根据接线图进行配线。

【任务内容】

3.3.1 三相异步电动机点动控制电路

在电动机控制电路，当电动机短时运行或需要对电路进行测试，电动机一般都采用点动控制电路，即按下起动控制按钮，电动机运行，松开起动按钮，电动机停转。电动机点动控制的接线示意图和电气原理图如图 3-27 所示。

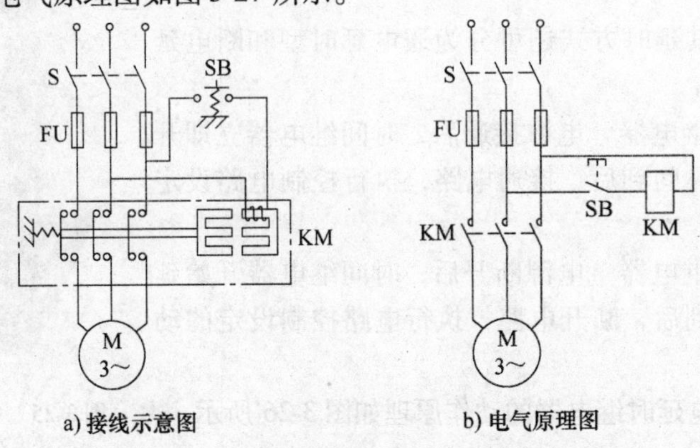

图 3-27 电动机点动控制的接线示意图和电气原理图

点动控制工作原理为合上开关 S，三相电源被引入控制电路，但电动机还不能起动。按下按钮 SB，接触器 KM 线圈通电，衔铁吸合，常开主触头接通，电动机定子接入三相电源起动运转。松开按钮 SB，接触器 KM 线圈断电，衔铁松开，常开主触头断开，电动机因断电而停转。

3.3.2 三相异步电动机直接起动控制电路

对于需要较长时间运行的电动机，用点动控制是不方便的。因为一旦放开按钮 SB，电动机立即停转。因此，对于连续运行的电动机，需要对控制电路进行改进，使其松开起动按钮后，能连续运行。三相异步电动机直接起动控制电路如图 3-28 所示。

1. 工作原理

主电路：在控制电路中，连接电动机的电路称为主电路。

控制电路：按钮、接触器触头、线圈等构成的电路称为控制电路。

（1）起动过程　按下起动按钮 SB_1，接触器 KM 线圈得电，静铁心产生电磁吸力，将动铁心吸合，带动接触器的常开触头闭合，常闭触头断开，所以接触器 KM 主触头闭合，电动机得电运转。同时与 SB_1 并联的接触器 KM 的常开辅助触头闭合，所以当松开起动按钮 SB_1 后，由于交流接触器常开辅助触头闭合，线圈依然得电，主电路交流接触器的主触头依然闭合，电动机保持连续运行。

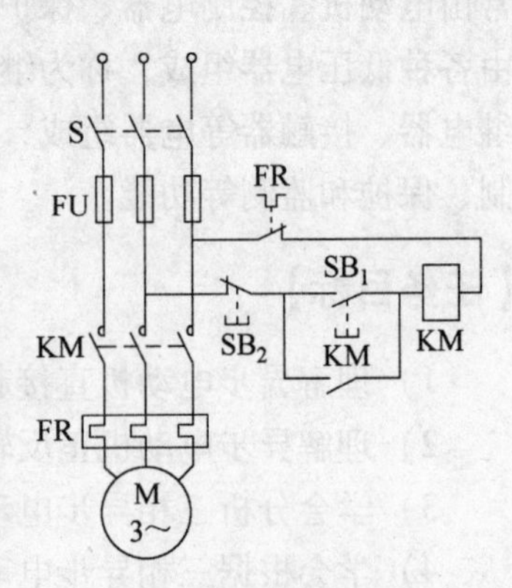

图 3-28 三相异步电动机直接起动控制电路

（2）停止过程　按下停止按钮 SB_2，接触器 KM 线圈失电，静铁心失去电磁吸力，动铁心在弹簧的作用下返回，带动接触器触头回复初始状态，电动机失电停止运行，同时与 SB_1 并联的 KM 常开辅助触头断开。松开按钮 SB_2 后，SB_1 和接触器 KM 常开辅助均断开，故线圈持续失电，串联在电动机回路中的 KM 的主触头持续断开，电动机停转。

在起动过程中，与 SB_1 并联的 KM 的辅助常开触头的这种作用称为接触器自锁。

2. 控制电路中的保护分析

图 3-28 所示的控制电路可实现短路保护、过载保护和零压保护。

（1）短路保护　当电路发生短路故障，串接在主电路中的熔断器 FU 立即熔断，电动机立即失电停转。

（2）过载保护　当过载时，热继电器 FR 的发热元件发热，热继电器双金属片弯曲，使其常闭触头断开，接触器 KM 线圈断电，串联在电动机回路中的 KM 的主触头断开，电动机停转。同时 KM 辅助触头也断开，解除自锁。故障排除后若要重新起动，需按下 FR 的复位按钮，使 FR 的常闭触头复位才能再次起动运行。

（3）零压（欠电压）保护　起零压（或欠电压）保护的是接触器 KM 本身。当电源暂时断电或电压严重下降时，接触器 KM 线圈的电磁吸力不足，衔铁自行释放，使主、辅触头自行复位，切断电源，电动机停转，同时解除自锁。

3.3.3　三相异步电动机正反转控制电路

在实际生产中，往往要求部件有正反两个方向运行，这种功能可以通过电动机正反转来实现，即将三相电源的任意两根电源线对调实现反转。三相异步电动机正反转运行控制电路如图 3-29 所示。

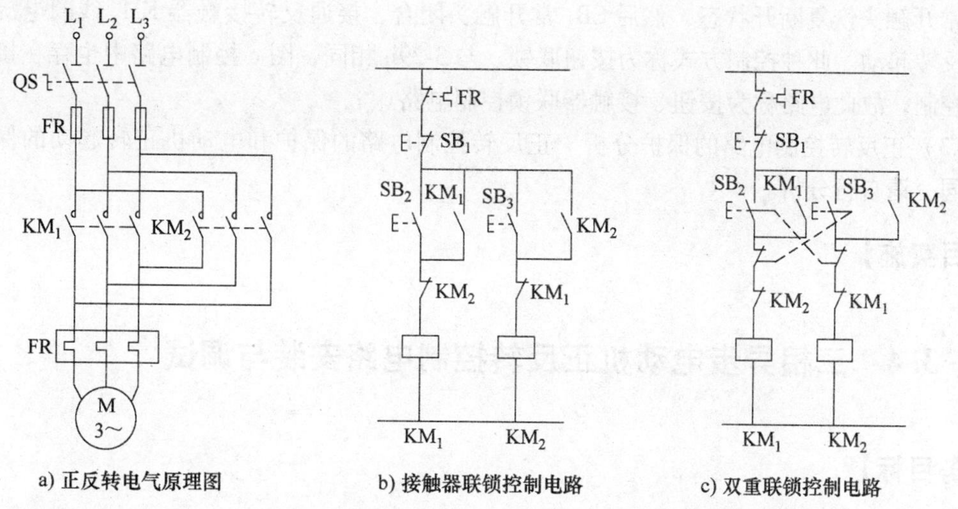

图 3-29　三相异步电动机正反转控制电路

1. 主电路分析

图 3-29 所示的主电路中，接触器 KM_1 将电源引入电动机的顺序为 L_1—L_2—L_3，接触器 KM_2 将电源引入电动机的顺序为 L_3—L_2—L_1，两种接法中 L_1 和 L_3 对调，实现电动机的反转。

2. 控制电路分析

（1）接触器联锁控制电路

1）电动机正转。如图3-29b所示，按下按钮SB_2，接触器KM_1线圈得电，则KM_1所有常开触头闭合，常闭触头断开，故主电路中，接触器KM_1主触头闭合，电动机得电正向运转。控制电路中，KM_1常开辅助触头闭合使线圈自锁，保证KM_1线圈始终得电，同时因为KM_1常闭触头串在KM_2控制电路中，当KM_1得电时，其常闭触头断开，保证KM_2不会得电，避免误操作时，电动机正转时，按下SB_3反转起动按钮，造成电源短路故障。

2）电动机反转。与电动机正转类似，在电动机停转状态下，按下按钮SB_3，接触器KM_2线圈得电，其所有常开触头闭合，常闭触头断开，故KM_2主触头闭合接通电动机，电动机反转运行。控制电路中，接触器自锁，且KM_2常闭触头串接在KM_1控制电路中，确保当电动机反转运行时，按下SB_2而造成电源短路故障。

3）接触器联锁。在图3-29b所示控制电路中，KM_1的常闭触头串接在KM_2的控制支路中，KM_2常闭触头串接在KM_1控制支路中，确保两个接触器线圈不能同时得电，使其常开主触头闭合，从而造成三相电源短路，将这种电路称为接触器联锁。

（2）按钮、接触器联锁控制电路　在图3-29b所示控制电路中，当电动机处于正转或反转状态时，若需要电动机反向运行，需要先按停止按钮SB_1，使电动机停转后，再按反向起动按钮，才能反向起动，这种电路造成了操作上的不方便。

在图3-29c示控制电路中，将正转起动按钮SB_2的常闭触头串接在反转控制支路中，反转起动按钮SB_3的常闭触头串接在正转控制支路中，这样，当电动机正转运行时，或需要反转，则直接按下反转起动按钮SB_3，首先SB_3常闭触头自行断开，切断正转控制电路电源，KM_1常开触头恢复断开状态，然后SB_3常开触头闭合，接通反转接触器KM_2线圈电源，电动机反转起动。此种控制方式称为按钮联锁。与3-29b相同，图c控制电路中也存在接触器联锁控制，故此电路称为按钮、接触器联锁控制电路。

（3）正反转控制电路的保护分析　正反转控制电路的保护和电动机正转起动的保护完全相同，请自行分析。

【项目实施】

任务3.4　三相异步电动机正反转控制电路安装与调试

【任务目标】

1）学会根据线路的实际情况选用器件。

2）学会根据控制电路电气原理图设计布置图。

3）学会根据控制电路电气原理图设计接线图。

4）能够读懂接线图，并根据接线图接线。

5）学会用仪器、仪表检查线路。

6）学会线路的测试。

【任务内容】

1. 器件准备及选用原则

（1）电动机正反转控制电路器件　电动机所需控制器件及型号见表3-4。

表3-4　三相异步电动机正反转控制器件明细表

序　号	符　号	名　称	型号与规格	单　位	数　量
1		配线板		块	1
2	FR	热继电器	JR16-20/3	只	1
3	QF	低压断路器	DZ47-25/3	只	1
4	KM	交流接触器	CJX2-12	只	2
5	FU1	熔断器及熔芯配套	RL1-60/40 A	套	3
6	FU2	熔断器及熔芯配套	RL1-15/4 A	套	2
7	SB	三联按钮	LA10-3H	个	1
8	XT	接线端子排	TB25-12	条	2

其余如导线、工具、螺钉等根据情况分配。

（2）器件的选用原则

1）按钮是一种用人力操作，并具有储能弹簧复位的控制开关。按钮在控制电路中通过接触器、继电器等去控制主电路的通断、功能转换或电器联锁等。根据使用场合和具体用途选择按钮的种类，如嵌装在操作面板上的按钮可选用开启模式。

2）低压断路器既是电路的供电开关，同时又具有短路、过载、欠电压等多项保护功能，其额定电压应大于或等于线路、设备的正常工作电压；额定电流大约是线路计算负载电流的1.2~1.4倍，断路器的额定电流既不可偏小，亦不可过大。偏小了，将引起频繁的误跳闸；偏大了，负载过载了不跳闸，失去保护作用；过电流脱扣器整定电流小于线路最小短路电流（线路远离断路器端短路），保证电路中任何地方发生短路，均能使引起断路器跳闸。

3）接触器是一种通用性很强的电磁式电器，它可以频繁的接通和分断交、直流主电路，并可实现远距离控制，主要用来控制电动机、电热设备、电焊机等。选择交流接触器主要考虑线圈的额定电压与电源相匹配，主触头的额定电流高于或等于电动机的额定电流。

4）热继电器是利用流过继电器的电流所产生的热效应而使触点动作的继电器，它是专门用来对连续运行的电动机进行过载及断相保护，以防止电动机过热而烧毁的保护电器。热继电器的额定电流应大于热继电器的动作电流，热继电器的动作电流可以按电动机的额定电流的1.1~1.5倍来调整（整定电流的调整）。

5）熔断器是在控制系统中主要用做短路保护的电器。一般来说，电动机的起动电流是额定电流的4~7倍，为防止电动机起动时熔断器熔断，又能在短路时尽快地熔断，一般选择熔体的额定电流应不小于1.5~2.5倍的电动机额定电流。

2. 画出正反转控制电路布置图

在配盘布置上，各元件在电器盘内的位置并不是一成不变的，可能依实际需要有所改变。总的原则是：控制盘安装高度合适，位置适当，将来维修方便；控制盘内元件间隔符合规定要求，安装工整、牢固；元件位置设计必须使走线合理，从一个端子到另一端子走线连续，无接头。

3. 控制电路接线的连接

线路敷设的基本技术要求是：从一端子到另一端子走线连续，横平竖直，中间没有接头；导线敷设应成排成束，并有线夹固定：走线尽可能避免交叉，这是设置控制盘时就已经考虑到的问题；导线的敷设不妨碍电器元件的拆卸；主控电路导线、工作零线、保护线颜色符合国家标准要求，线端应有与图纸相一致的标号。

（1）主电路的连接　主电路一般按刀开关—交流接触器主触头—热继电器—电动机。注意电动机正反转电源相序。

（2）控制电路的连接

1）正转支路：起动按钮 SBF（有自锁）—互锁（按钮 SBR）—互锁（KM_2）—KM_1 线圈。

2）反转支路：起动按钮 SBR（有自锁）—互锁（按钮 SBF）—互锁（KM_1）—KM_2 线圈。正转支路和反转支路并联。

（3）技术要求　导线与端子之间连接时，铜线尽要可能短，接点的螺钉不要压到绝缘层。

（4）线路检查

1）用万用表检查。在不通电的情况下，按住起动按钮，用万用表依次测试电路连接，接触器可用螺钉旋具将衔铁按下测试，测试各接线连接是否完好。

2）不接电动机测试。接通主电路电源，按下正转起动按钮，此时接触器 KM_1 吸合，用万用表测试热继电器输出电压应为 380V。按下反转起动按钮，接触器 KM_1 分断，KM_2 吸合，按下停止按钮，停止。

3）接通电动机测试。将电动机线路接通，按如上方法测试，观察电动机转向是否反转。

图 3-30 为电动机正反转控制线路接线实物图。

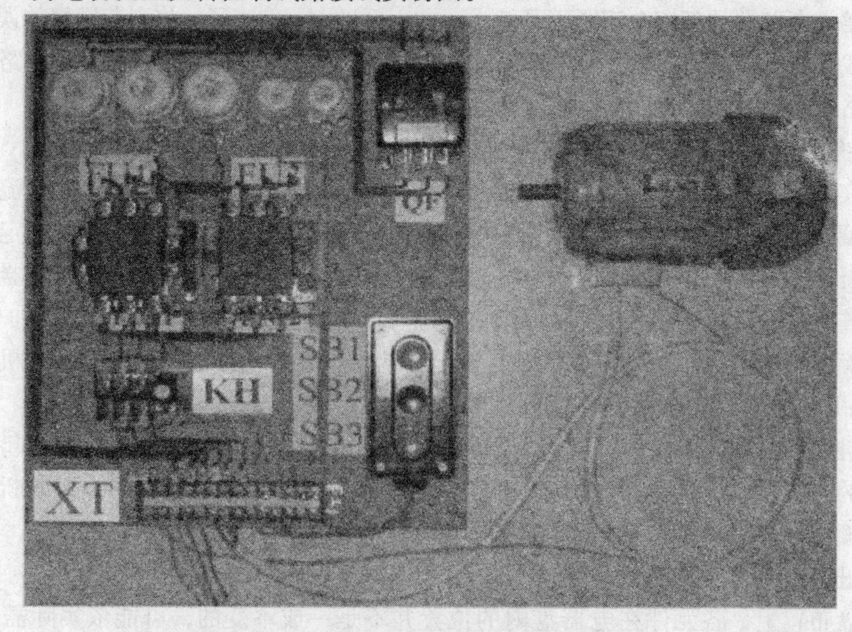

图 3-30　三相异步电动机正反转接线实物图

【项目小结】

1）三相异步电动机由定子和转子组成，按转子结构分为鼠笼式异步电动机和绕线式异步电动机。

2）三相异步电动机定子绕组接通三相电源后，会产生旋转磁场，旋转磁场的方向与电源的相序有关，改变电源相序则可以改变电源相序的方向。旋转磁场的转速又称同步转速，其大小为：$n_0=\dfrac{60f}{P}$，其中f为三相电源频率，P为三相异步电动机的磁极对数。转子在磁场中会受到电磁力的作用，其过程是：旋转磁场→转子导体切割磁力线运动产生感应电动势，从而产生感应电流→电流在磁场中会受到电磁力的作用，从而产生电磁转矩→电动机转子在电磁转矩的作用下转动。异步电动机转子的转动方向与旋转磁场的方向相同，故改变旋转磁场的方向即可以改变电动机的转向，因此，改变电源相序即将三相电源任意两根电源线对调，即可改变电动机的旋转方向。

3）三相异步电动机转子转速要小于旋转磁场的同步转速，旋转磁场与电动机转子转速之差的差值与同步转速的比值称为转差率，用s表示，$s=\dfrac{n_0-n}{n_0}$。

4）三相异步电动机控制电路由低压电器等组成，常用的低压电器包括刀开关、断路器、熔断器、接触器、按钮和继电器等。

刀开关是一种最简单的开关电器，用于开断500V以下电路，只能手动操作，电路开断时常有电弧。

低压断路器又称自动空气断路器，是一种可以用手动控制电源分合，同时又具有保护功能的低压电器，其保护功能如过载保护、短路保护、欠电压保护、漏电保护等。

接触器是一种电磁开关，可通过一定的线路组合实现对电动机的控制。

继电器有多种，各类继电器在不同信号作用下触头动作，以控制各类控制线路。

熔断器和热继电器均属于保护电器，熔断器实现线路的适中保护功能，热继电器实现线路的过载保护功能。

按钮是控制电路的主令开关，可实现控制电路电源的分合控制。

5）由常用控制电器可以组成电动机的控制电路，实现预定的控制功能，最基本的控制电路如电动机的直接起动和电动机的正反转控制电路。无论控制电路复杂或简单，电动机的控制均分为两部分，由接触器的主触点和保护电器组成的主电路部分和由接触器辅助触以及一些实现某些控制功能的继电器组成的控制电路。一般主电路在左侧，控制电路在右侧。在分析电动控制电路图时，一般先读主电路，再读控制电路。主电路可自上而下分析，控制电路一般从电源着手，借助控制器件的原理，弄清楚各控制电器之间的逻辑关系，按谁动作控制谁的触头的规则分析。

【项目练习】

3-1　简述三相异步电动机旋转磁场产生的原理？

3-2　三相异步电动机作为负载有几种接法？画出几种接法下电动机引出线接线示意图？

3-3　已知一台三相异步电动机，磁极对数$P=1$，接在电源频率为50Hz的三相电源上，电动机的额定转速为2940r/min。求（1）电动机的同步转速；（2）电动机的转差率。

3-4　一台电动机额定转速为1470r/min，电源频率为50Hz。（1）试判断电动机的磁极对数应该是多少？（2）求电动机的同步转速；（3）求电动机的转差率。

3-5　为什么在照明线路和电热线路中只装熔断器，而在电动机控制线路中既装熔断器又装热继电器？

3-6　刀开关、断路器、按钮都是开关，三者有何不同？可否用按钮直接控制三相异步电动机？

3-7　接触器的主要用途和原理是什么？

3-8　热继电器的主要用途和原理是什么？

3-9　在电动机控制电路中，什么是主电路，什么是控制电路，二者区别是什么？

3-10　什么是接触器自锁？试画出接触器自锁控制线路图。

3-11　试设计一个兼顾点动和长期运行的控制线路。

3-12　什么叫联锁？电动机正反转控制线路中，可以有几种联锁？

3-13　在电动机长期运行控制电路中，一般应设有哪三种保护，请说出具体保护名称及实现相应保护的器件。

3-14　试设计一个用两个起动按钮和两个停止按钮实现在不同地点，对同一台三相异步电动机进行“起动”和“停止”控制的电路。

项目4　直流稳压电源的制作

【项目概述】

直流稳压电源广泛应用于实验室、工矿企业、电解、电镀、充电设备等直流供电。当交流电网供电时，则需要把电网供给的交流电转换为稳定的直流电。直流稳压电源一般由交流电源变压器、整流、滤波和稳压电路等几部分组成。其实物图如图4-1所示。

图4-1　直流稳压电源实物图

【项目目标】

1. 知识目标

1）了解稳压电源组成和主要性能指标。

2）掌握简单串联稳压电路的工作原理。

3）掌握固定输出集成稳压电路和可调输出集成稳压电路的组成。

2. 能力目标

1）掌握直流稳压电源的故障分析。

2）掌握直流稳压电源电路焊接与调试方法。

3）能熟练掌握电路中常用仪器仪表的使用。

4）元器件的正确检测能力。

5）沟通能力及团队合作精神。

【项目信息】

任务4.1　直流稳压电源电路的结构与工作原理

【任务目标】

1）了解半导体器件的特点和分类。
2）熟练掌握PN结的导电特性。
3）了解半导体二极管的工作原理和特性曲线，理解二极管主要参数的意义。
4）认识三端式集成电路稳压器。
5）了解直流稳压电源电路的基本组成。
6）掌握直流稳压电源电路的工作原理。

【任务内容】

4.1.1　直流稳压电源电路的组成及工作原理

本电路是由桥式整流、电容滤波、三端集成稳压器7815和7915组成的具有±15V输出的直流稳压电源电路。正负对称输出的三端稳压电源电路原理图如图4-2所示。

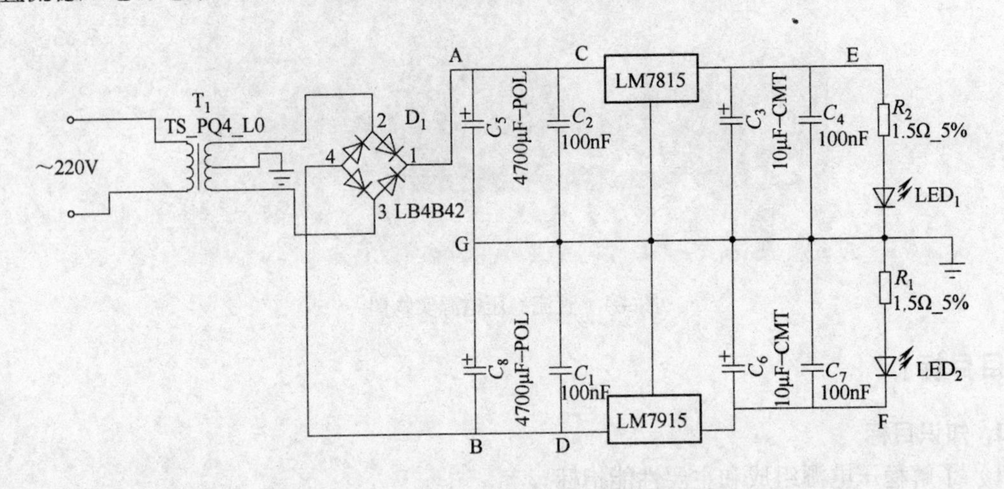

图4-2　正负对称输出的三端稳压电源电路原理图

变压器T1降压，一次绕组接交流220V，二次绕组中间有抽头，为双20V输出，整流桥和电容C_1、C_2、C_5、C_8组成桥式整流、电容滤波电路。在C_1、C_2两端有18V左右不稳定的直流电压，经三端式集成稳压器稳压，在7815集成稳压器输出端有+15V的稳定直流电压，在7915集成稳压器的输出端有-15V的稳定直流电压。C_3、C_6用来防止电路自激振荡。C_4、C_7用来改善负载瞬态响应，防止负载变化时，输出电压产生较大的波动。LED_1、LED_2是发光二极管，用做电源指示灯。

【相关知识】

4.1.2　二极管的知识

1. 半导体的基本特性

在自然界中，存在着很多不同的物质，用其导电能力来衡量，可以分为三类：一类是导电能力较强的物质叫导体，如银、铜、铝等；另一类是几乎不能导电的物质叫绝缘体，如橡胶、塑料、陶瓷等；还有一些物质，它们的导电能力介于导体和绝缘体之间，称为半导体，如锗、硅、硒、砷化镓及一些金属的氧化物或硫化物。

半导体器件是构成各种电子系统的基本器件，各种半导体器件均是以半导体材料为主构成的，其导电机理和特性参数都与半导体材料的导电特性密切有关。半导体应用可以说生活中无处不在，像手机、电视、石英表等。常用的半导体材料是硅（Si）和锗（Ge）。

用半导体材料制作电子元器件，不是因为它的导电能力介于导体和绝缘体之间，而是由于其导电能力会随着温度的变化、光照或掺入杂质的多少发生显著的变化，这就是半导体不同于导体的特殊性质。

（1）本征半导体　完全纯净的、结构完整的半导体晶体称为本征半导体。在硅和锗晶体中，原子按四角形系统组成晶体点阵，每个原子都处在正四面体的中心，而4个其他原子位于四面体的顶点，每个原子与其相邻的原子之间形成共价键，共用一对价电子，如图4-3所示。

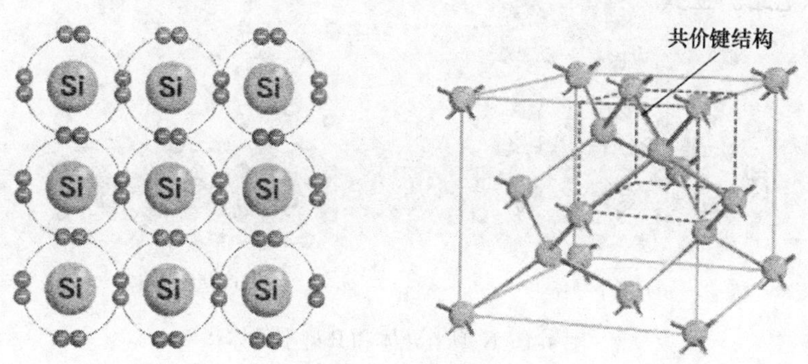

图4-3　本征硅的结构

晶体结构中的共价键具有很强的结合力，在热力学零度和没有外界能量激发时，价电子没有能力挣脱共价键束缚，这时晶体中几乎没有自由电子，因此不能导电。

一般情况下，本征半导体中的载流子（导电粒子）浓度很小，其导电能力较弱，且受温度影响很大，不稳定，因此其用途有限。当半导体的温度升高或受到光照等外界因素的影响时，某些共价键中的价电子因热激发而获得足够的能量，能脱离共价键的束缚成为“自由电子”；同时，在原来的共价键中留下一个空位，称为“空穴”。本征半导体中产生“电子—空穴”对的现象称为本征激发。共价键中失去电子出现空穴时，相邻原子的价电子比较容易离开它所在的共价键填补到这个空穴中来，使该价电子原来所在的共价键中又出现一个空穴，这个空穴又可被相邻原子的价电子填补，再出现空穴。显然，在外电场作用下，半导体中将出现两部分电流：一是自由电子作定向运动形成的电子电流，二是仍被原子核束缚的价电子（不是自由电子）递补空穴形成的空穴电流。在半导体中同时存在自由电子和空穴两种载流子参与导电，这种导电机理和金属导体的导电机理具有本质上的区别。

（2）杂质半导体　相对金属导体而言，本征半导体中载流子数目极少，因此导电能力很低。在其中掺入微量的杂质，可以使半导体导电性能发生显著变化，把这些掺入杂质的半导体称为杂质半导体。根据掺入杂质的不同，杂质半导体可以分为电子型半导体和空穴型半导体。载流子以电子为主的半导体称为电子型半导体，因为电子带负电，取英文单词“负”（Negative）的第一个字母“N”，所以电子型半导体又称为N型半导体。载流子以空穴为主的半导体称为空穴型半导体，取英文单词“正”（Positive）的第一个字母“P”，空穴型半导体又称为P型半导体。

1）N型半导体。在纯净的硅（或锗）中掺入微量的磷（P）或砷等五价元素，使每一个五价元素取代一个四价元素在晶体中的位置，可以形成N型半导体。在N型半导体中，由于自由电子是多数，故N型半导体中的自由电子称为多数载流子（简称多子），而空穴称为少数载流子（简称少子）。其结构如图4-4a图所示。

2）P型半导体。在纯净的硅中掺入微量的硼（B）、铝等三价元素。三价元素原子为形成四对共价键使结构稳定，常吸引附近半导体原子的价电子，从而产生一个空穴和一个负离子，故这种杂质半导体的多数载流子是空穴，因为空穴带正电，所以称为P型半导体，也称为空穴半导体。其结构如图4-4b图所示。

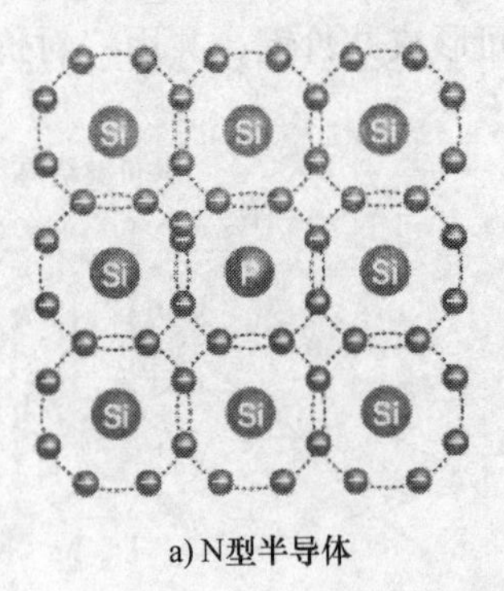

a) N型半导体

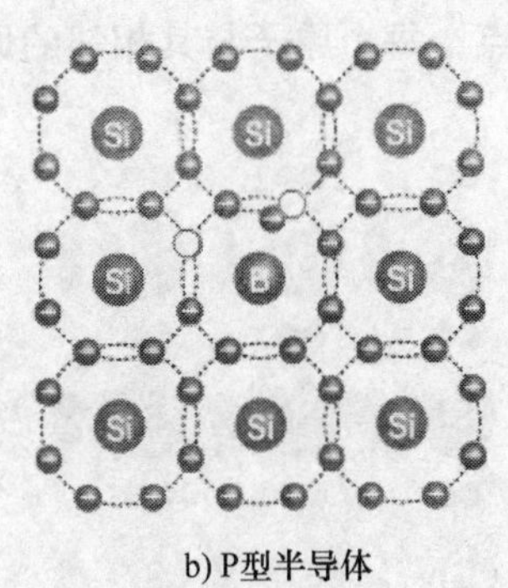

b) P型半导体

图4-4　N型半导体和P型半导体

2. PN结及其单向导电性

（1）PN结的形成　如果将一块半导体的一侧掺杂成为P型半导体，而另一侧掺杂成为N型半导体，则在二者的交界处将形成一个PN结。

在P型和N型半导体的交界面两侧，由于自由电子和空穴的浓度相差悬殊，所以N区中的多数载流子自由电子要向P区扩散，同时P区中的多数流空穴也要向N区扩散，并且当电子和空穴相遇时，将发生复合而消失。如图4-5所示。于是，在交界面两侧将分别形成不能移动的正、负离子区，正、负离子处于晶格位置而不能移动，所以称为空间电荷区（也称为内电场）。由于空间电荷区内的载流子数量

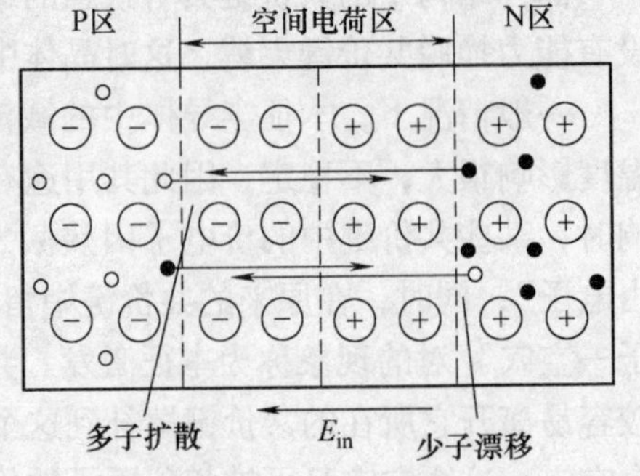

图4-5　PN结的形成

极少，近似分析时可忽略不计，所以也称其为耗尽层。空间电荷区一侧带正电，另一侧带负电，所以形成了内电场E_{in}，其方向由N区指向P区。在内电场E_{in}的作用下，P区和N区中的少子会向对方漂移，同时内电场将阻止多子向对方扩散，当扩散运动的多子数量与漂移运动的少子数量相等，两种运动达到动态平衡的时候，空间电荷区的宽度一定，PN结就形成了。

一般空间电荷区的宽度很薄，约为几微米至几十微米；由于空间电荷区内几乎没有载流子，其电阻率很高。

（2）PN结的单向导电性　在PN结的两端引出电极，P区的一端称为阳极，N区的一端称为阴极。在PN结的两端外加不同极性的电压时，PN结表现出截然不同的导电性能，称为PN结的单向导电性。在外加正向电压时，PN结处于导通状态，在外加反向电压时，PN结处于截止状态。

当反向电压超过一定数值后，反向电流将急剧增加，这种现象称为PN结的反向击穿，此时PN结的单向导电性被破坏。

3. 二极管的结构和分类

二极管是由PN结加上电极引线和管壳构成的，符号是—▷|—。符号中接到P型区的引线称为正极（或阳极），接到N型区的引线称为负极（或阴极）。

二极管按其结构的不同可分为点接触型和面接触型两类。点接触型二极管的PN结面积很小，因而结电容小，适用于在高频下工作，但不能通过很大的电流，主要应用于小电流的整流和高频时的检波、混频及脉冲数字电路中的开关元器件等。面接触型二极管的PN结面积大，因而能通过较大的电流，但其结电容也大，只适用于较低频率下的整流电路。

二极管具有单向导电的性质，即电流只能从P流向N，如图4-6所示。利用这一点，可以把交流电变成直流电（整流）。

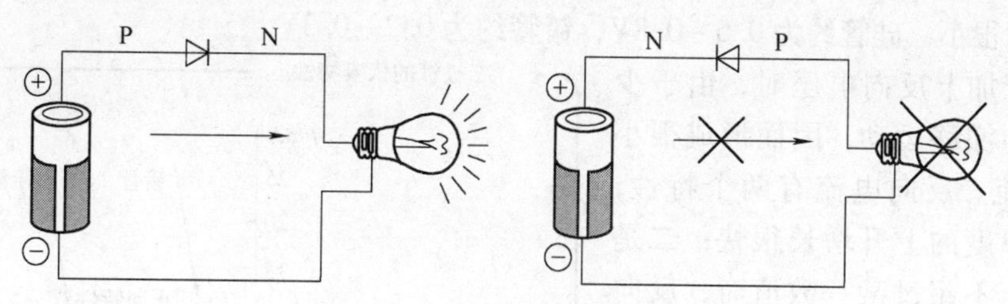

图4-6　二极管的单向导电性

二极管的种类很多。按材料来分，最常用的有硅管和锗管两种；按用途来分，有普通二极管（从高频电路得到语音、视频信号的检波电路中使用）、整流（从交流得到直流的电路中使用）二极管、光敏二极管、发光二极管、激光二极管、变容二极管和稳压二极管等多种，如图4-7所示。

4. 二极管的伏安特性和主要参数

（1）二极管的伏安特性　由图4-8可知，当二极管加上很低的正向电压时，外电场还不能克服PN结内电场对多数载流子扩散运动所形成的阻力，故正向电流很小，二极管呈现很大的电阻。当正向电压超过一定数值即死区电压后，内电场被大大削弱，电流增长很快，二极管电阻变得很小。死区电压又称门坎电压，硅管约为0.5V，锗管约为0.1V。当正向电压

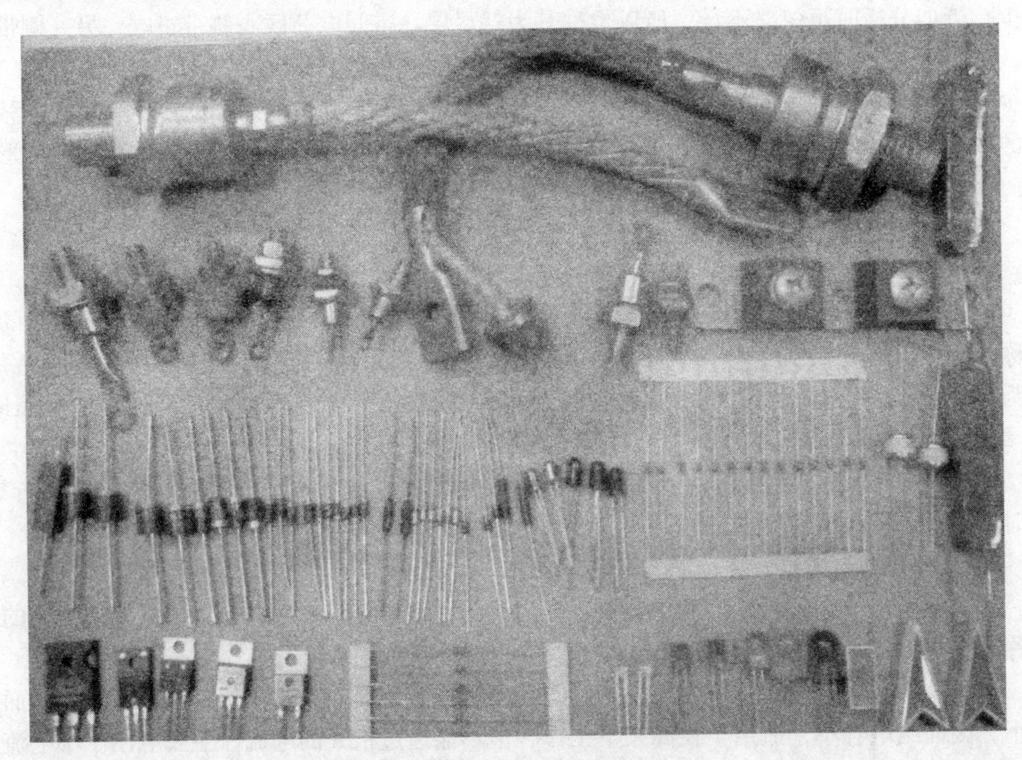

图 4-7　各种各样的二极管

超过门坎电压后，二极管电阻逐渐变小，正向电流开始显著增长，进入导通状态。二极管正向导通后，其正向电流与电压呈非线性关系。正向电流较大时，二极管的正向压降随电流而变化的范围很小，硅管约为 0.6～0.8V，锗管约为 0.2～0.3V。

二极管加上反向电压时，由于少数载流子的漂移运动，因而形成很小的反向电流。反向电流有两个特性，一是它随温度的上升增长很快；二是在反向电压不超过某一数值时，反向电流不随反向电压改变而改变，故这个电流称为反向饱和电流。二极管被击穿后，一般不能恢复原来的性能。所以一般不允许出现这种情况，但是若采用特殊的制造工艺，使用中注意限流保护，则可以利用二极管反向击穿后，管电流大幅度变化而管压降却变化很小的特点，制成能够工作在反向击穿状态下的稳压二极管。

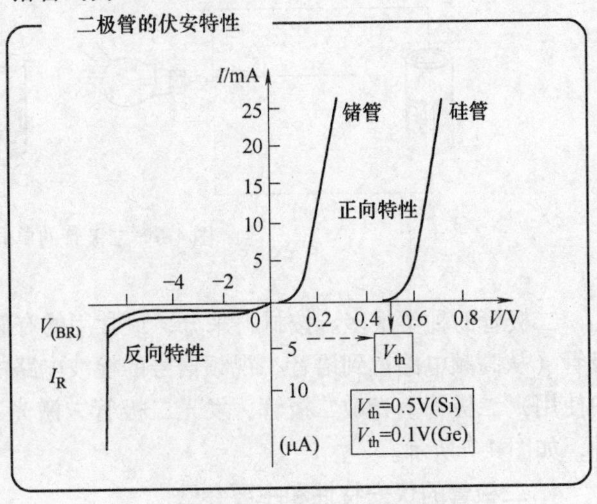

图 4-8　二极管的伏安特性曲线

（2）二极管的主要参数　器件参数是定量描述器件性能质量和安全工作范围的重要数据，是合理选择和正确使用器件的依据。参数一般可以从产品手册中查到，也可以通过直接测量得到。为了正确选择和使用二极管，下面介绍其主要参数及其意义。

1）最大整流电流 I_{OM}：二极管长期工作所允许流过的最大正向电流，从0.1A到数十安培。若超过会导致二极管过热而损坏。

2）最高反向工作电压 U_{RM}：二极管所能承受的最高反向工作电压的峰值。若超过，二极管有被击穿的危险（一般规定反向工作电压是反向击穿电压的一半）。

3）最高工作频率 f_{max}：二极管能通过的最高交流信号频率。若超过这个频率，二极管性能变差。

4）极间电容 C：指PN结电容、引线电容和壳体电容的总和。

二极管除了上述参数外，还有一些其他参数，使用时可参考生产厂家提供的相关手册。

5. 普通二极管及其应用

二极管的应用范围很广，主要都是利用它的单向导电性。可用于整流、钳位、限幅、开关、稳压、元件保护等，也可在脉冲与数字电路中作为开关元件等。

在进行电路分析时，一般可将二极管视为理想元件，即认为其正向电阻为零，正向导通时为短路特性，正向压降忽略不计；反向电阻为无穷大，反向截止时为开路特性，反向漏电流忽略不计。

（1）整流应用　利用二极管的单向导电性可以把大小和方向都变化的正弦交流电变为单向脉动的直流电，如图4-9所示。这种方法简单、经济，在日常生活及电子电路中经常采用。根据这个原理，还可以构成整流效果更好的单相全波、单相桥式等整流电路。

（2）钳位作用　利用二极管的单向导电性在电路中可以起到钳位的作用。

例4-1　在如图4-10所示的电路中，已知输入端 A 的电位为 $U_A=3V$，B 的电位 $U_B=0V$，电阻 R 接 $-12V$ 电源，求输出端 F 的电位 U_F。

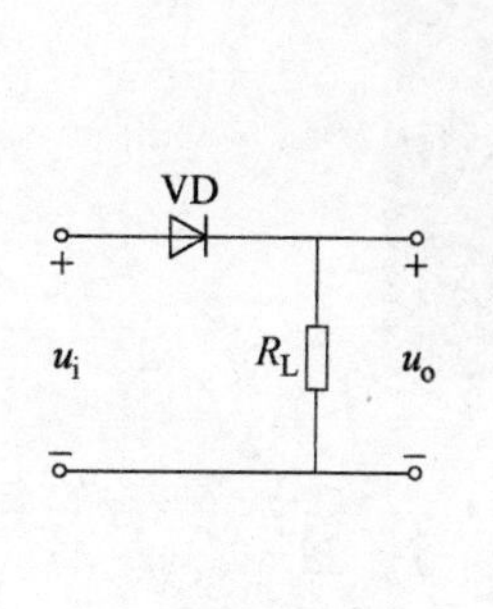

a) 二极管整流电路

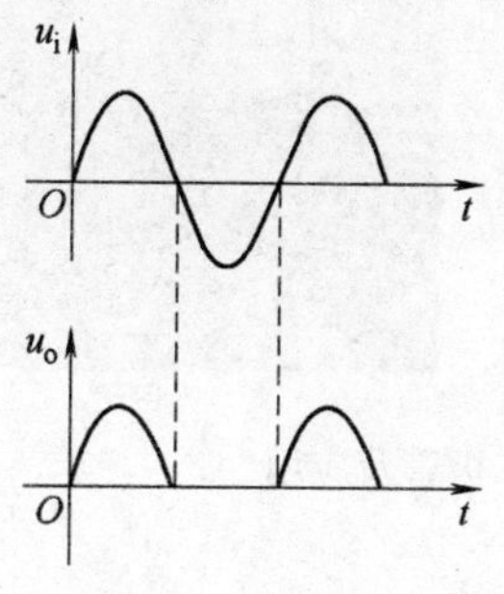

b) 输入与输出波形

图4-9　二极管的整流应用

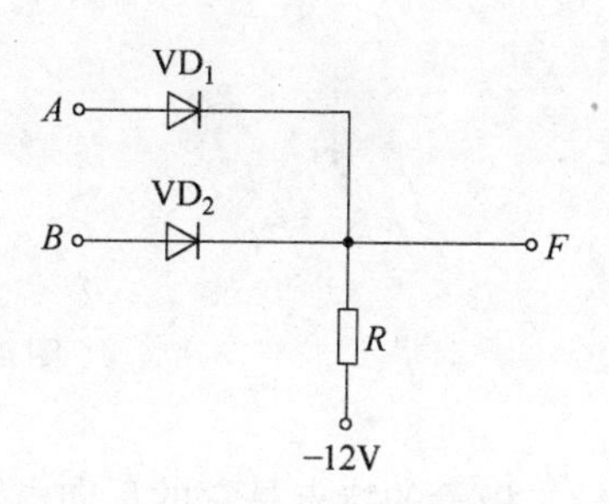

图4-10　例4-1的电路

解：因为 $U_A>U_B$，所以二极管 VD_1 优先导通，设二极管为理想元件，则输出端 F 的电位为 $U_F=U_A=3V$。当 VD_1 导通后，VD_2 上加的是反向电压，VD_2 因而截止。

在这里，二极管 VD_1 起钳位作用，把 F 端的电位钳位在3V；VD_2 起隔离作用，把输入端 B 和输出端 F 隔离开来。

6. 特殊二极管

除了上述普通二极管外，还有一些特殊二极管，如稳压二极管、发光二极管和光敏二极管等，对它们仅作简单的介绍。

（1）检波二极管　图4-11所示为一个简单的检波电路，图b为检波二极管外形图。

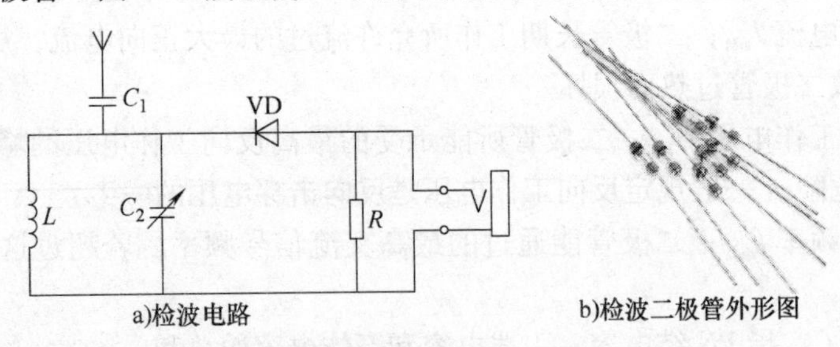

图4-11　检波电路及检波二极管外形图

所谓检波，就是利用二极管的单向导电性，从经过调制的高频调幅振荡电流中取出调制信号的过程。经过检波后，用耳机就可以收听本地信号比较强的广播了（这也可以说就是最简单的收音机了，甚至都不需要电源）。

（2）开关二极管　开关二极管在正向电压作用下电阻很小，处于导通状态，相当于一只接通的开关；在反向电压作用下，电阻很大，处于截止状态，如同一只断开的开关。开关二极管一般采用小型玻璃封装。其正向压降为0.6～0.7V，最大电流为100～500mA，价格也不高。利用二极管的这一开关特性，可以组成各种逻辑电路。

（3）光敏二极管　有光线照射时导通，没有光线照射时不导通。在烟雾探测器、光电编码器及光电自动控制中完成由光信号向电信号的接收转换。它的管壳上备有一个玻璃窗口，以便于接收光照，如图4-12所示。右图侧是光敏二极管在光电鼠标中的应用。

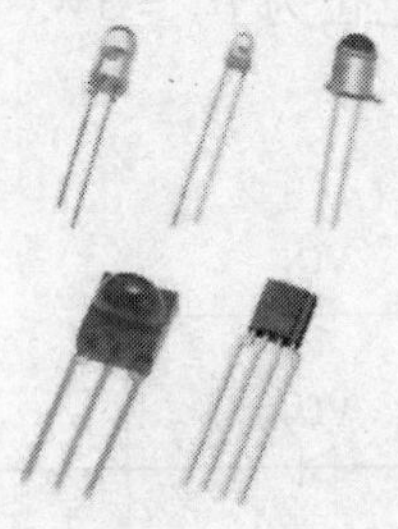
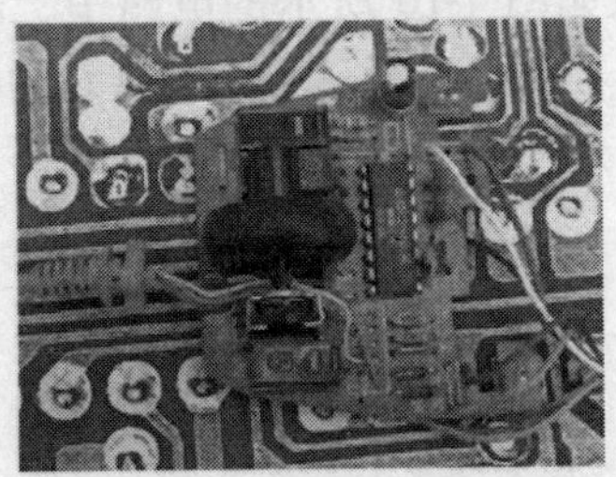

图4-12　光敏二极管及应用

光敏二极管的特点是它的反向电流随光照强度的增加而线性增加。当无光照时，光敏二极管的伏安特性与普通二极管一样。光敏二极管的外形与符号如图4-13所示。

（4）发光二极管　发光二极管也称为LED，是一种将电能直接转换成光（可见光、红外、紫外）能的半导体固体显示器。和普通二极管相似，发光二极管也是由PN结构成的，具有单向导电特性。如图4-14所示。图中左边是普通的LED，中间的常常用来表示数字，右边的可以显示文字和图形。

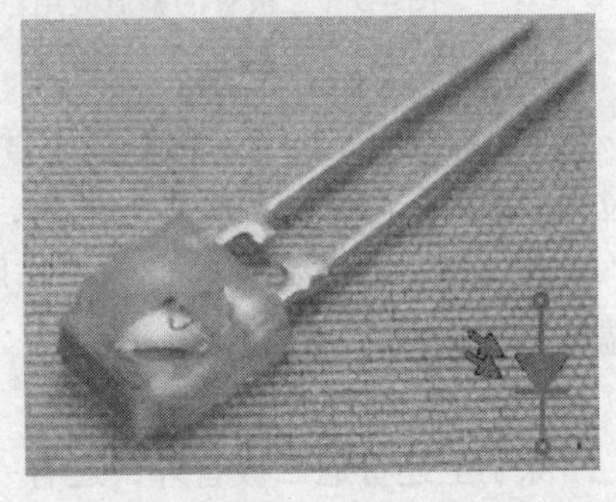

图4-13　光敏二极管的外形与符号

发光二极管的驱动电压低、工作电流小，具有体积小、可靠性高、耗电省、寿命长和很强的抗振动冲击能力等优点，广泛用于仪器、仪表电器设备作电源信号指示，音响设备调谐和电平指示，汽车车灯、大屏幕显示屏等。

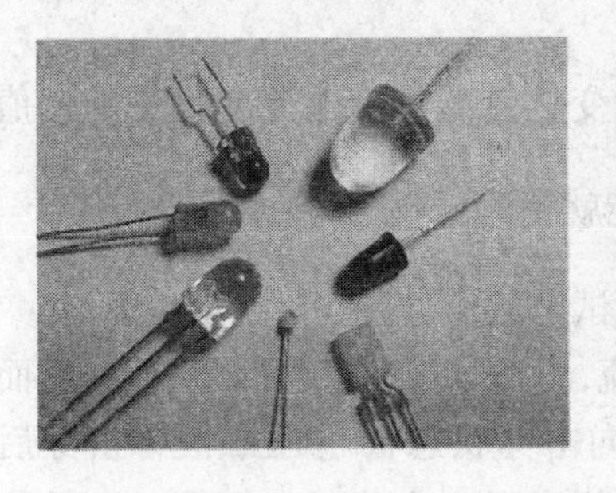

图4-14 各种各样的LED

发光二极管的主要参数有正向导通电压、反向电压、最大正向工作电流、反向电流、功耗及发光颜色等。它的伏安特性和普通二极管相似，死区电压为0.9～1.1V，正向工作电压为1.5～2.5V，工作电流为5～15mA，反向击穿电压较低，一般小于10V。例如，国产普通发光二极管BT102的正向电压为2.5V以下，最大正向工作电流为20mA，发光颜色为红色。BT103参数基本与BT102相同，只是发绿色光。

判别发光二极管的极性，可将其放在光源下，观察两个金属片的大小。通常金属片较大的一端为负（阴）极，较小的一端为正（阳）极。对于普通单色二极管，引脚较长的一端为正（阳）极，短的一端是负（阴）极，如图4-15所示。

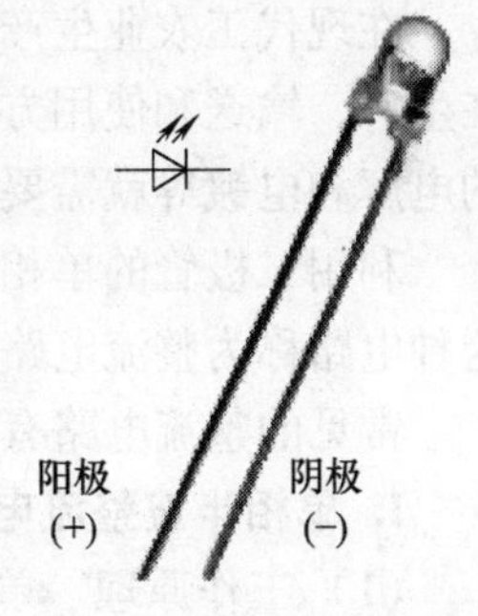

图4-15 发光二极管及表示符号

（5）变容二极管 变容二极管利用的是PN结的电容效应（PN结中的电荷量随外加电压变化而改变时，就形成了电容效应，读者可参阅相关资料），电路符号用表示。

（6）稳压二极管 稳压管的电路符号用表示，是一种特殊的面接触型半导体硅二极管，如图4-16所示。

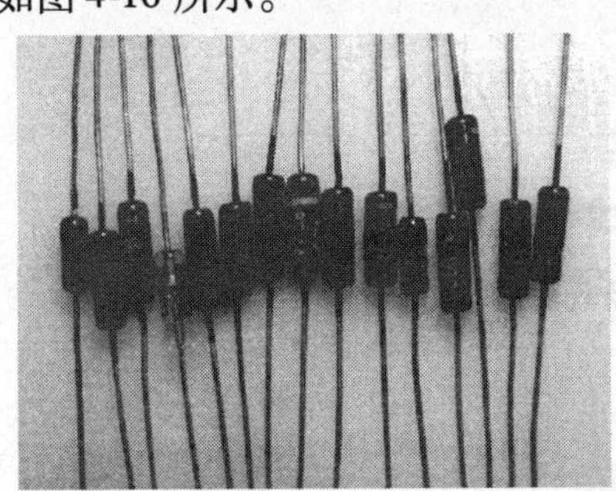
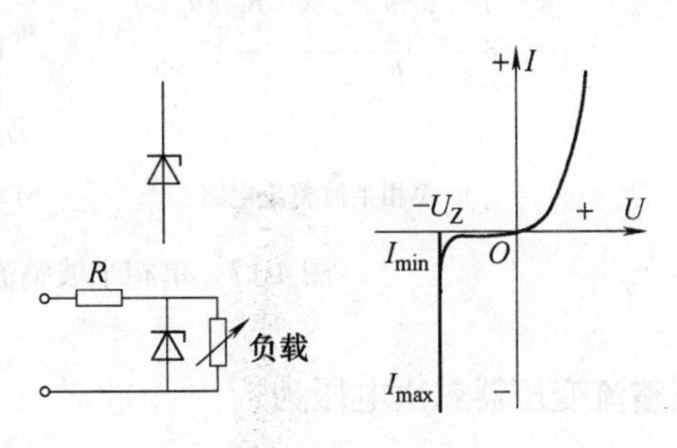

图4-16 稳压管、稳压管符号、电路及伏安特性

和普通二极管相比，稳压管可工作在PN结的反向击穿状态而不会损坏。当I_Z在较大范围内变化时，稳压管两端电压U_Z基本不变，即具有稳压特性。

稳压管的主要参数有以下几个。

1）稳定电压 U_Z。稳压范围内管子两端的电压。由于制造工艺的原因，稳压值有一定的分散性。

2）动态电阻 r_Z。在正常工作范围内，端电压的变化量与相应电流变化量的比值，即 $r_Z = \frac{\Delta U_Z}{\Delta I_Z}$。稳压管的反向特性越陡，$r_Z$ 越小，稳压性能就越好。

3）稳定电流 I_Z。稳压管正常工作时制造厂的测试电流值。

4）最大稳定电流 I_{Zmax}。允许通过的最大反向电流，若 $I > I_{Zmax}$ 时，管子会因过热而损坏。

稳压管正常工作的条件有两个：一是工作在反向击穿状态（稳压二极管击穿后，电流急剧增大，使管耗相应增大），当稳压管正偏时，它相当于一个普通二极管；二是稳压管中的电流要在稳定电流和最大允许电流之间，因此必须对击穿后的电流加以限制，以保证稳压二极管的安全，如图 4-16 所示。

4.1.3 单相整流滤波电路的分析与应用

在现代工农业生产和日常生活中，主要采用交流电。主要原因是与直流电相比，交流电在生产、输送和使用方面具有明显的优点和重大的经济意义。但是在某些场合，例如工业上的电解和电镀等就需要利用整流设备，将交流电转化为直流电。

利用二极管的单相导电性可以讲交流电转换为单相脉动的直流电，这一过程称为整流，这种电路称为整流电路。

常见的整流电路有半波整流电路和全波整流电路。

1. 单相半波整流电路

（1）工作原理　单相半波整流电路如图 4-17a 所示。它是最简单的整流电路，由整流变压器、整流二极管 VD 及负载电阻 R_L 组成。其中 u_1、u_2 分别为整流变压器的一次电压和二次电压，交流电压电路的工作情况如下：

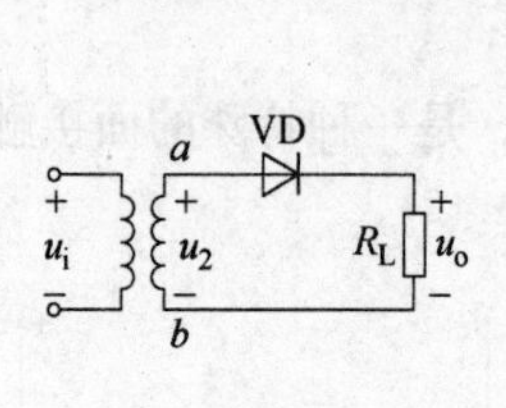

a) 单相半波整流电路

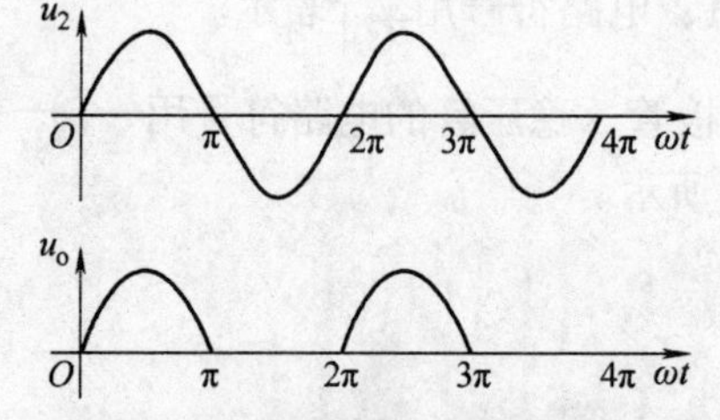

b) 单相半波整流电路的输入、输出电压波形

图 4-17　单相半波整流电路及其输出电压波形

设整流变压器二次电压为

$$u_2 = \sqrt{2} U_2 \sin\omega t$$

当 u_2 为正半周时，其极性为上正下负。即 a 点电位高于 b 点，二极管 VD 因承受正向电压而导通。此时有电流流过负载，并且和二极管上的电流相等，即 $i_o = i_{VD}$。忽略二极管的电压降，则负载两端的输出电压等于变压器二次电压，即 $u_o = u_2$，输出电压 u_o 的波形与变压器二次电压 u_2 相同。

当 u_2 为负半周时，其极性为上负下正。即 a 点电位低于 b 点，二极管 VD 因承受反向电压而截止。此时负载无电流流过，输出电压 $u_o=0$，变压器二次电压 u_2 全部加在二极管 VD 上。

综上所述，在负载电阻 R_L 得到的是如图 4-17b 所示的单向脉动电压。

（2）参数计算

1）负载上电压平均值和电流平均值。负载 R_L 上得到的整流电压虽然是单方向的（极性一定），但其大小是变化的。常用一个周期的平均值来衡量这种单向脉动电压的大小。单相半波整流电压的平均值为

$$U_O = \frac{1}{2\pi}\int_0^{\pi}\sqrt{2}U_2\sin\omega t\mathrm{d}\omega t = \frac{\sqrt{2}}{\pi}U_2 = 0.45U_2 \tag{4-1}$$

流过负载电阻 R_L 的电流平均值为

$$I_O = \frac{U_O}{R_L} = 0.45\frac{U_2}{R_L} \tag{4-2}$$

2）整流二极管的电流平均值和承受的最高反向电压。流经二极管的电流平均值就是流经负载电阻 R_L 的电流平均值，即

$$I_{VD} = I_O = \frac{U_O}{R_L} = 0.45\frac{U_2}{R_L} \tag{4-3}$$

二极管截止时承受的最高反向电压就是整流变压器二次交流电压 u_2 的最大值，即

$$U_{VDRM} = U_{2M} = \sqrt{2}U_2 \tag{4-4}$$

根据 I_{VD} 和 U_{VDRM} 就可以选择合适的整流二极管。

单相半波整流的特点是：电路简单，使用的器件少，但是输出电压脉动大。由于只利用了电源电压的半个周期，理论计算表明其整流效率仅 40% 左右，因此只能用于小功率以及对输出电压波形和整流效率要求不高的设备。

2. 单相桥式整流电路

为了克服单相半波整流的缺点，常采用全波整流电路，其中最常用的是单相桥式整流电路。

（1）工作原理 单相桥式整流电路是由四个整流二极管接成电桥的形式构成的，如图 4-18a 所示。图 4-18b 所示为单相桥式整流电路的一种简便画法。

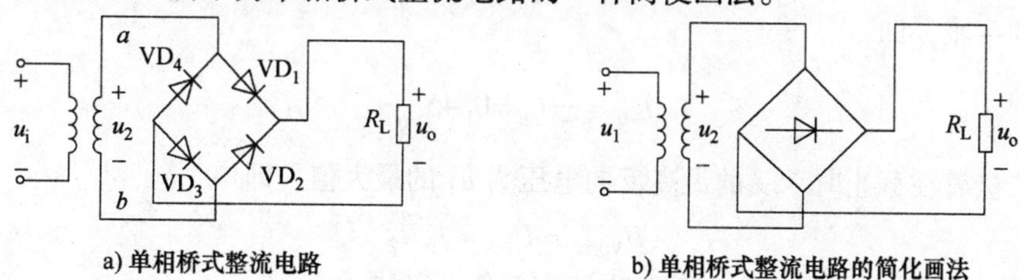

a) 单相桥式整流电路　　b) 单相桥式整流电路的简化画法

图 4-18 单相桥式整流电路

单相桥式整流电路的工作情况如下：

设整流变压器二次电压为：$u_2=\sqrt{2}U_2\sin\omega t$

当 u_2 为正半周时，其极性为上正下负，即 a 点电位高于 b 点电位，二极管 VD_1、VD_3 因承受正向电压而导通，VD_2、VD_4 因承受反向电压而截止。此时电流的路径为：$a\rightarrow VD_1\rightarrow$

$R_L \to VD_3 \to b$，如图 4-19a 所示。

当 u_2 为负半周时，其极性为上负下正，即 a 点电位低于 b 点电位，二极管 VD_2、VD_4 因承受正向电压而导通，VD_1、VD_3 因承受反向电压而截止。此时电流的路径为：$b \to VD_2 \to R_L \to VD_4 \to a$，如图 4-19b 所示。

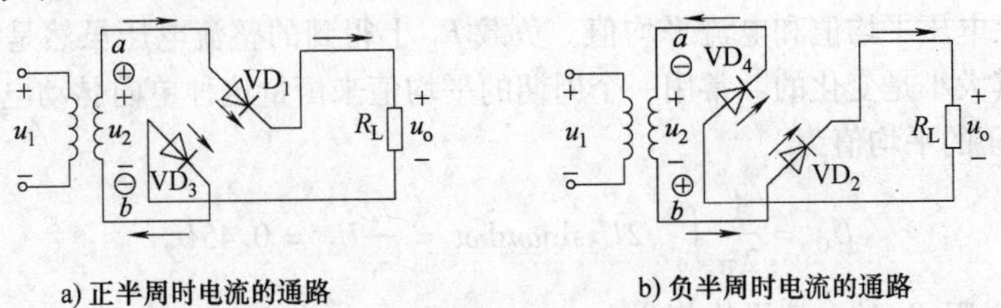

a) 正半周时电流的通路　　b) 负半周时电流的通路

图 4-19　单相桥式整流电路

可见无论电压 u_2 是在正半周还是在负半周，负载电阻 R_L 上都有相同方向的电流流过。因此在负载电阻 R_L 得到的是单向脉动电压和电流，忽略二极管导通时的正向压降，则单相桥式整流电路的波形如图 4-20 所示。

（2）参数计算

1）负载上电压平均值和电流平均值。其中，单相全波整流电压的平均值为

$$U_O = \frac{1}{\pi}\int_0^{\pi}\sqrt{2}U_2\sin\omega t \mathrm{d}\omega t$$

$$= \frac{2\sqrt{2}}{\pi}U_2 = 0.9U_2 \tag{4-5}$$

流过负载电阻 R_L 的电流平均值为

$$I_O = \frac{U_O}{R_L} = 0.9\frac{U_2}{R_L} \tag{4-6}$$

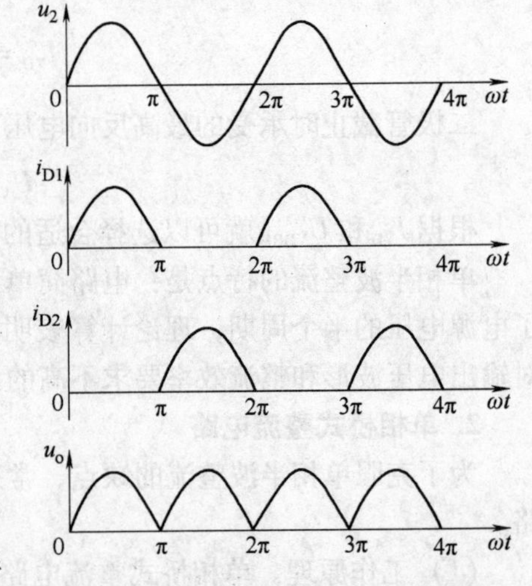

图 4-20　单相桥式整流电路的波形

2）整流二极管的电流平均值和承受的最高反向电压。因为桥式整流电路中，每两个二极管串联导通半个周期，所以流经每个二极管的电流平均值为负载电流的一半，即

$$I_{VD} = \frac{1}{2}I_O = 0.45\frac{U_2}{R_L} \tag{4-7}$$

每个二极管在截止时承受的最高反向电压为 u_2 的最大值，即

$$U_{VDRM} = U_{2M} = \sqrt{2}U_2 \tag{4-8}$$

3）整流变压器二次电压有效值和电流有效值，其中

整流变压器二次电压有效值为

$$U_2 = \frac{U_O}{0.9} = 1.1U_O \tag{4-9}$$

整流变压器二次电流有效值为

$$I_2 = \frac{U_2}{R_L} = 1.1\frac{U_O}{R_L} = 1.1I_O \tag{4-10}$$

由以上计算，可以选择整流二极管和整流变压器。

3. 滤波电路

整流电路可以将交流电转换为直流电，但脉动较大，在某些应用中如电镀、蓄电池充电等可直接使用脉动直流电源。但许多电子设备需要平稳的直流电源。这种电源中的整流电路后面还需加滤波电路将交流成分滤除，以得到比较平滑的输出电压。

滤波电路利用电容或电感在电路中的储能作用，当电源电压（或电流）增加时，电容（或电感）把能量储存在电场（或磁场）中；当电源电压（或电流）减小时，又将储存的能量逐渐释放出来，从而减小了输出电压（或电流）中的脉动成分，得到比较平滑的直流电压。

下面介绍几种常用的滤波电路。

（1）电容滤波电路　最简单的电容滤波电路是在整流电路的直流输出侧与负载电阻 R_L 并联一电容器 C，利用电容器的充放电作用，使输出电压趋于平滑。

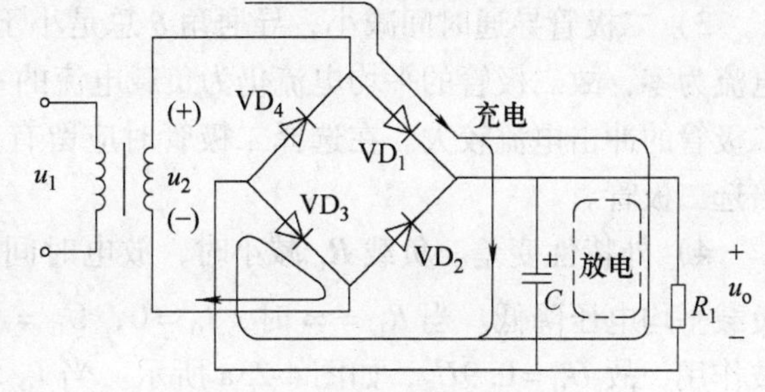

图 4-21　桥式整流电容滤波电路

图 4-21 所示为单相桥式整流电容滤波电路。此时整流二极管工作在非线性区域，分析时要从二极管单向导电特性出发，特别注意电容两端电压对二极管工作特性的影响。当输出端接负载电阻 R_L 时，设电容两端初始电压为零，在 $t=0$ 时刻接通电源。则 u_2 由零开始上升时，二极管 VD_1，VD_3 正偏导通，电源通过 VD_1、VD_3 向负载电阻 R_L 提供电流，同时向电容 C 充电，充电时间常数 $\tau_{充}=2R_{VD}C$，R_{VD}为二极管的正向导通电阻，其值非常小。忽略 R_{VD}的影响，电容 C 两端的电压将按 u_2 的规律上升；当电源电压开始下降。并达到 $u_c \geqslant u_2$ 时，4 个二极管反偏截止。电容 C 上电压经 R_L 放电，放电时间常数 $\tau_{放}=R_LC$，一般 $\tau_{充}>>\tau_{放}$，因此，电容两端电压 u_c 按指数规律缓慢下降，直到 $u_c=|u_2|$。在 u_2 的负半周，u_2 通过 VD_2，VD_4 向电容 C 充电，当 u_c 重新上升到接近 $|u_2|$ 的最大值时，4 个二极管再次截止，电容两端电压再次经 R_L 缓慢放电，如此周而复始，形成一个周期性的电容充放电过程，在输出端得到一个近似为锯齿波的直流电压，如图 4-22 中实线所示。

当输出端空载时（即不接负载电阻 R_L 的情况），当电容充电到 u_2 的最大值$\sqrt{2}U_2$ 时，输出电压 u_o 极性如图 4-22 所示，由于二极管反偏截止，电容无放电回路，输出电压保持$\sqrt{2}U_2$ 恒定不变。

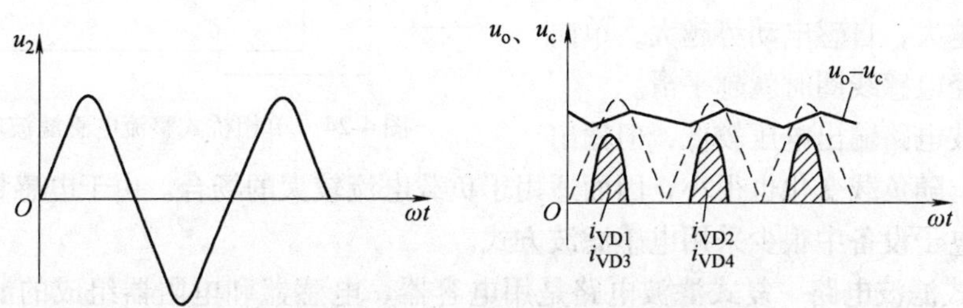

图 4-22　桥式整流电容滤波电路工作波形

由上述分析可知，采用电容滤波后：

1）负载直流平均电压升高，脉动程度大大降低。

2）负载电压平均值有所提高，工程估算时按下式取值

$$U_0 = 1.2U_2$$

通常按式（4-11）确定滤波电容

$$\tau = R_L C \geqslant (3 \sim 5)\frac{T}{2} \tag{4-11}$$

式中，T为交流电源的周期。

一般滤波电容是采用电解电容器，使用时电容器的极性不能接反。电容器的耐压应大于它实际工作时所承受的最大电压，即大于$\sqrt{2}U_2$。

3）二极管导通时间减小，导通角θ总是小于π。因为滤波电容是隔直通交，它的平均电流为零，故二极管的平均电流仍为负载电流的一半，但由于二极管导通时间缩短，故流过二极管的冲击电流较大。在选择二极管时应留有充分的电流余量，通常按平均电流的2~3倍选二极管。

4）外特性变差。负载R_L减小时，放电时间常数减小，负载电压脉动程度增大，并且负载平均电压降低。当$R_L = \infty$时，$I_0 = 0$，$U_0 = \sqrt{2}U_2$；R_L很小时，放电很快，几乎没有滤波作用，故$U_0 = 0.9U_2$，如图4-23a所示。当I_0增大（即R_L减小），负载电压的脉动程度增大。图4-23b为脉动系数S随I_0变化的外特性曲线。

由此可见，电容滤波适用于负载电流较小，而且负载变动不大的场合。

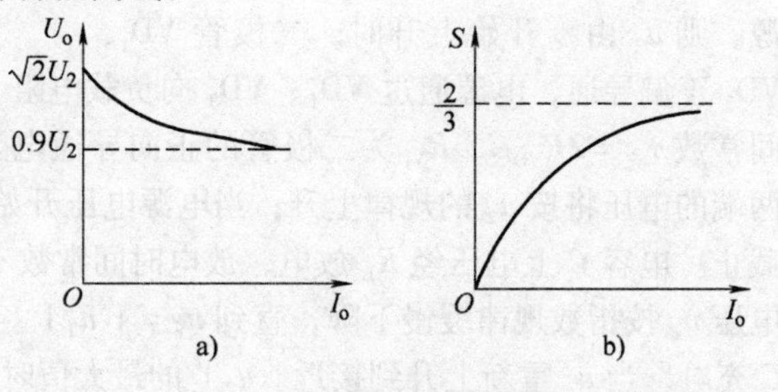

图4-23　电容滤波的特性

（2）电感滤波电路　电感滤波电路如图4-24所示，即在整流电路与负载电阻R_L之间串联一个电感器L。由于在电流变化时电感线圈中将产生自感电动势来阻止电流的变化，使电流脉动趋于平缓，起到滤波作用。

电感L与负载R_L串联。当流过电感L的电流增大时，电感产生的自感电动势阻止电流的增加；当电流减小时，自感电动势则阻止电流的减小。可见，电感滤波器的电感量越大，自感电动势越大，单向脉动电流流经电感线圈时就越平滑。

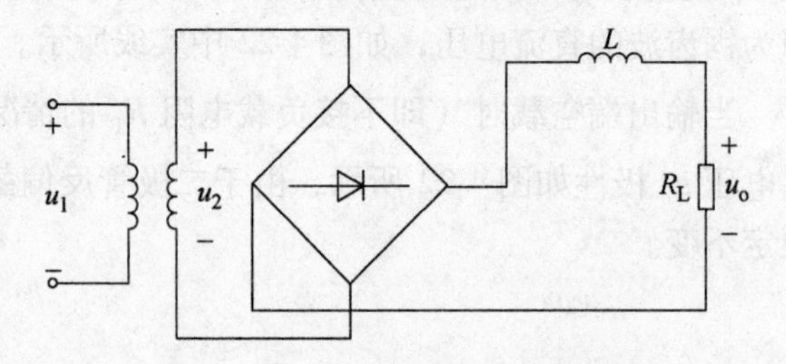

图4-24　单相桥式整流电感滤波电路

电感滤波电路输出电压较低，但输出电压波动小，随负载变化也很小，因而适用于负载电流较大的场合。由于电感量大时体积也大，在小型电子设备中很少采用电感滤波方式。

（3）复式滤波电路　复式滤波电路是用电容器、电感器和电阻器组成的滤波器，通常有LC型、LCπ型、RCπ型几种。它的滤波效果比单一使用电容或电感滤波要好得多，其应用较为广泛。

图 4-25 所示为 LC 型滤波电路，它由电感滤波和电容滤波组成。脉动电压经过双重滤波，交流分量大部分被电感器阻止，即使有小部分通过电感器，再经过电容滤波，这样负载上的交流分量也很小，便可达到滤除交流成分的目的。

图 4-26 所示为 LCπ 型滤波电路，可看成是电容滤波和 LC 型滤波电路的组合，因此滤波效果更好，在负载上的电压更平滑。由于 LCπ 型滤波电路输入端接有电容，在通电瞬间因电容器充电会产生较大的充电电流，所以一般取 $C_1 < C_2$，以减小浪涌电流。

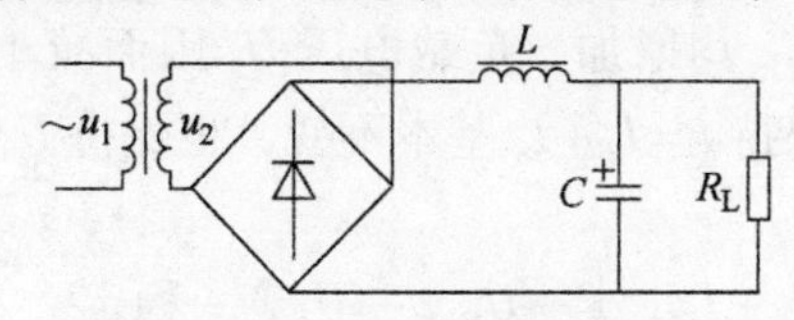

图 4-25 LC 型滤波电路

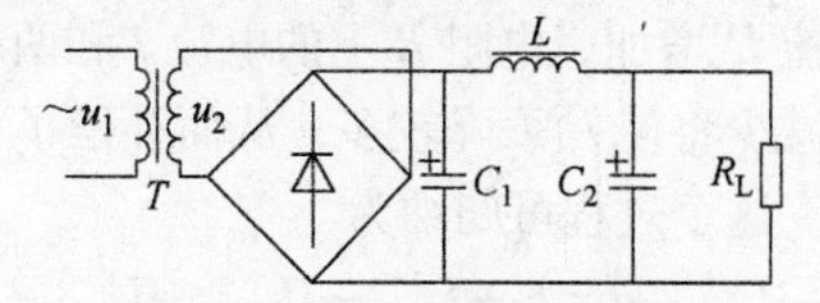

图 4-26 LCπ 型滤波电路

图 4-27 所示是 RCπ 型滤波电路。在负载电流不大的情况下，为降低成本，缩小体积，减轻重量，选用电阻器 R 来代替电感器 L。一般 R 取几十欧到几百欧。

当使用一级复式滤波达不到对输出电压的平滑性要求时，可以增添级数，如图 4-28 所示。

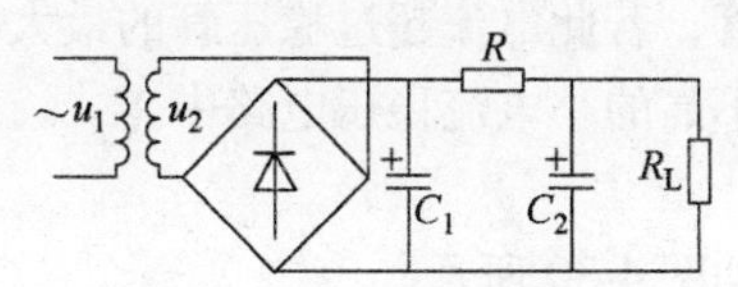

图 4-27 RCπ 型滤波电路

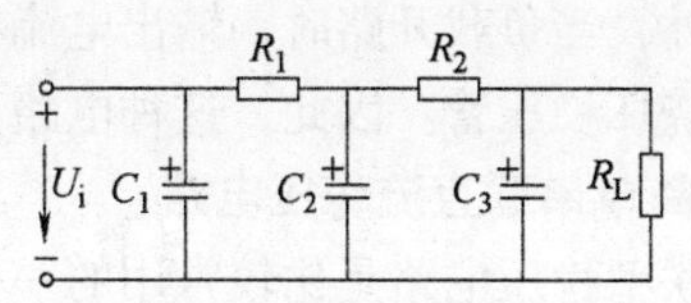

图 4-28 多级 RC 滤波电路

4.1.4 稳压电路的分析与应用

交流电经过整流滤波后变成较平滑的直流电压，但是负载电压是不稳定的。电网电压的变化或负载电流的变化都会引起输出电压的波动，要获得稳定的直流输出电压，必须在滤波之后再加一级稳压电路。

1. 硅稳压管稳压电路

所谓稳压电路，就是当电网电压波动或负载发生变化时，能使输出电压稳定的电路。最简单的直流稳压电源是硅稳压管稳压电路。

图 4-29 所示为利用硅稳压管组成的简单稳压电路。电阻 R 是用来限制电流，使稳压管电流 I_z 不超过允许值，另一方面还利用它两端电压升降使输出电压 U_o 趋于稳定。稳压管 VD_Z 反并在直流电源两端，使它工作在反向击穿区。经电容滤波后的直流电压通过电阻器 R 和稳压管 VD_Z 组成的稳压电路接到负载上。这样负载上得到的就是一个比较稳定的电压 U_o。

引起输出电压不稳的主要原因有交流电源电压的波动和负载电流的变化。下面分析在这两种情况下稳压电路的作用。

输入电压 U_i 经电阻 R 加到稳压管和负载 R_L 上，$U_i = IR + U_o$。在稳压管上有工作电流 I_z 流过，负载上有电流 I_o 流过，且 $I = I_z + I_o$。

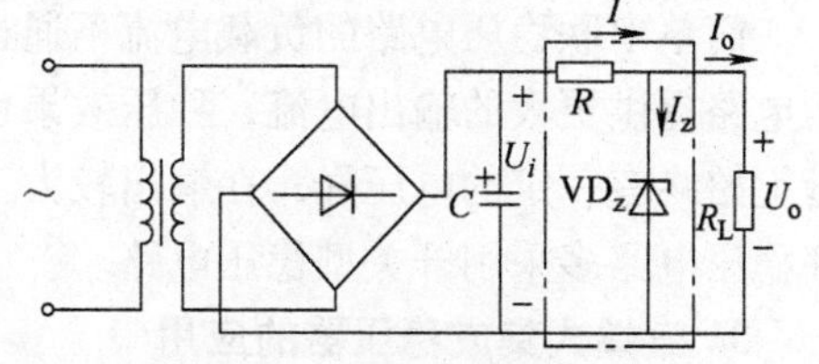

图 4-29 硅稳压管稳压电路

若负载 R_L 不变，当交流电源电压增加，即造成变压器二次电压 u_2 增加而使整流滤波后的输出

电压 U_i 增加时，输出电压 U_o 也有增加的趋势，但输出电压 U_o 就是稳压管两端的反向电压（或叫稳定电压）U_z，当负载电压 U_o 稍有增加时（即 U_z 稍有增加），稳压管中的电流 I_z 大大增加，使限流电阻两端的电压降 U_R 增加。以抵偿 U_i 的增加，从而使负载电压 U_o 保持近似不变。这一稳压过程可表示成：

电源电压$\uparrow\rightarrow u_2\uparrow\rightarrow U_i\uparrow\rightarrow U_z\uparrow\rightarrow I_z\uparrow\uparrow\rightarrow I=I_z+I_o\uparrow\uparrow\rightarrow U_R\uparrow\uparrow\rightarrow U_o\downarrow\rightarrow$稳定

若电源电压不变，使整流滤波后的输出电压 U_i 不变，此时若负载 R_L 减小时，则引起负载电流 I_o 增加，电阻 R 上的电流 I 和两端的电压降 U_R 均增加，负载电压 U_o 因而减小，U_o 稍有减少将使 I_z 下降较多，从而补偿了 I_o 的增加，保持 $I=I_z+I_o$ 基本不变，也保持 U_o 基本恒定。这个过程可归纳为

$R_L\downarrow\rightarrow I_o\uparrow\rightarrow I=I_z+I_o\uparrow\rightarrow U_R\uparrow\rightarrow U_o\downarrow\rightarrow I_z\downarrow\downarrow\rightarrow I=I_z+I_o\downarrow\downarrow\rightarrow U_R\downarrow\rightarrow U_o\uparrow\rightarrow$稳定

总之，当输出电压一旦有微小变化时，利用与负载并联的稳压管中电流自动变化的调整作用和限流电阻 R 上的电压降的补偿作用，来保持输出电压基本不变。稳压管的动态电阻越小，限流电阻越大，输出电压的稳定性越好。

在图 4-29 所示的稳压电路中，硅稳压管 VD_z 作为电压调整器件与负载 R_L 并联，故又称为并联型稳压电路，该电路结构简单，但受稳压管最大电流限制，稳定性差，且输出电流较小。另外，当负载开路时，输出电流将全部流过稳压管，若此电流超过稳压管的最大稳定电流就会烧坏稳压管。因此，这种电路只能应用在要求不高的小电流稳压电路中。

2. 简单串联直流稳压电路

串联型稳压电路是比较常用的一种电路，其电路如图 4-30 所示。

与图 4-29 所示的并联型稳压电路相比，在稳压管稳压电路的输出端增加了一个晶体管（即调整管）。R 既是稳压管的限流电阻，又是调整管的偏置电阻，它和稳压管组成的稳压电路向调整管基极提供了一个稳定的直流电压 U_Z，称为基准电压。在图 4-30 中，

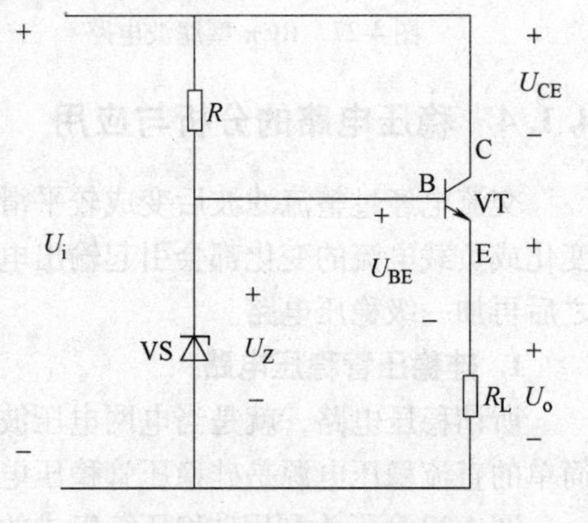

图 4-30　串联直流稳压电路

$$U_{BE}=U_Z-U_O \tag{4-12}$$

$$U_O=U_i-U_{CE} \tag{4-13}$$

假设因某种原因，电网电压升高或负载阻抗变化，导致输出电压 U_o 增大，由于稳压管的稳定电压 U_Z 不变，据式（4-12）可知 U_{BE} 将减小，于是晶体管的基极电流减小，使 U_{CE} 增大，从式（4-13）可知，最终可使 U_o 下降，保持输出电压基本稳定。上述稳压过程可表示为

$$U_o\uparrow\rightarrow U_{BE}\downarrow\rightarrow I_B\downarrow\rightarrow U_{CE}\uparrow\rightarrow U_o\downarrow$$

简单串联稳压电路的负载电流不通过稳压二极管，而通过调整管，因此能比硅稳压管稳压电路提供更大的输出电流，稳压效果也较好，但是调整管必须工作在线性放大状态，调整管上始终有一定的电压降，在输出较大工作电流时，致使调整管的功耗太大。因此，中大功率稳压电路多采用开关型稳压电路。

3. 三端式集成稳压器的应用

由分立元件组成的直流稳压电路，需要外接不少元器件，因而体积大，使用不便。集成

稳压电路是将稳压电路的主要元器件甚至全部元器件制作在一块硅基片上的集成电路，因而具有体积小、使用方便、工作可靠等特点。

集成稳压器的种类很多，作为小功率的直流稳压电源，应用最为普遍的是三端式串联型集成稳压器。三端式是指稳压器仅有输入端、输出端和公共端三个接线端子。三端式集成稳压器已经标准化、系列化了，按照它们的性能和不同用途，可以分成两大类：一类是固定输出正压（或负压）三端集成稳压器，另一类是可调输出正压（或负压）三端集成稳压器。前者的输出电压是固定不变的，后者可在外电路上对输出电压进行连续调节。

（1）固定输出的三端集成稳压器

1）固定式集成稳压器外形、符号、封装及引脚排列如图4-31所示。其型号意义如下：

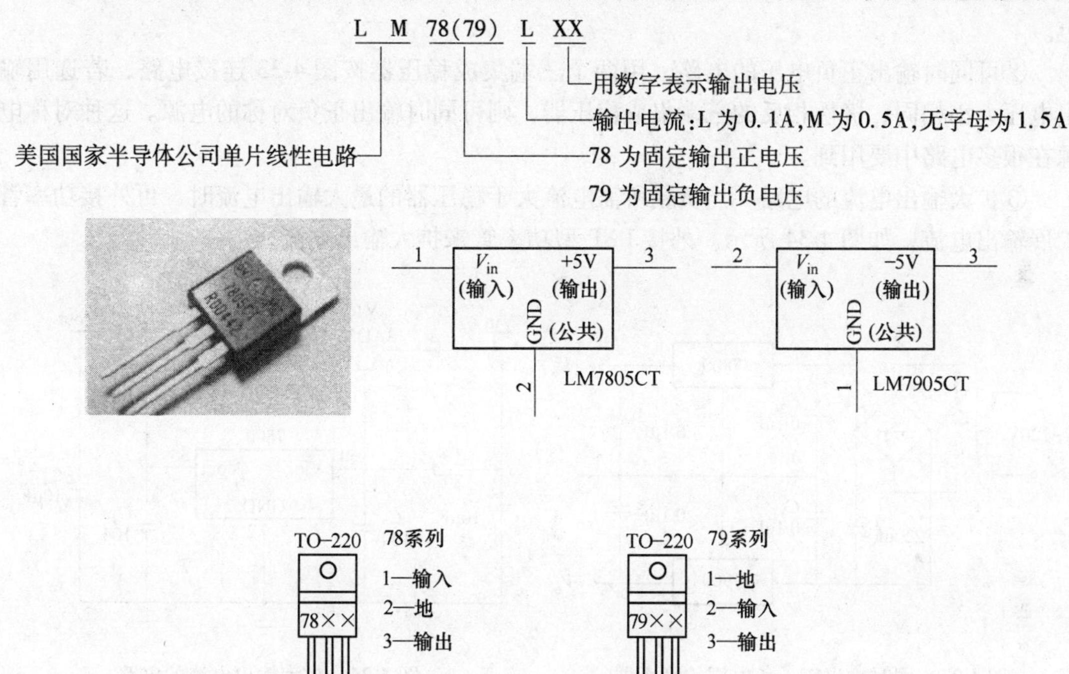

图4-31 常见三端稳压器的外形、符号、封装及引脚排列

2）主要参数

①最小输入电压 U_{min}。集成稳压器进入正常稳压工作状态的最小工作电压。若低于此值，稳压器性能变差。

②最大输入电压 U_{max}。集成稳压器安全工作时允许外加的最大输入电压。若超过此值，稳压器有被击穿的危险。

③输出电压 U_o。稳压器的参数符号规定指标时的输出电压，对同一型号而言是一个常数。

④输出最大电流 I_{OM}。稳压器能保持输出电压不变的最大输出电流，一般也认为它是稳压器的安全电流。

3）固定式集成稳压器的应用

①基本稳压电路。三端集成稳压器的基本稳压电路如图 4-32 所示，使用时根据输出电压和输出电流来选择稳压器的符号。

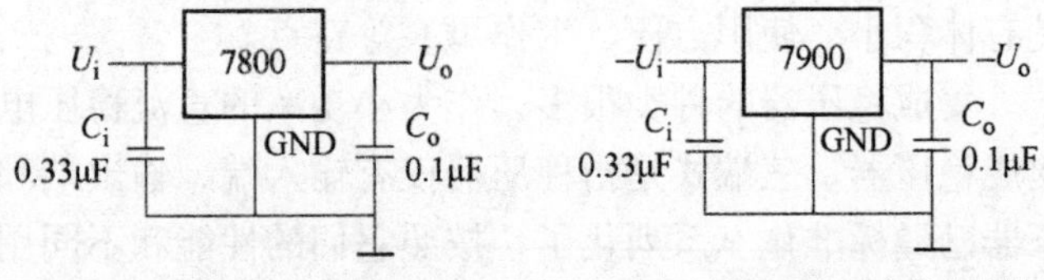

a) 78××系列正固定输出连接　　b) 79××系列负固定输出连接

图 4-32　基本稳压电路

电路中输入电容 C_i 和输出电容 C_o 是用来减小输入输出电压的脉动和改善负载的瞬态响应，在输入线较长时，C_i 可抵消输入线的电感效应，以防止自激振荡。C_o 是为了瞬时增减负载电流时不致引起输出电压 U_o 有较大的波动。其值均在 0.1 ~ 1μF 之间。最小输入电压与输出电压的差要在 3V 以上。

②可同时输出正负电压的电路。用两个三端集成稳压器按图 4-33 连接电路，若选用输出电压大小相同、极性相反的三端集成稳压器，则可同时输出正负对称的电源。这种对称电源在很多电路中要用到。

③扩大输出电流的电路。当负载所需电流大于稳压器的最大输出电流时，可外接功率管扩展输出电流，如图 4-34 所示。外接 PNP 型功率管来扩大输出电流。

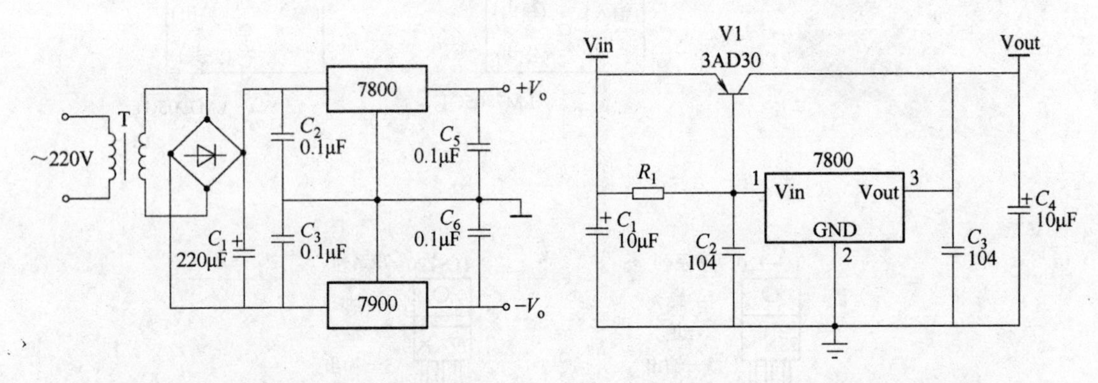

图 4-33　同时输出正、负电压的稳压器　　图 4-34　扩大输出电流的电路

（2）三端可调式集成稳压器　三端可调式集成稳压器是在固定式集成稳压器基础上发展起来的生产量大、应用面很广的产品，它也有正电压输出（如 LM117、LM217 和 LM317 系列）和负电压输出（如 LM137、LM237 和 LM337 系列）两种类型。它既保留了三端稳压器的简单结构形式，又克服了固定式输出电压不可调的缺点。从内部电路设计及集成化工艺方面都采用了先进的技术，性能指标比三端固定稳压器高一个数量级，输出电压在 ±(1.2 ~37) V 之间连续可调。三端可调式集成稳压器稳压精度高、价格便宜，称为第二代三端式稳压器。其型号意义如下：

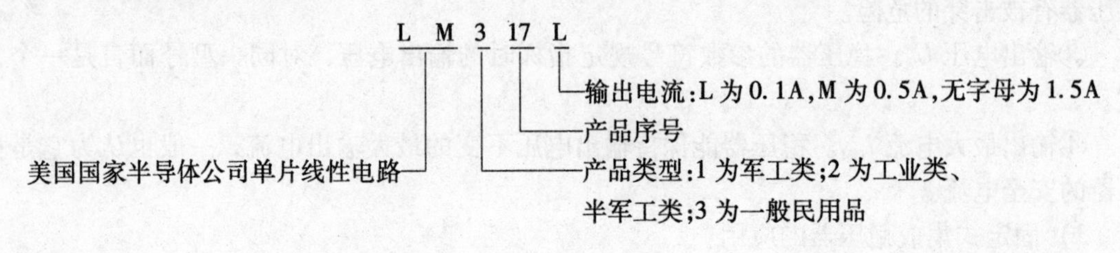

1）主要参数

①最小输入输出压差 $(U_i - U_o)_{min}$ 指稳压器能正常工作的输入电压与输出电压之间的最小电压差。若输入与输出压差小于 $(U_i - U_o)_{min}$，则稳压器输出纹波变大，性能变差。

②输出电压范围指稳压器参数符合规定指标时的输出电压范围，即用户可以通过取样电阻而获得的输出电压范围。

2）三端可调集成稳压器的应用。三端可调集成稳压器的典型应用电路如图 4-35 所示。

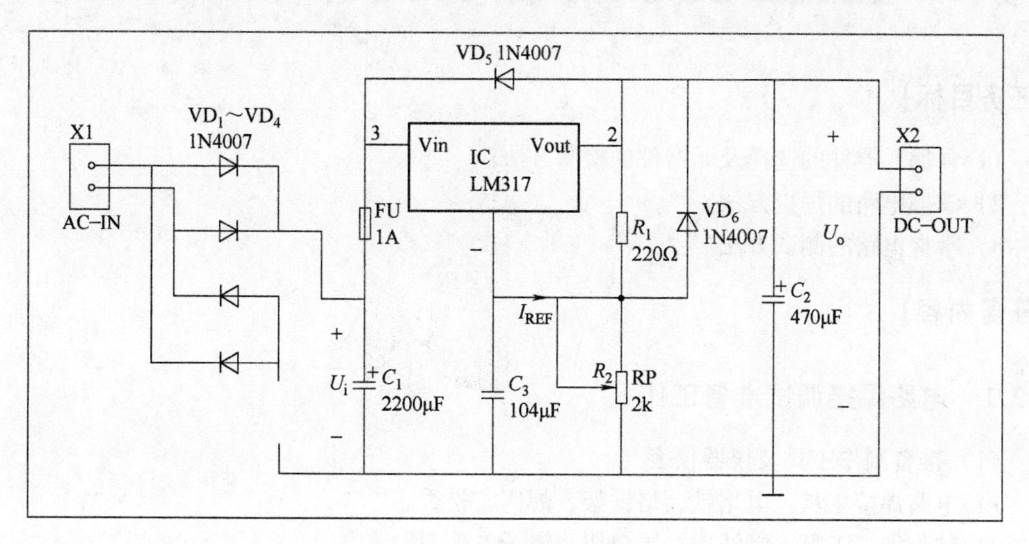

图 4-35　三端可调集成稳压器

当输入电压 U_i 在 2～24V 范围内变化时，电路都能正常工作，输出端 2 与调整端 1 之间提供 1.25V 基准电压 U_{REF}，基准电源的工作电流 I_{REF} 很小，约为 50μA，所以直流稳压电源的输出电压 U_o 为

$$U_o = \frac{U_{REF}}{R_1}(R_1 + R_2) + I_{REF}R_2$$

即

$$U_o \approx U_{REF}\left(1 + \frac{R_2}{R_1}\right)$$

由此可见，调节 R_P（即改变了 R_2 值）就可实现输出电压的调节。

若 $R_2 = 0$，则 U_{REF} 为最小输出电压。随着 R_2 的增大，U_o 随之增加，当 R_2 为最大值时，U_o 也为最大值。所以 R_P 应按最大输出电压值来选择。

另外，使用集成稳压器时，应注意以下几点：

①在接入电路前，要弄清楚各引脚作用。如 78×× 系列和 79×× 系列稳压器的引脚功能就有很大不同。LM78×× 系列中：1—输入端；2—公共端；3—输出端。而在 LM79×× 系列中：1—公共端；2—输入端；3—输出端。安装时要注意区分，避免接错。

②使用时，对要求加散热装置的，必须加符合条件的散热装置。

③防止输入端发生短路，特别是稳压器输出端接有大电容时，若因停电、过载、保护烧断等，大电容的电荷释放之前，会使输出端电压高于输入端电压 7V 以上，导致调整管击穿损坏。为避免这种情况的发生，可在稳压器的输入、输出端反向接入保护二极管。

④严禁超负荷使用。

⑤安装焊接要牢固可靠，并避免有大的接触电阻而造成压降和过热。

【项目实施】

任务 4.2　直流稳压电源电路的焊接与调试

【任务目标】

1）掌握元器件的选择及元器件的检测方法。

2）掌握电路的焊接方法。

3）掌握电路的测试方法。

【任务内容】

4.2.1　电路焊接调试准备工作

（1）准备制作工具及仪器仪表

1）电路焊接工具：电烙铁、烙铁架、焊锡、松香。

2）制作加工工具：剥线钳、平口钳、镊子、剪刀。

3）测试仪器仪表：万用表、示波器。

（2）清点元器件　表 4-1 为元器件明细表。

表 4-1　元器件明细表

序　号	种　类	名　称	规格型号	数　量
1	T1	变压器	TS-PQ4-L0	1
2	VD_1	整流二极管	IN4004	1
3	VD_2	整流二极管	IN4004	1
4	VD_3	整流二极管	IN4004	1
5	VD_4	整流二极管	IN4004	1
6	S-7	三端集成稳压器	7815	1
7	S-7	三端集成稳压器	7915	1
8	R_1、R_2	电阻	1.5kΩ	2
9	C_3、C_5、C_6、C_8	电解电容	4700μF/25V	4
10	C_1、C_2、C_4、C_7	电解电容	100μF/25V	4
11	LED_1、LED_2	发光二极管	5mm	2

4.2.2　元器件的检测

（1）78 系列三端集成稳压器的检测

1）测量各引脚之间的电阻值。用万用表测量 78 系列集成稳压器各引脚之间的电阻值，可以根据测量的结果粗略判断出被测集成稳压器的好坏。

78××系列集成稳压器的电阻值用万用表R×1k挡测得。正测是指黑表笔接稳压器的接地端，红表笔去依次接触另外两引脚；负测指红表笔接地端，黑表笔依次接触另外两引脚。

由于集成稳压器的品牌及型号众多，其电参数具有一定的离散性。通过测量集成稳压器各引脚之间的电阻值，也只能估测出集成稳压器是否损坏。若测得某两脚之间的正、反向电阻值均很小或接近0Ω，则可判断该集成稳压器内部已击穿损坏。若测得某两脚之间的正、反向电阻值均为无穷大，则说明该集成稳压器已开路损坏。若测得集成稳压器的阻值不稳定，随温度的变化而改变，则说明该集成稳压器的热稳定性能不良。

2）测量稳压值。即使测量集成稳压器的电阻值正常，也不能确定该稳压器就是完好的，还应进一步测量其稳压值是否正常。测量时，可在被测集成稳压器的电压输入端与接地端之间加上一个直流电压（正极接输入端）。此电压应比被测稳压器的标称输出电压高3V以上（例如，被测集成稳压器是7806，加的直流电压就为+9V），但不能超过其最大输入电压。若测得集成稳压器输出端与接地端之间的电压值输出稳定，且在集成稳压器标称稳压值的±5%范围内，则说明该集成稳压器性能良好。

（2）79系列三端集成稳压器的检测

1）测量各引脚之间的电阻值。与78系列集成稳压器的检测方法相似，用万用表R×1k挡测量79系列集成稳压器各引脚之间的电阻值，若测得结果与正常值相差较大，则说明该集成稳压器性能不良。

2）测量稳压值。测量79系列集成稳压器的稳压值，与测量78系列集成稳压器稳压值的方法相同，也是在被测集成稳压器的电压输入端与接地端之间加上一个直流电压（负极接输入端）此电压应比被测集成稳压器的标称电压低3V（例如，被测集成稳压器是7905，加的直流电压应为-8V），但不允许超过集成稳压器的最大输入电压。若测得集成稳压器输出端与接地端之间的电压值输出稳定，且在集成稳压器标称稳压值的±5%范围内，则说明该集成稳压器完好。

（3）电解电容、发光二极管和整流二极管的识别与检测　电解电容、发光二极管和整流二极管的检测方法前面已经介绍过，此处不再介绍。

4.2.3 电路的焊接与调试

（1）电路的焊接

1）识读三端稳压电源电路原理图和印制电路图。

2）先在印制电路板上找到相对应的元器件的位置。

3）采用边插装边焊接的方法，按从小到大、由低到高的顺序正确插装焊接好元器件（注意发光二极管和电解电容的正、负极）。

4）安装变压器，再用电烙铁焊接好变压器（注意此时不要急于把变压器的初级线圈和交流电源相连）。

5）检查焊接的电路中元器件是否有假焊、漏焊，元器件的极性是否正确。

6）通电试验，观察电路通电情况。

直流稳压电源元件安装焊接图如图4-36所示。

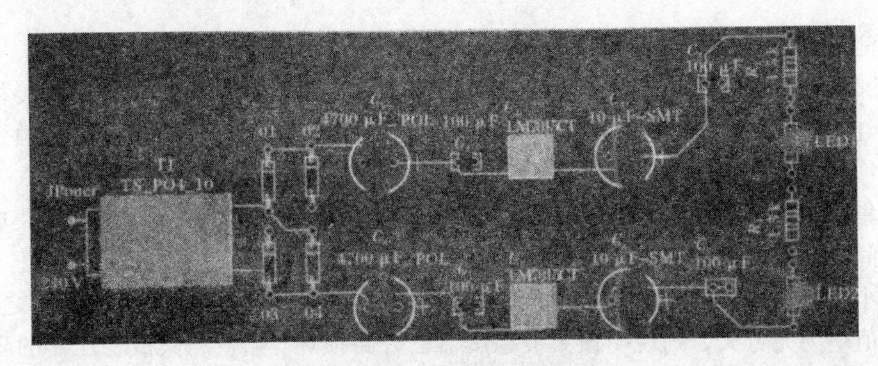

图 4-36　元件安装焊接图

（2）整机调试

1）测在路直流电阻：在不通电的情况下，用万用表电阻挡测变压器一次电阻和二次电阻。

2）通电调试：当测得各在路直流电阻正常时，即可认为电路中无明显的短路现象。可用单手操作法进行通电调试，它可以有效地避免因双手操作不慎而引起的电击等意外事故。

①变压器部分：用万用表交流电压挡，选择合适量程测电源变压器一次电压和二次电压。

②整流滤波部分（断开 C、D）：用万用表直流电压挡测 C、G 测试点之间的电压；测 D、G 测试点之间的电压。注意：G 为测试的零电位参考点。

③稳压部分：（接上 C、D）用万用表直流电压挡搭接于输出端，测量稳压电路输出电压。

【拓展知识】

4.3 晶闸管

晶闸管曾称可控硅，是在晶体管的基础上发展起来的一种大功率半导体器件，具有体积小、重量轻、耐压高、容量大、使用维护简单等优点，它的出现使半导体器件由弱电领域扩展到强电领域。

晶闸管也像二极管那样具有单向导电性，但其导通时间是可控的。晶闸管种类很多，有普通型、双向型、可关断型以及快速型等，用途主要有以下几方面。

1）可控整流：把交流电变换为大小可调的直流电。

2）有源逆变：把直流电变换成与电网同频率的交流电。

3）交流调压：把电压固定的交流电压变换成大小可调的交流电压。

4）变频：把某一频率的交流电变换为另一频率的交流电。

5）无触头功率开关：可取代接触器、继电器。

1. 晶闸管的外形、结构和符号

晶闸管是由三个 PN 结，四层半导体材料组成。图 4-37 所示为晶闸管的外形、结构和图形符号。

晶闸管的三个电极分别为阴极（K）、阳极（A）、门极（G，又称控制极），三个 PN 结

分别为 J_1、J_2 和 J_3。晶闸管的符号与二极管相似，只是在其阴极处增加一个门极，表明其导通的条件除了和二极管一样需要正向偏置的电压外，还需另外增加一个条件，那就是要有控制信号。

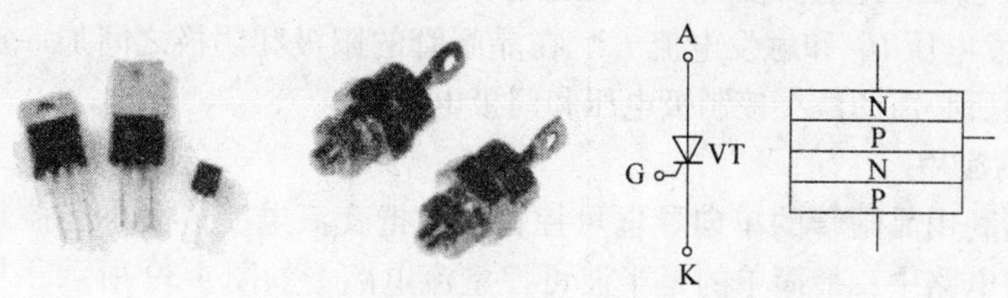

图 4-37　晶闸管的实物、符号和内部结构

2. 晶闸管的工作原理

晶闸管可以理解为一个受控制的二极管，由其图形符号可见，它也具有单向导电性，晶闸管的工作原理可以通过下面的实验说明。如图 4-38 所示，晶闸管加正向电压时，即阳极 A 接电源正极，阴极 K 接电源负极，而门极 G 不加正向电压，这时灯泡不亮，说明晶闸管不导通，处于正向阻断状态。如在门极加正向电压（即触发电压，G 接电源正极，K 接电源负极），如图 4-38b 所示，这时灯泡点亮，说明晶闸管正向导通。

若将 S 断开，即去掉门极正向电压，灯泡仍亮，如图 4-38c 所示，这说明晶闸管门极的作用仅仅是触发晶闸管的导通，一旦晶闸管导通，门极便失去作用。

要使已导通的晶闸管重新关断，必须把阳极电压减小到一定值或零。如果晶闸管加反向电压，如图 4-38d 所示，那么，不管是否加控制电压，晶闸管均不会导通。若在门极加反向电压，则在晶闸管阳极与阴极之间无论加正向或反向电压，晶闸管也不会导通。

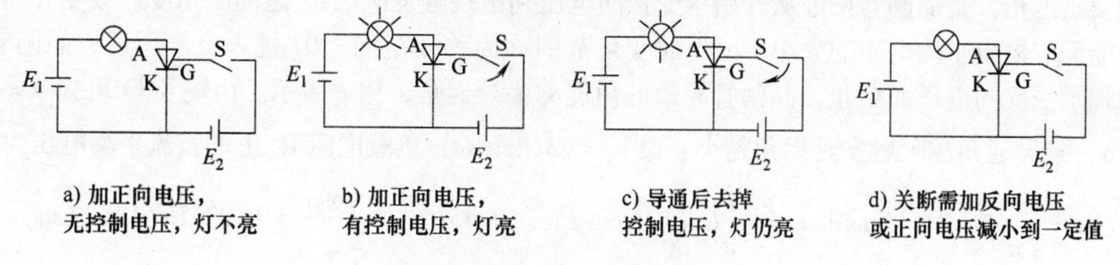

a) 加正向电压，无控制电压，灯不亮　b) 加正向电压，有控制电压，灯亮　c) 导通后去掉控制电压，灯仍亮　d) 关断需加反向电压或正向电压减小到一定值

图 4-38　晶闸管特性实验电路

综上所述，晶闸管导通必须具备的两个条件：一是晶闸管阳极与阴极之间必须加正向电压；二是在门极与阴极之间也要加正向电压。晶闸管一旦触发导通，降低或者是去掉门极的电压，晶闸管仍然导通。要使导通后的晶闸管重新关断，应设法减小阳极电流，使其小于晶闸管的导通维持电流。常采用的方法有：降低阳极电压、切断阳极电流或给阳极加反向电压。

3. 晶闸管的主要参数

1）额定正向平均电流 I_F。在规定环境温度（40℃）及标准散热条件下，晶闸管阳极与阴极可以连续通过的工频正弦半波电流的平均值。

2）维持电流 I_H。门极断开后，维持晶闸管继续导通的最小电流。

3）正向阻断峰值电压 U_{DRM}。在门极断路和晶闸管正向阻断的条件下，可以重复加在晶闸管两端的正向电压的峰值。

4）反向阻断峰值电压 U_{RRM}。在门极断路和晶闸管正向阻断的条件下，可以重复加在晶闸管两端的反向电压的峰值。使用时不能超过手册给出的这个参数。

5）门极触发电压 U_G 和触发电流 I_G。在晶闸管的阳极和阴极之间加一定电压后，能使晶闸管完全导通所必需的最小控制极电压和门极电流。

4. 晶闸管的应用

可控整流指利用晶闸管的单向导电可控特性，把交流电变成大小能控制的直流电的电路。在可控整流电路中，最简单的是半波可控整流电路，如图 4-39 所示。与单相半波整流电路相比，用晶闸管代替了二极管。

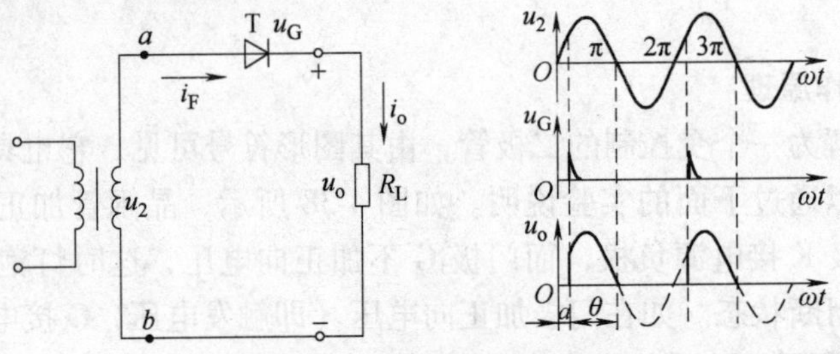

图 4-39　半波可控整流电路与波形图

接通电源，在电压 u_2 正半周开始时，对应在图的 α 角范围内。此时晶闸管 VT 两端具有正向电压，但是由于门极上没有触发电压 u_G，因此晶闸管不能导通。经过 α 角度后，在门极上加上触发电压，晶闸管导通。负载开始有电流通过，在负载两端出现电压 u_o。α 称为触发延迟角，是晶闸管阳极从开始承受正向电压到出现触发电压 u_G 之间的角度。改变 α 角，就能调节输出平均电压的大小。α 角的变化范围称为移相范围。U_2 进入负半周后，晶闸管两端承受反向电压而截止。晶闸管导通的角度称为导通角，用 θ 表示。由图 4-39 可知 $\theta=\pi-\alpha$，且导通角越大触发延迟角越小。设 $u_2=\sqrt{2}U_2\sin\omega t$，负载电阻 R_L 上的直流平均电压为

$$U_0=\frac{1}{2\pi}\int_{\alpha}^{\pi}\sqrt{2}U_2\sin\omega t\mathrm{d}\omega t=\frac{\sqrt{2}}{2\pi}U_2(1+\cos\alpha)=0.45U_2\frac{1+\cos\alpha}{2}=0.225U_2(1+\cos\alpha)$$

当 $\alpha=0$ 时，输出电压最高，$U_0=0.45U_2$，相当于普通二极管单相半波整流电压。若 $\alpha=\pi$，$U_0=0$，晶闸管全关断。因此当触发延迟角 α 从零变化到 π 时，负载上输出的等效直流电压从 $0.45U$ 连续变化到零，实现直流电压连续可调的要求。

根据欧姆定律，负载电阻 R_L 中的直流平均电流为

$$I_0=\frac{U_0}{R_L}=0.45\frac{U_2}{R_L}\frac{1+\cos\alpha}{2}$$

此电流即为通过晶闸管的平均电流。

【项目小结】

1）运载电荷的粒子称为载流子。半导体中有两种载流子：电子和空穴，电子带负电空穴带正电。在半导体中用掺杂的方法可以得到两种导电类型的半导体：P 型和 N 型半导体，P 型半导体主要靠空穴导电；在 N 型半导体，多数载流子是电子，主要靠电子导电。

2）P 型半导体和 N 型半导体相结合形成 PN 结，它是载流子扩散运动和漂移运动相平衡的结果，PN 结具有单相导电性，外加正向电压时，呈现很小的正向电阻，有较大的正向电流，相当于导通状态；外加反向电压时，呈现很大的反向电阻，只有很小的反向电流，相当于截止状态。

3）半导体二极管是由半导体材料通过特殊掺杂工艺形成的 PN 结制成的，其基本特性是单向导电性。二极管（或 PN 结）的单向导电性源于半导体材料的导电特性，而半导体材料的导电特性取决于它的共价键结构。

4）二极管在电子电路中的应用很广泛，在分析或计算二极管电路时，为了方便，通常总是将非线性的二极管转换成在不同条件下的各种线性电路模型。其中理想模型最简单，应用也最普遍。普通二极管通常多用于交变信号的钳位、限幅、整流、开关、稳压、元器件保护等。

5）各种特殊二极管都是利用二极管特性的不同侧面，通过特定的工艺制造出来的，它们各具特色，广泛地应用于各种不同场合。例如，利用击穿特性制造的稳压二极管，常用于稳定直流电压；利用开关特性制造的开关二极管，常用做电子开关。用化合物制成的发光二极管常用来做显示器等。

6）直流稳压电源由交流电源经过变换得来的，它由电源变压器、整流电路、滤波电路和稳压电路四部分组成。

7）整流电路是利用二极管的单向导电性将交流电转换成单向脉动直流电。整流电路有多种，有半波整流、桥式整流电路等。其中桥式整流电路应用最多，它具有输出平均直流电压高、脉动小、变压器利用效率高、整流元器件承受反向电压较低、容易滤波等优点。

8）滤波电路的作用是利用储能元器件滤去脉动直流电压中的交流成分，使输出电压趋于平滑。常用的滤波电路有电容滤波、电感滤波和各种组合式滤波电路。

9）当负载电流较小、对滤波的要求又不很高时，可采用电容器与负载 R_L 并联的方式实现滤波。这种电容滤波电路的特点是结构简单，并能提高输出电压。

10）当负载电流较大时，可采用电感线圈与负载 R_L 串联的方式实现滤波。电感滤波电路的特点是负载电流越大，滤波效果越好。但是电感线圈与电容器相比，它的体积大、较笨重。

11）若对滤波要求较高时，可采用由 LC 元件或 RC 元件组成的组合式滤波电路。

12）电网电压的波动和电源负载的变化都会引起整流滤波后的直流电压不稳。稳压电路的作用是输入电压或负载在一定范围内变化时，保证输出电压稳定。

13）硅稳压管稳压电路是利用二极管的稳压特性，将限流电阻 R 与稳压管连接而成。负载与稳压元件并联。这种稳压电路结构简单，缺点是电压的稳定性能较差，稳压值不可调，负载电流较小并受稳压管的稳定电流所限制，一般用做基准电源或辅助电源。

14）串联型稳压电路克服了硅稳压管稳压电路的缺点，它具有稳压性能好、负载能力强、输出直流稳定电压既可连续调节也可步进调节等优点。

15）串联型稳压电路中的调整管工作在线性放大区，所以功耗较大、效率较低。

16）集成稳压器具有体积小、可靠性高、温度特性好、稳压性能好、安装调试方便等突出的优点，并且经过适当的设计加外接电路后可以扩展其性能和功能，因此已被广泛采用。

【项目练习】

4-1 N 型半导体中的多数载流子是电子，P 型半导体中的多数载流子是空穴，能否说 N 型半导体带负电，P 型半导体带正电？为什么？

4-2 扩散电流是由什么载流子运动而形成的？漂移电流又是由什么载流子在何种作用下而形成的？

4-3 什么是二极管的单向导电性？

4-4 硅二极管和锗二极管的死区电压分别是多大？它们的导通电压分别为多大？

4-5 晶闸管导通的条件是什么？导通时，流过它的电流由什么决定？阻断时，承受的电压大小由什么决定？

4-6 晶闸管导通后，为什么门极就失去控制作用？在什么条件下晶闸管才能由导通转变为截止？

4-7 把一个 PN 结接成图 4-40 所示的电路，试说明这三种情况下电流表的读数有什么不同？为什么？

4-8 在图 4-41 所示的两个电路中，已知 $u_i = 30\sin\omega t$，二极管的正向压降可忽略不计，试分别画出输出电压 u_o 的波形。

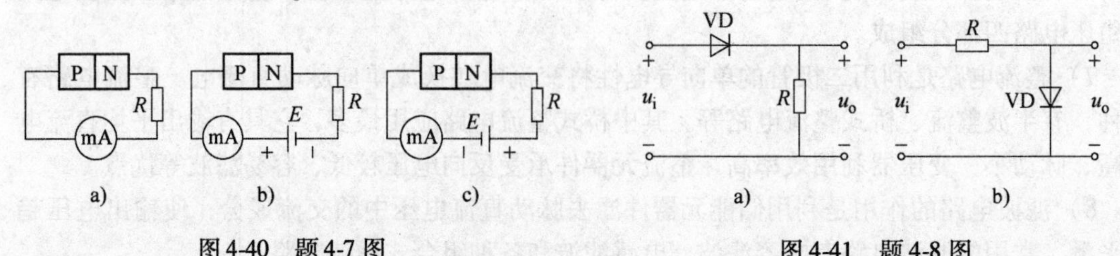

图 4-40 题 4-7 图　　图 4-41 题 4-8 图

4-9 在图 4-42 的各电路图中，$E = 5\text{V}$，$u_i = 10\sin\omega t$，二极管的正向压降可忽略不计，试分别画出输出电压 u_o 的波形。

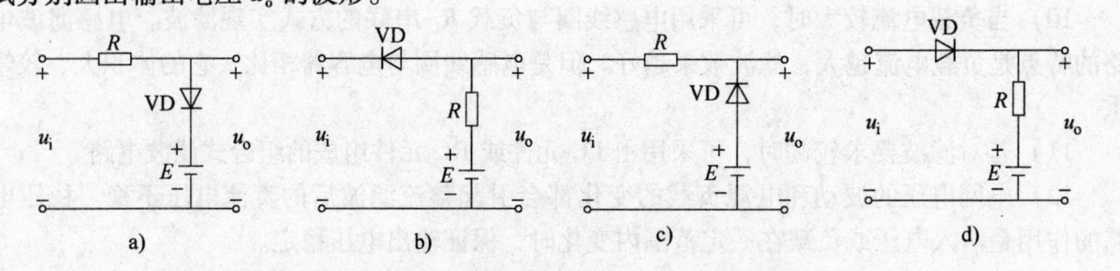

图 4-42 题 4-9 图

4-10 在图 4-43 中。设二极管的正向电阻为零，反向电阻为无穷大，二极管的正向压降为 0.7V，试求下列几种情况下输出端电位 U_Y。

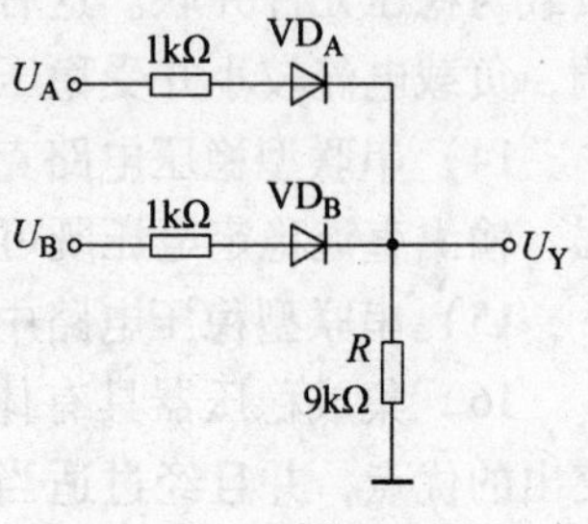

图 4-43 题 4-10 图

1）$U_A = U_B = 0\text{V}$；

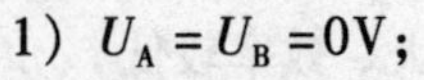

2）$U_A = 0\text{V}$，$U_B = 6\text{V}$；

3）$U_A = U_B = 6\text{V}$。

4-11 直流稳压电源由哪几部分组成？

4-12　整流电路的作用是什么？所用的元器件是什么？利用了元器件的什么特性？

4-13　已知某单相半波整流电路（无滤波）的负载 $R_L = 25\Omega$，若要求负载电压 $U_o = 10V$，试选择整流二极管。

4-14　在无滤波元器件的单相桥式整流电路中，若要求在负载上得到 50V，1A 的直流电，试确定变压器二次电压 U_2，并选择合适的二极管。

4-15　滤波电路的作用是什么？所用的主要元器件是什么？与负载怎样连接？它利用了元器件的什么特性？

4-16　滤波电容有哪些特点？适合于什么场合？

4-17　整流滤波电路如图 4-44 所示，负载电阻 $R_L = 100\Omega$，电容 $C = 500\mu F$，变压器二次电压有效值 $U_2 = 10V$，二极管为理想元件。试求：输出电压输出电流的平均值 U_o，I_o 及二极管承受的最高反向电压 U_{VDRM}。

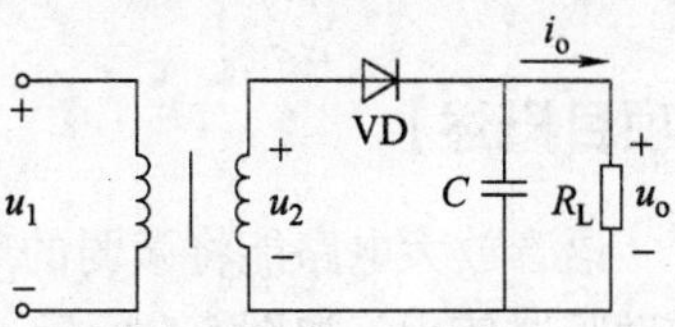

图 4-44　题 4-17 图

4-18　整流滤波电路如图 4-45 所示，二极管为理想元件，已知，负载电阻 $R_L = 400\Omega$，负载两端直流电压 $U_o = 60V$，交流电源频率 $f = 50Hz$。要求：（1）在下表中选出合适型号的二极管；（2）计算出滤波电容器的电容。

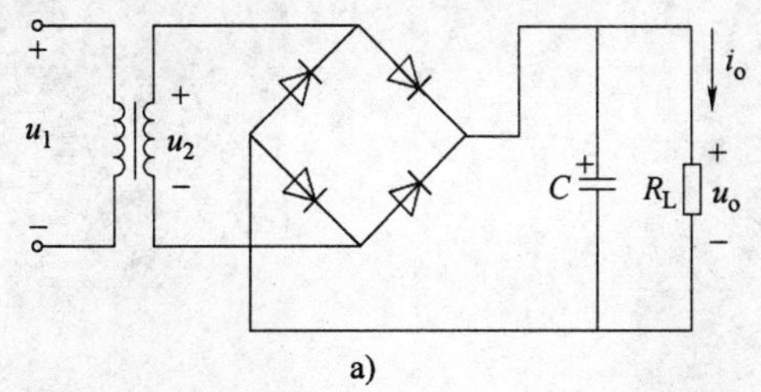

a)

型号	最大整流电流平均值/mA	最高反向峰值电压/V
2CP11	100	50
2CP12	100	100
2CP13	100	150

b)

图 4-45　题 4-18 图

4-19　整流滤波电路如图 4-46 所示，二极管是理想元件，电容 $C = 500\mu F$，负载电阻 $R_L = 5k\Omega$，开关 S_1 闭合，S_2 断时，直流电压表 V 的读数为 141.4V。求：（1）开关 S_1 闭合、S_2 断开时，直流电流表 A 的读数；（2）开关 S_1 断开、S_2 闭合时，直流电流表 A 的读数；（3）开关 S_1、S_2 均闭合时，直流电流表 A 的读数（设电流表内阻为零，电压表内阻为无穷大）。

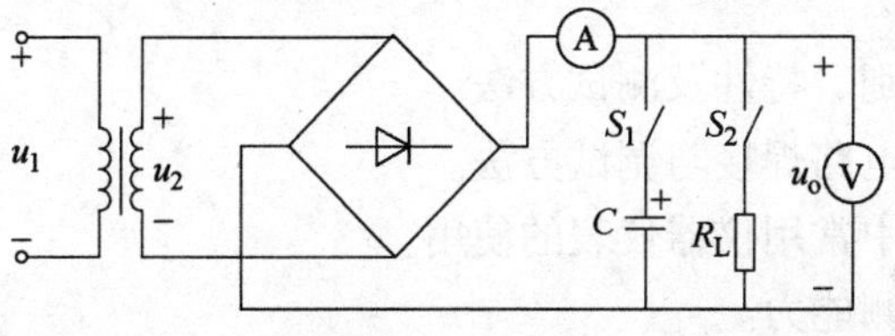

图 4-46　题 4-19 图

项目5　实用助听器的制作与调试

5

【项目概述】

语音放大电路能将微弱的声音信号放大，并通过扬声器发出悦耳的声音，稍加改动还可作助听器使用，如图5-1所示。电路的核心是晶体管，电路的主要功能是电信号的放大。当使用者用上耳机后，可提高老年者的听觉，同时可对青少年的学习和记忆等带来方便。

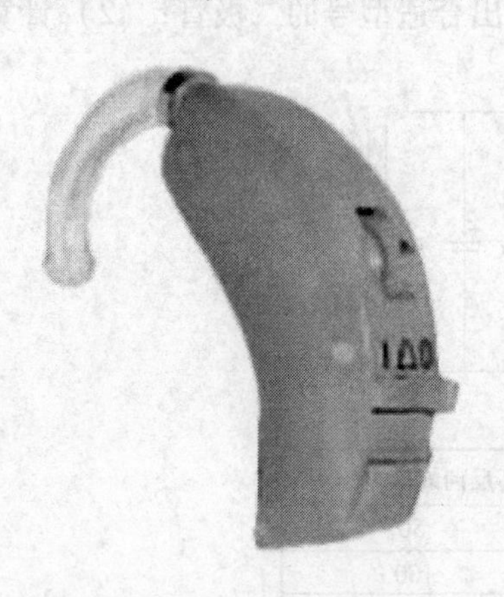

图5-1　实用助听器实物图

【项目目标】

1. 知识目标

1）掌握半导体器件——晶体管的基本知识。

2）掌握晶体管基本放大电路的组成和工作原理。

3）掌握多级放大电路的应用。

2. 能力目标

1）掌握晶体管的识别、特性及测试方法。

2）掌握实用助听器电路焊接与调试方法。

3）能熟练掌握电路中常用仪器仪表的使用。

4）元器件的正确检测能力。

5）沟通能力及团队合作精神。

【项目信息】

任务 5.1　实用助听器电路的组成

【任务目标】

1）认识半导体器件——晶体管。

2）了解实用助听器电路的基本组成。

【任务内容】

图 5-2 所示实用助听器电路由 VT_1、VT_2、VT_3、VT_4 构成四级音频放大电路，各级之间采用阻容耦合方式连接。R_2、R_4、R_7 分别是前三级放大电路的基极偏置电阻，它们不直接接电源，而是接在晶体管的集电极上，起稳定静态工作点的作用。C_2、R_6 为电源退耦电路，可防止电源波动对电路的寄生影响。

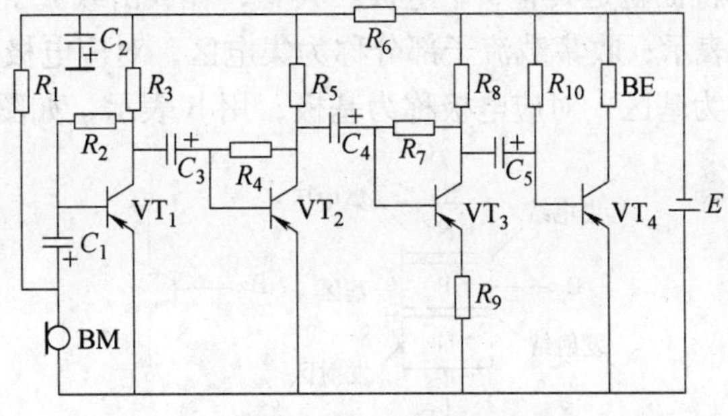

图 5-2　实用助听器电路图

【相关知识】

根据载流元素的不同，晶体管分为：双极型晶体管（BJT），是利用电子和空穴两种载流元素的运动而工作的；单极型晶体管，又称场效应晶体管（FET），是利用电子或空穴一种载流元素的运动而工作的。晶体管按制造材料分为锗管和硅管两种类型；按极性有 NPN 和 PNP 两种结构形式；按功能分为放大管、开关管、复合管、高反压管等；按频率分为低频管、高频管、超高频管；按功率分为大功率、中功率、小功率晶体管。晶体管的外形如图 5-3 所示，其常见类型如图 5-4 所示。

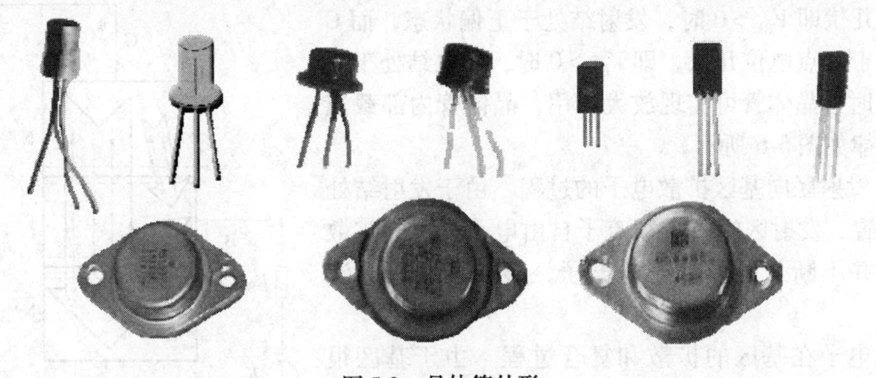
图 5-3　晶体管外形

1. 双极型（Bipolar）晶体管

双极型晶体管是由两个背靠背、互有影响的 PN 结构成。两块 N 型半导体中间夹着一块

P 型半导体的管子称为 NPN 管；还有一种与它成对偶形式，两块 P 型半导体中间夹着一块 N 型半导体的称为 PNP 管。

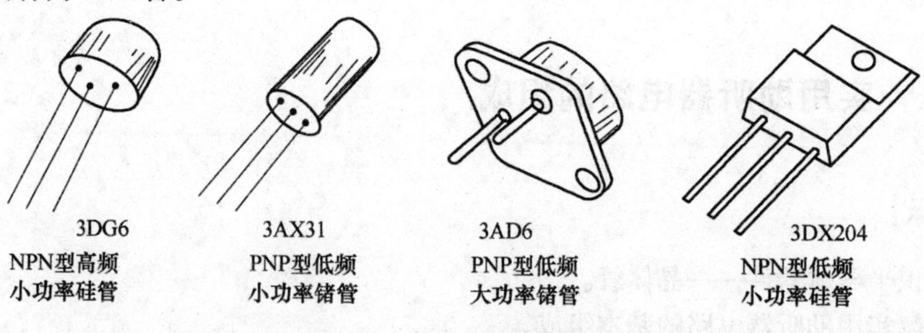

图 5-4 常见晶体管的类型

双极型晶体管在工作过程中，两种载流子都参与导电（所以称为双极型晶体管），其共同特征就是具有 3 个电极。其中，释放出载流子的部分为发射区，对应电极称为发射极，用 E 表示；收集载流子部分称为集电区，对应电极叫集电极，用 C 表示；动作的基本控制部分称为基区，对应电极称为基极，用 B 表示，如图 5-5 所示。

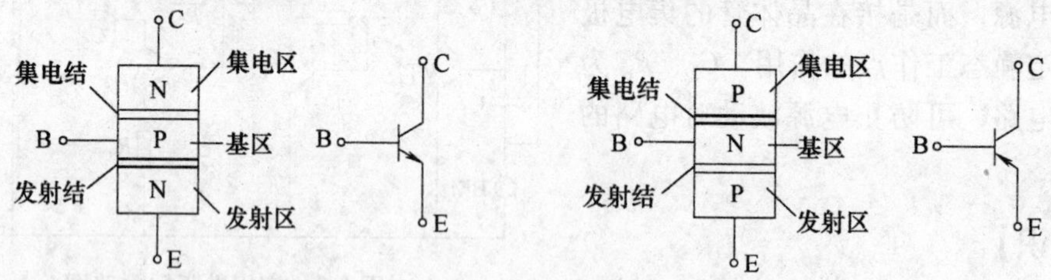

图 5-5 双极型晶体管结构示意图及符号

从符号上区分，NPN 型发射极箭头向外，PNP 型发射极箭头向里。发射极箭头方向除了用来区分类型之外，更重要的是表示晶体管工作时发射极电流的流动方向。

2. 晶体管的电流分配与放大作用

以 NPN 型晶体管为例，当晶体管处在发射结正偏、集电结反偏（当 B 点电位高于 E 点电位零点几伏即 $V_{BE}>0$ 时，发射结处于正偏状态，而 C 点电位高于 B 点电位几伏，即 $V_{CB}>0$ 时，集电结处于反偏状态）时，晶体管可实现放大作用，晶体管内部载流子运动规律如图 5-6 所示。

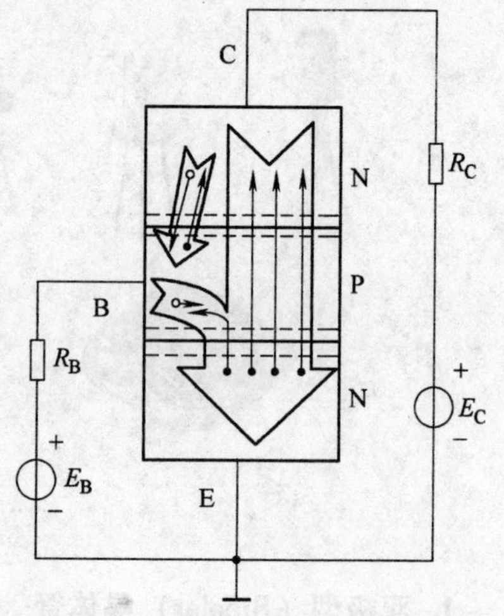

图 5-6 晶体管内部载流子运动规律

（1）发射区向基区扩散电子的过程　由于发射结处于正向偏置，发射区的多数载流子自由电子将不断扩散到基区，并不断从电源补充进电子，形成发射极电流 I_E。

（2）电子在基区的扩散和复合过程　由于基区很薄，其多数载流子空穴浓度很低，从发射极扩散过来的电子只有很少一部分和基区空穴复合形成基极电流 I_B，剩下的绝大部分都能扩散到集电结边缘。

（3）集电区收集从发射区扩散过来的电子过程　由于集电结反向偏置，可将从发射区扩散到基区并到达集电区边缘的电子拉入集电区，从而形成较大的集电极电流 I_C。

由晶体管电流关系实验电路（见图5-7）及实验电路测量结果（表5-1）可知晶体管的电流分配情况。

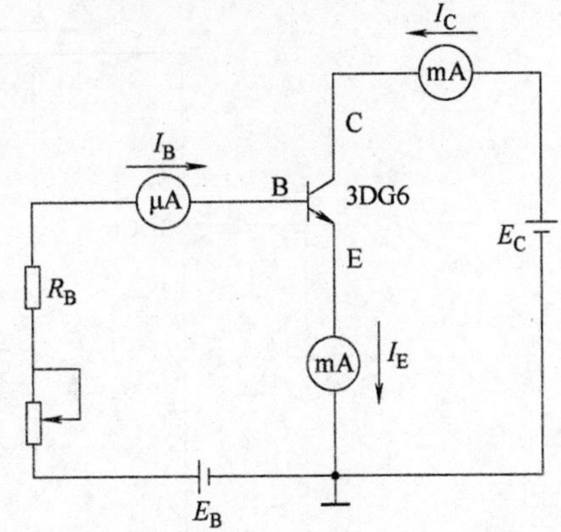

图5-7　晶体管电流关系实验电路

改变可调电阻 R_B，基极电流 I_B、集电极电流 I_C 和发射极电流 I_E 都会发生变化，通过观察测量结果可得出以下结论。

1）$I_E = I_B + I_C$（符合基尔霍夫电流定律）。

2）$I_C = \bar{\beta} I_B$，即 I_C 与 I_B 维持一定比例关系，$\bar{\beta}$ 称为管子的直流放大系数。

3）$\Delta I_C = \beta I_B$，$\beta = \Delta I_C / \Delta I_B$ 称为交流电流放大倍数（由于低频时直流电流放大系数 $\bar{\beta}$ 和交流电流放大系数 β 的数值相差不大，为方便起见，此处对两者不作严格区分）。基极电流对集电极电流具有小量控制大量的作用，这就是晶体管的放大作用。

表5-1　实验电路测量结果

I_B/mA	0	0.01	0.02	0.03	0.04	0.05
I_C/mA	≈0.001	0.50	1.00	1.60	2.20	2.90
I_E/mA	≈0.001	0.51	1.02	1.63	2.24	2.95
I_C/I_B		50	50	53	55	58
$\Delta I_C/\Delta I_B$			50	60	60	70

这样给一个较小的基极电流，就得到了很大的集电极电流，实现了电流的放大作用。

晶体管是一种电流放大器件，但在实际使用中常常利用晶体管的电流放大作用，通过电阻转变为电压放大作用。

3. 晶体管的伏安特性与主要参数

（1）晶体管的伏安特性曲线　晶体管的伏安特性曲线用来描述晶体管各极电流与极间电压的关系，它对于了解晶体管的导电特性非常有帮助，是分析晶体管放大电路的重要依据。晶体管有3个电极，通常用其中两个分别作输入、输出端，第3个作公共端（相应的，分别称为共发射极、共集电极和共基极接法），这样可以构成输入和输出两个回路。因为有两个回路，所以晶体管的特性曲线包括输入和输出两组曲线。共发射极电路更具有代表性，下面以常用的NPN型管共发射极放大电路为例来讨论。

1）输入特性。输入特性是指在晶体管集电极与发射极之间的电压 U_{CE} 为一定值时，基极电流 I_B 同基极与发射极之间的电压 U_{BE} 的关系，即 $I_B = f(U_{BE}) \mid U_{CE}$ = 常数，其测试电路及输入特性曲线如图5-8所示。

不同的 U_{CE} 对应有不同的输入特性曲线。$U_{CE} = 0$ 时：C极与E极相连，相当于两个二极管并联，输入特性曲线与二极管伏安特性曲线的正向特性相似；当 $U_{CE} > 1V$ 时，曲线基本保持不变。实际应用中，通常就用 $U_{CE} \geq 1V$ 这条曲线来代表，图5-8b给出的就是这条曲线。

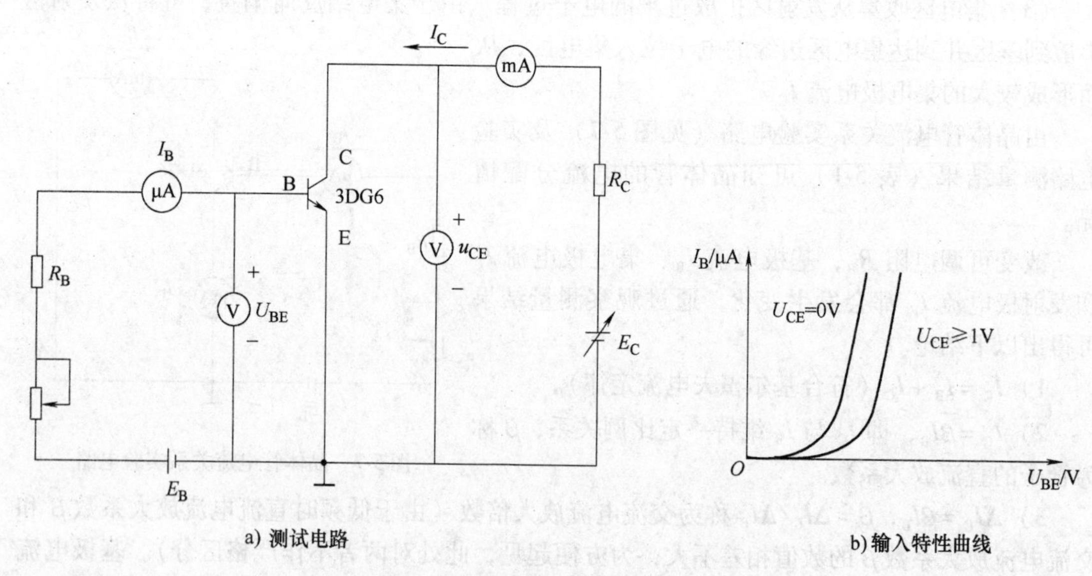

图 5-8 晶体管测试电路与输入特性曲线

从图 5-8b 中还可看出，晶体管发射结也有一个导通电压，对于硅管导通电压为 0.5 ~ 0.7V，锗管为 0.1 ~ 0.3V。

2）输出特性。输出特性是指在基极电流 I_B 为一定值时，晶体管集电极电流 I_C 同集电极与发射极之间的电压 U_{CE} 的关系。即

$$I_C = f(U_{CE}) \mid I_B = 常数$$

在不同的 I_B 下，可得出不同的曲线。所以晶体管的输出特性曲线是一组曲线，如图 5-9 所示。

输出特性可划分为 3 个区域，对应 3 种工作状态。

①放大区：输出特性曲线近于水平的部分是放大区。在放大区 $I_C = \beta I_B$。因为在放大区 I_C 和 I_B 成正比例，所以放大区也称为线性区。当 I_B 固定时，I_C 也基本不变，具有恒流的特性；当 I_B 变化时。I_C 也有相应的变化，表明 I_C 是受 I_B 控制的受控源。如前所述，晶体管工作于放大状态时，发射结处于正向偏置，集电结处于反向偏置。

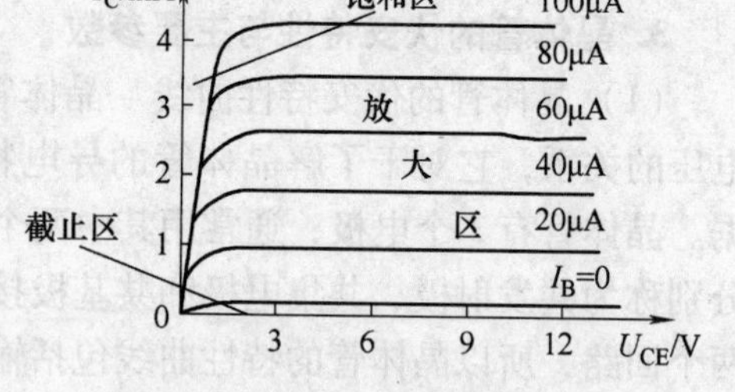

图 5-9 晶体管的输出特性曲线

②截止区：在图 5-9 中，$I_B = 0$ 这条曲线及以下的区域称为截止区。$I_B = 0$ 时，$I_C = I_E = I_{CEO}$。对于 NPN 型管而言，当 $U_{BE} < 0.5V$ 时，即已开始截止，但是为了截止可靠，常使 $U_{BE} < 0V$，截止时发射结处于反向偏置，集电结也处于反向偏置。

③饱和区：在图 5-9 中，靠近纵坐标特性曲线的上升和弯曲部分所对应的区域称为饱和区。在饱和区，$U_{CE} < U_{BE}$ 集电结处于正向偏置，此时的 U_{CE} 值常称为晶体管的饱和压降，用 U_{CES} 表示，小功率硅管的 U_{CES} 通常小于 0.5V。由于饱和区 I_C 不随 I_B 的增大而成比例地增大，因而晶体管失去了线性放大作用，故称为饱和。饱和时，发射结处于正向偏置，集电结也处于正向偏置。此时，$I_B > 0$，$U_{BE} > 0$，$U_{CE} \leqslant U_{BE}$。由于电源电压极性和电流方向不同，

PNP管与NPN管的特性曲线是相反和“倒置”的。

（2）晶体管的主要参数　晶体管的性能除了用上述输入、输出特性描述外，还可用一些参数来表示其性能和使用范围。晶体管的参数很多，现将其中较重要的介绍如下。

1）电流放大倍数：当晶体管接成共发射极电路时，在静态（无输入信号）时集电极电流I_C（输出电流）与基极电流I_B（输入电流）的比值称为共发射极静态电流（直流）放大系数，即$\bar{\beta}=I_C/I_B$。

当晶体管工作在动态（有输入信号）时，基极电流的变化量为ΔI_B，它引起集电极电流的变化为ΔI_C。ΔI_C与ΔI_B的比值称为动态电流（交流）放大系数，即$\beta=\Delta I_C/\Delta I_B$。

由于晶体管的输出特性曲线是非线性的，所以只有在特性曲线的近于水平部分，I_C随I_B成正比地变化，β值才可认为是基本恒定的。由于制造工艺的分散性，即使同一型号的晶体管，β值也有很大差别。常用的晶体管的β值在20~100之间。

2）极间反向电流：包括集电极基极之间的反向饱和电流（在发射极开路情况下，集电极基极之间的反向电流）I_{CBO}和集电极发射极之间的穿透电流（在基极开路情况下，集电极到发射极的电流）I_{CEO}。二者都是衡量晶体管性能的重要参数，都随温度变化而变化。由于I_{CEO}的数值要比I_{CBO}大很多，并且测量比较容易，故常把I_{CEO}作为判断晶体管质量的重要依据。

3）极限参数。

①集电极最大允许电流I_{CM}：当集电极电流超过一定值时，晶体管的β值就要下降，β下降到额定值的2/3时所允许的最大集电极电流。

②集-射反向击穿电压$U_{(BR)CEO}$：基极开路时，集电极、发射极间的最大允许电压。

③集电极最大允许功耗P_{CM}：晶体管参数不超过允许值时集电极所消耗的最大功率。

集电极电流流过集电结会产生热量，结温升高。结温的高低意味着管子功耗的大小，是有一定限制的。集电极最大允许功率损耗P_{CM}是集电结结温达到极限时的功耗。一般来说，锗管允许结温为70~90℃，硅管约为150℃。

任务5.2　实用助听器电路的工作原理

【任务目标】

1）晶体管基本放大电路的认识。

2）多级放大电路的认识。

3）了解实用助听器电路的工作原理。

【任务内容】

实用助听器电路原理图如图5-2所示，传声器（微型话筒）BM将接收到的微弱声音信号转换为电信号，经四级音频放大电路放大，再由耳机BE进行电声转换后，耳机中就可以听到放大信号后洪亮的声音。信号通路如下：

声音信号BM→C_1→VT_1→C_3→VT_2→C_4→VT_3→C_5→VT_4

【相关知识】

5.2.1 共发射极基本放大电路

半导体晶体管的主要用途之一是利用其电流放大作用组成各种放大电路。放大电路的应用十分广泛。其主要作用是将微弱的信号进行放大，以便人们测量和利用。所谓放大，表面上看是将小信号的幅度增大，但放大的本质是实现能量的控制。放大电路需要配置直流电源，用能量较小的输入信号去控制这个电源，使之输出较大的能量去推动负载。这种小能量对大能量的控制作用，就是放大电路的放大作用。

根据输入和输出回路公共端的不同，放大电路有 3 种基本形式：共发射极放大电路、共集电极放大电路和共基极放大电路。共发射极放大电路既有电压放大作用又有电流放大作用，适用于一般放大，在晶体管放大电路中应用较广泛；共集电极放大电路只有电流放大作用而没有电压放大作用，常作为多级放大电路的输入级（输入电阻高）和输出级（输出电阻低），因其放大倍数接近于 1，还可用于信号的跟随；共基极放大电路只有电压放大作用而没有电流放大作用，输入电阻小，高频特性好，适用于宽频带放大电路。

1. 共发射极基本放大电路的组成

图 5-10 所示为共发射极基本放大电路，各元器件的作用如下。

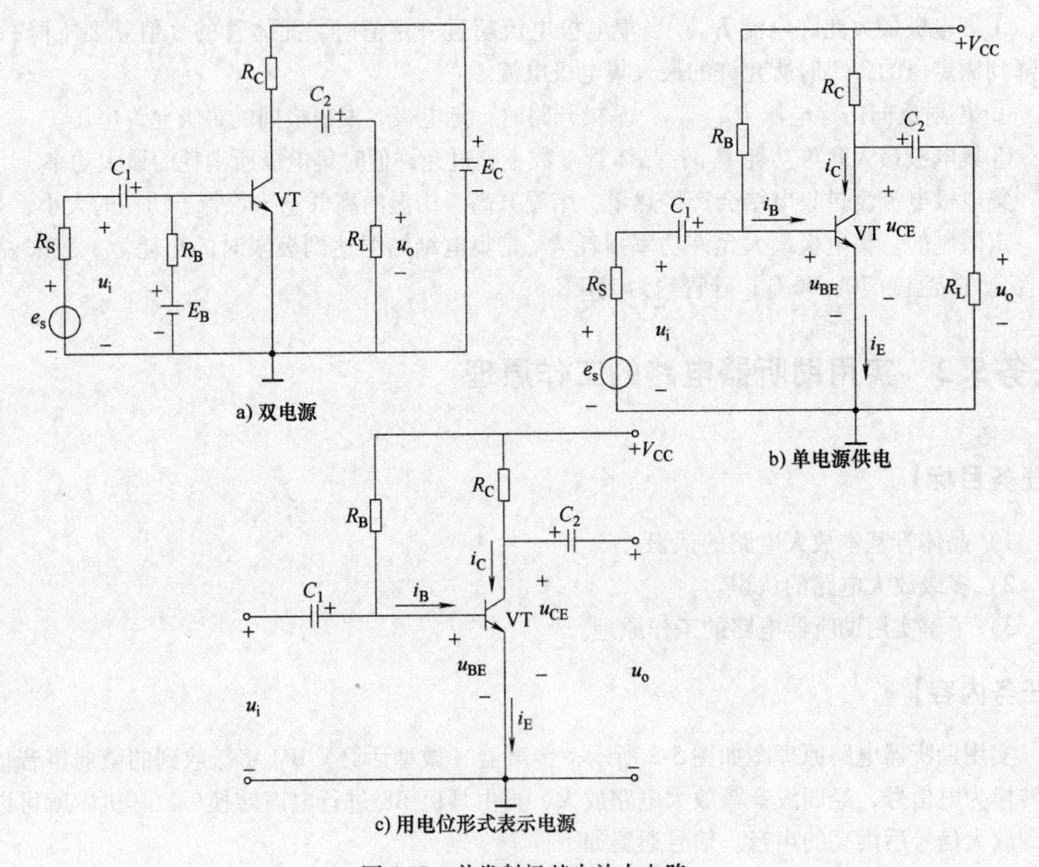

图 5-10 共发射极基本放大电路

（1）电源 V_{CC} 电源有两个作用，一是通过 R_B 和 R_C 使晶体管发射结正偏、集电结反偏，使晶体管工作在放大区；二是给放大电路提供能量来源，提供电流 I_B 和 I_C，一般在几伏到几十伏之间。

（2）晶体管 VT 晶体管是放大元器件，是放大电路的核心，用基极电流 i_B 控制集电极电流 i_C，即 $i_C=\beta i_B$，实现电流放大。要保证发射结正偏，集电结反偏，使晶体管工作在放大区。

（3）基极偏置电阻 R_B 其作用是向晶体管的基极提供合适的偏置电流，并使发射结正向偏置。选择合理的 R_B 值，就可使晶体管有个合适的静态工作点。通常 R_B 的取值为几十千欧到几百千欧。

（4）集电极负载电阻 R_C 其作用是将集电极电流 I_C 的变化转换为电压的变化，从而引起 U_{CE} 的变化，产生输出电压后加到负载 R_L 上，一般 R_C 的值为几千欧到几十千欧。

（5）电容 C_1、C_2 它们用来传递交流信号，起“隔直通交”的作用，避免放大电路的输入端与信号源之间，输出端与负载之间直流分量的互相影响。为了减小传递信号的损失，一般 C_1 和 C_2 选用电解电容器，取值为几微法到几十微法。

2. 放大电路中电压、电流的方向及符号规定

1）直流分量。如图5-11a 波形所示，用大写字母和大写下标表示。例如，I_B 表示基极的直流电流。

2）交流分量。如图5-11b 波形所示，用小写字母和小写下标表示。例如，i_b 表示基极的交流电流。

3）总变化量。如图5-11c 波形所示，是直流分量和交流分量之和，即交流叠加在直流上，用小写字母和大写下标表示。例如，i_B 表示基极电流总的瞬时值，其数值为 $i_B=I_B+i_b$。

4）交流有效值。用大写字母和小写下标表示。例如，I_b 表示基极正弦交流电流的有效值。

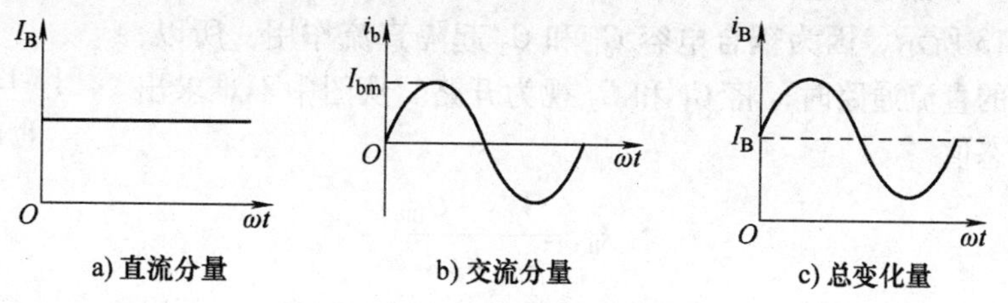

图5-11 放大电路中的符号规定

3. 工作原理

1）输入信号 u_i 直接加在晶体管 VT 的基极和发射极之间，引起基极电流 i_B 作相应的变化。当 $u_i=0$ 时，电路各处的电压、电流都是不变的直流，此时电路的状态为直流状态或静止工作状态，简称静态；当正弦信号 $u_i\neq0$ 时，电路中各处的电压、电流是变动的，电路处于交流状态或动态工作状态，简称动态。简而言之，动态值就是在静态值的基础上叠加了变化的交流值，如图5-12 所示，即

$$u_{BE}=U_{BEQ}+u_i;\ i_B=I_{BQ}+i_b;\ i_C=I_{CQ}+i_c;\ u_{CE}=U_{CEQ}+u_{ce}$$

2）通过晶体管 VT 的电流放大作用，VT 的集电极电流 i_C 也将变化。

3）i_C 的变化引起 VT 的集电极和发射极之间的电压 u_{CE} 变化。

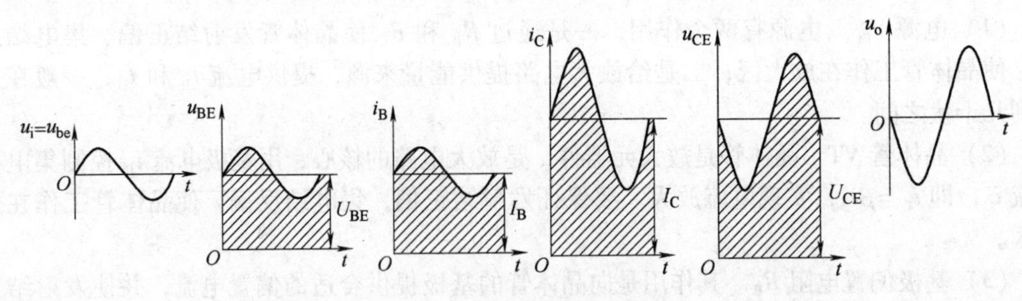

图 5-12　放大电路的工作原理

4）u_{CE}中的交流分量u_{ce}经过C_2传送给负载R_L，成为交流输出电压u_o，实现了电压放大作用。

5）输出电压与输入电压在相位上相差180°，即共发射极电路具有反相作用。

可见，放大电路由两大部分组成：一是直流通路，其作用是为晶体管处在放大状态提供发射结正向偏压和集电结反向偏压；二是交流通路，其作用是把交流信号输入→放大→输出。

4. 基本分析方法

由于放大电路由直流通路和交流通路两部分叠加而成，所以分析也相应地分为静态分析和动态分析两步。方法有估算法与图解法。

（1）估算法

1）静态直流分析。放大电路没有信号输入时的工作状态称为静态。静态时，放大电路的电流、电压值（I_{BQ}，I_{CQ}和U_{CEQ}）称为静态工作点，它们在晶体管输出曲线上对应一个点，称为Q点。静态时，电源V_{CC}通过R_B给晶体管VT的发射结加上正向偏置，用U_{BE}表示，产生的基极电流用I_{BQ}表示，集电极电流用I_{CQ}表示，此时的集—射电压用U_{CEQ}表示。静态分析就是要找出一个合适的静态工作点。通常由放大电路的直流通路来确定，如图5-13所示，因为耦合电容C_1和C_2起隔直流作用，所以，在画放大电路的直流通路时，将C_1和C_2视为开路。从图中不难求出放大电路的静态值

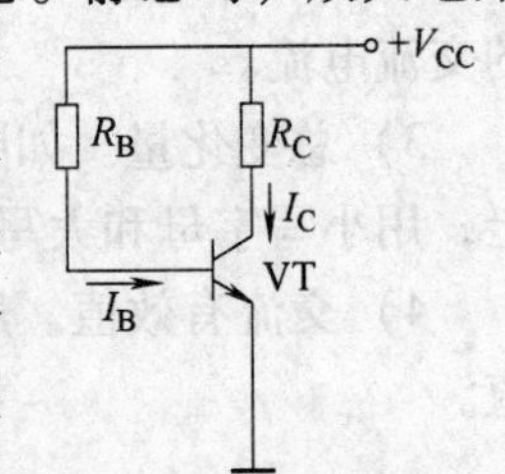

图 5-13　放大电路的静态分析

$$I_{BQ}=\frac{V_{CC}-U_{BE}}{R_B} \tag{5-1}$$

因为$V_{CC}>>U_{BE}$（硅管约为0.6～0.8V，锗管约为0.2～0.3V），所以

$$I_{BQ}\approx\frac{V_{CC}}{R_B} \tag{5-2}$$

$$I_{CQ}=\beta I_{BQ} \tag{5-3}$$

$$U_{CEQ}=V_{CC}-I_{CQ}R_C \tag{5-4}$$

例 5-1　在图5-13中，已知$V_{CC}=12V$，$R_B=300k\Omega$，$R_C=4k\Omega$，$\beta=37.5$，试求放大电路的静态值。

解： 根据图5-13所示的直流通路，可以得到

$$I_{BQ}\approx\frac{V_{CC}}{R_B}=12/300=0.04\ (\text{mA})$$

$$I_{CQ}=\beta I_{BQ}=37.5\times0.04=1.5\ (\text{mA})$$

$$U_{CEQ}=V_{CC}-I_{CQ}R_C=12-1.5\times4=6\ (\mathrm{V})$$

2）动态交流分析。放大电路有输入信号的工作状态称为动态。动态分析主要是确定放大电路的电压放大倍数 A_u、输入电阻 R_i，和输出电阻 R_o 等。

放大电路有输入信号时，晶体管各极的电流和电压瞬时值既有直流分量，又有交流分量。直流分量一般就是静态值，而所谓放大，只考虑其中的交流分量。下面介绍常用的动态分析法—简化微变等效电路法。

①晶体管简化微变等效电路。在讨论放大电路的简化微变等效电路之前，需要介绍晶体管的简化微变等效电路。晶体管的微变等效电路可从晶体管特性曲线求出。

a. 输入回路。输入特性曲线如图5-14所示。当输入信号很小时，静态工作点 Q 附近的输入特性在小范围内可近似线性化。

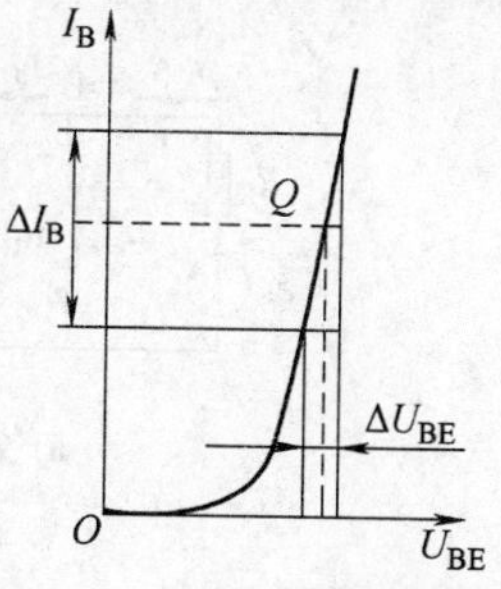

晶体管的输入电阻 $r_{be}=\dfrac{\Delta U_{BE}}{\Delta I_B}\bigg|_{U_{CE}}=\dfrac{u_{be}}{i_b}\bigg|_{U_{CE}}$ 晶体管的输入回路（B、E之间）可用 r_{be} 等效代替，即由 r_{be} 来确定 u_{be} 和 i_b 之间的关系。对于小功率晶体管可用式（5-5）估算

图5-14　输入特性曲线

$$r_{be}=300+(1+\beta)\frac{26}{I_E}\tag{5-5}$$

式中，I_E 是晶体管发射极电流的静态值，一般可取 $I_E\approx I_{CQ}$。

b. 输出回路。输出特性曲线如图5-15所示，在线性工作区是一组近似等距的平行直线。

晶体管的电流放大系数 $\beta=\dfrac{\Delta I_C}{\Delta I_B}\bigg|_{U_{CE}}=\dfrac{i_c}{i_b}\bigg|_{U_{CE}}$，晶体管的输出回路（C、E之间）可用一受控电流源 $i_c=\beta i_b$ 等效代替，即由 β 来确定 i_c 和 i_b 之间的关系。β 一般在20～200之间。

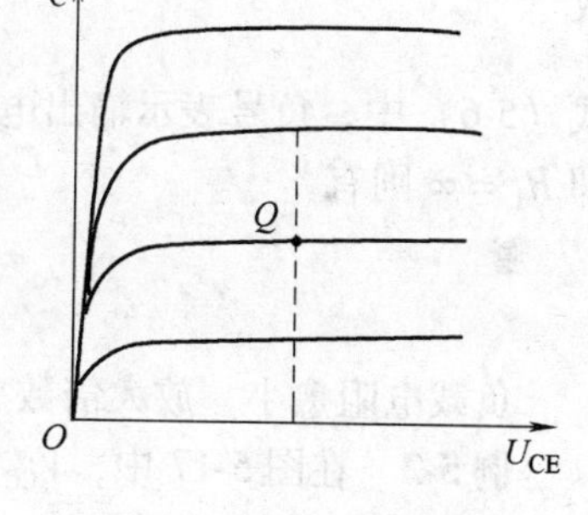

图5-15　输出特性曲线

晶体管的输出电阻

$$r_{ce}=\frac{\Delta U_{CE}}{\Delta I_C}\bigg|_{I_B}=\frac{u_{ce}}{i_c}\bigg|_{I_B}$$

r_{ce} 愈大，恒流特性愈好。因 r_{ce} 阻值很高，一般忽略不计。所以共发射极基本放大电路中的晶体管（见图5-16a）可微变等效为图5-16b的形式。

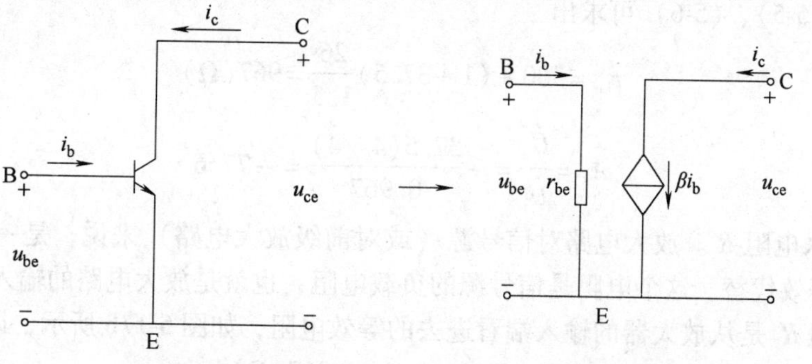

a)基本放大电路　　b)等效电路

图5-16　晶体管简化微变等效电路

②放大电路的简化微变等效电路。由于 C_1、C_2 和 V_{CC} 对于交流信号是相当于短路的，所以图 5-10 放大电路的交流通路如图 5-17a 所示。放大电路交流通路中的三极管用其简化微变等效电路来代替，便可得到如图 5-17b 所示的放大电路的简化微变等效电路（以后简称微变等效电路）。分析时假设输入为正弦交流，所以等效电路中的电压与电流可用相量表示。

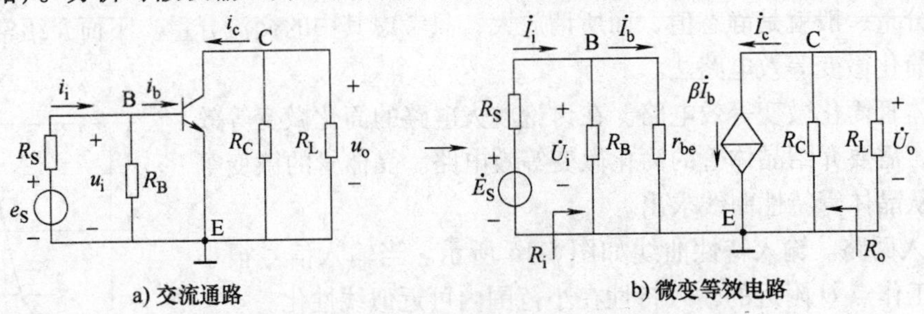

图 5-17　共发射极基本放大电路的简化微变等效电路

放大电路交流参数的估算如下：

a. 求电压放大倍数 A_u。若不加说明，各放大电路的交流输入信号均为正弦波，工作频率为中频段，且不考虑电路参数产生的相移。从图 5-17 可以得到

$$u_i = i_b r_{be}$$

$$u_o = -i_c(R_C//R_L) = -i_c R_L' = -\beta i_b R_L'$$

故

$$A_u = \frac{\dot{U}_o}{\dot{U}_i} = -\frac{\beta(R_C//R_L)}{r_{be}} \tag{5-6}$$

式（5-6）中，负号表示输出电压与输入电压反相，$R_L' = R_C//R_L$。如果电路的输出端开路，即 $R_L = \infty$ 则有

$$A_u = -\frac{\beta R_C}{r_{be}} \tag{5-7}$$

负载电阻愈小，放大倍数愈小。因 r_{be} 与 I_E 有关，故放大倍数与静态 I_E 有关。

例 5-2　在图 5-17 中，$V_{CC} = 12V$，$R_c = 4k\Omega$，$R_L = 4k\Omega$，$R_B = 300k\Omega$，$\beta = 37.5$，试求放大电路的电压放大倍数 A_u。

解：在例 5-1 中已求出，$I_{CQ} = \beta I_{BQ} = 1.5mA$

由公式（5-5）、（5-6）可求出

$$r_{be} = 300 + (1 + 37.5)\frac{26}{1.5} = 967(\Omega)$$

则

$$A_u = \frac{\dot{U}_o}{\dot{U}_i} = -\frac{37.5(4//4)}{0.967} = -77.6$$

b. 求输入电阻 R_i。放大电路对信号源（或对前级放大电路）来说，是一个负载，可用一个电阻来等效代替。这个电阻是信号源的负载电阻，也就是放大电路的输入电阻。放大电路的输入电阻 R_i 是从放大器的输入端看进去的等效电阻，如图 5-17b 所示，即

$$R_i = R_B//r_{be} \approx r_{be} = 967(\Omega) \tag{5-8}$$

通常 $R_B >> r_{be}$，因此 $R_i \approx r_{be}$，可见共射基本放大电路的输入电阻 R_i 不大。输入电阻是表明放大电路从信号源吸取电流大小的参数，电路的输入电阻越大越好。

c. 求输出电阻 R_o。放大电路对负载而言，相当于一个信号源，其内阻就是放大电路的输出电阻 R_o。求输出电阻 R_o 可利用图 5-18 所示电路，将输入信号源 u_s 短路和输出负载开路，从输出端外加测试电压 u_T，产生相应的测试电流 i_T

则输出电阻为

$$R_O = \frac{u_T}{i_T}$$

而

$$i_T = \frac{u_T}{R_C}$$

故

$$R_O = R_C \tag{5-9}$$

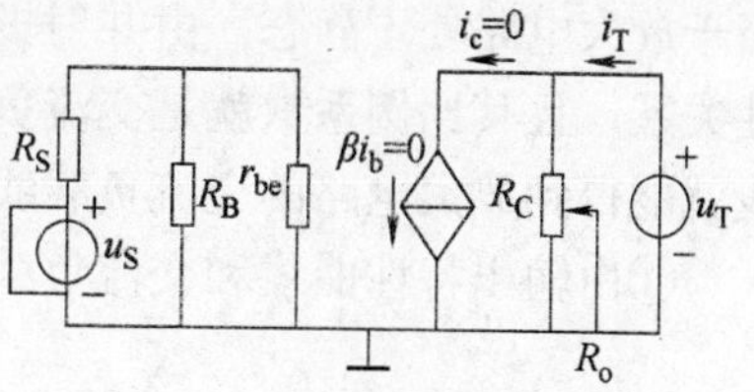

图 5-18　求输出电阻 R_o 的微变等效电路

在例 5-2 中，$R_O = R_C = 4\text{k}\Omega$

上面以共发射极基本放大电路为例，估算了放大电路的输入电阻和输出电阻。一般来说，希望放大电路的输入电阻高一些，这样可以避免输入信号过多地衰减；对于放大电路的输出电阻来说，则希望越小越好，以提高电路的带负载能力。

（2）图解分析法　在晶体管的特性曲线上直接用作图方法来分析放大电路的工作情况，称为图解法。图解法既可作静态分析，也可作动态分析。

1）作直流负载线求静态工作点，步骤如下：

①用估算法求出基极电流 I_{BQ}（如 40μA）。

②根据 I_{BQ} 在输出特性曲线中找到对应的曲线。

③作直流负载线。根据集电极电流 I_C 与集、射间电压 U_{CE} 的关系式 $U_{CE} = V_{CC} - I_C R_C$ 可画出一条直线。该直线在纵轴上的截距为 V_{CC}/R_C，在横轴上的截距为 V_{CC}，其斜率为 $-1/R_C$，只与集电极负载电阻 R_C 有关，称为直流负载线。

④求静态工作点，并确定 U_{CEQ}、I_{CQ} 的值。晶体管的 I_{CQ} 和 U_{CEQ} 既要满足 $I_B = 40\mu A$ 的输出特性曲线，又要满足直流负载线，因而晶体管必然工作在它们的交点 Q，该点就是静态工作点。由静态工作点 Q 便可在坐标上查得静态值 I_{CQ} 和 U_{CEQ}，如图 5-19 所示。

注意：电路参数对静态工作点的影响。

a. R_B 增大时，I_B 减小，Q 点降低，晶体管趋向于截止。

b. R_B 减小时，I_B 增大，Q 点抬高，晶体管趋向于饱和。

这两种情况下晶体管均会失去放大作用。

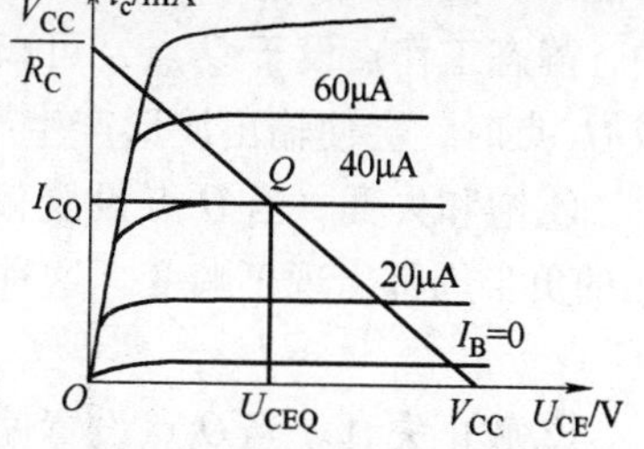

图 5-19　图解法求静态工作点

2）动态交流分析。在分析电路时，一般用交流通路来研究放大电路的动态性能。所谓交流通路，就是交流电流流通的途径，在画法上遵循两条原则。

①将电路图中的耦合电容 C_1、C_2 视为短路。

②电源 V_{CC} 的内阻很小，对交流信号视为短路。

具体步骤如下：

①根据静态分析方法，求出静态工作点 Q。

②根据 u_i 在输入特性曲线上求 u_{BE} 和 i_B。

③作交流负载线。如果考虑负载 R_L，则放大电路的负载应为 $R_L' = R_C // R_L$。这时放大电

路的负载线称为交流负载线，如图 5-20 所示。从图中看出交流负载线与直流负载并不重合，但在 Q 点相交，这是因为输入信号在变化过程中必定会经过零点，在通过零点时 $u_i=0$，相当于放大电路处于静态。由共射极放大电路的交流通路不难看出，i_C 与 u_{CE}之间仍然存在线性关系，且其比例系数就是交流负载电阻 $R_L'=R_C//R_L$，通过 Q 点作一条斜率为 $-1/R_L'$的直线就能得到放大电路的交流负载线。

④由输出特性曲线和交流负载线求 i_C 和 u_{CE}。

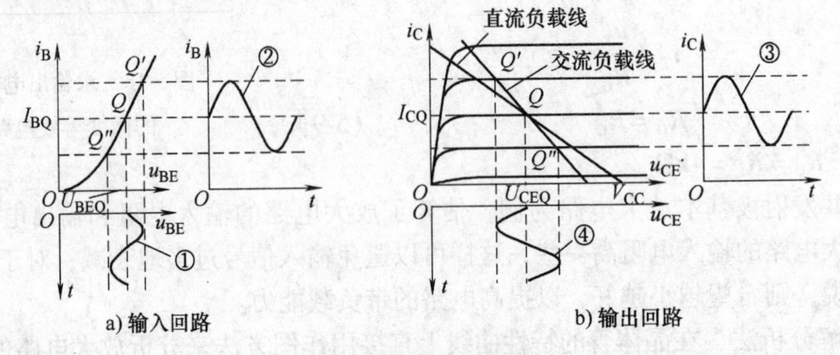

图 5-20　动态分析图解

从图解分析过程，可得出如下几个重要结论。

①放大器中的 u_{BE}，i_B，i_C 和 u_{CE} 各个量都由直流分量和交流分量两部分组成。

②由于 C_2 的隔直作用，u_{CE}中的直流分量 U_{CEQ} 被隔开，放大器的输出电压 u_o 等于 u_{CE} 中的交流分量 u_{ce}，且与输入电压 u_i 反相。

③放大器的电压放大倍数可由 u_o 与 u_i 的幅值或有效值之比求出。负载电阻 R_L 越小，交流负载电阻 R_L'也越小，交流负载线就越陡，使 U_{om}减小，电压放大倍数下降。

3）静态工作点对输出波形失真的影响。对一个放大电路来说，要求输出波形的失真尽可能小。但是，当静态工作点设置不当时，输出波形将出现严重的非线性失真。在图 5-21 中，静态工作点设于 Q 点，可以得到失真很小的 i_c 和 u_{ce}波形。但是，当静态工作点设在 Q_1 或 Q_2 点时，会使输出波形产生严重的失真。

①饱和失真。当 Q 点设置偏高，接近饱和区时，如图 5-21 中的 Q_1 点，i_c 的正半周和 u_{ce}的负半周都出现了畸变。这种由于动态工作点进入饱和区而引起的失真，称为“饱和失真”。

②截止失真。当 Q 点设置偏低，接近截止区时，如图 5-21 中的 Q_2 点，使得 i_c 的负半周和 u_{ce}的正半周出现畸变。这种失真称为“截止失真”。

一般情况，工作点 Q 选在交流负载线的中央，可以获得最大的不失真输出，使放大电路得到最大的动态工作范围。

5.2.2　分压偏置放大电路

由于晶体管参数的温度稳定性较差，在固定偏置（基本）放大电路中，当温度变化时，会引起电路静态工作点的变化，严重时会造成输出电压失真。为了稳定放大电路的性能，必须在电路的结构上加以改进，使静态工作点保持稳定。分压式偏置放大电路就是一种静态工作点比较稳定的放大电路，如图 5-22 所示。

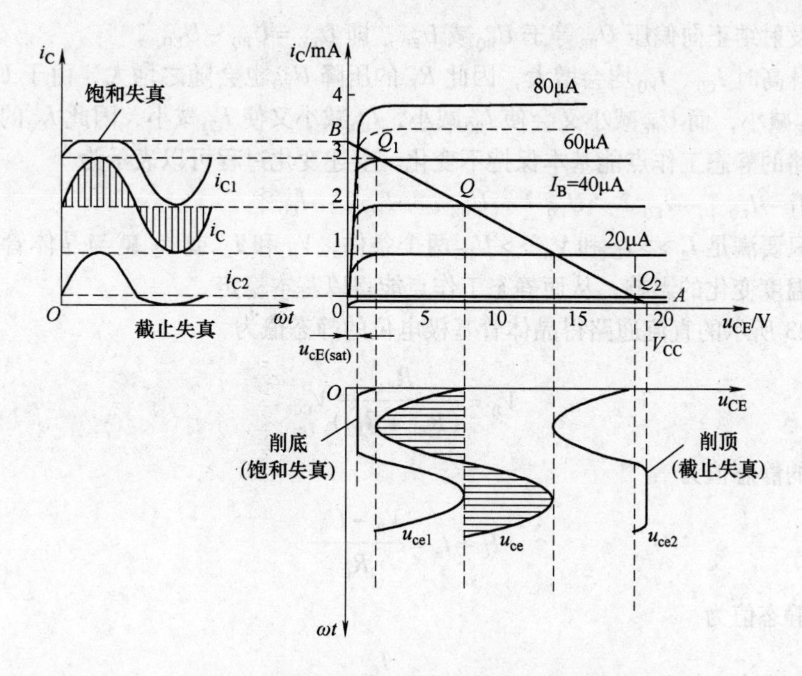

图 5-21　静态工作点对输出波形失真的影响

从电路的组成来看，晶体管的基极连接有两个偏置电阻：上偏电阻 R_{B1} 和下偏电阻 R_{B2}，发射极支路串接了电阻 R_E（称为射极电阻）和旁路电容 C_E（称为射极旁路电容）。分压式偏置电路与共发射极基本放大电路的区别是晶体管发射结电压 U_{BE} 的获得方式不同。

1. 静态分析

分压式偏置放大电路的直流通路如图 5-23 所示。

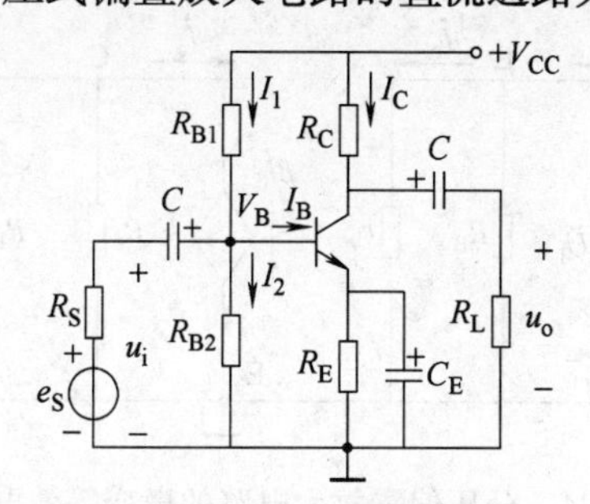

图 5-22　分压偏置电路

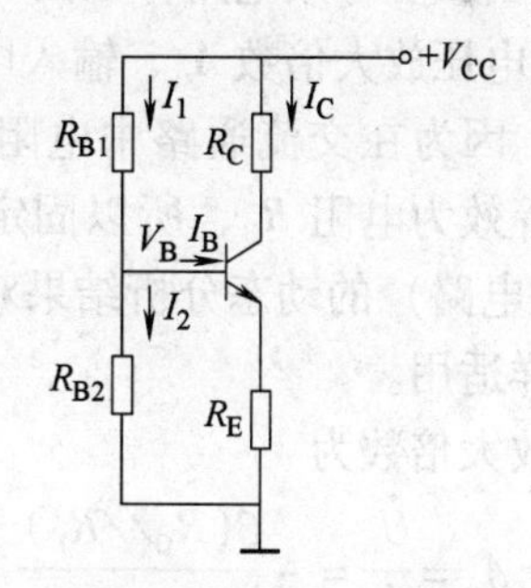

图 5-23　分压偏置放大电路的直流通路

1）$I_1 \approx I_2 >> I_B$，则忽略 I_B 的分流作用　基极偏置电阻 R_{B1} 和 R_{B2} 的分压使晶体管的基极电位固定。由于基极电流 I_{BQ} 远远小于 R_{B1} 和 R_{B2} 上的电流 I_1 和 I_2，因此 $I_1 \approx I_2$。晶体管的基极电位 V_B 完全由 V_{CC} 及 R_{B1}、R_{B2} 决定，即

$$V_B = \frac{R_{B2}}{(R_{B1} + R_{B2})} V_{CC}$$

由上式可知，V_B 与晶体管的参数无关，几乎不受温度影响。

2）$V_B >> U_{BE}$　发射极电位 U_{EQ} 等于发射极电阻 R_E 乘电流 I_{EQ}，即 $U_{EQ} = R_E I_{EQ}$

晶体管发射结正向偏压 U_{BE} 等于 U_{BQ} 减 U_{EQ}，即 $U_{BE}=U_{BQ}-U_{EQ}$

当温度升高时 I_{CQ}、I_{EQ} 均会增大，因此 R_E 的压降 U_{EQ} 也会随之增大，由于 U_{BQ} 基本不变化，所以 U_{BE} 减小，而 U_{BE} 减小又会使 I_{BQ} 减小，I_{BQ} 减小又使 I_{CQ} 减小，因此 I_{CQ} 的增大就会受到抑制，电路的静态工作点能基本保持不变化。上述变化过程可以表示为

温度上升→$I_{CQ}\uparrow$→$I_{EQ}\uparrow$→$U_{EQ}\uparrow$→$U_{BE}\downarrow$→$I_{BQ}\downarrow$→$I_{CQ}\downarrow$

因此，只要满足 $I_2>>I_B$ 和 $V_B>>U_{BE}$ 两个条件，V_B 和 I_{EQ} 或 I_{CQ} 就与晶体管的参数几乎无关，不受温度变化的影响，从而静态工作点能得以基本稳定。

由图 5-23 所示的直流通路得晶体管基极电位的静态值为

$$V_B=\frac{R_{B2}}{(R_{B1}+R_{B2})}V_{CC} \tag{5-10}$$

集电极电流的静态值为

$$I_C\approx I_E=\frac{V_B-U_{BE}}{R_E} \tag{5-11}$$

基极电流的静态值为

$$I_B=\frac{I_C}{\beta} \tag{5-12}$$

集电极与发射极之间电压的静态值为

$$U_{CE}=V_{CC}-I_C(R_C+R_E) \tag{5-13}$$

2. 动态分析

该电路动态性能指标一般用微变等效电路来确定，具体步骤如下。

1）画出微变等效电路，如图 5-24 所示。

2）求电压放大倍数 A_u、输入电阻 r_i、输出电阻 r_o。因为在交流通路中电阻 R_{B1} 与 R_{B2} 并联，可等效为电阻 R_B，所以固定偏置电路（基本放大电路）的动态分析结果对分压式偏置电路同样适用。

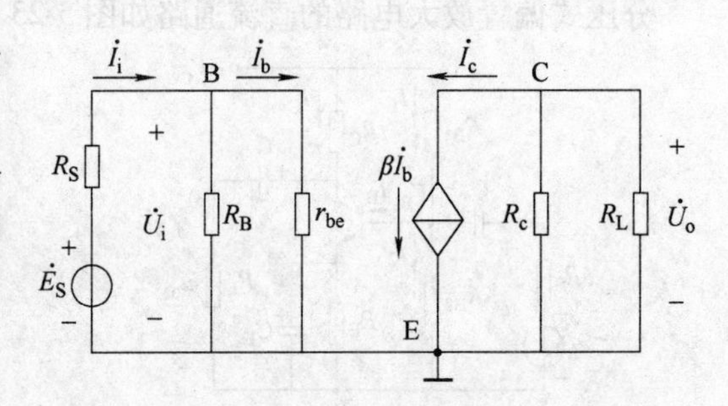

图 5-24　分压偏置放大电路的微变等效电路

电压放大倍数为

$$A_u=\frac{\dot{U}_o}{\dot{U}_i}=-\frac{\beta(R_C//R_L)}{r_{be}}$$

输入电阻为 $$R_i=R_{B1}//R_{B2}//r_{be}$$

输出电阻为 $$R_o=R_c$$

5.2.3　多级放大电路

由于实际待放大的信号一般都在毫伏或微伏级，非常微弱，要把这些微弱信号放大到足以推动负载（如扬声器、显像管、指示仪表等）工作，单靠一级放大器常常不能满足要求，一般是将两个或两个以上基本单元放大电路连接起来组成多级放大器，使信号逐级放大到所需要的程度。其中，每个基本单元放大电路为多级放大器的一级，如图 5-25 所示。

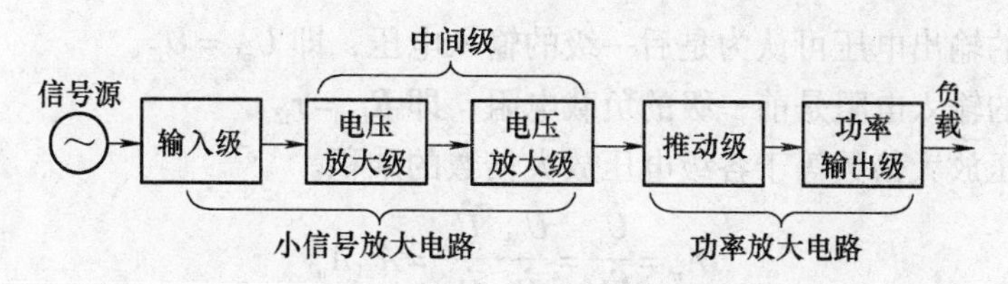

图5-25　多级放大电路的组成

1. 多级放大电路的基本耦合方式及其特点

放大电路级与级之间的连接方式称为耦合方式。常用的耦合方式有直接耦合、阻容耦合、变压器耦合和光电耦合等。

（1）直接耦合　耦合电路采用直接连接或电阻连接，不采用电抗性元件。直接耦合放大电路存在温度漂移问题，但因其低频特性好，能够放大变化缓慢的信号且便于集成而得到越来越广泛的应用。直接耦合电路的各级静态工作点之间会相互影响，应注意静态工作点的稳定问题。

（2）阻容耦合　将放大电路前一级的输出端通过电容接到后一级的输入端。阻容耦合放大电路利用耦合电容隔离直流，但其低频特性差，不便于集成，因此仅在分立元器件电路中采用。

（3）变压器耦合　将放大电路前一级的输出端通过变压器接到后一级的输入端或负载电阻上。采用变压器耦合也可以隔离直流，传递一定频率的交流信号，各放大级的静态工作点互相独立，但低频特性差，不便于集成。变压器耦合的优点是可以实现输出级与负载的阻抗匹配，以获得有效的功率传输。常用做调谐放大电路或输出功率很大的功率放大电路。

（4）光电耦合　以光信号为媒介来实现电信号的耦合与传递。光电耦合放大电路利用光耦合器将信号源与输出回路隔离，两部分可采用独立电源且分别接不同的“地”，因而即使是远距离传输，也可以避免各种电气干扰。

2. 多级放大电路指标的估算

图5-26所示电路为两级阻容耦合放大电路。第一级的输出信号通过电容 C_2 耦合到下一级的输入电阻上，故称为阻容耦合。

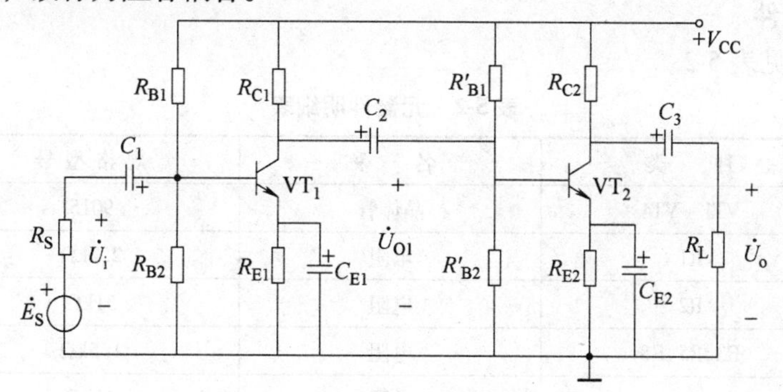

图5-26　两级阻容耦合放大电路

由于各级之间通过耦合电容与下级输入电阻连接，因而各级静态工作点互不影响，其静态分析计算方法与单级放大电路相同。下边主要进行动态分析。由于电容值较大，通常取几微法到几十微法，故耦合电容对交流信号视为短路。

1）前一级的输出电压可认为是后一级的输入电压，即 $U_{o1}=U_{i2}$。

2）后一级的输入电阻是前一级的负载电阻，即 $R_{L1}=r_{i2}$。

3）总的电压放大倍数等于各级电压放大倍数的乘积。

$$A_u=\frac{\dot{U}_o}{\dot{U}_i}=\frac{\dot{U}_{o1}}{\dot{U}_i}\frac{\dot{U}_o}{\dot{U}_{i2}}=A_{u1}A_{u2}$$

由于多级放大器的电压放大倍数等于各级电压放大倍数相乘，所以多级放大器的放大倍数递增速率远远高于级数的增加。如两级放大器，若每级放大倍数均为 90，则总的电压放大倍数为 8100 倍。

4）电路总输入电阻就是第一级的输入电阻，即 $r_i=r_{i1}$。

5）电路总输出电阻是最后一级的输出电阻，即 $r_o=r_{o2}$（本例只有两级）。

计算前级的电压放大倍数时，必须把后级的输入电阻考虑到前级的负载电阻之中。如计算第一级的电压放大倍数时，其负载电阻就是第二级的输入电阻。

【项目实施】

任务 5.3　实用助听器电路的焊接与调试

【任务内容】

5.3.1　电路焊接调试准备工作

1. 准备制作工具及仪器仪表

1）电路焊接工具：电烙铁、烙铁架、焊锡、松香。

2）制作加工工具：剥线钳、平口钳、镊子、剪刀。

3）测试仪器仪表：万用表、示波器。

2. 清点元器件

元器件明细见表 5-2。

表 5-2　元器件明细表

序　号	种　类	名　称	规格型号	数　量
1	VT1 ~ VT4	晶体管	9015	4
2	R1	电阻	2.2kΩ	1
3	R2	电阻	51kΩ	1
4	R3、R5、R8	电阻	1.5kΩ	3
5	R4	电阻	47kΩ	1
6	R6	电阻	270kΩ	1
7	R7	电阻	33kΩ	1
8	R9	电阻	100Ω	1
9	R10	电阻	39kΩ	1

（续）

序 号	种 类	名 称	规格型号	数 量
10	C3	电解电容	1μF/16V	1
11	C4	电解电容	100μF/16V	1
12	C1、C2、C5	电解电容	10μF/16V	3
13	BE	耳机	kΩ	1
14	BM	BM驻极体电容式传声\1.5V电池3节\电池夹\屏蔽线\印刷板		

VT1～VT4选用PNP型低频小功率锗管（国产3AX型也可以），β值在50～80之间为宜，过大则容易造成电路工作不稳定。之所以选择锗管，因为锗管的死区电压低，对微弱的信号也可以进行有效的放大。微型驻极体传声器BM的引脚需要接屏蔽线，以减少干扰噪声；耳机BE最好选用头戴式高阻抗耳机。

5.3.2 元器件的检测

1. 电阻器的检测方法

将两表笔（不分正负）分别与电阻的两端引脚相接即可测出实际电阻值。为了提高测量精度，应根据被测电阻标称值的大小来选择量程。由于欧姆挡刻度的非线性关系，它的中间一段分度较为精细，因此应使指针指示值尽可能落到刻度的中段位置，即全刻度起始的20%～80%弧度范围内，以使测量更准确。根据电阻误差等级不同。读数与标称阻值之间分别允许有±5%、±10%或±20%的误差。如不相符，超出误差范围，则说明该电阻值变值了。

测试时，特别是在测几十千欧以上阻值的电阻时，手不要触及表笔和电阻的导电部分；被检测的电阻从电路中焊下来，至少要焊开一个头，以免电路中的其他元器件对测试产生影响，造成测量误差；色环电阻的阻值虽然能以色环标志来确定，但在使用时最好还是用万用表测试一下其实际阻值。

2. 电解电容器的检测

1）因为电解电容的容量较一般固定电容大得多，所以，测量时，应针对不同容量选用合适的量程。根据经验，一般情况下，1～47μF间的电容，可用R×1k挡测量，大于47μF的电容可用R×100挡测量。

2）将万用表红表笔接负极，黑表笔接正极，在刚接触的瞬间，万用表指针即向右偏转较大偏度（对于同一电阻挡，容量越大，摆幅越大），接着逐渐向左回转，直到停在某一位置。此时的阻值便是电解电容的正向漏电阻，此值略大于反向漏电阻。实际使用经验表明，电解电容的漏电阻一般应在几百千欧以上，否则，将不能正常工作。在测试中，若正向、反向均无充电的现象，即表针不动，则说明容量消失或内部断路；如果所测阻值很小或为零，说明电容漏电大或已击穿损坏，不能再使用。

3）对于正、负极标志不明的电解电容器，可利用上述测量漏电阻的方法加以判别。即先任意测一下漏电阻，记住其大小，然后交换表笔再测出一个阻值。两次测量中阻值大的那一次便是正向接法，即黑表笔接的是正极，红表笔接的是负极。

4）使用万用表电阻挡，采用给电解电容进行正、反向充电的方法，根据指针向右摆动幅度的大小，可估测出电解电容的容量。

3. 晶体管的检测

1）判定基极。用万用表 R×100 或 R×1k 挡测量晶体管三个电极中每两个极之间的正、反向电阻值。当用第一根表笔接某一电极，而第二表笔先后接触另外两个电极均测得低阻值时，则第一根表笔所接的那个电极即为基极 b。这时，要注意万用表表笔的极性，如果红表笔接的是基极 b。黑表笔分别接在其他两极时，测得的阻值都较小，则可判定被测晶体管为 PNP 型管；如果黑表笔接的是基极 b，红表笔分别接触其他两极时，测得的阻值较小，则被测晶体管为 NPN 型管。

2）判定集电极 c 和发射极 e。（以 PNP 为例）将万用表置于 R×100 或 R×1k 挡，红表笔基极 b，用黑表笔分别接触另外两个引脚时，所测得的两个电阻值会是一个大一些，一个小一些。在阻值小的一次测量中，黑表笔所接引脚为集电极；在阻值较大的一次测量中，黑表笔所接引脚为发射极。

3）检测元件是否完好无损。

①判断集电极-发射极之间漏电，找到集电极和发射极后，若直接用万用表测这二支引脚，无论极性如何对换，均呈高阻值。一只良好的普通硅晶体管发射极与集电极万用表指针位置几乎是不动的，若发现阻值变小，说明这只晶体管性能已不好了。判断发射极与集电极漏电用万用表 10k 挡位。

②判断集电极与基极和发射极与基极之间漏电，用 10k 挡红表笔搭在基极引脚上，黑表笔依次搭在集电极和发射极引脚上，阻值应为无穷大，万用表指针位置几乎是不动的，若发现表针走动哪怕有一点走动，说明这只晶体管性能已不好了。

4. 驻极体传声进行检测

将万用表拨到 R×100Ω 挡，黑表笔接传声芯线，红表笔接引出线金属网。此时，万用表的指针应在一定刻度上。对传声器吹气，如果指针摆动，说明传声器完好；如果无反应，说明该传声器漏电；如果电阻无穷大，说明传声器内部可能开路；如果阻值为零，则说明内部短路。

5.3.3 电路的焊接与调试

1. 电路的焊接

焊接不单是将元器件固定在电路板上那么简单，而且要求焊点必须牢固、圆滑，所以焊接技术的好坏直接影响到电子产品制作的成功与否，因此焊接技术是每一个电子制作爱好者必须掌握的基本功，焊接的要点有焊接点上的焊锡量不能太少，太少了焊接不牢，机械强度也太差。而太多容易造成外观一大堆而内部未接通。焊锡应该刚好将焊接点上的元器件引脚全部浸没，轮廓隐约可见为好。实用助听器焊接原理图如图 5-27 所示。

根据印制电路板的设计尺寸要求，对元器件进行整形处理，然后进行相应的安装（立式或卧式)，最后进行焊接。

2. 整机调试

1）检察元器件及边线安装焊接正确无误后，接通电源试听，同时检查电路的工作情况。

2）检测各级电流：将万用表拨到电流挡，分别串接于 VT_4、VT_3、VT_2、VT_1 的集电极，由后向前逐级测出其电流回路中的电流。

3）检测整机电流：测电源回路中的电流。

4）检测各晶体管电极电压，并判断出工作状态。

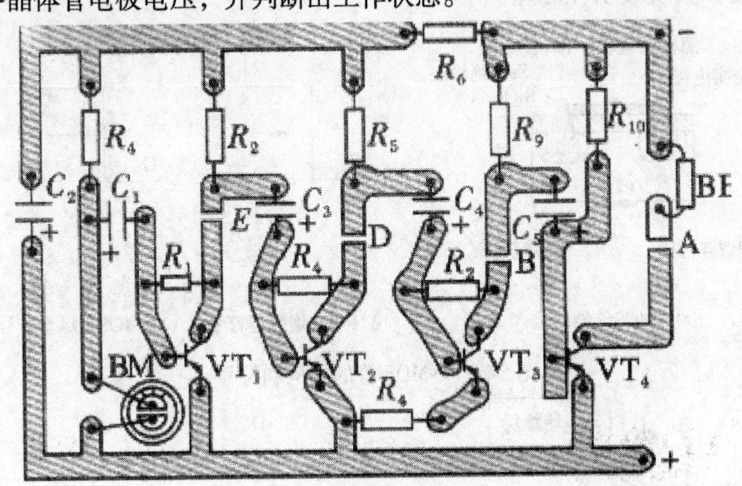

图5-27　实用助听器焊接原理图

3. 故障现象分析

1）断开R_6，对传声器喊话，用万用表检测各级直流供电电压，观察现象，分析故障原因。

2）短接VT_3的B、E极，对传声器喊话。观察现象，测量各管的B、E、C电压，与正常值比较，并分析故障原因。

【拓展知识】

5.4　场效应晶体管

场效应晶体管是利用电场来控制半导体中的多数载流子运动，又称为单极型晶体管。它除了兼有一般晶体管体积小、寿命长等特点外，还具有输入阻抗高、噪声低、热稳定性好、抗辐射能力强、功耗小、工作电源电压范围大等优点，在开关、阻抗匹配、微波放大、大规模集成等领域得到广泛的应用，常用做交流放大器、直流放大器、有源滤波器、电压控制器、定时电路等。晶体管是电流控制元件，输入电阻低，而场效应晶体管是电压控制元件，输入阻抗很高（$10^9 \sim 10^{14}\Omega$），它利用输入电压（栅极电压）产生的电场效应来控制输出电流（漏极电流）。

（1）场效应晶体管的结构与分类　根据结构不同，场效应晶体管分成两大类：结型场效应晶体管（JFET）和绝缘栅型场效应晶体管（MOSFET），绝缘栅型场效应晶体管也称金属—氧化物—半导体场效应晶体管，简称MOS管。JFET主要用在音频放大等方面，MOSFET主要用在LSI构成的设备中。MOS管性能更为优越，发展迅速，应用广泛。MOS管以耗尽型和增强型两种方式工作。无论哪种结构的场效应晶体管都有N型和P型两种导电沟道。

场效应晶体管也有三个电极：栅极G、漏极D和源极S，分别与晶体管的基极B、集电极C、发射极E相对应。当栅压为零时有较大漏极电流的称为耗尽型；当栅压为零，漏极电流也为零，必须再加一定的栅压之后才有漏极电流的，称为增强型 MOS 管。图 5-28 和图 5-29 为场效应晶体管的结构和符号。MOS 管的栅极 G 与源极 S 之间彼此绝缘，故相互隔开。虚线表示增强型，实线表示耗尽型。

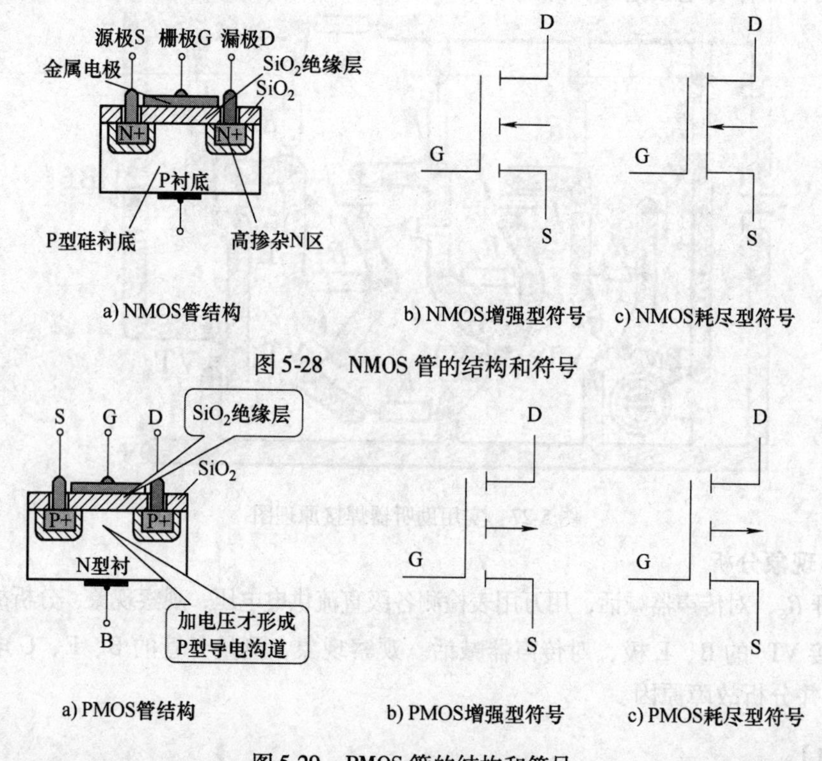

a) NMOS管结构 b) NMOS增强型符号 c) NMOS耗尽型符号

图 5-28 NMOS 管的结构和符号

a) PMOS管结构 b) PMOS增强型符号 c) PMOS耗尽型符号

图 5-29 PMOS 管的结构和符号

（2）场效应晶体管的主要参数

1）开启电压 $U_{GS(th)}$：是增强型 MOS 管的参数，增强型 MOS 管由截止变为导通的栅源电压 U_{GS}（为 2～10V）。

2）低频跨导 g_m：在恒流区内漏源电压 U_{DS} 一定时，漏极电流的变化量 ΔI_D 与引起这个变化的栅源电压变化量 ΔU_{GS} 的比值，它表示场效应晶体管放大能力，衡量栅源电压对漏极电流的控制能力。

3）漏极最大允许耗散功率 P_{DM}：指管子正常工作时允许耗散的最大功率，即 I_D 与 U_{DS} 的乘积不应超过此值。

4）漏极击穿电压 $U_{(BR)DS}$：指漏极电流 I_D 开始急剧上升时所加的漏源电压 U_{DS} 值。

（3）场效应晶体管与晶体管的比较　表 5-3 为场效应晶体管与晶体管的比较。

表 5-3　场效应晶体管与晶体管的比较

	双极型晶体管	单极型场效应晶体管
控制方式	电流控制	电压控制
载流子	电子和空穴两种载	电子或空穴中一种
类型	NPN 和 PNP	N 沟道和 P 沟道
对应电极	B—E—C	G—S—D
温度特性	受温度影响较大	受温度影响较小

（续）

	双极型晶体管	单极型场效应晶体管
制造工艺	较复杂,不易大规模集成	简单,易大规模集成,成本低
输入电阻	几十 Ω 到几 kΩ,较低	几 MΩ 以上,较高
噪声	较大	较小

场效应晶体管具有输入电阻高、噪声低等优点，常用于多级放大电路的输入级以及要求噪声低的放大电路。场效应晶体管的共源极放大电路和源极输出器与双极型晶体管的共发射极放大电路和射极输出器在结构上也相类似。

5.5　共集电极放大电路（射极输出器）

共集电极放大电路如图 5-30 所示。从图中可以看出，交流信号从基极输入，从发射极输出。集电极是输入和输出回路的公共端，故又称为共集电极电路。由于被放大的信号从发射极输出，故称为射极输出器。

射极输出器具有如下特点。

1）电压放大倍数小于 1，约等于 1。

2）输入电阻高。

3）输出电阻低。

4）输出与输入同相。

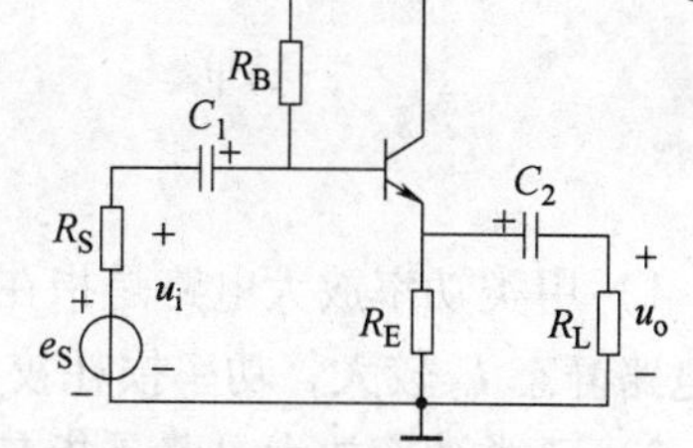

图 5-30　共集电极放大电路

射极输出器的应用十分广泛。由于它的输入电阻高，常被用做多级放大电路的输入级可以提高放大电路的输入电阻，减少信号源的负担；利用它的输出电阻低的特点，常用它作为输出级，可以提高放大电路带负载的能力；利用它的输入电阻高、输出电阻低的特点，把它作为中间级，可以隔离前后级的影响，使前后级共发射极放大电路阻抗匹配，实现信号的最大功率传输。

5.6　功率放大电路

实际应用中，放大电路要求能够对信号源信号进行不失真的放大和输出，并能向所驱动的负载提供足够大的功率，因此，它通常由输入级、中间级和输出级三部分组成。这三部分任务和作用各不相同。输入级要求输入电阻要大、电路噪声低、共模抑制能力强、阻抗匹配等。中间级主要完成对信号的电压放大任务。输出级则主要负责向负载提供足够大功率，以便有效地驱动负载。如驱动收音机、电视机、扩音机等多种电子设备的扬声器发声；驱动电动机转动、继电器闭合等。一般来说，输出级就是一个功率放大电路。功率放大电路的主要任务就是放大信号的功率。

（1）功率放大电路的要求　功率放大电路主要是不失真地放大信号的功率，即不但要向负载提供大的信号电压，而且要向负载提供大的电流。因此，对功率放大器的要求如下：

1）输出功率尽可能大。输出功率是指负载得到的信号功率，与输出的交流电压和电流的乘积成正比。要得到足够大的输出功率，则输出电压和电流都要足够大，这就要求功率放大器中的功率放大管有很大的电压和电流变化范围，它们往往在接近极限状态下工作。

2）效率要高。大功率输出要求功率放大器的能量转换效率要高，即负载得到的交流信号功率与直流电源提供的功率之比要大，否则电源利用率小，浪费电能，元器件发热严重，功率管的潜力得不到充分发挥。

3）非线性失真要小。由于功率放大器是在大信号状态下工作，电压和电流摆动的幅度很大，非线性失真要比小信号电压放大电路严重得多。因此，要采取措施减少失真，使之满足负载的要求。

（2）功率放大电路的类型　按照功率放大电路中晶体管导通的时间不同，功率放大电路分为甲类功率放大电路、乙类功率放大电路和甲乙类功率放大电路。如图 5-31 所示。

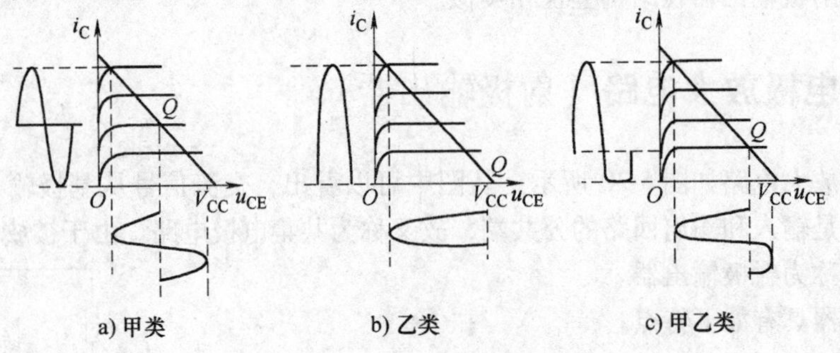

图 5-31　功率放大电路类型

1）甲类功率放大电路是指在输入信号的整个周期内，功放管均导通，有电流流过。这种电路静态 I_C 较大，功率损耗较大，效率较低。

2）乙类功率放大电路是指在输入信号的整个周期内，功放管仅在半个周期内导通，有电流流过。静态电流 $I_C=0$，功率损耗减到最少，效率大大提高，但波形失真较严重。

3）甲乙类功率放大电路是指在输入信号的整个周期内，功放管导通时间大于半个周期而小于整个周期，静态 $I_C\approx0$，失真情况和效率介于甲类和乙类之间。

在甲类功率放大电路中，如阻容耦合放大器，由于输入信号在整个周期内都通过晶体管，因而放大器输出的功率和效率也就较乙类及甲乙类功率放大器低。所以，在低频功率放大电路中主要采用乙类或甲乙类功率放大电路。

（3）互补对称功率放大电路　互补对称功率放大电路是一种典型的无输出变压器功率放大器，它是利用特性对称的 NPN 型和 PNP 型晶体管在信号的正、负半周轮流工作，互相补充，以此来完成整个信号的功率放大。互补对称功率放大器一般工作在甲乙类状态。

互补对称电路是集成功率放大电路输出级的基本形式。当它通过容量较大的电容与负载耦合时，由于省去了变压器而被称为无输出变压器电路，简称 OTL 电路。若互补对称电路直接与负载相连，输出电容也省去，就成为无输出电容电路，简称 OCL 电路。

OTL 电路采用单电源供电，OCL 电路采用双电源供电。

1）乙类单电源互补对称（OTL）功率放大电路。OTL 功率放大电路的特点是 T1、T2 的特性一致；一个 NPN 型、一个 PNP 型；两管均接成射极输出器；输出端有大电容；单电源供电。其电路如图 5-32 所示。

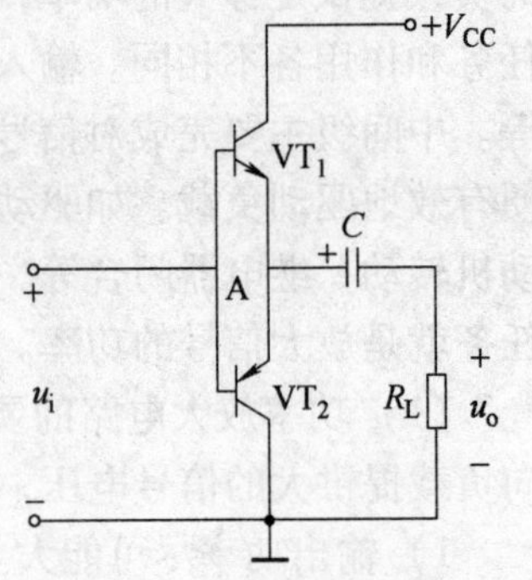

图 5-32　乙类单电源互补对称（OTL）功率放大电路

静态时（$u_i=0$，无信号输入状态），由于电路对称，两管发射极 E 点电位为电源电压的一半，即 $V_{CC}/2$，电容 C 上电压被充到 $V_{CC}/2$ 后，负载中无电流流过，因而，负载上电压为零。而两管的集电极与发射极之间都有 $V_{CC}/2$ 的直流电压，此时两个晶体管均处于截止状态。

动态时，u_i 有信号输入，负载电压 u_o 是以 $V_{CC}/2$ 为基准交流电压。当 u_i 处于正半周时，VT_1 导通，VT_2 截止，电容 C 开始充电，输出电流在负载上形成输出电压 u_o 的正半周部分。当 u_i 处于负半周时，VT_2 导通，VT_1 截止，电容 C 对 VT_2 放电，在负载上形成反向电流，形成输出电压 u_o 的负半周部分，这样在一个周期内，通过电容 C 的充放电，在负载上得到完整的电压波形。

同样，该电路的输出波形 u_o 存在交越失真，如图 5-33 所示。交越失真产生的原因是由于晶体管特性存在非线性，u_i 小于死区电压时，尚不能克服死区电压，晶体管仍处于截止，此时射极输出器电压 $u_o=0\neq u_i$。因这种失真发生在两管交替导通时刻，故称为交越失真。

2）甲乙类单电源互补对称功率放大电路。为了克服交越失真，采用甲乙类单电源互补对称功率放大电路；如图 5-34 所示。它是在静态时利用 VD_1、VD_2 两个二极管的偏置作用，给两功放管设置小数值的静态电流，使两功放管处于微导通状态，从而有效地克服了死区电压的影响。

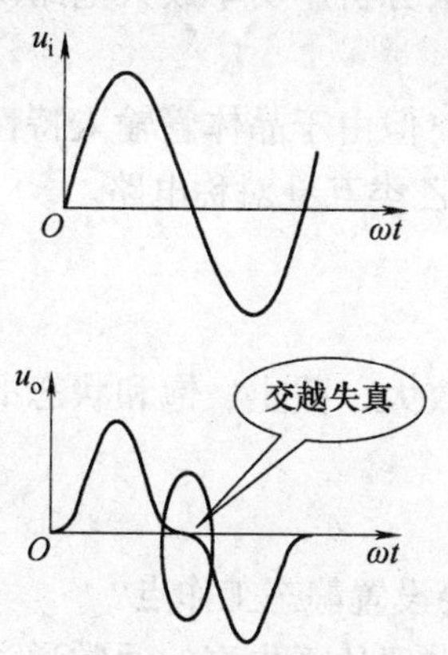

图 5-33　OTL 电路的交越失真

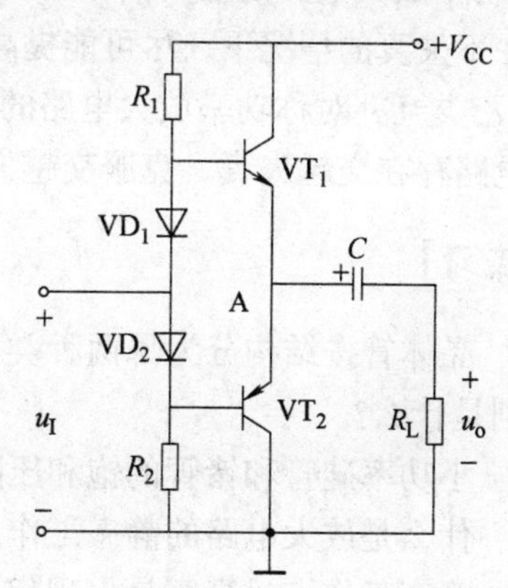

图 5-34　甲乙类单电源互补对称功率放大电路

静态时 VT_1、VT_2 两管发射结电压分别为二极管 VD_1、VD_2 的正向导通压降，致使两管均处于微弱导通状态。

动态时，设 u_i 加入正弦信号。正半周 VT_2 截止，VT_1 基极电位进一步提高，进入良好的导通状态。负半周 VT_1 截止，VT_2 基极电位进一步降低，进入良好的导通状态。

【项目小结】

通过本项目的学习，要求掌握的主要内容有以下几点。

1）半导体晶体管有三个电极，分别称为发射极 E、基极 B 和集电极 C。晶体管按结构分有 NPN 型和 PNP 型两大类。每一类型各有两个 PN 结，分别称为发射结和集电结。

2）半导体晶体管是一种电流控制型器件，它有三个工作区域：放大区、截止区和饱和区。当发射结和集电结正向偏置时，晶体管为饱和状态（C、E 之间类似开关闭合）；当发射结和集电结反向偏置时，晶体管为截止状态（C、E之间类似开关断开）；当发射结正偏、集电结反偏时，晶体管为放大状态。

3）场效应晶体管也有三个电极：栅极G、漏极D和源极S，分别与晶体管的基极B、集电极C、发射极E相对应，根据工作电压的不同，也可工作在开关状态和放大状态。

4）分析放大电路的目的主要有两个：一是确定静态工作点；二是计算放大电路的动态性能指标，比如电压放大倍数 A_u、输入电阻 r_i 和输出电阻 r_o 等。主要的分析方法有两种：一是利用放大电路的直流通路、交流通路和微变等效电路进行分析和估算，二是利用图解法进行分析和估算。

5）放大电路静态工作点的稳定直接影响到放大电路的性能，分压偏置式放大电路是最常用的工作点稳定电路。

6）晶体管放大电路有三种组态。共发射极放大电路的电压和电流放大倍数都较大，应用广泛；共集电极放大电路的输入电阻高、输出电阻小，电压放大倍数接近1，适用于信号的跟随；共基极放大电路适用于高频信号的放大（可查阅相关资料）。

7）多级放大电路一般由输入级、中间级、输出级组成，各自担负不同的任务。多级放大电路常用的耦合方式有阻容耦合、直接耦合、变压器耦合和光电耦合等。

8）功率放大电路是在大信号下工作，通常采用图解法分析。功率放大电路研究的重点是如何在不失真的情况下，尽可能提高输出功率和效率。

9）乙类互补对称功率放大电路的主要优点是效率高，但由于晶体管输入特性存在死区电压，电路存在交越失真，克服交越失真的方法是采用甲乙类互补对称电路。

【项目练习】

5-1　晶体管按结构分为哪两种类型？晶体管工作在放大、截止、饱和状态的外部电压条件分别是什么？

5-2　小功率硅管和锗管的饱和压降 U_{CES} 分别为多大？

5-3　什么是放大电路的静态工作点？放大电路为何要设置静态工作点？

5-4　静态工作点过高容易出现何种失真？过低又会出现什么失真？通常通过调整什么元器件来调整静态工作点？

5-5　图5-35中已标出各硅晶体管电极的电位，判断各晶体管处于哪种工作状态？

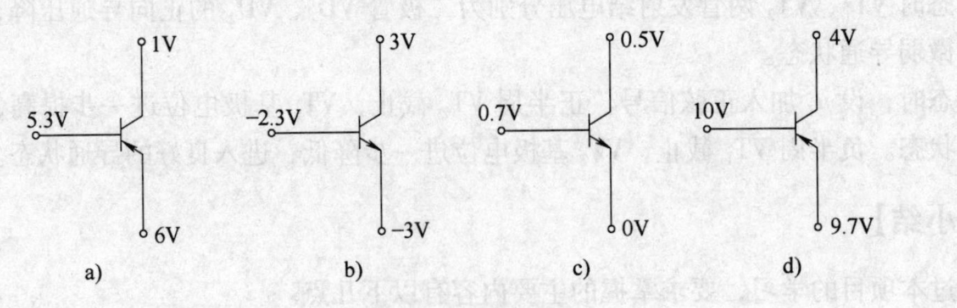

图5-35　题5-5图

5-6　固定偏置放大电路如图5-36所示，已知 $V_{CC}=20V$，$U_{BE}=0.7V$，晶体管的电流放大系数 $\beta=100$，要满足 $I_C=2mA$，$U_{CE}=4V$ 的要求，试求电阻 R_B，R_C 的阻值。

5-7 电路如图5-37所示，已知晶体管的$\beta=60$，$r_{be}=1k\Omega$，$U_{BE}=0.7V$。试求：（1）静态工作点I_B，I_C，U_{CE}；（2）画出微变等效电路，计算电压放大倍数；（3）若输入电压$U_i=10\sqrt{2}\sin\omega t$，则输出电压$U_o$的有效值为多少？

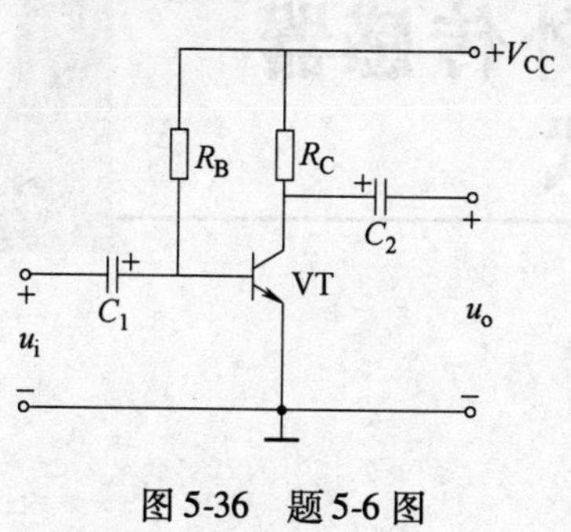

图5-36 题5-6图

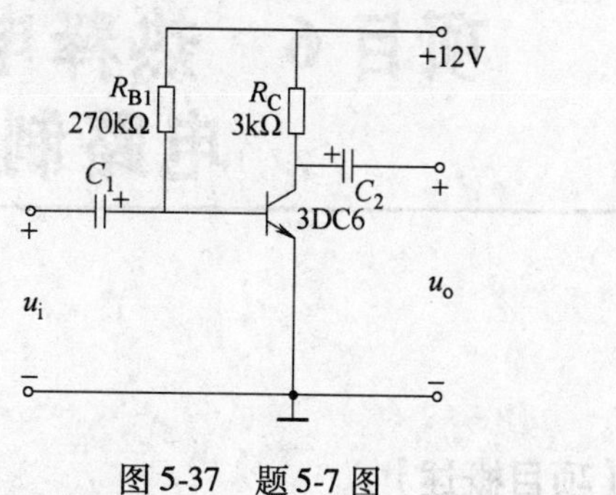

图5-37 题5-7图

5-8 放大电路如图5-38所示，晶体管的$\beta=50$，$U_{BE}=0.6V$，$R_{B1}=110k\Omega$，$R_{B2}=10k\Omega$，$R_C=6k\Omega$，$R_E=400\Omega$，$R_L=6k\Omega$。要求：（1）计算静态工作点；（2）画出微变等效电路；（3）计算电压放大倍数。

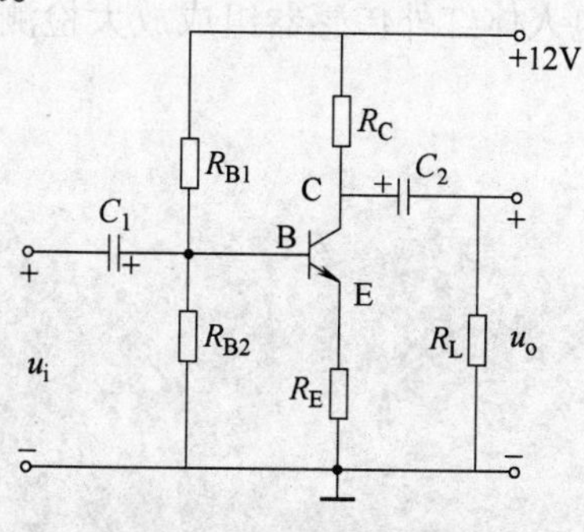

图5-38 题5-8图

5-9 现测得两个共发射极放大电路空载时的电压放大倍数均为60，将它们连成两级放大电路，其电压放大倍数是多少？

5-10 在图5-37所示电路中，设某一参数变化时其余参数不变，在表5-4中填入增大、减小或基本不变。

表5-4 题5-10表

参数变化	I_{BQ}	U_{CEQ}	$\|A_u\|$	R_i	R_o
R_B 增大					
R_C 增大					
R_L 增大					

项目6　热释电人体红外传感器电路制作与调试

6

【项目概述】

热释电人体红外传感器为20世纪90年代出现的新型传感器，专门用于检测人体辐射的红外能。它可以做成主动式（检测静止或移动极慢的人体）和被动式（检测运动人体）的人体传感器，与各种电路配合，广泛应用于安全防领域及控制自动门、灯、水龙头等场合。本项目主要使用SD02型热释电人体红外传感器组成放大检测电路。图6-1所示为热释电人体红外传感器实物图。

图6-1　热释电人体红外传感器实物图

【项目目标】

1. 知识目标

1）掌握集成运算放大器的基本知识。

2）掌握集成运算放大器电路的线性应用和非线性应用。

3）了解热释电人体红外传感器电路的结构和基本原理。

2. 能力目标

1）掌握集成运算放大器的引脚识别及测试方法。

2）掌握热释电人体红外传感器电路焊接与调试方法。

3）能熟练掌握电路中常用仪器仪表的使用。

4）元器件的正确检测能力。

5）沟通能力及团队合作精神。

【项目信息】

任务6.1　热释电人体红外传感器电路的组成

【任务目标】

1）认识集成运算放大器。

2）了解热释电人体红外传感器电路的基本组成。

【任务内容】

图6-2所示为热释电人体红外线检测电路原理图，电路中使用了LM324集成运算放大器，内部有四个运算放大器。其中IC_1、IC_2构成两级高倍放大器，对SD02检测到的微弱信号进行放大。IC_3、IC_4构成窗口比较器。R_{11}用于设定窗口比较器的阈值电压，调节R_{11}可调节检测器的灵敏度。

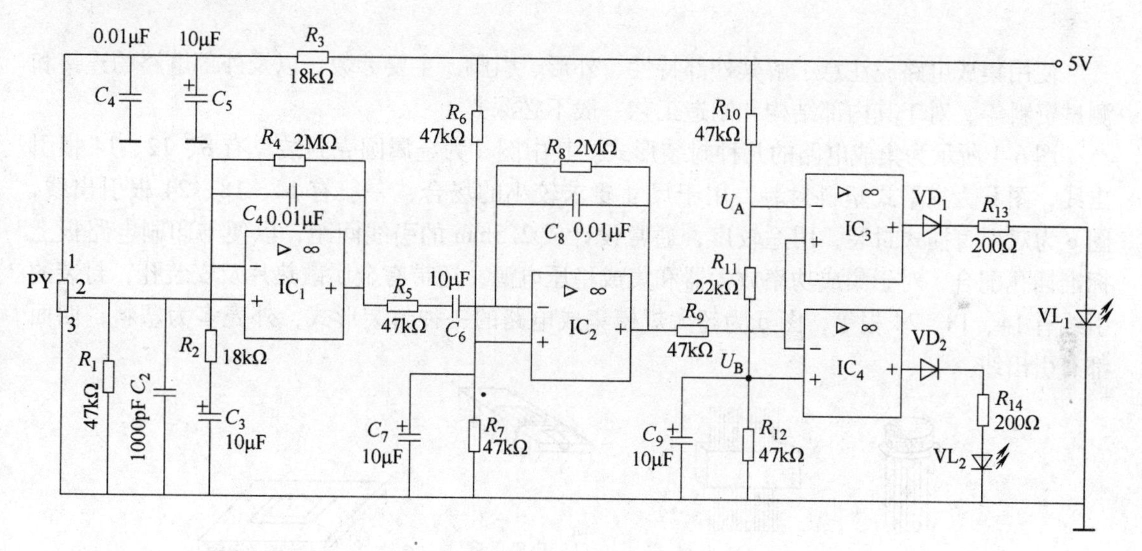

图6-2　热释电人体红外传感器电路图

【相关知识】

传统的放大电路由分立元器件构成，就是由各种单个元器件连接起来的电子电路，这种由分立元器件构成的电路称为分立电路。集成电路是相对于分立电路而言的，是20世纪60年代初期发展起来的一种新型的半导体器件。它利用半导体制造工艺技术把整个电路中的元器件及它们之间的连线同时制造在一块半导体芯片上，构成特定功能的电子电路。集成电路和分立元器件电路相比，体积小，重量轻，功耗低、引线短、外部接线大为减少等优点，从而提高了电子设备的可靠性和灵活性，并降低了成本。

集成电路按集成度分类有小规模、中规模、大规模和超大规模集成电路。目前的超大规模集成电路，每块芯片上制有上亿个元器件，而芯片面积只有几十平方毫米；按导电类型分类，有双极型、单极型（场效应晶体管）和两者兼容的集成电路；按功能分类有数字集成电路和模拟集成电路，数字集成电路是处理数字信号的电路，即处理不连续变化的电压或电流，如各种集成逻辑门电路、触发器、计数器等。模拟集成电路是处理模拟信号的，即幅度随时间连续变化的电压或电流，如集成运算放大器、集成功率放大器、集成稳压电源和集成数模和模数转换器等。图 6-3 所示为各类型号集成芯片。

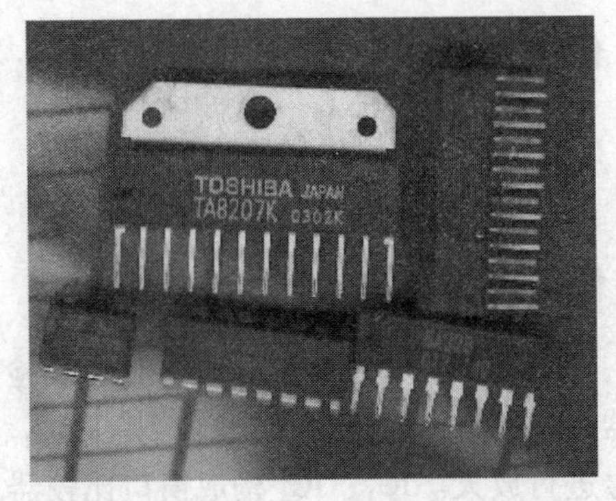

图 6-3　各类型号集成芯片

使用集成电路应注意了解其外部特性、外形、引脚、主要参数，以及外部电路的连接和测试资料等，对于其内部结构和制造工艺一般不必深究。

图 6-4 所示为集成电路的几种封装形式。其中图 a 为金属圆壳封装，有 8、12、14 根引出线，图 b 为扁平式塑料封装，用于尺寸要求较小的场合，一般有 14、18、24 根引出线，图 c 为双列直插式封装，用途较广，通常设计成 2. 5mm 的引线间距，以便与印刷电路板上标准插孔配合，对于集成功率放大器和集成稳压电源，还带有金属散热片及安装孔，封装的引线有 14、18、24 根等，图 d 为超大规模集成电路的一种封装形式，外壳多为塑料，四面都有引出线。

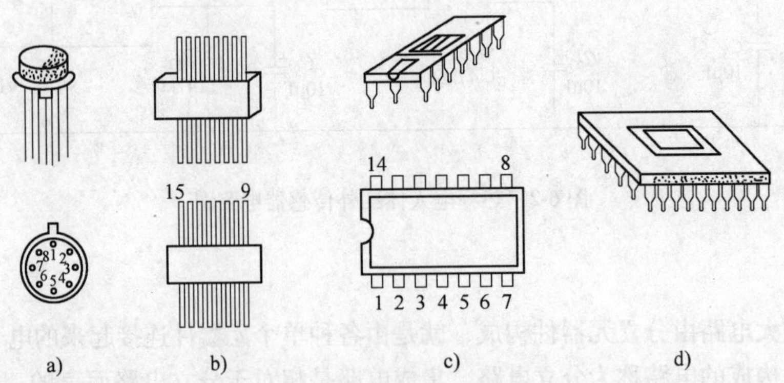

图 6-4　集成电路的几种封装形式

6. 1. 1　集成运算放大器的基本知识

集成运算放大器简称集成运放，是模拟集成电路中应用最广泛的一种，最早用于模拟计算机，对输入信号进行模拟运算，并由此而得名。集成运算放大器作为基本运算单元，可以完成加减、积分和微分、乘除等数学运算。随着近年来集成电路的飞速发展，运算放大器已作为电子线路的基本元器件，在自动控制、数据测量、通信、信号变换等电子技术领域广泛应用。

1. 集成运算放大器的组成

集成运放是一种高电压放大倍数（通常大于10^4）的多级直接耦合放大器，内部电路通常由输入级、中间级、输出级和偏置电路四个部分组成，如图6-5所示。

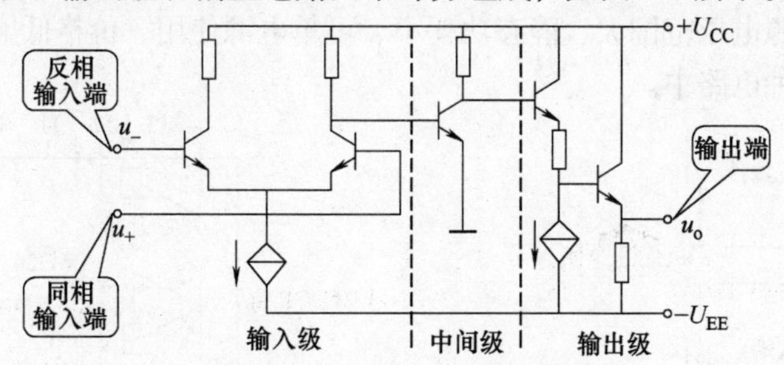

图6-5　集成运算放大器的组成

输入级的作用是提供同相和反相的两个输入端，应有较高的输入电阻和一定的放大倍数，同时还要尽量减小零点漂移，故多采用带恒流源的差动放大电路。

中间级的作用主要是提供足够高的电压放大倍数，常采用共发射极放大电路。

输出级的作用是为负载提供一定幅度的信号电压和信号电流，并应具有一定的保护功能。输出级一般采用输出电阻很低的射极输出器或由射极输出器组成的互补对称输出电路。

偏置电路的作用是为各级提供所需的稳定的静态工作电流。

2. 集成运算放大器的电路符号

图6-6为集成运算放大器符号。在这个符号中，A_{od}代表集成运算放大器的电压放大倍数，“▷”代表信号的传输方向。两个输入端，用“+”表示的同相输入端和用“-”表示的反相输入端，从同相端输入电压信号且反相输入端接地时，输出电压信号与输入同相；当从反相端输入电压信号且同相输入端接地时，输出电压信号与输入反相。集成运算放大器中“+”“-”只是接线端名称，与所接信号电压的极性无关。

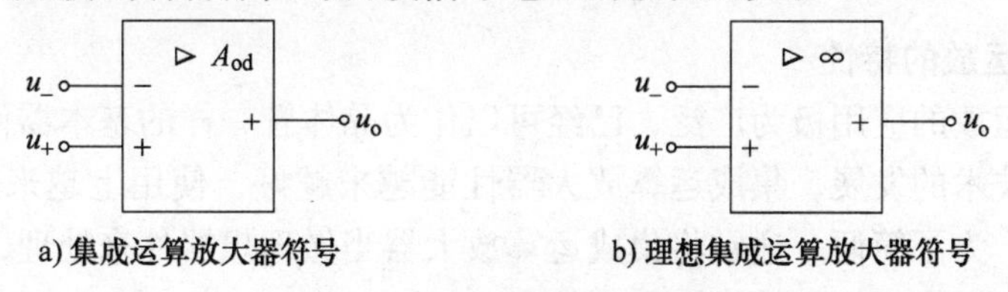

a) 集成运算放大器符号　b) 理想集成运算放大器符号

图6-6　集成运算放大器符号

LM324为四运放集成电路，采用14脚双列直插塑料封装，如图6-7所示。内部有四个运算放大器，有相位补偿电路。因电路功耗很小，LM324工作电压范围大，可用正电源3～30V，或正负双电源±1.5V～±15V工作。它的输入电压可低到地电位，而输出电压范围为0～V_{cc}。它的内部包含四组形式完全相同的运算放大器，除电源共用外，四组运放相互单独。每一组运算放大器可用如图6-8所示的符号来表示，它有5个引出脚，其中“+”“-”为两个信号输入端，

图6-7　LM324外形封装图

“V_+”“V_-”为正、负电源端，“V_o”为输出端。两个信号输入端中，V_i-（-）为反相输入端，表示运放输出端 V_o 的信号与该输入端的相位相反；V_i+（+）为同相输入端，表示运放输出端 V_o 的信号与该输入端的相位相同。

LM324 引脚排列如图 6-9 所示，各引脚功能见表 6-1。LM124、LM224 和 LM324 引脚功能及内部电路完全一致。LM124 是军品；LM224 为工业品；而 LM324 为民品。由于 LM324 四运放电路具有电源电压范围大、静态功耗小、可单电源使用、价格低廉等特点，因此被非常广泛地应用在各种电路中。

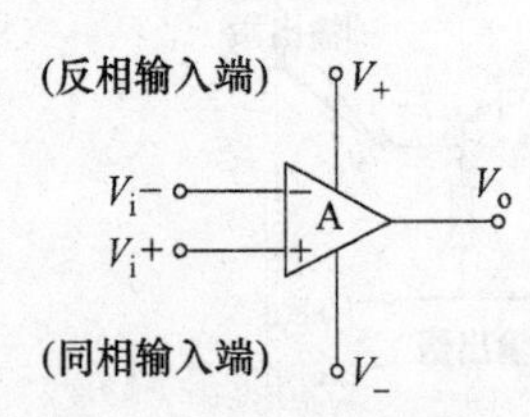

图 6-8　LM324 内部电路符号

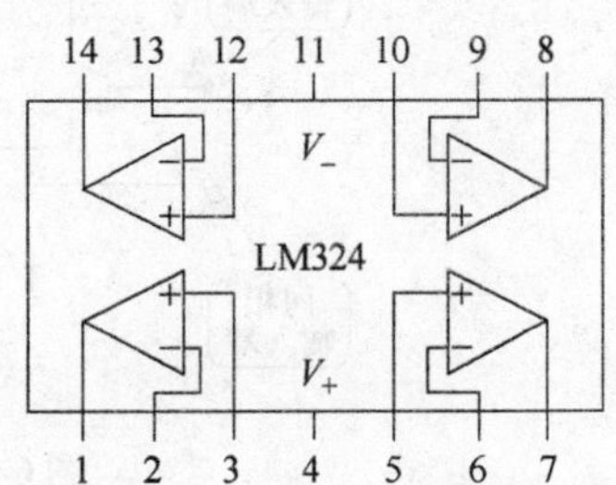

图 6-9　LM324 引脚排列

表 6-1　LM324 引脚功能表

引　脚	功　能	电压/V	引　脚	功　能	电压/V
1	输出 1	3.0	8	输出 3	3.0
2	反向输入 1	2.7	9	反向输入 3	2.4
3	正向输入 1	2.8	10	正向输入 3	2.8
4	电源	5.1	11	地	0
5	正向输入 2	2.8	12	正向输入 4	2.8
6	反向输入 2	1.0	13	反向输入 4	2.2
7	输出 2	3.0	14	输出 4	3.0

6.1.2　理想集成运算放大器的特性及分析方法

1. 理想集成运放的特性

目前，集成运放的应用极为广泛，已经可以作为晶体管一样的基本器件来使用。而且由于集成电路制造技术的发展，集成运算放大器性能越来越好，使用上越来越做到了模块化，尤其在一般场合，为了简便，通常将集成运算放大器当做理想器件来处理，而不会造成不可允许的误差。一般认为理想运放具有如下特点。

1）开环差模电压放大倍数趋近于无穷大，即 $A_{od}\to\infty$。

2）差模输入电阻趋近于无穷大，即 $r_{id}\to\infty$。

3）输出电阻趋近于零，即 $r_o\to 0$。

4）共模抑制比趋近于无穷大，即 $K_{CMR}\to\infty$。

5）输入失调电压 U_{IO}，输入失调电流 I_{IO} 及它们的漂移均为零。

显然，实际的集成运算放大器是不可能达到上述理想条件的。但集成运放本身就具有高输入电阻。低输出电阻、差模电压放大倍数大及能够抑制零点漂移等特点，所以，所谓理想化只是强化了本来就具有的特点。在实际应用和分析集成运放电路时，近似地把它理想化，可大大简化分析过程。本书出现的集成运算放大器如不特殊注明，均作为理想模型处理。

2. 理想集成运放的工作特点

理想运放的电路符号如图6-10a所示，图中的∞表示开环电压放大倍数为无穷大的理想化条件。图6-10b所示为集成运放的电压传输特性，它描述了输出电压与输入电压之间的关系。该传输特性分为线性区和非线性区（饱和区）。

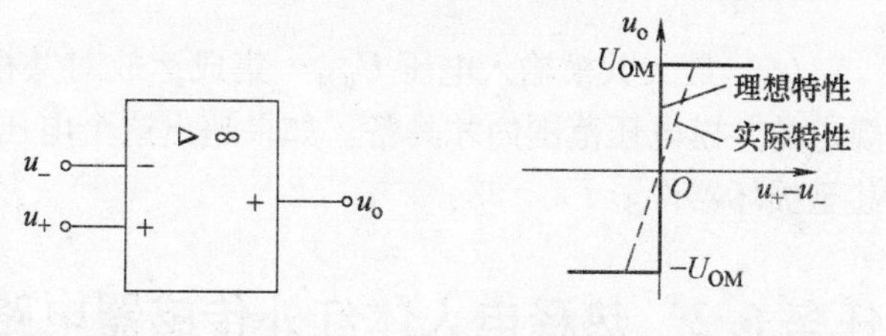

a) 理想运放的电路符号　　b) 运放的电压传输特性

图6-10　理想运放的电路符号和电压传输特性

（1）线性状态（即放大状态）　当运放工作在线性区时，输出电压 u_o 和输入电压 $u_i=u_+-u_-$ 是一种线性关系，这时集成运放是一个线性放大元件。但由于集成运放的开环电压放大倍数极高，只有输入电压 $u_i=u_+-u_-$ 极小（近似为零）时，输出电压 u_o 与输入电压 u_i 之间才具有线性关系。为了使运放能在线性区稳定工作，通常把外部元器件如电阻、电容等跨接在运放的输出端与反相输入端之间构成闭环工作状态，即引入深度负反馈，以限制其电压放大倍数。工作在线性区的理想运放，利用上述理想参数可以得出以下两条重要结论：

1）因 $r_{id}\to\infty$ 有 $i_+\approx i_-\approx 0$，即理想运放两个输入端的输入电流近似为零。由于两个输入端并非开路而电流为零，故称为“虚断”。

2）因 $A_{od}\to\infty$，$u_+-u_-=\dfrac{u_o}{A_{od}}=0$，故有 $u_+\approx u_-$ 即理想运放两个输入端的电位近似相等。由于两个输入端电位相等，但又不是短路，故称为“虚短”。如果信号从反相输入端输入，而同相输入端接地，根据 $u_+\approx u_-$ 可得出：反相输入端的电位接近于“地”电位，但并不真的接地，即电流不能流入“地”，通常称为“虚地”。

上述两条重要结论是分析理想运放线性运用时的基本依据。

（2）非线性状态（即饱和状态）　由于电路处于开环或引入正反馈，运放便进入非线性区。运放工作在非线性区时，输出电压为正或负饱和电压，与输入电压 $u_i=u_+-u_-$ 的大小无关。即可近似认为

1）当 $u_i>0$，即 $u_+>u_-$ 时，$u_o=+U_{OM}$。

2）当 $u_i<0$，即 $u_+<u_-$ 时，$u_o=-U_{OM}$。

6.1.3　集成运算放大器的主要参数

（1）最大输出电压 U_{OPP}　能使输出电压和输入电压保持不失真关系的最大输出电压称为运算放大器的最大输出电压。F007的最大输出电压约为±12V。

（2）开环电压放大倍数 A_{od}　在没有外接反馈电路时所测出的差模电压放大倍数，称为开环电压放大倍数。A_{od} 越高，所构成的运算电路越稳定，精度也越高。

（3）输入失调电压 U_{io}　理想的集成运放，当输入电压 $u_{i1}=u_{i2}$ 时，输出电压 $u_o=0$，但在实际的运放由于制作工艺问题使得在输出电压 $u_o=0$ 时，其输入端却要加一个补偿电压称为输入失调电压 U_{i0}，U_{i0} 一般在几个毫伏级，显然越小越好。

（4）输入失调电流 I_{io}　是指输入信号为零时，两个输入端静态基极电流之差，I_{io} 在零

点几微安级，其值越小越好。

（5）输入偏置电流 I_B　输入信号为零时，两个输入端静态基极电流的平均值，称为输入偏置电流。即 $I_{iB}=\frac{I_{B1}+I_{B2}}{2}$，一般在零点几微安级，这个电流也是越小越好。

（6）最大共模输入电压 U_{ICM}　集成运放对共模信号具有抑制的性能，但这个性能是在规定的共模电压范围内才具备。如果超出这个电压，运算放大器的共模抑制性就大为下降，甚至损坏器件。

任务 6.2　热释电人体红外传感器电路的工作原理

【任务目标】

1）理想集成运算放大器的特性及分析方法。
2）集成运算放大器的基本运算电路。
3）集成运算放大器的应用。
4）了解热释电人体红外传感器电路的工作原理。

【任务内容】

热释电人体红外传感器电路（见图 6-2）中使用了四个 LM324 运算放大器。其中 IC_1、IC_2 构成两级高倍放大器，对 SD02 检测到的微弱信号进行放大。IC_3、IC_4 构成窗口比较器，当 IC_2 电压幅度在 U_A 到 U_B 之间时，IC_3、IC_4 均无输出；当 IC_2 输出电压大于 U_A 时，IC_3 输出高电平；当 IC_2 输出电压小于 U_B 时，IC_4 输出高电平，经 VD_1、VD_2 隔离后分别输出，以控制后续报警及控制电路。R_{11} 用于设定窗口比较器的阈值电压，调节 R_{11} 可调节检测器的灵敏度。当有人在热释电检测电路的有效范围内走动时，将引起 VL_1 和 VL_2 的交替闪烁。

【相关知识】

6.2.1　集成运算放大器的线性应用

1. 反相比例运算电路

如图 6-11 所示，输入信号 u_i 经外接电阻 R_1 送到反相输入端，而同相输入端通过电阻 R_2 接地。输出信号 u_o 通过反馈电阻 R_F 接到反相输入端，电路构成负反馈，因此集成运放工作在线性工作区。

根据运算放大器工作在线性区时的两条分析依据：流入放大器的电流趋近于零，$i_+\approx i_-\approx 0$，即“虚断”；反相输入端与同相输入端的电位近似相等，$u_+\approx u_-$，即“虚短”，$i_i\approx i_f+i_-\approx i_f$ 所以 $\frac{u_i-u_-}{R_1}=\frac{u_--u_o}{R_F}$；即 $\frac{u_i}{R_1}=-\frac{u_o}{R_F}$，故闭环电压放大倍数为

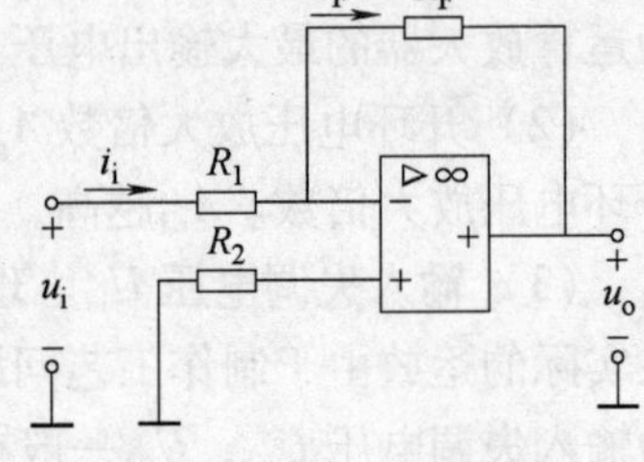

图 6-11　反相比例运算电路

$$A_{uf}=\frac{u_o}{u_i}=-\frac{R_F}{R_1} \tag{6-1}$$

式（6-1）表明输出电压与输入电压是一种比例运算关系，或者说是比例放大的关系，比例系数只取决于 R_F 与 R_1 的比值，而与集成运放本身的参数无关。选用不同的电阻比值，就可得到数值不同的闭环电压放大倍数。由于电阻的精度和稳定性可以做得很高，所以闭环电压放大倍数的精度和稳定性也是很高的。这是运算放大器在深度负反馈条件下工作的一个重要特点。式（6-1）中的负号表示输出电压与输入电压的相位相反，因此这种运算电路称为反相输入比例运算电路。

反相比例运算电路，其反相输入端的电位为零，存在“虚地”现象；同相输入端接有电阻 R_2，参数选取时应使得两输入端外接直流通路等效电阻平衡，即 $R_2=R_1//R_F$，静态时使得输入级偏置电流平衡，并让输入级的偏置电流在放大器的两个输入端的外接电阻上产生相等的压降，以便消除放大器的偏置电流及漂移对输出端的影响，故 R_2 又称为平衡电阻。

在图 6-11 所示的电路中，当 $R_F=R_1$ 时，则有

$$u_o=-u_i$$

$$A_{uf}=\frac{u_o}{u_i}=-1 \tag{6-2}$$

即输出电压 u_o 与输入电压 u_i 的绝对值相等，而两者的相位相反，这种运算放大电路称为反相器。

2. 同相比例运算电路

如图 6-12 所示，输入信号 u_i 经外接电阻 R_2 送到同相输入端，而反相输入端通过电阻 R_1 接地。输出信号 u_o 通过反馈电阻 R_F 接到反相输入端，电路构成负反馈，因此集成运放工作在线性工作区。根据运算放大器工作在线性区时的两条分析依据：流入放大器的电流趋近于零，$i_+\approx i_-\approx 0$，反相输入端与同相输入端的电位近似相等，$u_-\approx u_+$，得 $i_i=i_f+i_-\approx i_f$；

所以$\frac{0-u_-}{R_1}=\frac{u_--u_o}{R_F}$；即 $-\frac{u_i}{R_1}=\frac{u_i-u_o}{R_F}$解得 $u_o=\left(1+\frac{R_F}{R_1}\right)u_i$

故闭环电压放大倍数为

$$A_{uf}=\frac{u_o}{u_i}=1+\frac{R_F}{R_1} \tag{6-3}$$

式（6-3）表明输出电压与输入电压也是一种比例运算关系，或者说是比例放大的关系。与反相输入比例放大电路一样，当运算放大器在理想化的条件下工作时，同相输入比例放大电路的闭环电压放大倍数也仅与外部电阻 R_1 和 R_F 的比值有关，而与运算放大器本身的参数无关。选用不同的电阻比值，就能得到不同大小的电压放大倍数，因此电压放大倍数的精度和稳定性都很高。电压放大倍数为正值，表明输出电压与输入电压相位相同，因此这种运算电路称为同相输入比例运算电路。同时，同相输入比例放大电路的闭环电压放大倍数总是大于或等于 1，不会小于 1。

同反相输入比例运算电路一样，为了提高差动电路的对称性，保证运算精度，平衡电阻 $R_2=R_1//R_F$。

在图 6-12 所示的同相输入比例运算电路中，如果将反相端的外接电阻 R_1 去掉（即 $R_1=\infty$），或者再将反馈电阻 R_F 短接（即 $R_F=0$），如图 6-13 所示，则有

$$u_o = u_i$$

$$A_{uf} = \frac{u_o}{u_i} = 1 \tag{6-4}$$

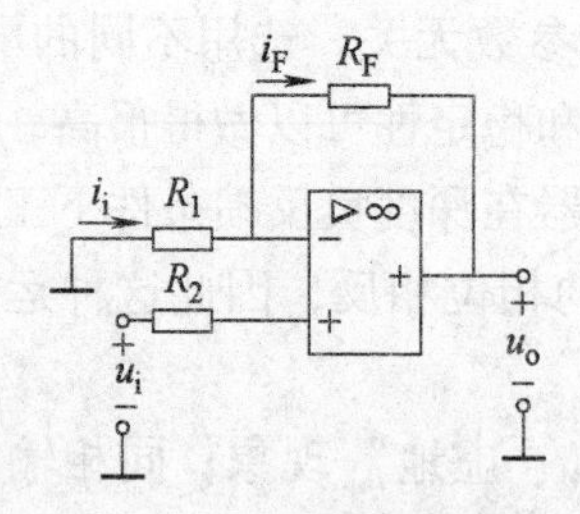

图 6-12　同相比例运算电路

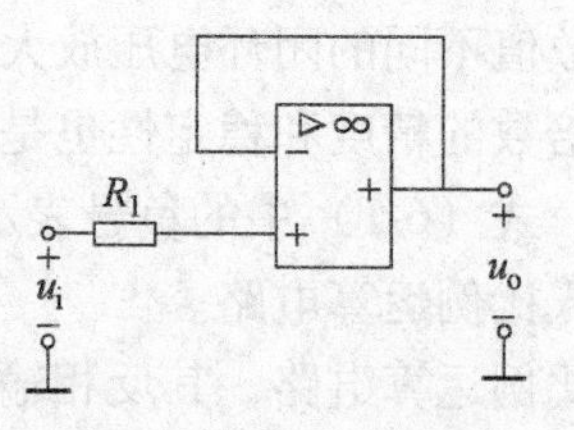

图 6-13　电压跟随器

输出电压与输入电压大小相等，相位相同，所以这种电路称为电压跟随器。它与射极输出器的性能相似，是同相比例放大器的一个特例，通常用做缓冲器。电压跟随器有极高的输入电阻和极低的输出电阻，它在电路中能起到良好的隔离作用。

3. 加法运算电路

在有些运算电路中，如模拟仪表、电视机、显示器等常需要将一些信号作相加运算，通常有反相加法运算电路和同相加法运算电路。由于同相加法器的性能不如反相加法器，本书仅介绍反相加法器。

如果在反相比例运算电路的输入端增加若干输入电路，如图 6-14 所示，则构成反相加法运算电路。加法电路由 R_F 构成负反馈，因此集成运放工作在线性工作区。电路的平衡电阻 $R_2 = R_{11}//R_{12}//R_{13}//R_F$。

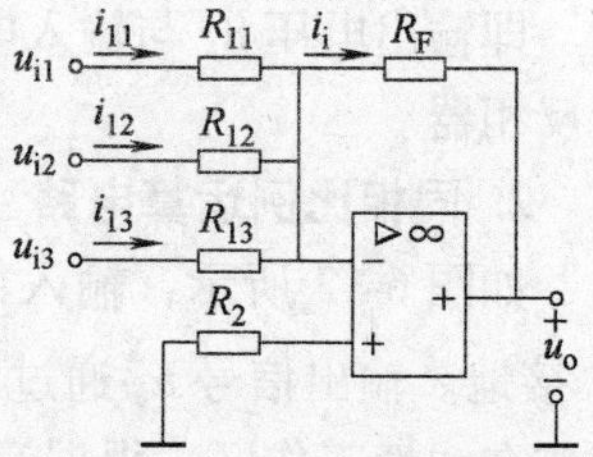

图 6-14　反相加法运算电路

由基尔霍夫电流定律可知 $i_F = i_{i1} + i_{i2} + i_{i3}$

因为反相端“虚地”，即 $u_- = u_+ = 0$

所以
$$i_{i1} = \frac{u_{i1}}{R_{11}} \quad i_{i2} = \frac{u_{i2}}{R_{12}} \quad i_{i3} = \frac{u_{i3}}{R_{13}} \quad i_F = -\frac{u_o}{R_F}$$

由此可得
$$u_o = -\left(\frac{u_{i1}}{R_{11}}R_F + \frac{u_{i2}}{R_{12}}R_F + \frac{u_{i3}}{R_{13}}R_F\right) \tag{6-5}$$

当 $R_{11} = R_{12} = R_{13}$时，则
$$u_o = -\frac{R_F}{R_{11}}(u_{i1} + u_{i2} + u_{i3}) \tag{6-6}$$

式（6-6）表明，输出电压等于各个输入电压按不同比例相加之和。

当 $R_{11} = R_F$ 时，则
$$u_o = -(u_{i1} + u_{i2} + u_{i3}) \tag{6-7}$$

4. 减法运算电路（又称差动放大电路）

减法运算电路是指输出电压与多个输入电压的差值呈比例的电路，常用差动输入方式来实现。如图 6-15 所示。

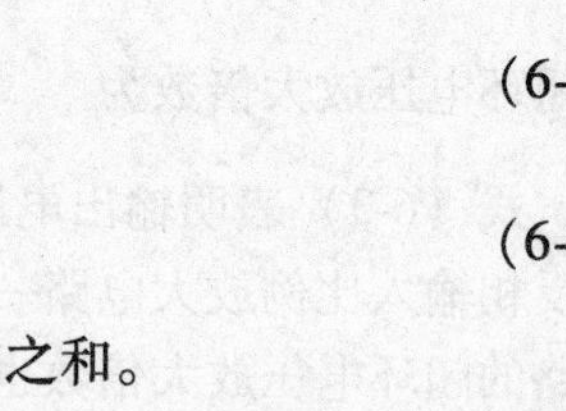

由叠加原理可得输入和输出之间的关系。

u_{i1}单独作用时，$u_{i2} = 0$ 成为图 6-11 所示的反相比例运算电路，其输出电压为 $u_o' = -\frac{R_F}{R_1}u_{i1}$

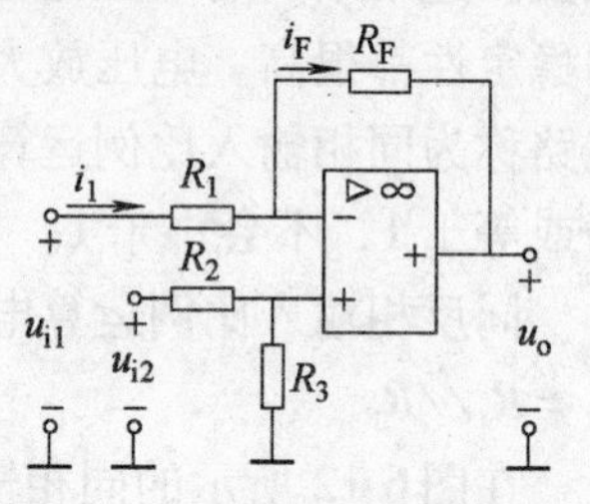

图 6-15　反相差动输入电路

u_{i2}单独作用时，$u_{i1}=0$，成为图6-16所示的同相比例运算电路。

在图6-16中，根据“虚断”和“虚短”的概念

$$u_{-}=u_{+}=\frac{u_{i2}}{R_2+R_3}R_3,\quad i_1=i_F \text{ 即} \frac{0-u_{-}}{R_1}=\frac{u_{-}-u_o''}{R_F}$$

其输出电压为 $u_o''=\left(1+\frac{R_F}{R_1}\right)\frac{R_3}{R_2+R_3}u_{i2}$

根据叠加定理，u_{i1}和u_{i2}共同作用时，输出电压为

$$u_o=u_o'+u_o''=-\frac{R_F}{R_1}u_{i1}+\left(1+\frac{R_F}{R_1}\right)\frac{R_3}{R_2+R_3}u_{i2}$$

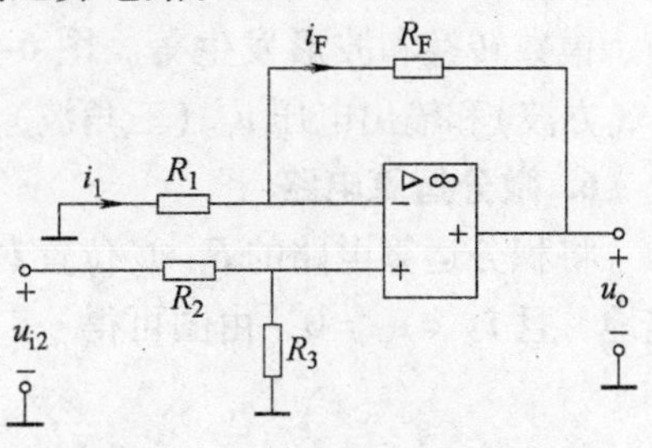

图6-16　同相比例运算电路

若$R_3=\infty$（断开）则

$$u_o=u_o'+u_o''=-\frac{R_F}{R_1}u_{i1}+\left(1+\frac{R_F}{R_1}\right)u_{i2} \tag{6-8}$$

若$R_1=R_2$，且$R_3=R_F$，则

$$u_o=\frac{R_F}{R_1}(u_{i2}-u_{i1}) \tag{6-9}$$

式（6-9）表明，输出电压与两个输入电压之差成正比，故又称此电路为差动运算放大电路，它实现了减法运算功能。

若$R_1=R_2=R_3=R_F$，则$u_o=u_{i2}-u_{i1}$在控制和测量系统中，两个输入信号可分别为反馈输入信号和基准信号，取其差值送到放大器中进行放大后可控制执行机构。

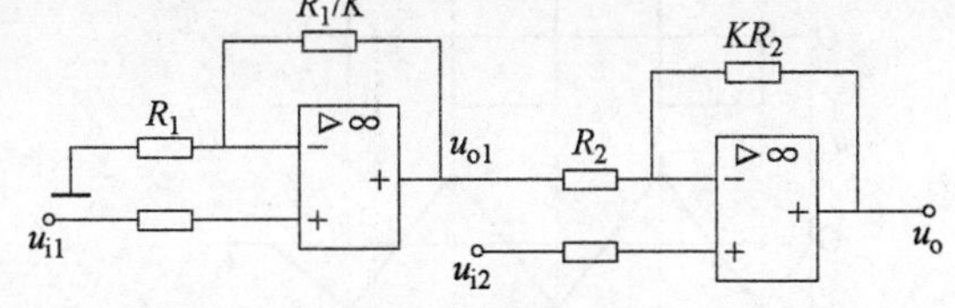

图6-17　例6-1图

例6-1　电路如图6-17所示，求u_o与u_{i1}、u_{i2}的运算关系式。

解：第一级　$u_{o1}=\left(1+\frac{R_1/K}{R_1}\right)u_{i1}=\left(1+\frac{1}{K}\right)u_{i1}$

第二级　$u_{-}=u_{+}=u_{i2}$　$\frac{u_{o1}-u_{-}}{R_2}=\frac{u_{-}-u_o}{KR_2}$

$$u_o=(1+K)u_{i2}-Ku_{o1}=(1+K)(u_{i2}-u_{i1})$$

5. 积分运算电路

积分运算电路如图6-18所示，信号u_i经电阻R加到集成运放的反向输入端，输出电压经反馈元件电容C连至反相输入端，构成负反馈电路，理想集成运放工作在线性区。

由于反相输入端虚地，且$i_{+}=i_{-}=0$，由图可得

$$i_R=i_C$$

$$i_R=\frac{u_i}{R}$$

$$u_o=-\frac{1}{RC}\int u_i\mathrm{d}t \tag{6-10}$$

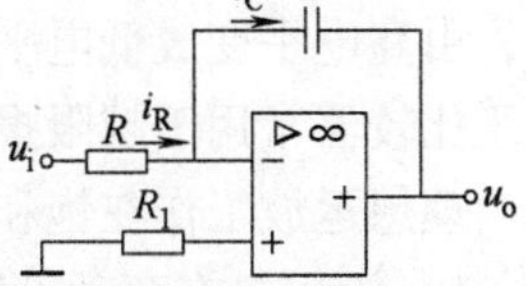

图6-18　积分运算电路

式（6-10）表明，输出电压与输入电压对时间的积分成正比，负号表示输出信号与输入信号反相；RC称为积分时间常数，它的数值越大，达到某一U_o值所需的时间越长。

积分电路应用很广，除了积分运算外，还可用于方波—三角波转换、示波器显示和扫描、模数转换和波形发生等。图 6-19 是将积分电路用于方波—三角波转换时的输入电压 u_i（方波）和输出电压 u_o（三角波）的波形。

6. 微分运算电路

将积分运算电路的 R、C 位置对调即为微分运算电路，如图 6-20 所示。由于反相输入端虚地，且 $i_+ = i_- = 0$，由图可得

$$i_R = i_C$$

$$i_R = -\frac{u_o}{R}$$

$$i_C = C\frac{du_c}{dt} = C\frac{du_i}{dt}$$

$$u_o = -RC\frac{du_i}{dt} \tag{6-11}$$

式（6-11）表明，输出电压与输入电压对时间的微分成正比，负号表示输出信号与输入信号反相。

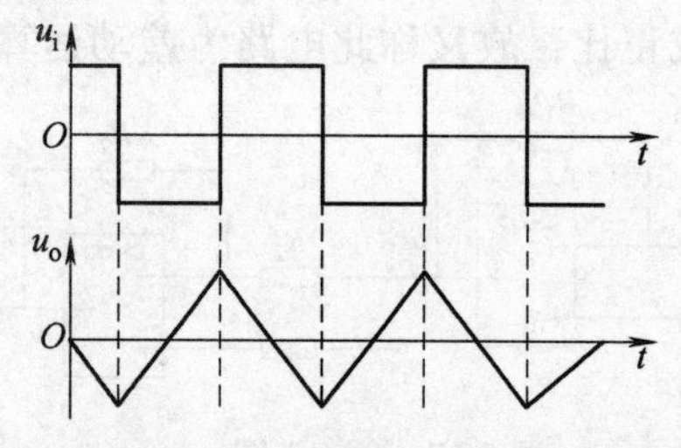

图 6-19　积分电路输入输出波形

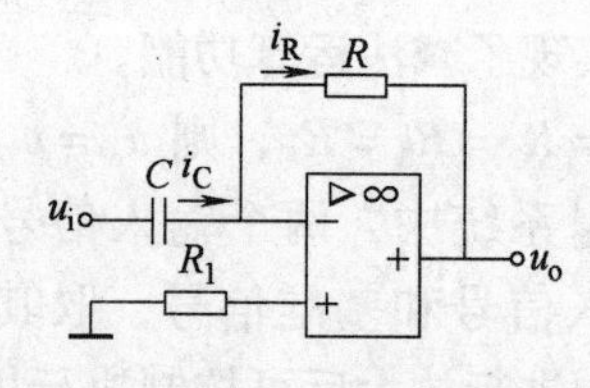

图 6-20　微分运算电路

6.2.2　集成运算放大器的非线性应用

集成运放在开环和正反馈情况下的应用是非线性应用。

由于集成运放的开环电压放大倍数很高，开环时，只要在其输入端加一个很小的电压，就可使其输出进入饱和工作区，输出电压达到 $\pm U_{OM}$ 处于限幅状态。如果在电路中接入适量的正反馈，在一定条件下，输出状态的转换更快，即由 $+U_{OM}$ 迅速越过放大区，到达 $-U_{OM}$。或者相反，由 $-U_{OM}$ 跃变为 $+U_{OM}$。这时集成运放的传输特性已超出了线性范围，是一种非线性应用。它广泛应用于数模转换、数字仪表、自动控制和自动检测等技术领域，以及波形产生及变换等场合。

电压比较器用来比较输入信号与参考电压的大小。当两者幅度相等时输出电压产生跃变，由高电平变成低电平，或者由低电平变成高电平。由此来判断输入信号的大小和极性。电压比较器常用于越限报警、数模转换和非正弦波发生器等场合。

理想运放工作在饱和区的特点如下：

1）输出只有两种可能 $+U_{OM}$ 或 $-U_{OM}$。

当 $u_+ > u_-$ 时，$u_o = +U_{OM}$；

$u_+ < u_-$ 时，$u_o = -U_{OM}$，不存在“虚短”现象。

2）$i_+ = i_- \approx 0$，仍存在“虚断”现象。

其工作在饱和区的电压传输特性如图 6-21 所示。

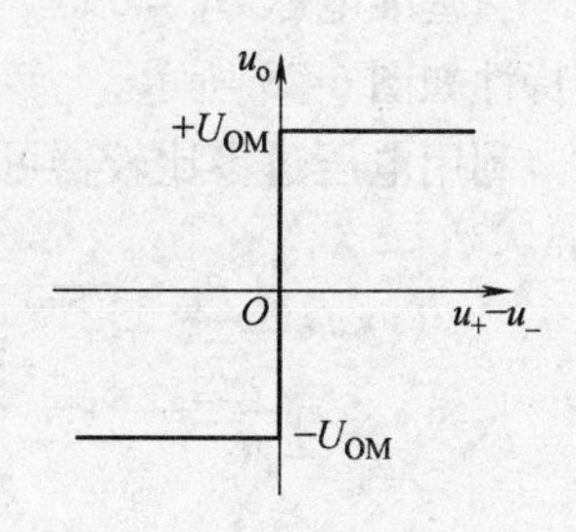

图 6-21　理想运放工作在饱和区的电压传输特性

1. 基本电压比较器

电压比较器的基本功能是对输入端的两个电压进行比较，判断出哪一个电压大，在输出端输出比较结果。输入端的两个电压，一个为参考电压或基准电压 U_R，另一个为被比较的输入信号电压 u_i。作为比较结果的输出电压 u_o，则是两种不同的电平，高电平或低电平，即数字信号 1 或 0。

电压比较器一般有两种接法：将输入电压接在反向输入端，使输入信号和同相输入端的基准电压作比较，称为反向比较器；反之称为同相比较器。两种电压比较器如图 6-22 所示。

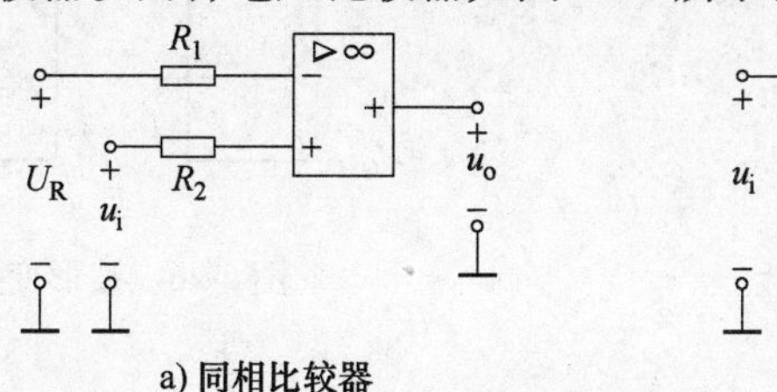

a) 同相比较器　　b) 反相比较器

图 6-22　同相比较器与反向比较器

根据理想运放工作在饱和区的特点，同相电压比较器当 $u_i > U_R$，$u_o = +U_{OM}$，$u_i < U_R$，$u_o = -U_{OM}$；反向电压比较器当 $u_i > U_R$，$u_o = -U_{OM}$，$u_i < U_R$，$u_o = +U_{OM}$，电压比较器的电压传输特性如图 6-23 所示。

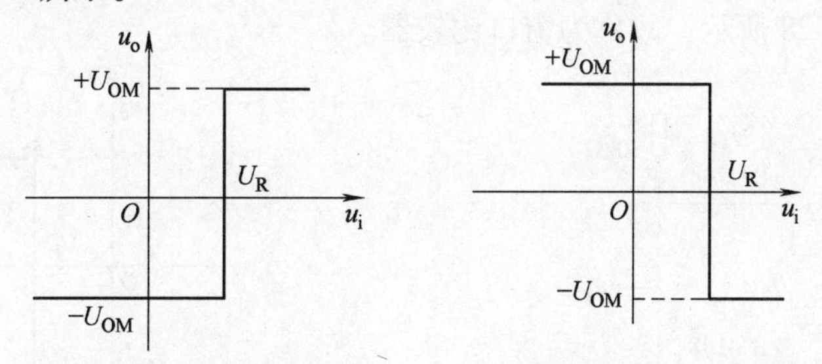

a) 同相比较器电压传输特性　　b) 反相比较器电压传输特性

图 6-23　电压比较器电压传输特性

为了限制输出电压 u_o 的大小，以便和输出端连接的负载电平相配合，可在输出端用稳压管进行限幅，如图 6-24a 所示。图中稳压管的稳定电压为 U_Z，忽略正向导通电压，当 $u_i > U_R$ 时，稳压管正向导通，$u_o = 0$；当 $u_i < U_R$ 时，稳压管反向击穿，$u_o = U_z$，电压传输特性如图 6-24b 所示。

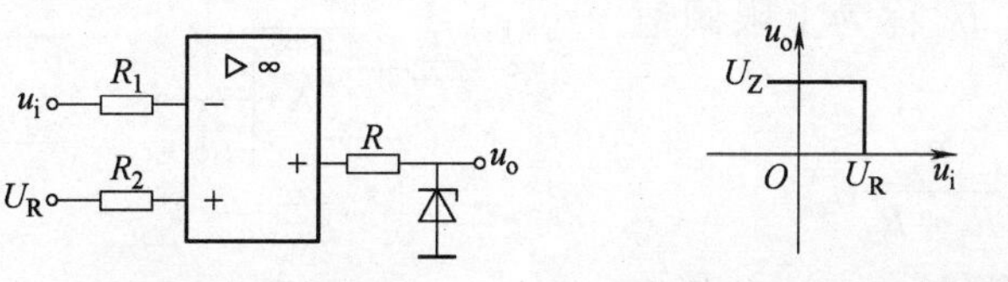

a)单向限幅比较器电路　　b)单向限幅比较器电压传输特性

图 6-24　单向限幅比较器及其电压传输特性

当基准电压 $U_R=0$ 时，称为过零比较器，输入电压 u_i 与零电位比较，电路图和电压传输特性如图 6-25 所示。

利用电压过零比较器可将正弦波变为方波，波形变换如图 6-26 所示。

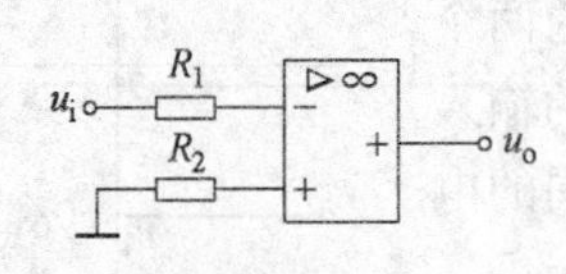

a) 过零比较器电路

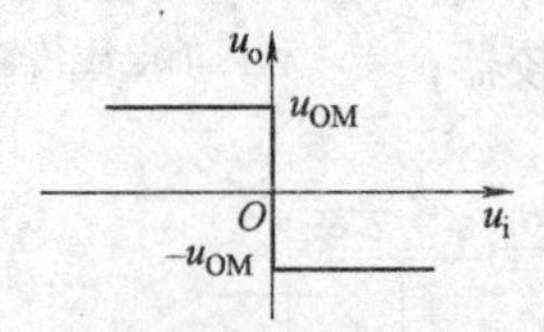

b) 过零比较器电压传输特性

图 6-25 过零比较器及其电压传输特性

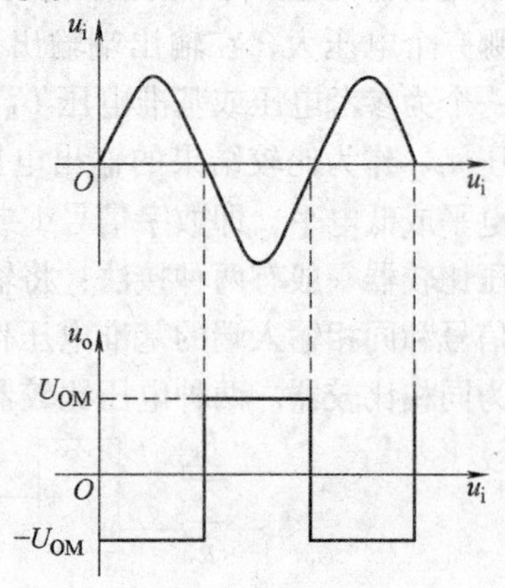

图 6-26 波形变换

2. 窗口电压比较器

简单的比较器仅能鉴别输入电压 u_i 比参考电压 U_R 高或低的情况，窗口比较器由两个简单比较器组成，如图 6-27 所示，它能指示出 u_i 值是否处于 U_R^+ 和 U_R^- 之间。如 $U_R^- < u_i < U_R^+$，窗口比较器的输出电压 u_o 等于运放的正饱和输出电压（U_{OM}^+），如果 $u_i < U_R^-$ 或 $u_i > U_R^+$，则输出电压 u_o 等于运放的负饱和输出电压（U_{OM}^-）。该比较器有两个阈值，传输特性曲线呈窗口状，如图 6-28 所示，故称为窗口比较器。

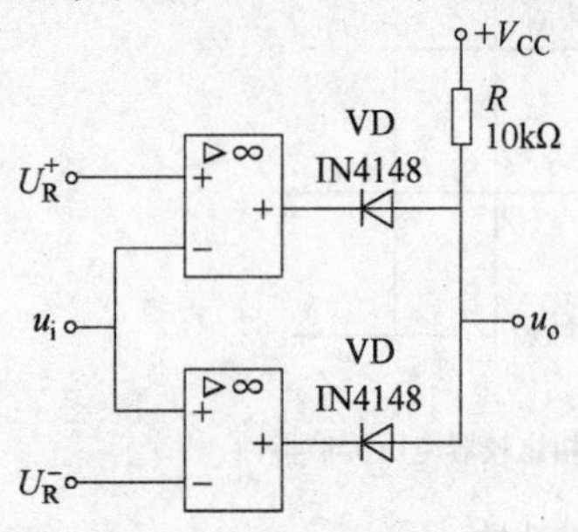

图 6-27 窗口比较器

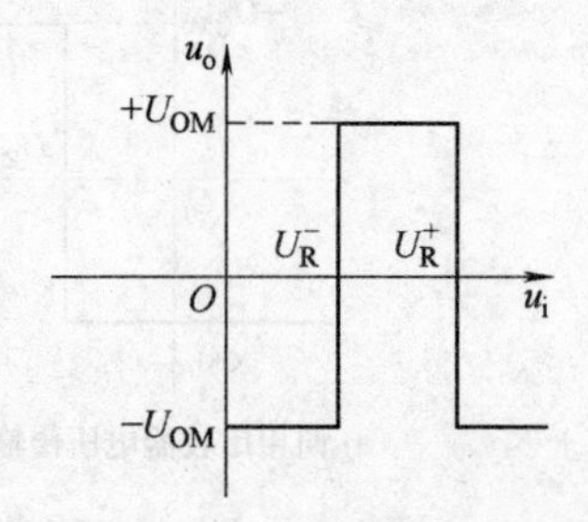

图 6-28 窗口比较器的传输特性

3. 迟滞比较器

从输出引一个电阻分压支路到同相输入端，电路图如图 6-29a 所示电路。

当输入电压 u_i 从零逐渐增大，且 $u_i \leqslant U_+'$ 时，$U_O=+U_{om}$，U_+' 称为上限阀值（触发）电平。

$$U_+'=\frac{R_1U_R}{R_1+R_2}+\frac{R_2}{R_1+R_2}U_{om}^+$$

当输入电压 $u_i \geqslant U_+''$ 时，$u_O=-U_{om}$。此时触发电平变为 U_+''，U_+'' 称为下限阀值（触发）电平。

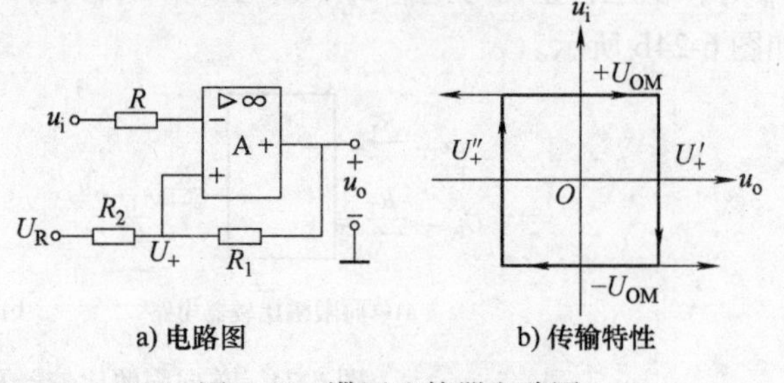

a) 电路图 b) 传输特性

图 6-29 滞回比较器电路图

$$U_+'' = \frac{R_1 U_R}{R_1 + R_2} + \frac{R_2}{R_1 + R_2} U_{om}^-$$

当 u_i 逐渐减小，且 $u_i = U_+''$以前，u_O 始终等于 $-U_{om}$，因此出现了如图 6-29b 所示的滞回特性曲线。

回差电压

$$\Delta U = U_+' - U_+'' = \frac{R_2}{R_1 + R_2}(U_{om}^+ - U_{om}^-)$$

滞回比较器又称为施密特触发器，在数字电路中有着广泛的应用。

【项目实施】

任务 6.3　热释电人体红外传感器电路的焊接与调试

【任务目标】

1）掌握元器件的选择及元器件的检测方法。
2）掌握电路的焊接方法。
3）掌握电路的测试方法。

【任务内容】

6.3.1　电路焊接调试准备工作

1. 准备制作工具及仪器仪表

1）电路焊接工具：电烙铁、烙铁架、焊锡、松香。
2）制作加工工具：剥线钳、平口钳、镊子、剪刀。
3）测试仪器仪表：万用表、示波器、信号发生器、0～30V 直流稳压电源。

2. 清点元器件

表 6-2 为元器件明细表。

表 6-2　元器件明细表

序　号	元器件代号	名　称	型号及参数	功　能
1	IC	集成运算放大器	LM324	高倍放大器
2	PY	热释电人体红外传感器	SD02	热电转换
3	R1、R5、R6、R7、R9、R10、R12	1/8 碳膜电阻器	47kΩ	限流分压
4		1/8 碳膜电阻器	18kΩ	限流分压
5	R4、R8	1/8 碳膜电阻器	2MΩ	限流分压
6	R11	1/8 碳膜电阻器	22kΩ	限流分压
7	R13、R14	1/8 碳膜电阻器	200Ω	限流分压
8	C1、C4、C8	涤纶或瓷介电容器	0.01μF/63V	耦合电容

（续）

序　号	元器件代号	名　称	型号及参数	功　能
9	C2	涤纶或瓷介电容器	1000pF/63V	耦合电容
10	C3、C5、C6、C7、C9	涤纶或瓷介电容器	10μF/16V	耦合电容
11	VL1、VL2	发光二极管	RJ11-5. 1kΩ/0. 25W，红、绿	电光转换

6.3.2　元器件的检测

1）检测红外传感器的性能。

2）检测电容器的极性。

3）检测发光二极管的极性。

4）集成运算放大器的测试。

5）粗测运算放大器的好坏。用万用表的电阻挡，可以粗测运算放大器（简称运放）的好坏，测量方法是根据运算放大器的内部电路结构，找出测试脚。首先测试正、负电源端与其他各引脚之间是否有短路（欧姆挡置“R＊1k”挡）。如果运算放大器是好的，则各引脚与正、负电源端无短路现象。再测试运算放大器各级电路中主要晶体管的PN结电阻值是否正常，一般情况下正向电阻小，反向电阻大。测试时应注意不要用小电阻挡（如“R＊1”挡），以免测试电流过大，也不要用大电阻挡（如“R＊10k”挡），以免电压过高而损坏运算放大器。

6）性能测试。LM324有不同公司厂家的产品，虽外特性功能相同或相近，内部电路结构却不尽相同。所以靠测量引脚之间电阻值大小仅对于同一厂家同一批号产品具有对比作用。要判定LM324的好坏可按图6-30搭建电路。图6-30中两只10kΩ电阻组成分压电路，为各运放的负输入端提供大约3V的直流电压。当开关S_1打至位“1”即接6V时，运放A_1输出高电平约为6V。由此，A_2 ~ A_4也都输出高电平，LED灯亮。当开关S_1打至位“2”即接地时，运放A_1输出低电平。由此，A_2 ~ A_4也均输出低电平，LED灯熄灭。若测试时LED不随S_1变动而变化，则说明运放中有一个或多个是坏的。

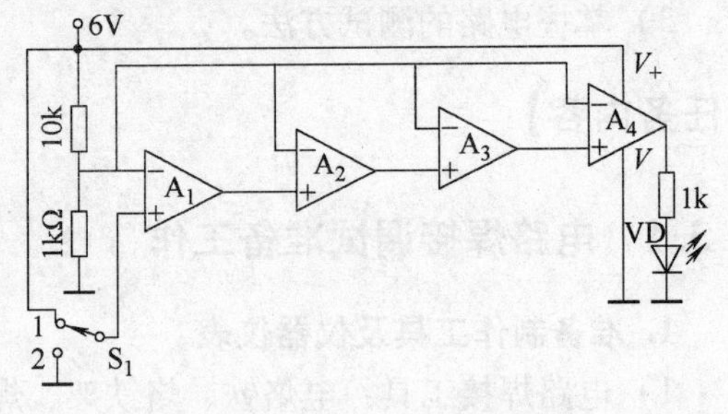

图6-30　LM324性能测试电路

6.3.3　整机的装配与调试

1. 装配

按图6-2所示组装好电路。先安装电阻与电容；再安装集成运算放大器。电路装配工艺要求是先将电路所有元器件（零部件）正确装入印制电路板相应位置上，采用单面焊接方法，无错焊、漏焊、虚焊。

2. 整机调试

1）按原理图检查电路的通断。

2）用万用表检查电路是否短路，如果有短路情况，分段排查，排除短路故障。

3）直接用SD02检测人体运动。将手臂在传感器前移动，观察两只发光二极管点亮与熄灭的对应情况，分析检测电路的工作状态。如电路不工作，可由前至后逐级测量各级输出端有无变化的电压信号，以判断电路及各级工作状态，排除故障（检测时注意PY的预热时间）

4）当IC_2输出电压在U_A到U_B之间时，IC_3、IC_4均无输出；当IC_2输出电压大于U_A时，IC_3输出高电平；当IC_2输出电压小于U_B时，IC_4输出高电平，经VD_1、VD_2隔离后分别输出，以控制后级报警及控制电路。

【拓展知识】

6.4 放大器中的负反馈

反馈在电子电路中应用很广泛。所谓反馈是将放大电路中的输出量（电压或电流）的一部分或全部，通过一定的网络反送到输入回路，如果引入的反馈信号增强了外加输入信号的作用，使放大倍数增大，称为正反馈；反之，如果它削弱了外加输入信号的作用，使放大电路的放大倍数减少，称为负反馈。在集成运算放大电路中，常采用负反馈改善放大器性能。而正反馈一般应用在某些振荡电路中，以满足自激振荡的条件，应用较少。这里仅讲述负反馈的基本知识。

根据反馈信号本身的交直流性质，可以将其分为直流反馈和交流反馈。根据反馈信号在放大电路输出端采样方式的不同，可以分为电压反馈和电流反馈，如果反馈信号取自输出电压，则称为电压反馈；如果反馈信号取自输出电流，则称为电流反馈。根据反馈信号与输入信号在放大电路输入回路中的求和形式不同，可以将其分为串联反馈和并联反馈。因此常把负反馈分为四种，分别是并联电压负反馈、串联电压负反馈、并联电流负反馈和串联电流负反馈。四种组态负反馈性能比较见表6-3。

表6-3 四种组态负反馈性能比较

反馈类型	电路形式	基本原理	应　用
并联电压	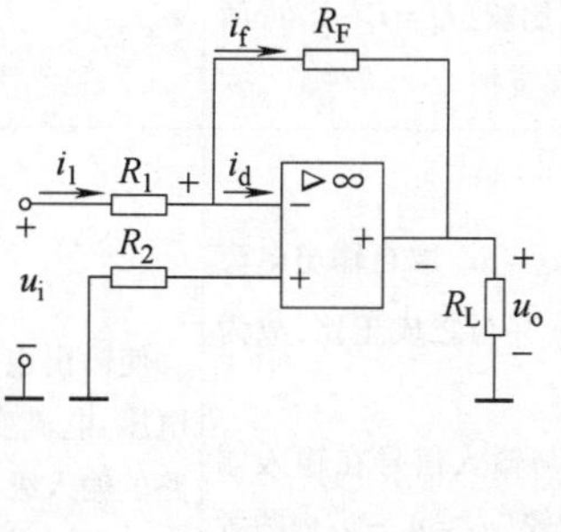 i_f R_F i_1 R_1 + i_d ▷∞ − + + R_2 + u_i − R_L u_o + −	1）反馈电路自输出端引出而接到反相输入端。设输入电压u_i为正，则输出电压u_o为负。此时反相输入端的电位高于输出端的电位。输入电流i_1和反馈电流i_f的实际方向如图所示。差值电流$i_d=i_1-i_f$即i_f削弱了净输入电流（差值电流），故为负反馈 $i_f=-\frac{u_o}{R_F}$ 2）反馈电流取自输出电压（即负载电压）u_o，并与之成正比，故为电压反馈 3）反馈信号与输入信号在输入端以电流的形式作比较，两者并联，故为并联反馈	使输出电压稳定，常用做电流、电压变换器或放大电路的中间级

（续）

反馈类型	电路形式	基本原理	应用
串联电压	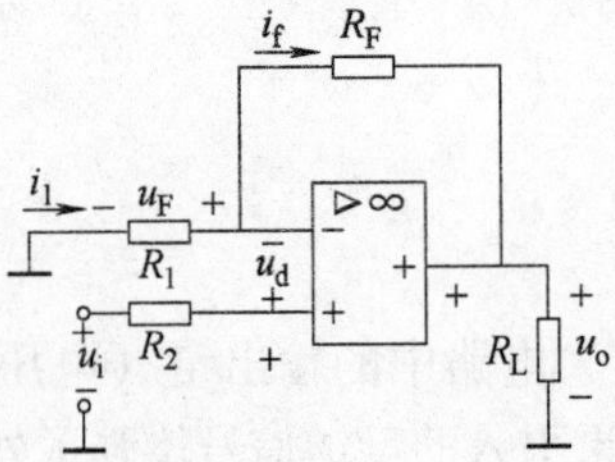	1）反馈电路自输出端引出接到反相输入端，经电阻 R_L 接“地”。设 u_i 为正，则 u_o 也为正。此时反相输入端的电位低于输出端的电位，但高于“地”电位，i_1 和 i_f 的实际方向与电路中的参考方向相反。经 R_F 和 R_1 分压后。反馈电压 $u_f=-R_1i_1$，它是 u_o 的一部分。由输入端电路可得出，差值电压 $u_d=u_i-u_f$，即 u_f 削弱了净输入电压（差值电压），故为负反馈 2）反馈电压 $u_f=\frac{R_1}{R_F+R_1}u_o$ 取自输出电压 u_o，并与之成正比，故为电压反馈 3）反馈信号与输入信号在输入端以电压的形式作比较。两者串联，故为串联反馈	常用于输入级或中间放大级
并联电流	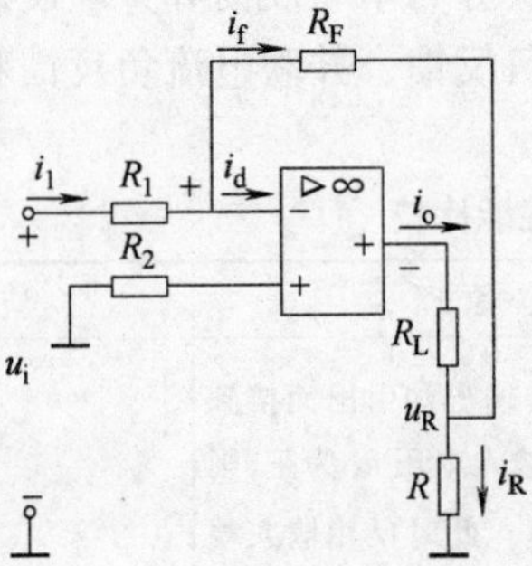	1）设 u_i 为正，即反相输入端的电位为正，输出端的电位为负。此时，i_1 和 i_f 的实际方向即如图中所示，差值电流 $i_d=i_1-i_f$，即 i_f 削弱了净输入电流 i_d，故为负反馈 2）反馈电流 $i_f\approx i_1=\frac{u_i}{R_1}=-\frac{1}{\left(\frac{R_F}{R}+1\right)}i_o=-\left(\frac{R}{R_F+R}\right)i_o$ 取自输出电流 i_o，并与之成正比，故为电流反馈 3）反馈信号与输入信号在输入端以电流的形式作比较（$i_d=i_1-i_f$），两者并联，故为并联反馈	使输出电流维持稳定，常用做电流放大电路
串联电流	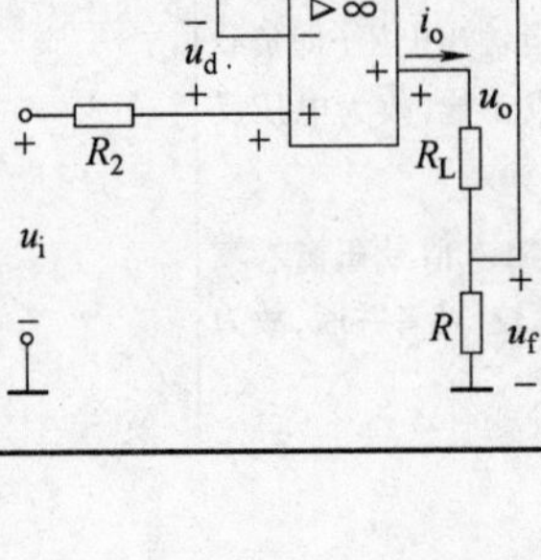	1）反馈电压 $u_f=Ri_o$ 取自输出电流（即负载电流）i_o 并与之成正比，故为电流反馈 2）反馈信号与输入信号在输入端以电压形式作比较（$u_d=u_i-u_f$），两者串联，故为串联反馈	使输出电流稳定，常用做电压、电流变换器或放大电路的输入级

从上述四个运算放大器电路可以得出以下结论。

1）反馈电路直接从输出端引出的，是电压反馈；从负载电阻 R_L 的靠近地端引出的，是电流反馈。

2）输入信号和反馈信号分别加在两个输入端（同相和反相）上的是串联反馈；加在同一个输入端（同相或反相）上的是并联反馈。

3）反馈信号使净输入信号减小的，是负反馈。

负反馈对放大电路工作性能的影响包括降低放大倍数、提高放大倍数的稳定性、改善波形失真、展宽通频带以及对放大电路输入电阻和输出电阻的影响等。

6.5 集成运放实际使用中的一些问题

实际集成运放的开环电压放大倍数、输入电阻均为有限值，输出电阻也不为零，因此，实际集成运放用理想条件来分析，必然带来误差。所选集成运放的技术指标愈高，误差愈小。在实际使用集成运放时应注意一些问题，这些问题主要是偏差调整、相位校正、保护措施及性能扩展等。

（1）偏差调整　对一个单片集成运放，总是要求输入为零时，输出也为零。但在实际中往往做不到，主要原因是运放中第一级差动放大电路存在着失调电压和失调电流，以及使用过程中电路上某些不合理之处引起的。为了减小偏差电压，就要满足以下要求。

1）失调电压、失调电流尽可能地小。

2）两个输入端的直流电阻一定要相等。

3）输入端总串联电阻不能过大。

4）偏流应尽可能地减小。

这几条减小偏差的要点是使用运放中十分重要的问题。实际运放都有偏差调整端子，这里要注意偏差调整电路（调零电路）仅能人为做到零输入时零输出，而温度变化产生的失调温漂并不能通过调零电路来消除。

（2）消除自激振荡　由于集成运放内部的晶体管极间电容、输出端的电容性负载或电路的杂散电容等很容易导致集成运放的自激振荡，这将使集成运放不能正常工作。目前由于集成工艺水平的提高，有些放大器内部已有消振电容而不需要外接消振电路。是否已消振，可将输入端接“地”，用示波器观察输出有无高频振荡波形，即可判定。如有自激振荡，需检查反馈极性是否接错，考虑外接元器件参数是否合适或接线的杂散电感、电容是否过大等。必要时可外接 RC 消振电路或消振电容，以便消除自激振荡。

（3）保护措施　集成运放的电源电压接反或电源电压突变，输入电压过大，输出短路等，都可能造成运放损坏，因此，使用时必须采取适当的保护措施。

为了防止电源反接造成故障，可在电源引线上串入保护二极管，使得当电源极性接反时，二极管处于截止状态。

为了防止差模或共模输入电压过高，而产生自锁故障（信号或干扰过大导致输出电压突然增高，接近于电源电压，此时不能调零，但集成运放不一定损坏），可在输入端加一限幅保护电路，使过大的信号或干扰不能进入电路。

为了防止输出端碰到高压而击穿或输出端短路造成电流过大，可在输出端增加过电压保护电路和限流保护电路。

（4）性能扩展　实际运放的某些参数有时不能满足实际电路中的要求，如有时需要有较高的输入电阻、有时需要有较大的输出功率，有时需要高速低漂移等，这时就需要在现有集成运放的基础上，增加适当的外围电路进行功能改善。

【项目小结】

通过本项目的学习，要求掌握的主要内容有以下几点。

1）集成运放一般由四部分构成。输入级采用差放形式以抑制零漂，提高输入电阻。中间级主要是提高电压放大倍数。输出级采用射极输出器以提高带负载的能力。另外是确保各级正常工作的偏置电路。集成运放的参数很多，主要有开环电压放大倍数 A_{od}、输入失调电压 U_{io}、输入失调电流 I_{io}、输入偏置电流 I_B、最大共模输入电压 U_{ICM} 等。实际运放的特性与理想运放十分接近，在分析运放应用电路时，一般将实际运放视作理想运放。

2）在分析集成运放的各种应用电路时，常把集成运放理想化，即开环电压放大倍数 $A_{od}\to\infty$，输入电阻 $r_{id}\to\infty$，输出电阻 $r_o\to0$，并由此得出 3 个结论：

①“虚断”（即 $i_+\approx i_-\approx0$）。

②在线性工作状态下，$u_+\approx u_-$（即“虚短”），此时 u_o 与 u_i 之间满足一定的线性函数关系。

③在非线性工作状态下，当 $u_i>0$，即 $u_+>u_-$ 时，$u_o=+U_{OM}$；当 $u_i<0$，即 $u_+<u_-$ 时，$u_o=-U_{OM}$。

3）集成运放电路接成深度负反馈时工作在线性区，可实现比例、加、减、积分、微分等多种数学运算。分析这类电路可用“虚短”和“虚断”两个重要的概念，以求出输出和输入之间的函数关系。

4）集成运放电路接成开环或正反馈时，大多数情况是工作于非线性区，只有在输入信号变化到使输出电压发生跳变瞬间才工作于线性区，因而属于非线性应用，可实现电压比较、模/数转换、信号波形产生等功能。分析这类电路的要点是找出状态转换点。

5）电压比较器用来比较输入电压和参考电压。在电压比较器中，参考电压加在同相输入端，输入电压加在反相输入端。集成运放工作于开环状态，且工作在非线性区域。当参考电压为零时，输入电压与零电平比较，称为过零比较器。当参考电压不为零时，称为任意电压比较器。当输出端用稳压管限幅时，输出电压等于稳压管的稳定电压。

6）负反馈有电压串联、电压并联、电流串联和电流并联四种不同的类型，实际应用中可根据不同的要求引入不同的反馈方式。

【项目练习】

6-1　什么叫“虚短”和“虚断”？

6-2　理想运算放大器工作在线性区和饱和区时各有什么特点？分析方法有何不同？

6-3　要使运算放大器工作在线性区，为什么通常要引入负反馈？

6-4　集成运放由哪几个部分组成？试分析各自的作用？

6-5　求图 6-31 所示电路的 u_i 和 u_o 的运算关系式。

6-6　电路如图 6-32 所示，求 u_o 与 u_{i1}、u_{i2} 的运算关系式。

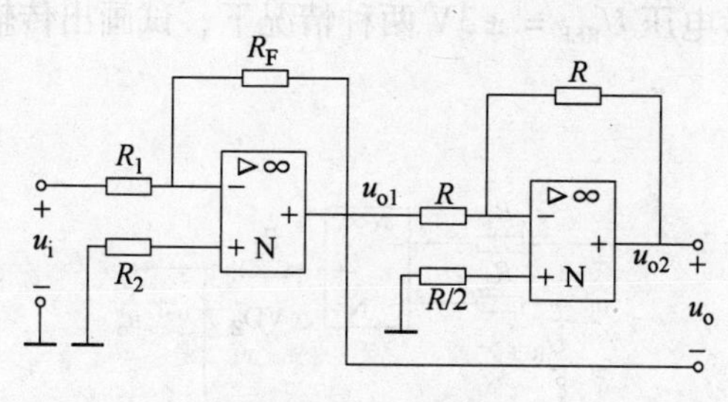

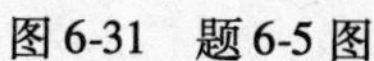
图6-31　题6-5图

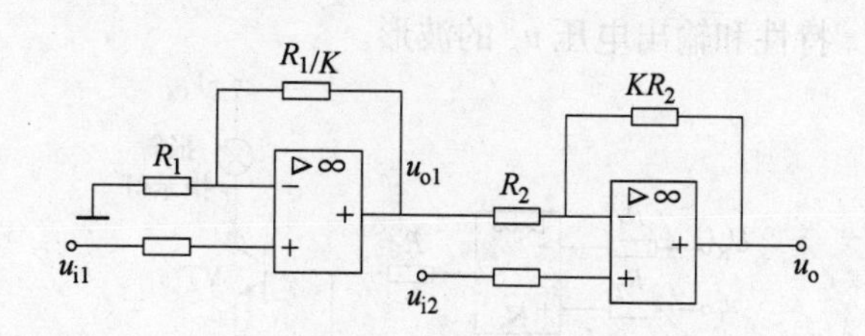

图6-32　题6-6图

6-7　电路如图6-33所示，求 u_i 和 u_o 的运算关系式。

6-8　在图6-34中，已知 $R_F=2R_1$，$u_i=-2V$，试求输出电压 u_o。

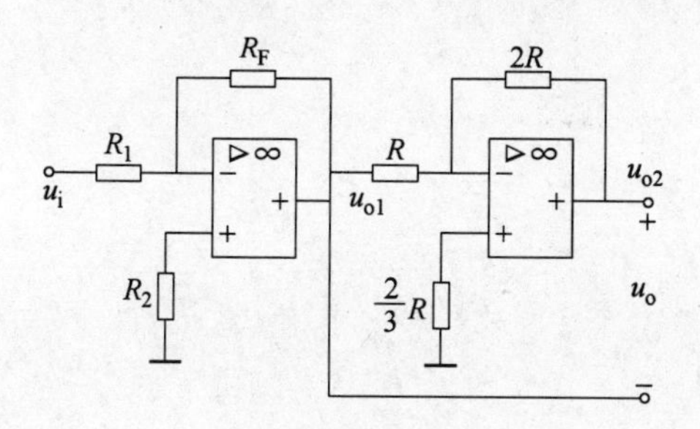

图6-33　题6-7图

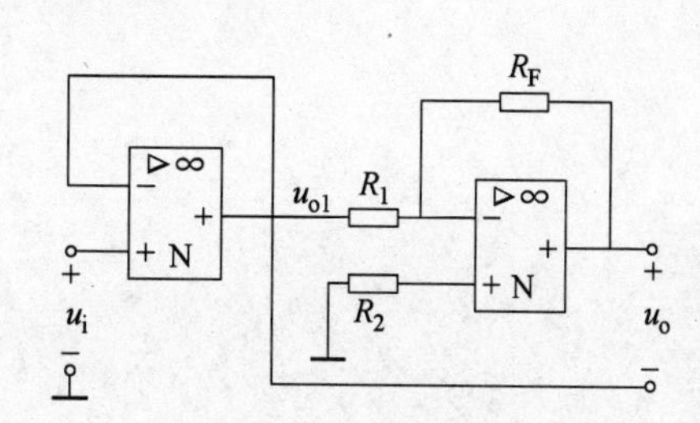

图6-34　题6-8图

6-9　设计出实现如下运算功能的运算电路图。

1）$u_o=-3u_i$；2）$u_o=2u_{i1}-u_{i2}$；3）$u_o=-(u_{i1}+0.2u_{i2})$。

6-10　图6-35是应用集成运算放大器测量电压的原理电路，设图中集成运放为理想器件，输出端接有满量程为5V、500μA的电压表；欲得到50V、10V、5V、0.1V四种量程，试计算各量程 $R_1\sim R_4$ 的阻值。

6-11　图6-36所示电路是应用集成运算放大器测量电阻的原理电路，设图中集成运放为理想器件。当输出电压为5V时，试计算被测电阻 R_x 的阻值。

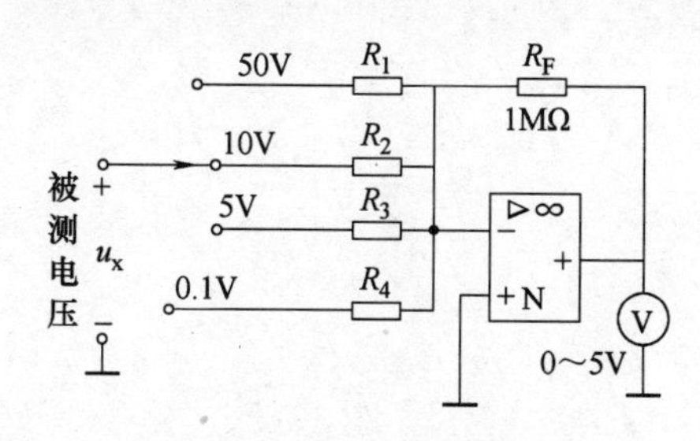

图6-35　题6-10图

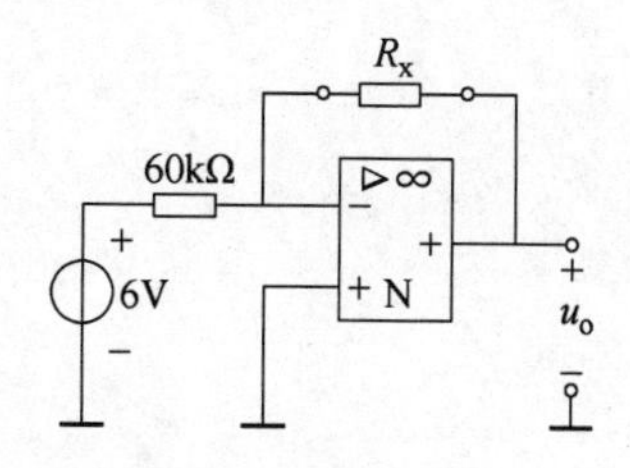

图6-36　题6-11图

6-12　图6-37是监控报警装置，如需对某一参数（如温度、压力等）进行监控时，可由传感器取得监控信号 u_i，U_R 是参考电压。当 u_i 超过正常值时，报警灯亮，试说明其工作原理。二极管VD和电阻 R_3 在此起何作用?

6-13　图6-38中，运算放大器的最大输出电压 $U_{oM}=\pm 12V$，稳压管的稳定电压 $U_Z=$

6V，其正向压降 $U_D = 0.7V$，$u_i = 12\sin\omega t$。当参考电压 $U_{REF} = \pm 3V$ 两种情况下，试画出传输特性和输出电压 u_o 的波形。

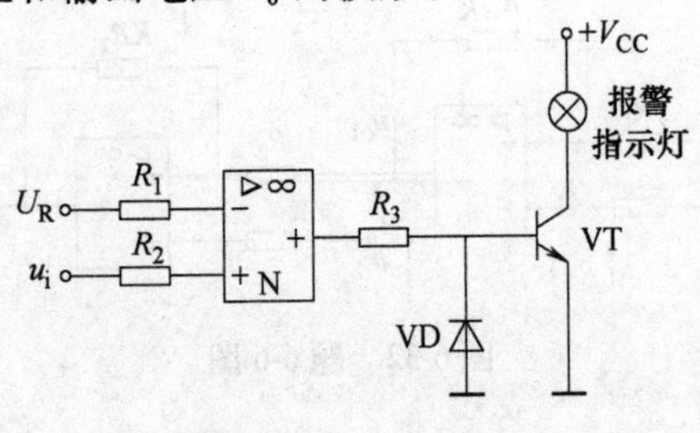

图 6-37　题 6-12 图

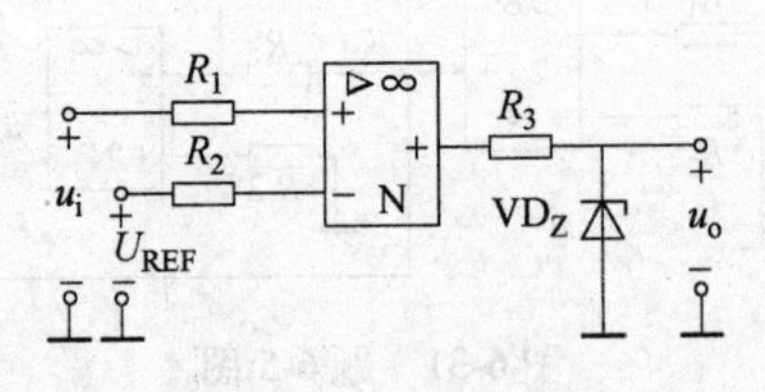

图 6-38　题 6-13 图

项目 7　数码显示器的制作

7

【项目概述】

在数字系统中，经常需要将数字、运算结果显示出来，以便人们观测、查看。数码显示器可以显示出时间、日期、温度等可用数字表示的参数，由于它价格便宜、使用简单，在电器尤其是家电领域应用极为广泛，如空调、热水器、电冰箱等。本项目中工作任务制作的数码显示器，通过按相应的按钮，可以显示 0 ~ 7 八个数字。

在数字系统中，根据逻辑功能的不同特点可将数字电路分为两大类：一类是组合逻辑电路，另一类是时序逻辑电路。

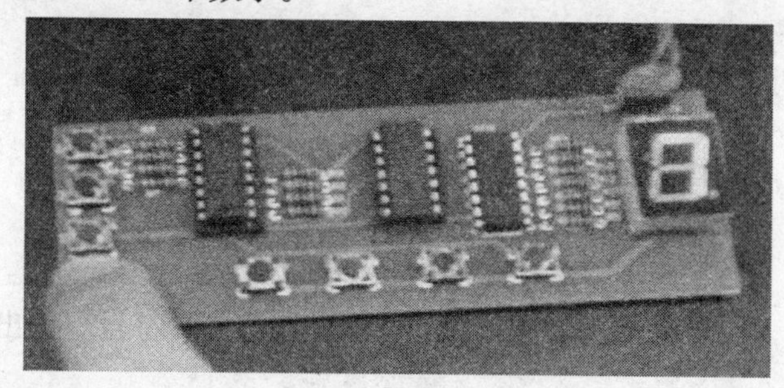

图 7-1　数码显示器实物图

组合逻辑电路应用十分广泛，如编码器、译码器、全加器、数据选择器等都是常用的组合逻辑电路。要熟悉几种常用的组合逻辑电路的工作原理和使用方法。本项目就是通过制作一个数码显示器（见图 7-1），来掌握集成组合逻辑电路的原理、分析、设计和制作。

【项目目标】

1. 知识目标

1）了解数制及其相互转换。

2）熟悉逻辑代数的基本定律、基本公式。

3）掌握逻辑函数的公式化简法。

4）掌握基本逻辑门的逻辑功能、逻辑符号、输出逻辑函数表达式及应用。

5）掌握组合逻辑电路的分析方法和设计方法。

6）掌握译码器、数据选择器的逻辑功能及其实现逻辑函数的方法。

7）理解编码器、加法器和数值比较器的逻辑功能及使用。

8）理解真值表在组合逻辑电路分析和设计中的重要作用。

9）应用集成组合逻辑电路设计、制作数码显示器。

2. 能力目标

1）具备基本逻辑门电路的分析与设计能力。

2）具备常用基本逻辑门电路及其芯片的检索与阅读能力。

3）具备常用基本逻辑门电路及其芯片的识别、选取、测试能力。

4）具备基本逻辑门电路的安装、调试与检测能力。

5）具备组合逻辑电路的分析与设计能力。

6）具备常用组合逻辑电路及其芯片的检索与阅读能力。

7）具备常用组合逻辑电路及其芯片的识别、选取、测试能力。

8）具备组合逻辑电路的安装、调试与检测能力。

9）具有初步诊断电子线路故障的能力。

10）培养良好的职业素养、沟通能力及团队协作精神。

【项目信息】

任务 7.1 数字电路的基础知识

【任务目标】

1）了解数字电路与数字信号。

2）熟悉逻辑代数的基本定律、基本公式。

3）掌握逻辑函数的公式化简法。

4）掌握基本逻辑门的逻辑功能、逻辑符号、输出逻辑函数表达式及应用。

【任务内容】

7.1.1 数字电路与数字信号

在模拟电子电路中，被传递、加工和处理的信号是模拟信号，这类信号在时间上和幅度上都是连续变化的，例如广播电视中传送的各种文字信号、语音信号和图像信号，如图 7-2a 所示。

在数字电子电路中，被传递、加工和处理的信号是数字信号，这类信号在时间上和幅度上都是断续变化的，也就是说，这类信号只是在某些特定时间内出现，例如计算机中传送的数据信号和 IC 卡信号等，如图 7-2b 所示。

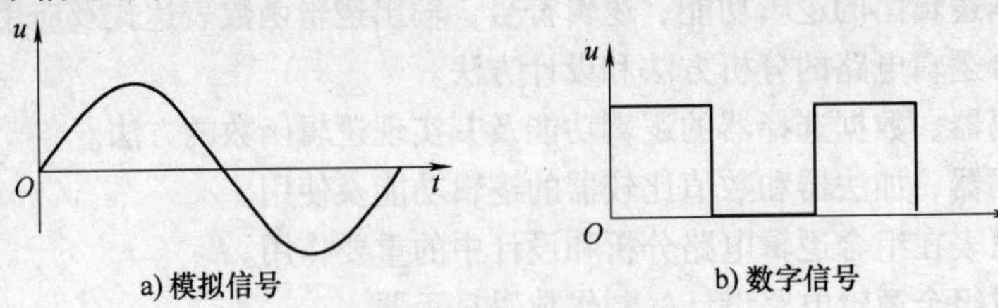

图 7-2 模拟信号与数字信号

与模拟电路相比，数字电路具有以下显著的优点：

1）结构简单，便于集成化、系列化生产，成本低廉，使用方便。

2）抗干扰性强，可靠性高，精度高。

3）处理功能强，不仅能实现数值运算，还可以实现逻辑运算和判断。

4）可编程数字电路可容易地实现各种算法，具有很大的灵活性。

5）数字信号更易于存储、加密、压缩、传输和再现。

在数字电子电路中，通常将高电位称为高电平，低电位称为低电平。在实际数字电路中，高电平通常为 +3.5V，低电平通常为 +0.3V。由于数字电路采用二进制来进行信息的传输和处理，为了分析方便，在数字电路中分别用 1 和 0 来表示高电平和低电平。这种高电平对应逻辑 1 态、低电平对应逻辑 0 态的逻辑关系称为正逻辑关系，反之，称为负逻辑关系。本书中所采用都是正逻辑关系。

数字电路不能采用模拟电路的分析方法，而是以逻辑代数作为主要工具，利用真值表、逻辑函数表达式、波形图和卡诺图等来表示电路的逻辑关系。

7.1.2　逻辑代数中的基本运算

1. 基本逻辑运算

逻辑代数也称为布尔代数，是研究数字逻辑电路的基本工具。

事物往往存在两种对立的状态，在逻辑代数中可以抽象地表示为 0 和 1 ，称为逻辑 0 状态和逻辑 1 状态。

逻辑代数中的变量称为逻辑变量，用大写字母表示。逻辑变量的取值只有两种，即逻辑 0 和逻辑 1，0 和 1 称为逻辑常量，并不表示数量的大小，而是表示两种对立的逻辑状态。

逻辑代数与普通代数相似之处在于它们都是用字母表示变量，用代数式描述客观事物间的关系。但不同的是，逻辑代数是描述客观事物间的逻辑关系，逻辑函数表示式中的逻辑变量的取值和逻辑函数值都只有两个值，即 0 和 1。这两个值不具有数量大小的意义，仅表示事物的两种相反状态。

基本的逻辑关系包括与、或、非三种逻辑。数字系统中所有的逻辑关系均可以用基本的三种来实现（如同十进制数总可以用 10 个数字和小数点表示出来一样）。每一种基本逻辑关系对应一种逻辑运算。

（1）与逻辑　与逻辑的定义：仅当决定事件（Y）发生的所有条件（A，B，C，…）均满足时，事件（Y）才能发生。

在如图 7-3 所示的串联开关电路中，开关 A、B 的状态（闭合或断开）与灯的状态 Y（亮和灭）之间存在着确定的因果关系。开关 A、B 串联控制灯的状态 Y，两个开关必须同时接通，灯才亮。

表 7-1 和表 7-2 分别为与逻辑功能表和真值表。这种把所有可能的条件组合及其对应结果一一列出来的表格叫做真值表。

由表 7-1 和表 7-2 可看出逻辑变量 A、B 的取值和函数 Y 的值之间的关系满足逻辑乘的运算规律，因此，逻辑表达式为

$$Y = A \cdot B \tag{7-1}$$

实现与逻辑的电路称为与门。与门的逻辑符号如图 7-4 所示。

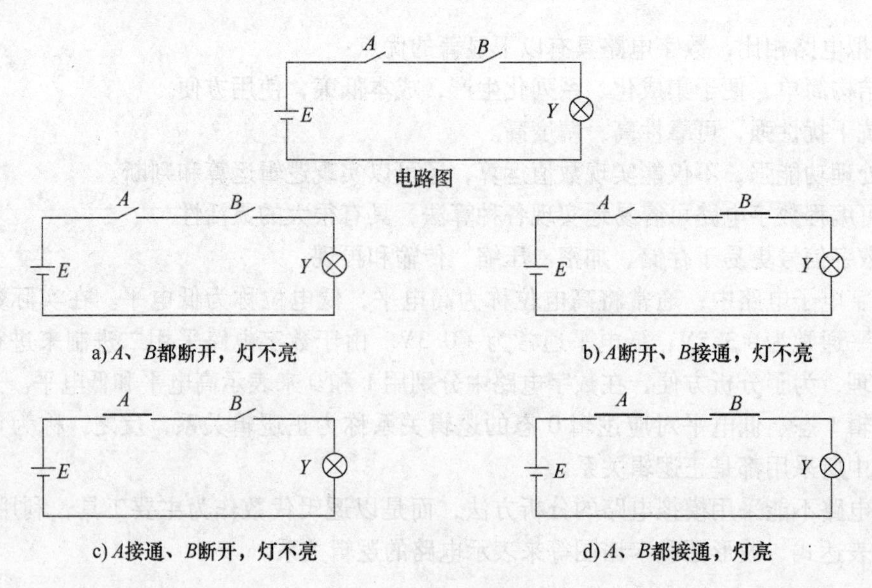

a) A、B都断开，灯不亮　　b) A断开、B接通，灯不亮

c) A接通、B断开，灯不亮　　d) A、B都接通，灯亮

图 7-3　串联开关电路

表 7-1　与逻辑功能表

A	B	Y
断开	断开	灭
断开	闭合	灭
闭合	断开	灭
闭合	闭合	亮

表 7-2　与逻辑真值表

A	B	Y
0	0	0
0	1	0
1	0	0
1	1	1

由表 7-2 可知与逻辑的关系为“有 0 出 0，全 1 出 1”。

(2) 或逻辑　或逻辑的定义：当决定事件（Y）发生的各种条件（A，B，C，…）中，只要有一个或多个条件具备，事件（Y）就发生。表达式为

$$Y = A + B + C + \cdots \tag{7-2}$$

表 7-3 和表 7-4 分别为或逻辑的功能表和真值表。

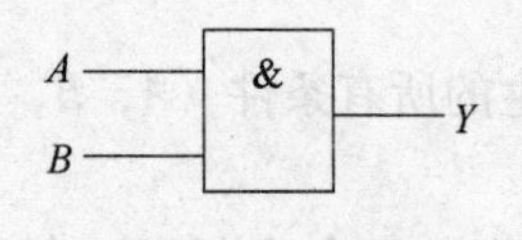

图 7-4　与门的逻辑符号

表 7-3　或逻辑功能表

A	B	Y
断开	断开	灭
断开	闭合	亮
闭合	断开	亮
闭合	闭合	亮

实现或逻辑的电路称为或门。或门的逻辑符号如图 7-5 所示。

表 7-4　或逻辑真值表

A	B	Y
0	0	0
1	1	1
1	0	1
1	1	1

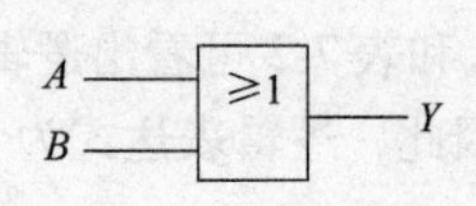

图 7-5　或门的逻辑符号

由真值表可以得知或逻辑的关系为“有 1 出 1，全 0 出 0”。

（3）非逻辑　非逻辑指的是逻辑的否定。当决定事件（Y）发生的条件（A）满足时，事件不发生；条件不满足，事件反而发生。表达式为

$$Y=\overline{A} \tag{7-3}$$

表 7-5 和表 7-6 分别为非逻辑的功能表和真值表。

表 7-5　非逻辑功能表

A	Y
断开	亮
闭合	灭

表 7-6　非逻辑真值表

A	Y
0	1
1	0

实现非逻辑的电路称为非门。非门的逻辑符号如图 7-6 所示。

非门逻辑表达式为　　$Y=\overline{A}$

由真值表可以得知非逻辑的关系为：“是 0 出 1，是 1 出 0”。

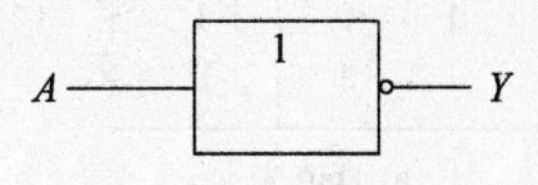

图 7-6　非门的逻辑符号

2. 常用的复合逻辑运算

（1）与非、或非、与或非逻辑

1）与非：先与后非，逻辑表达式为

$$Y=\overline{AB} \tag{7-4}$$

真值表和逻辑符号如图 7-7 所示。

与非逻辑的关系可简述为“有 0 出 1，全 1 出 0”。

2）或非：先或后非，逻辑表达式为

$$Y=\overline{A+B} \tag{7-5}$$

真值表和逻辑符号如图 7-8 所示。

A	B	Y
0	0	1
0	1	1
1	0	1
1	1	0

a) 真值表

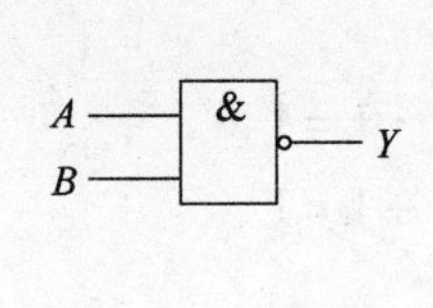

b) 与非门的逻辑符号

图 7-7　与非逻辑

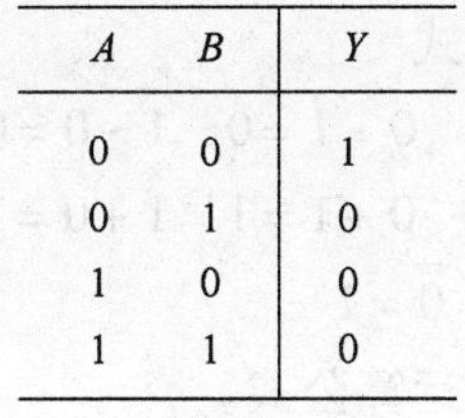

A	B	Y
0	0	1
0	1	0
1	0	0
1	1	0

a) 真值表

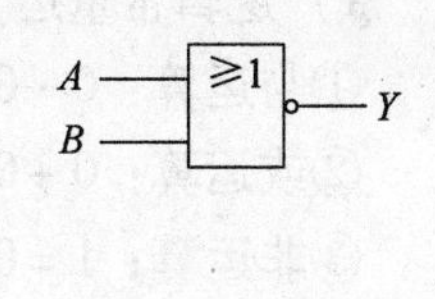

b) 或非门的逻辑符号

图 7-8　或非逻辑

或非逻辑的关系可简述为“有 1 出 0，全 0 出 1”。

3）与或非：先与再或后非，逻辑表达式为

$$Y=\overline{AB+CD} \tag{7-6}$$

逻辑符号和等效电路如图 7-9 所示。

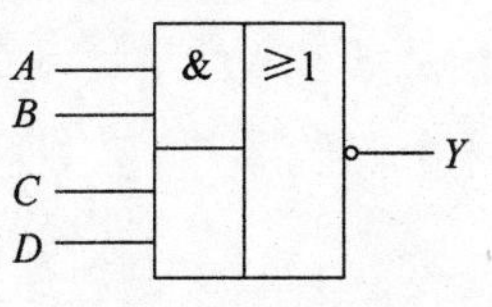

a) 与或非门的逻辑符号

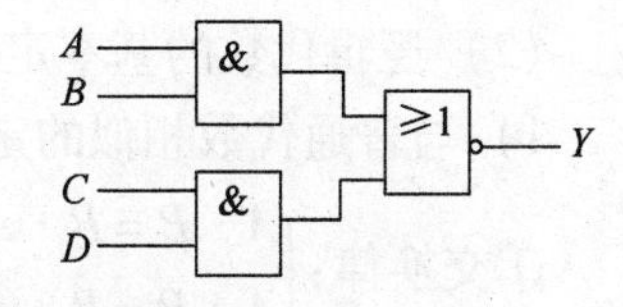

b) 与或非门的等效电路

图 7-9　与或非逻辑

（2）异或逻辑和同或逻辑

1）异或逻辑关系为：输入逻辑变量 A、B 不同时，输出 Y 为 1，

否则为0。逻辑表达式为

$$Y = A \oplus B \tag{7-7}$$

真值表和逻辑符号如图7-10所示。

异或逻辑的关系可简述为“异出1，同出0”。

2）同或逻辑关系为：输入逻辑变量A、B相同时，输出Y为1，否则为0。逻辑表达式为

$$Y = A \odot B \tag{7-8}$$

真值表和逻辑符号如图7-11所示。

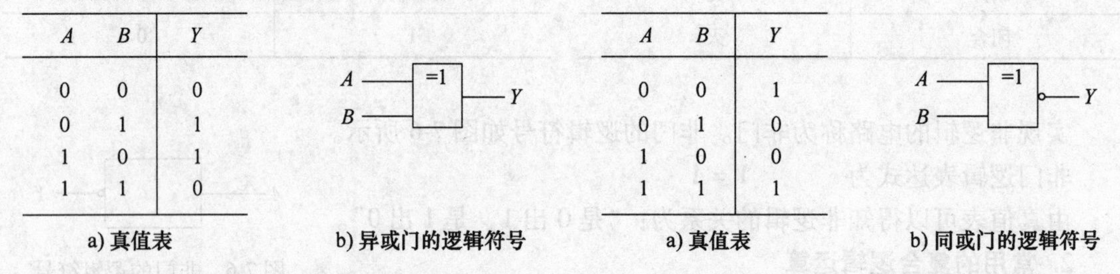

A	B	Y
0	0	0
0	1	1
1	0	1
1	1	0

a) 真值表　　b) 异或门的逻辑符号

图7-10　异或逻辑

A	B	Y
0	0	1
0	1	0
1	0	0
1	1	1

a) 真值表　　b) 同或门的逻辑符号

图7-11　同或逻辑

同或逻辑的关系可简述为“同出1，异出0”。

比较异或运算和同或运算真值表可知，异或函数与同或函数在逻辑上是互为反函数。

7.1.3　逻辑代数与逻辑函数化简

1. 逻辑代数的基本定律和规则

（1）逻辑代数的基本公式

1）逻辑常量运算公式

①与运算：$0 \cdot 0 = 0$　$0 \cdot 1 = 0$　$1 \cdot 0 = 0$　$1 \cdot 1 = 1$

②或运算：$0 + 0 = 0$　$0 + 1 = 1$　$1 + 0 = 1$　$1 + 1 = 1$

③非运算：$\overline{1} = 0$　$\overline{0} = 1$

2）逻辑变量、常量运算公式。

①0－1律：$\begin{cases} A + 0 = A \\ A \cdot 1 = A \end{cases}$　$\begin{cases} A + 1 = 1 \\ A \cdot 0 = 0 \end{cases}$

②互补律：$A + \overline{A} = 1$　$A \cdot \overline{A} = 0$

③重叠律：$A + A = A$　$A \cdot A = A$

④双重否定律：$\overline{\overline{A}} = A$

（2）逻辑代数的基本定律

1）与普通代数相似的定律。

①交换律：$\begin{cases} A \cdot B = B \cdot A \\ A + B = B + A \end{cases}$

②结合律：$\begin{cases} (A \cdot B) \cdot C = A \cdot (B \cdot C) \\ (A + B) + C = A + (B + C) \end{cases}$

③分配律：$\begin{cases} A\cdot(B+C)=A\cdot B+A\cdot C \\ A+B\cdot C=(A+B)\cdot(A+C) \end{cases}$

2）吸收律

①还原律：$\begin{cases} A\cdot B+A\cdot\overline{B}=A \\ (A+B)\cdot(A+\overline{B})=A \end{cases}$

②吸收律：$\begin{cases} A+A\cdot B=A \\ A\cdot(A+B)=A \end{cases}$ $\begin{cases} A\cdot(\overline{A}+B)=A\cdot B \\ A+\overline{A}\cdot B=A+B \end{cases}$

③冗余律：$AB+\overline{A}C+BC=AB+\overline{A}C$

3）摩根定律

反演律（摩根定律）：$\begin{cases} \overline{A\cdot B}=\overline{A}+\overline{B} \\ \overline{A+B}=\overline{A}\cdot\overline{B} \end{cases}$

（3）逻辑代数的基本规则

1）代入规则：任何一个含有变量 A 的等式，如果将所有出现 A 的位置（包括等式两边）都用同一个逻辑函数代替，则等式仍然成立。这个规则称为代入规则。

2）反演规则：对于任何一个逻辑表达式 Y，如果将表达式中的所有“·”换成“+”，“+”换成“·”，“0”换成“1”，“1”换成“0”，原变量换成反变量，反变量换成原变量，那么所得到的表达式就是函数 Y 的反函数 $\overline{Y}$（或称补函数），这个规则称为反演规则。例如：

$$Y=A\overline{B}+C\overline{D}E \qquad \overline{Y}=(\overline{A}+B)(\overline{C}+D+\overline{E})$$

$$Y=A+\overline{B+\overline{C}+\overline{D+\overline{E}}} \qquad \overline{Y}=\overline{A}\cdot\overline{\overline{\overline{B}\cdot C\cdot\overline{\overline{D}}\cdot E}}$$

3）对偶规则：对于任何一个逻辑表达式 Y，如果将表达式中的所有“·”换成“+”，“+”换成“·”，“0”换成“1”，“1”换成“0”，而变量保持不变，则可得到的一个新的函数表达式 Y'，Y'称为函 Y 的对偶函数。这个规则称为对偶规则。例如：

$$Y=A+\overline{B+\overline{C}+\overline{D+\overline{E}}} \qquad Y'=A\cdot\overline{B\cdot\overline{C}\cdot\overline{D\cdot\overline{E}}}$$

2. 逻辑函数的表示方法

（1）逻辑函数的建立

1）逻辑表达式：由逻辑变量和与、或、非三种运算符连接起来所构成的式子。在逻辑表达式中，等式右边的字母 A、B、C、D 等称为输入逻辑变量，等式左边的字母 Y 称为输出逻辑变量，字母上面没有非运算符的叫做原变量，有非运算符的叫做反变量。逻辑表达式描述了逻辑变量与逻辑函数间的逻辑关系，是实际逻辑问题的抽象表达。

2）逻辑函数：如果对应于输入逻辑变量 A、B、C、…的每一组确定值，输出逻辑变量 Y 就有唯一确定的值，则称 Y 是 A、B、C、…的逻辑函数，记为 $Y=F$（A、B、C…）

（2）逻辑函数的表示方法

1）真值表。真值表是由逻辑函数输入变量的所有可能取值组合及其对应的输出函数值所构成的表格。其特点是：直观地反映了变量取值组合和函数值的关系，便于把一个实际问题抽象为一个数学问题。

2）逻辑函数式。由逻辑变量和与、或、非、异或及同或等几种运算符号连接起来所构成的式子。

由真值表直接写出的逻辑式是标准的与或逻辑式。写标准与或式的方法如下：

①把任意一组变量取值中的 1 代以原变量，0 代以反变量，由此得到一组变量的与组合，如 A、B、C 三个变量的取值为 110 时，则代换后得到的变量与组合为 $AB\overline{C}$。

②把逻辑函数 Y 的值为 1 所对应的各变量的与组合相加，便得到标准的与或逻辑式。

3）逻辑图。将逻辑表达式中的逻辑运算关系，用对应的逻辑符号表示出来，就构成函数的逻辑图。只要把逻辑函数式中各逻辑运算用相应门电路和逻辑符号代替，就可画出和逻辑函数相对应的逻辑图。

3. 逻辑函数的化简

逻辑函数化简的意义：在逻辑设计中，逻辑函数最终都要用逻辑电路来实现。若逻辑表达式越简单，则实现它的电路越简单，电路工作越稳定可靠。逻辑函数式的基本形式和变换对于同一个逻辑函数，其逻辑表达式不是唯一的。常见的逻辑形式有五种：与或表达式、或与表达式、与非-与非表达式、或非-或非表达式、与或非表达式。

1）与或表达式：$Y=\overline{A}B+AC$

2）或与表达式：$Y=(A+B)(\overline{A}+C)$

3）与非-与非表达式：$Y=\overline{\overline{\overline{A}B}\cdot\overline{AC}}$

4）或非-或非表达式：$Y=\overline{\overline{A+B}+\overline{\overline{A}+C}}$

5）与或非表达式：$Y=\overline{\overline{A}\,\overline{B}+A\,\overline{C}}$

逻辑函数的最简形式，通常用与-或表达式。最简与-或表达式的特点如下：

1）逻辑函数式中的乘积项（与项）的个数最少。

2）每个乘积项中的变量数也最少的与或表达式。

逻辑函数的代数化简法就是运用逻辑代数的基本公式、定理和规则来化简逻辑函数。

（1）并项法　利用公式 $A+\overline{A}=1$ 将两项合并为一项，并消去一个变量。如

$$A\,\overline{B}C+A\,\overline{B}\,\overline{C}=A\,\overline{B}(C+\overline{C})=A\,\overline{B}$$

（2）吸收法　利用公式 $A+1=1$，$A+AB=A$，吸收（消去）多余的乘积项或多余的因子。如

$$AB+ABCD(E+F)=AB$$

（3）配项法　利用重叠律、互补律和吸收律，先为某一项配上其所缺的变量或添加多余项，然后再用其他方法进行化简。如

$$\begin{aligned}AB+\overline{A}C+BC&=AB+\overline{A}C+BC\ (A+\overline{A})\\&=AB+ABC+\overline{A}C+\overline{A}BC\\&=AB\ (1+C)\ +\overline{A}C\ (1+B)\\&=AB+\overline{A}C\end{aligned}$$

（4）消去法　利用公式 $A+\overline{A}B=A+B$ 消去多余因子。如

$$\overline{A}+AB+\overline{B}C=\overline{A}+B+\overline{B}C=\overline{A}+B+C$$

在实际化简逻辑函数时，需要灵活运用上述几种方法，才能得到最简与或表达式。

例 7-1　化简逻辑函数式 $Y=AD+A\,\overline{D}+AB+\overline{A}C+\overline{C}D+A\,\overline{B}EF$

解：①运用 $A+\overline{A}=1$ 将 $AD+A\,\overline{D}$ 合并，得

$$Y=A+AB+\overline{A}C+\overline{C}D+A\,\overline{B}EF$$

②运用$A+AB=A$，消去含有A因子的乘积项，得

$$Y=A+\overline{A}C+\overline{C}D$$

③运用$A+\overline{A}B=A+B$，消去$\overline{A}C$中的$\overline{A}$，再消去$\overline{C}D$中的$\overline{C}$，得

$$Y=A+C+D$$

例：化简逻辑函数式$Y=A\overline{C}\,\overline{D}+BC+B\overline{C}+A\overline{B}+A\overline{C}+\overline{B}\,\overline{C}$

解：①运用$A+\overline{A}=1$，将$BC+B\overline{C}$合并，得

$$Y=A\overline{C}\,\overline{D}+B+A\overline{B}+A\overline{C}+\overline{B}\,\overline{C}$$

②运用$A+\overline{A}B=A+B$，消去$A\overline{B}$和$\overline{B}\,\overline{C}$的$\overline{B}$，得

$$Y=A\overline{C}\,\overline{D}+B+A+A\overline{C}+\overline{C}$$

③运用$A+AB=A$，消去含有A因子的乘积项，得

$$Y=A+B+\overline{C}$$

任务7.2　数码显示器电路的工作原理

【任务目标】

1）掌握组合逻辑电路的分析方法和设计方法。
2）掌握译码器、数据选择器的逻辑功能及其实现逻辑函数的方法。
3）理解编码器、加法器和数值比较器的逻辑功能及使用。
4）理解真值表在组合逻辑电路分析和设计中的重要作用。
5）掌握数码显示器制作电路的工作原理及元器件参数。
6）应用集成组合逻辑电路设计数码显示器。

【任务内容】

7.2.1　数码显示器电路的工作原理

1. 电路原理与元器件作用

（1）工作任务电路整体结构图　数码显示器制作电路整体结构如图7-12所示。

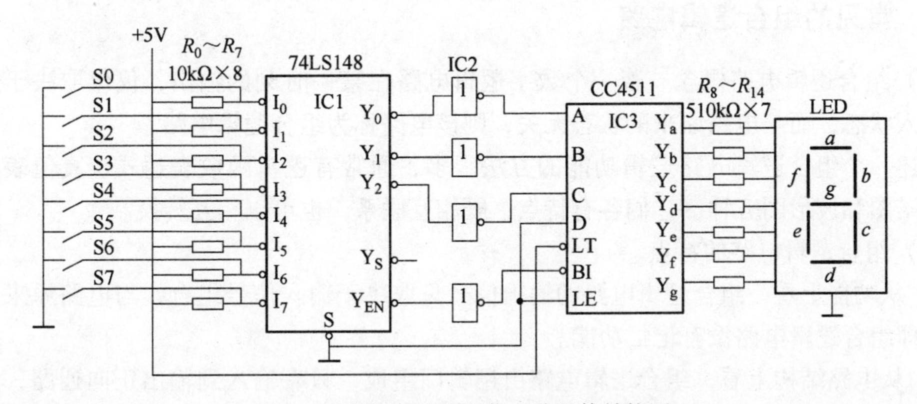

图7-12　数码显示器制作电路整体结构图

（2）电路分析　该电路由编码电路、反相电路和译码显示电路三部分组成。

1）编码电路。编码电路由优先编码器 74LS148、电路逻辑电平开关 S0 ~ S7 和限流电阻组成。

2）反相电路。IC2 是集成反相器，可以是 74LS04 等芯片，其作用是将优先编码器 74LS148 输出的二进制反码转换成二进制码。

3）译码显示电路。译码显示电路由驱动器 CC4511、限流电阻以及 LED 数码管 CL-5161AS 组成。例如，I_5 有效（为低电平）时，74LS148 的输出为 5 的二进制反码，即 $Y_2Y_1Y_0=010$，则经反相器后输出为 101，再经 CC4511 译码和驱动后，LED 数码管显示数字“5”。

2. 电路主要技术参数与要求

（1）特性指标　输入电压：+5V；输入电流：30mA。

（2）质量指标　数码管 LED 应能按照设定的编码显示，无跳变、无叠字、无缺笔画等现象，显示亮度应均匀。逻辑电平开关应操作灵活，接触可靠。芯片 74LS148、反相器、译码器 CC4511 能正常工作。

3. 电路元器件参数及功能

数码显示器制作电路中元器件的参数及功能见表 7-7。

表 7-7　数码显示器制作电路中元器件的参数及功能

序号	元器件代号	元件名称	型号以及参数	规格	功能	备注
1	IC1	优先编码器	74LS148	16p	编码	
2	IC2	六非门	74LS04	14p	二进制码取反	
3	IC3	显示译码器	CC4511	16p	译码	
4	LED	LED 数码管	CL-5161AS	10p	数字显示	共阴极数码管
5	$R_0 \sim R_7$	电阻	10kΩ	1/4W	限流	
6	$R_8 \sim R_{14}$	电阻	510Ω	1/4W	限流	
7	S0 ~ S7	按钮		6.3×6.3	高低电平转换	

【相关知识】

7.2.2　常见的组合逻辑电路

（1）组合逻辑电路概念　若一个数字逻辑电路在某一时刻的输出，仅仅取决于这一时刻的输入状态，而与电路原来的状态无关，则该电路称为组合逻辑电路。

描述一个组合逻辑电路逻辑功能的方法很多，通常有逻辑函数表达式、真值表、逻辑图、卡诺图和波形图五种。它们各有特点，既相互联系，也可以相互转换。

（2）组合逻辑电路的特点

1）从功能上看，组合逻辑电路的输出信号只取决于输入信号组合，与电路原来的状态无关，即组合逻辑电路没有记忆功能。

2）从电路结构上看，组合逻辑电路由逻辑门组成，只有输入到输出正向通路，没有输出到输入反馈通路。

3）门电路是组合逻辑电路的基本单元。

(3) 组合逻辑电路的分类

1）按输出端数目可分为单输出电路和多输出电路。

2）按电路的逻辑功能分为加法器、编码器、译码器和数据选择器等。

3）按器件的极型可分为 TTL 型 CMOS 型。

1. 编码器

所谓编码就是将具有特定含义的信息（如数字、文字、符号等）用二进制代码来表示的过程。实现编码功能的电路称为编码器。

编码器的输入是被编码的信号，输出为二进制代码。

按编码方式不同可分为普通编码器和优先编码器两大类。

按输出代码的种类不同可分为二进制编码器、二-十进制编码器等。

(1) 二进制编码器　能够将各种输入信息编成二进制代码的电路称为二进制编码器。即用 n 位二进制代码只能对 2^n 个信号进行编码。

图 7-13a 所示为由或门构成的三位二进制编码器，图 7-13b 所示为由与非门构成的三位二进制编码器。根据逻辑图可写出编码器的输出逻辑函数式，并可列出真值表。

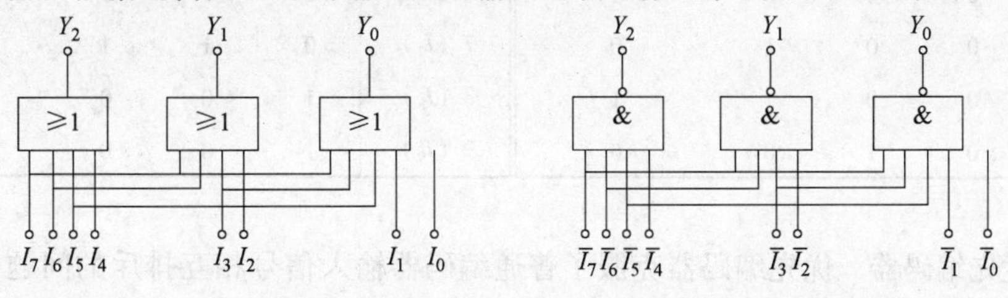

a) 由或门构成　　b) 由与非门构成

图 7-13　三位二进制编码器

由表 7-8 所示的真值表可知，编码器在任何时刻只能对一个输入信号进行编码，不允许有两个或两个以上的输入信号同时请求编码，否则输出编码会混乱。这就是说这种编码器的输入信号是相互排斥的。由于该编码器有 8 个输入端，3 个输出端，故称 8 线-3 线编码器。

表 7-8　3 位二进制编码器的真值表

输入	输出			输入	输出		
I	Y_2	Y_1	Y_0	I	Y_2	Y_1	Y_0
I_0	0	0	0	I_4	1	0	0
I_1	0	0	1	I_5	1	0	1
I_2	0	1	0	I_6	1	1	0
I_3	0	1	1	I_7	1	1	1

(2) 二-十进制编码器　实现用四位二进制数代码对 1 位十进制数码进行编码的电路，即将 0 ~ 9 十个十进制数转换为二进制代码的电路，简称 BCD 编码器。

图 7-14a 所示为由或门构成的二-十进制编码器，图 7-14b 所示为由与非门构成的二-十进制编码器。根据图 7-14 所示的逻辑图可写出编码器的输出逻辑函数式，并可列出表 7-9

所示的真值表。

此编码器输入 10 个互斥的数码时将输出 4 位二进制代码。

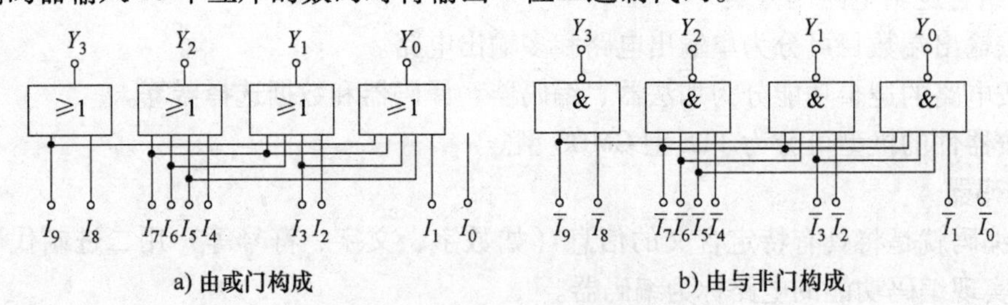

a) 由或门构成　　b) 由与非门构成

图 7-14　8421 BCD 码编码器

表 7-9　8421 BCD 码编码器的真值表

真值表					真值表				
输入	输出				输入	输出			
I	Y_3	Y_2	Y_1	Y_0	I	Y_3	Y_2	Y_1	Y_0
0 (I_0)	0	0	0	0	5 (I_5)	0	1	0	1
1 (I_1)	0	0	0	1	6 (I_6)	0	1	1	0
2 (I_2)	0	0	1	0	7 (I_7)	0	1	1	1
3 (I_3)	0	0	1	1	8 (I_8)	1	0	0	0
4 (I_4)	0	1	0	0	9 (I_9)	1	0	0	1

（3）优先编码器　优先编码器克服了普通编码器输入信号相互排斥的问题，它允许同时输入两个或两个以上编码信号。

优先编码器：在多个信息同时输入时，只对输入中优先级别最高的信号进行编码。在优先编码器中优先级别高的信号排斥级别低的，即具有单方面排斥的特性。

优先级别：编码者规定。常用的优先编码器集成器件有 74LS147、74LS148 等。

下面介绍三位二进制优先编码器 74LS148 的逻辑功能。

74LS148 的功能表见表 7-10。

表 7-10　74LS148 的功能表

输入									输出				
$\overline{S}$	$\overline{I_0}$	$\overline{I_1}$	$\overline{I_2}$	$\overline{I_3}$	$\overline{I_4}$	$\overline{I_5}$	$\overline{I_6}$	$\overline{I_7}$	$\overline{Y_2}$	$\overline{Y_1}$	$\overline{Y_0}$	$\overline{Y_{EX}}$	$\overline{Y_S}$
H	×	×	×	×	×	×	×	×	H	H	H	H	H
L	H	H	H	H	H	H	H	H	H	H	H	H	L
L	×	×	×	×	×	×	×	L	L	L	L	L	H
L	×	×	×	×	×	×	L	H	L	L	H	L	H
L	×	×	×	×	×	L	H	H	L	H	L	L	H
L	×	×	×	×	L	H	H	H	L	H	H	L	H
L	×	×	×	L	H	H	H	H	H	L	L	L	H
L	×	×	L	H	H	H	H	H	H	L	H	L	H
L	×	L	H	H	H	H	H	H	H	H	L	L	H
L	L	H	H	H	H	H	H	H	H	H	H	L	H

图 7-15 所示为 74LS148 的逻辑符号和引脚图。由于它有 8 个编码信号输入端，3 个二进制代码输出端，为此又把它叫做 8 线-3 线优先编码器。

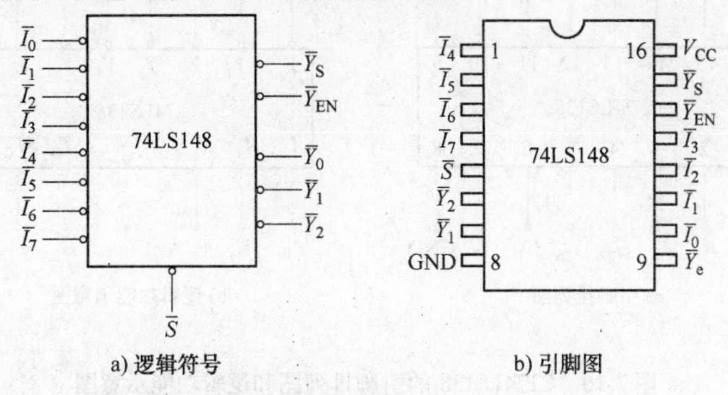

a) 逻辑符号　　b) 引脚图

图 7-15　优先编码器 74LS148 的逻辑符号和引脚图

根据 74LS148 的功能表对其逻辑功能说明如下：

1）$\overline{I_7} \sim \overline{I_0}$为 8 个编码输入端，低电平有效。$\overline{I_7}$优先级别最高，优先级别依次降低，$\overline{I_0}$优先级别最低。

2）$\overline{Y_2} \sim \overline{Y_0}$为 3 个二进制代码输出端，低电平有效。3 位二进制代码从高位到低位的排列为$\overline{Y_2}$、$\overline{Y_1}$、$\overline{Y_0}$，且输出代码为二进制码的反码。

3）$\overline{S}$ 为选通输入端，低电平有效。当 $\overline{S}=H$ 时，禁止编码器工作。此时，不管编码输入端有无编码请求，输出都为高电平。

4）$\overline{Y_S}$为选通输出端，$\overline{Y_{EX}}$为扩展输出端，用于扩展编码功能。

2. 译码器

将每一组输入二进制代码“翻译”成为一个特定的输出信号，用来表示该组代码原来所代表信息的过程称为译码。把代码状态的特定含义翻译出来的过程称为译码，译码是编码的逆过程，实现译码的电路称为译码器。

译码器按其功能特点可以分为二进制译码器、二-十进制译码器和显示译码器等。

（1）二进制译码器　它是将输入二进制代码“翻译”成为原来对应信息的组合逻辑电路。它有 n 个输入端，2^n 个输出端。且对应于输入代码的每一种状态，2^n 个输出中只有一个为 1（或为 0），其余全为 0（或为 1）。

二进制译码器可以译出输入变量的全部状态，故又称为变量译码器。

1）集成 3 线-8 线译码器 CT74LS138（中规模集成电路）。A_2、A_1、A_0 为二进制译码输入端，$\overline{Y_7} \sim \overline{Y_0}$为译码输出端（低电平有效），$G_1$、$\overline{G_{2A}}$、$\overline{G_{2B}}$　为选通控制端。当 $G_1=1$、$\overline{G_{2A}}+\overline{G_{2B}}=0$ 时，译码器处于工作状态；当 $G_1=0$、$\overline{G_{2A}}+\overline{G_{2B}}=1$ 时，译码器处于禁止状态。在这里，$G_1=ST_A$，$\overline{G_{2A}}=\overline{ST_B}$，$\overline{G_{2B}}=\overline{ST_C}$，也被称为使能端。如图 7-16 所示为 CT74LS138 的引脚排列图和逻辑功能示意图。CT74LS138 的功能表见表 7-11。

注意：译码器输入为自然二进制码；输出为低电平有效。

2）两片 CT74LS138 可以组成 4 线-16 线译码器。图 7-17 所示为用两片 CT74LS138 组成的 4 线-16 线译码器的逻辑图。

工作情况如下：

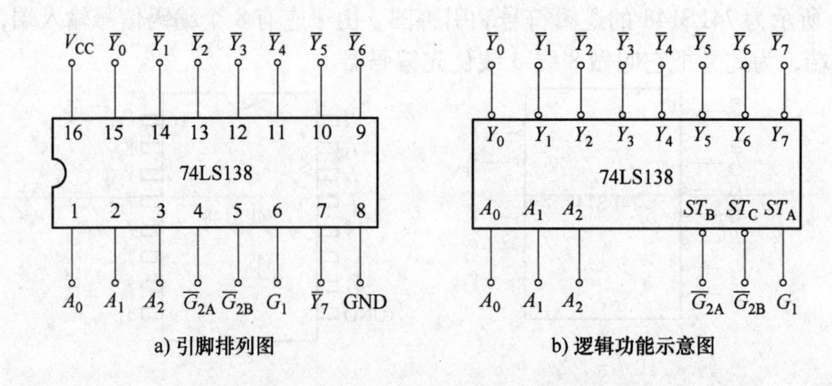

a) 引脚排列图　　b) 逻辑功能示意图

图 7-16　CT74LS138 的引脚排列图和逻辑功能示意图

表 7-11　CT74LS138 的功能表

输入					输出							
G_1	$\overline{G}_2$	A_2	A_1	A_0	$\overline{Y}_7$	$\overline{Y}_6$	$\overline{Y}_5$	$\overline{Y}_4$	$\overline{Y}_3$	$\overline{Y}_2$	$\overline{Y}_1$	$\overline{Y}_0$
×	1	×	×	×	1	1	1	1	1	1	1	1
0	×	×	×	×	1	1	1	1	1	1	1	1
1	0	0	0	0	1	1	1	1	1	1	1	0
1	0	0	0	1	1	1	1	1	1	1	0	1
1	0	0	1	0	1	1	1	1	1	0	1	1
1	0	0	1	1	1	1	1	1	0	1	1	1
1	0	1	0	0	1	1	1	0	1	1	1	1
1	0	1	0	1	1	1	0	1	1	1	1	1
1	0	1	1	0	1	0	1	1	1	1	1	1
1	0	1	1	1	0	1	1	1	1	1	1	1

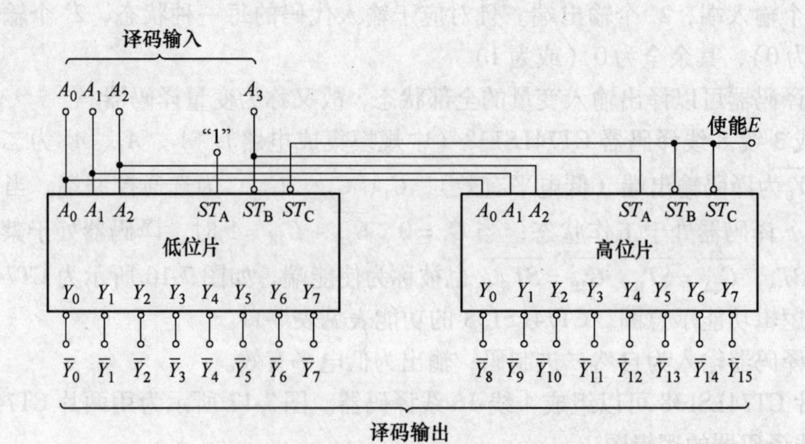

图 7-17　两片 CT74LS138 组成 4 线-16 线译码器

当 $E=1$ 时，两个译码器都不工作，输出 $\overline{Y_{15}} \sim \overline{Y_0}$ 都为高电平1。

当 $E=0$ 时，译码器工作情况如下：

①当 $A_3=0$ 时，低位片工作。这时输出 $\overline{Y_7} \sim \overline{Y_0}$ 由输入二进制代码 $A_2A_1A_0$ 决定。由于高位片的 $ST_A=A_3=0$ 而不能工作，输出 $\overline{Y_{15}} \sim \overline{Y_8}$ 都为高电平1。

②当 $A_3=1$ 时，低位片的 $\overline{ST_B}=A_3=1$ 不工作，输出 $\overline{Y_7} \sim \overline{Y_0}$ 都为高电平1。高位片的 $ST_A=A_3=1$ 处于工作状态，输出 $\overline{Y_{15}} \sim \overline{Y_8}$ 由输入二进制代码 $A_2A_1A_0$ 决定。

（2）二-十进制译码器　把二-十进制代码翻译成10个十进制数字信号的电路，称为二-十进制译码器。或将输入的4位BCD码翻译成0～9十个相应输出信号的电路称为二-十进制译码器。

它有四个输入端，十个输出端。二-十进制译码器的输入是十进制数的4位二进制编码（BCD码），分别用 A_3、A_2、A_1、A_0 表示；输出的是与10个十进制数字相对应的10个信号，用 $Y_9 \sim Y_0$ 表示。由于二-十进制译码器有4根输入线，10根输出线，所以又称为4线-10线译码器。

4线-10线译码器CT74LS42（中规模集成电路），输入：8421BCD代码；输出：$\overline{Y_9} \sim \overline{Y_0}$ 为低电平有效。由表7-12可见：CT74LS42输入伪码1010～1111时，输出 $\overline{Y_9} \sim \overline{Y_0}$ 都为高电平1，不会出现低电平0。因此，译码器不会产生错误译码。

表7-12　4线-10线译码器CT74LS42的功能表

十进制数	输入				输出									
	A_3	A_2	A_1	A_0	$\overline{Y_0}$	$\overline{Y_1}$	$\overline{Y_2}$	$\overline{Y_3}$	$\overline{Y_4}$	$\overline{Y_5}$	$\overline{Y_6}$	$\overline{Y_7}$	$\overline{Y_8}$	$\overline{Y_9}$
0	0	0	0	0	0	1	1	1	1	1	1	1	1	1
1	0	0	0	1	1	0	1	1	1	1	1	1	1	1
2	0	0	1	0	1	1	0	1	1	1	1	1	1	1
3	0	0	1	1	1	1	1	0	1	1	1	1	1	1
4	0	1	0	0	1	1	1	1	0	1	1	1	1	1
5	0	1	0	1	1	1	1	1	1	0	1	1	1	1
6	0	1	1	0	1	1	1	1	1	1	0	1	1	1
7	0	1	1	1	1	1	1	1	1	1	1	0	1	1
8	1	0	0	0	1	1	1	1	1	1	1	1	0	1
9	1	0	0	1	1	1	1	1	1	1	1	1	1	0
伪码	1	0	1	0	1	1	1	1	1	1	1	1	1	1
	1	0	1	1	1	1	1	1	1	1	1	1	1	1
	1	1	0	0	1	1	1	1	1	1	1	1	1	1
	1	1	0	1	1	1	1	1	1	1	1	1	1	1
	1	1	1	0	1	1	1	1	1	1	1	1	1	1
	1	1	1	1	1	1	1	1	1	1	1	1	1	1

图7-18所示为CT74LS42的逻辑图，图7-19所示为CT74LS42的引脚排列图和逻辑功能示意图。

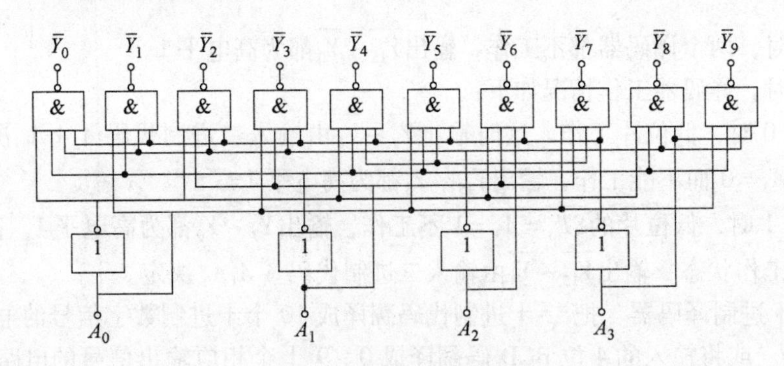

图 7-18　CT74LS42 的逻辑图

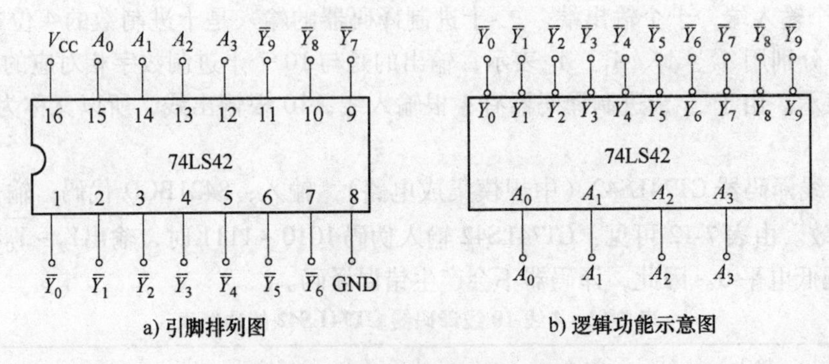

a) 引脚排列图　　b) 逻辑功能示意图

图 7-19　4 线-10 线译码器 CT74LS42

（3）数码显示译码器　在各种数字系统中，常常需要将数字量以十进制数码直观地显示出来，供人们直接读取结果或监视数字系统的工作状况。因此，数字显示系统电路是许多数字设备中不可缺少的部分。

用来驱动各种显示器，从而将用二进制代码表示的数字、文字、符号翻译成人们习惯的形式直观地显示出来的电路，称为显示译码器。

显示译码器主要是由译码器和驱动器组成，通常这二者都集成在一块芯片上。

1）七段数字显示器。常见的七段数字显示器有半导体数码显示器（LED）和液晶显示器（LCD）等。这种显示器由七段发光的字段组合而成，利用字段的不同组合，可分别显示出 0 ~ 9 十个数字。LED 是利用半导体构成的。而 LCD 是利用液晶的特点制成的。

发光二极管数码显示器的内部接法有两种，分别为共阳接法和共阴接法。七段译码器输出低电平有效时，需选用共阳接法的数码显示器；译码器输出高电平有效时，则需选用共阴接法的数码显示器。

图 7-20 所示为由七段发光二极管组成的数码显示器的外形图和内部接法。

图 7-21 所示为共阴接法显示的数字。

2）集成七段显示译码器。CC4511 为 CMOS 集成七段显示译码器，具有锁存/译码/驱动功能。图 7-22 所示为其逻辑符号和引脚图，表 7-13 所示为其真值表。

逻辑功能如下：

①消隐功能。当$\overline{BI}=0$时，输出 $a \sim b$ 都为低电平 0，各字段都熄灭，显示器不显示数字。

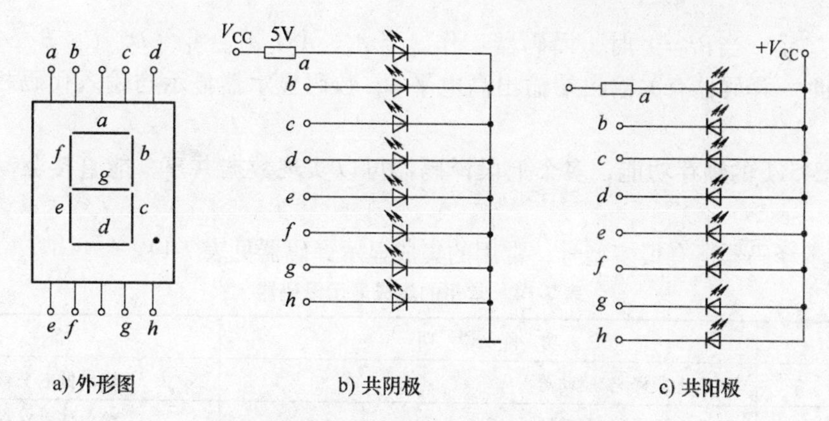

a) 外形图　　b) 共阴极　　c) 共阳极

图7-20　数码显示器的外形图和内部接法

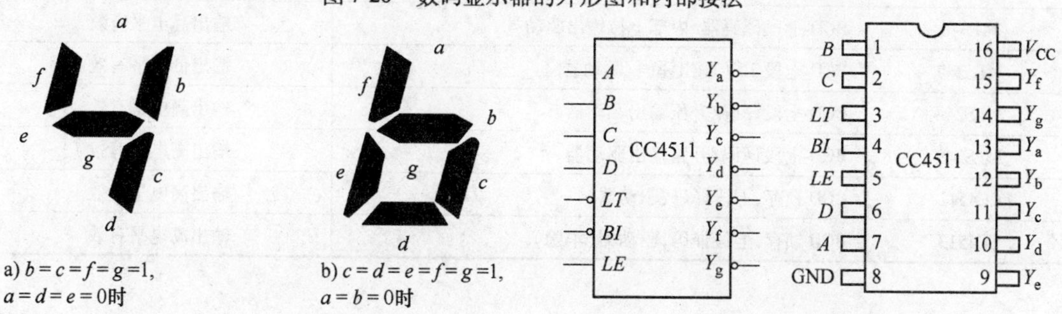

a) $b=c=f=g=1$, $a=d=e=0$时　　b) $c=d=e=f=g=1$, $a=b=0$时

图7-21　显示举例（共阴极）

图7-22　CC4511逻辑符号和引脚图

表7-13　CC4511的真值表

输入							输出							
LE	*BI*	*LT*	*D*	*C*	*B*	*A*	*a*	*b*	*c*	*d*	*e*	*f*	*g*	显示
×	×	0	×	×	×	×	1	1	1	1	1	1	1	8
×	0	1	×	×	×	×	0	0	0	0	0	0	0	消隐
0	1	1	0	0	0	0	1	1	1	1	1	1	0	0
0	1	1	0	0	0	1	0	1	1	0	0	0	0	1
0	1	1	0	0	1	0	1	1	0	1	1	0	1	2
0	1	1	0	0	1	1	1	1	1	1	0	0	1	3
0	1	1	0	1	0	0	0	1	1	0	0	1	1	4
0	1	1	0	1	0	1	1	0	1	1	0	1	1	5
0	1	1	0	1	1	0	0	0	1	1	1	1	1	6
0	1	1	0	1	1	1	1	1	1	0	0	0	0	7
0	1	1	1	0	0	0	1	1	1	1	1	1	1	8
0	1	1	1	0	0	1	1	1	1	0	0	1	1	9
0	1	1	1	0	1	0	0	0	0	0	0	0	0	消隐
0	1	1	1	0	1	1	0	0	0	0	0	0	0	消隐
0	1	1	1	1	0	0	0	0	0	0	0	0	0	消隐
0	1	1	1	1	0	1	0	0	0	0	0	0	0	消隐
0	1	1	1	1	1	0	0	0	0	0	0	0	0	消隐
0	1	1	1	1	1	1	0	0	0	0	0	0	0	消隐
1	1	1	×	×	×	×	锁存							锁存

②数码显示。当$\overline{BI}=1$时，译码器工作。当A_3、A_2、A_1、A_0（D、C、B、A）端输入8421BCD码时，译码器有关输出端输出高电平1，数码显示器显示与输入代码相对应的数字。

利用CC4511的锁存功能，多个七段译码器可以实现数据共享，能直接驱动数码管发光。

集成显示译码器还有很多型号，常用的集成显示译码器见表7-14。

表7-14　常用的集成显示译码器

型号	功能说明	备注
74LS46	BCD-七段译码/驱动器	输出低电平有效
74LS47	BCD-七段译码/驱动器	输出低电平有效
74LS48	BCD-七段译码器/内部上拉输出驱动	输出高电平有效
74LS247	BCD-七段15V输出译码/驱动器	输出低电平有效
74LS248	BCD-七段译码/升压输出驱动器	输出高电平有效
74LS249	BCD-七段译码/开路输出驱动器	输出高电平有效
CC4511	BCD锁存,七段译码,驱动器	输出高电平有效
CC4513	BCD锁存,七段译码,驱动器(消隐)	输出高电平有效

（4）用译码器实现组合逻辑函数　对于二进制译码器，其输出为输入变量的全部最小项，而且每一个输出函数Y_i为一个最小项。

因为任何一个逻辑函数都可变换为最小项之和的标准式，因此，利用二进制译码器再辅以门电路，可用于实现单输出或多输出的组合逻辑函数。

例7-2　试用译码器和门电路实现逻辑函数$Y=\overline{A}\,\overline{B}C+AB\overline{C}+C$

解：1）根据逻辑函数选择译码器。选用3线-8线译码器CT74LS138，并令$A_2=A$，$A_1=B$，$A_0=C$。

2）将函数式变换为标准与或式。

$$\begin{aligned}Y&=\overline{A}\,\overline{B}C+AB\overline{C}+C\\&=\overline{A}\,\overline{B}C+\overline{A}BC+A\overline{B}C+AB\overline{C}+ABC\\&=m_1+m_3+m_5+m_6+m_7\end{aligned}$$

3）根据译码器的输出有效电平确定需用的门电路。

CT74LS138输出低电平有效，$\overline{Y_i}=\overline{m_i}$，$i=0\sim7$

因此，将Y函数式变换为

$$\begin{aligned}Y&=\overline{\overline{m_1}\;\overline{m_3}\;\overline{m_5}\;\overline{m_6}\;\overline{m_7}}\\&=\overline{\overline{Y_1}\;\overline{Y_3}\;\overline{Y_5}\;\overline{Y_6}\;\overline{Y_7}}\end{aligned}\qquad(7\text{-}9)$$

采用5输入与非门，其输入取自$\overline{Y_1}$、$\overline{Y_3}$、$\overline{Y_5}$、$\overline{Y_6}$和$\overline{Y_7}$。

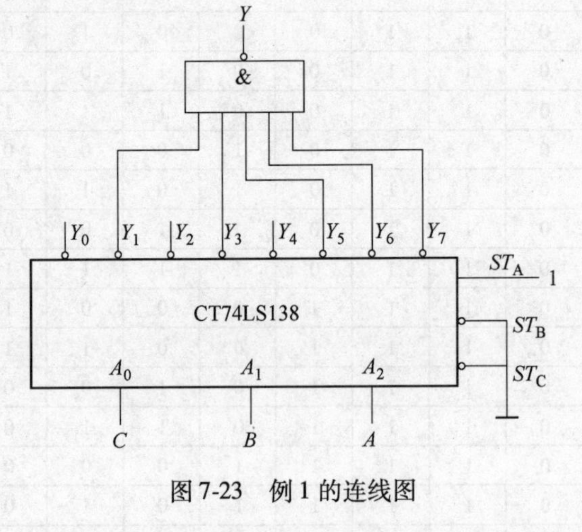

图7-23　例1的连线图

4）画连线图。根据式（7-9）可画出如图7-23所示的连线图。

任务7.3　数码显示器电路的制作与调试

【任务目标】

1）掌握元器件的选择及测试方法。

2）掌握电路的安装、焊接方法。

3）掌握电路的调试、检测方法。

【任务内容】

7.3.1　电路装配准备

1. 制作工具与仪器设备

1）电路焊接工具：电烙铁（20~35W）、烙铁架、焊锡丝、松香。

2）机加工工具：剪刀、剥线钳、尖嘴钳、平口钳、螺钉旋具、套筒扳手、镊子、电钻。

3）测试仪器仪表：万用表、数字示波器、逻辑测试笔。

2. 电路整体安装方案设计

电路整体安装方案设计如图7-24所示。

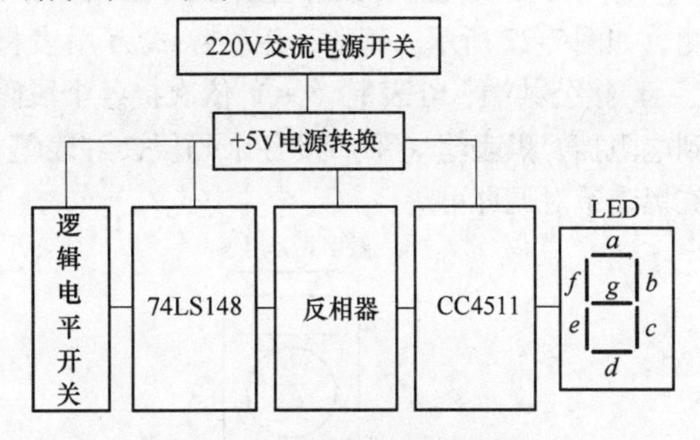

图7-24　电路整体安装方案设计

3. 电路装配线路板设计

1）电路装配线路板设计图如图7-25所示。

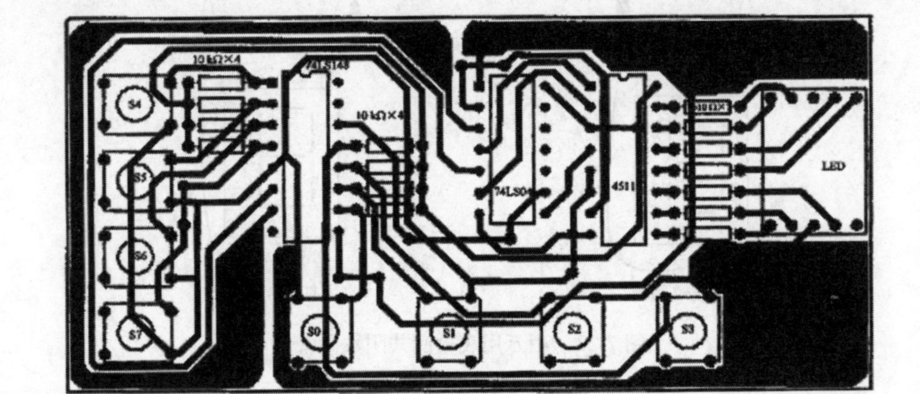

图7-25　电路装配线路板设计图

2）电路装配线路板图设计说明。本装配线路板图为采用Protel99设计软件绘制，是从元器件面向下看的透明装配线路板图，在装配时要注意各个元器件的方向，不能反接。

4. 元器件检测

1）逻辑电平开关、电阻的检测。

2）共阴数码管检测。查看 LED 数码管的外形，其性能检测方法一般有三种：用 3V 干电池检测、用万用表检测、用数字万用表的 h_{FE} 插口检测。

①用 3V 干电池检测。LED 数码管外观要求颜色均匀、无局部变色及无气泡等，在业余条件下可用干电池进行检测。如图 7-26 所示，以共阴极数码管为例，将 3V 干电池负极引出线固定接触在 LED 数码管的公共阴极上，电池正极引出线依次移动接触笔画的正极。这一根引出线接触到某一笔画的正极时，对应笔画就应显示出来。

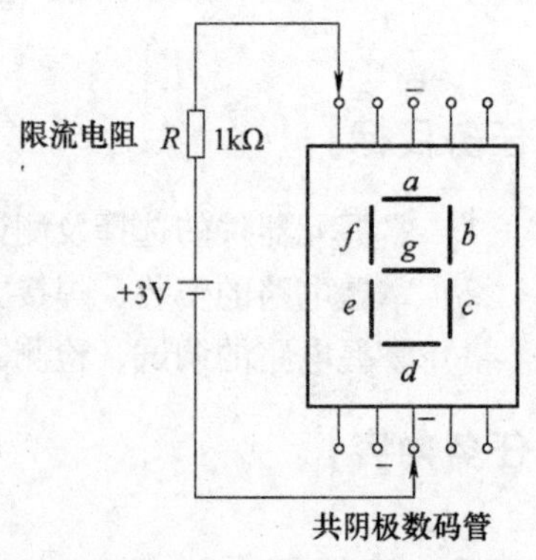

图 7-26　干电池检测 LED 数码管

用这种简单的方法可以检测出数码管是否有断笔（某笔画不能显示）和连笔（某些笔画连在一起），并且可相对比较出不同笔画发光的强弱性能。

若检测共阳极数码管，只需将电池正负极引出线对调一下，方法同上。

②用万用表检测。数码管的检测既可以用指针式万用表检测，也可以用数字式万用表检测，如图 7-27 所示。例如，用数字式万用表检测共阴数码管时，旋到二极管挡，黑表笔（-）接公共端，红表笔（+）依次接各个段码，查看各个笔段是否亮。用指针式万用表旋到电阻挡，黑表笔（+）接各个码段，红表笔（-）接公共端。若检测共阳极数码管，将红黑表笔对调即可。

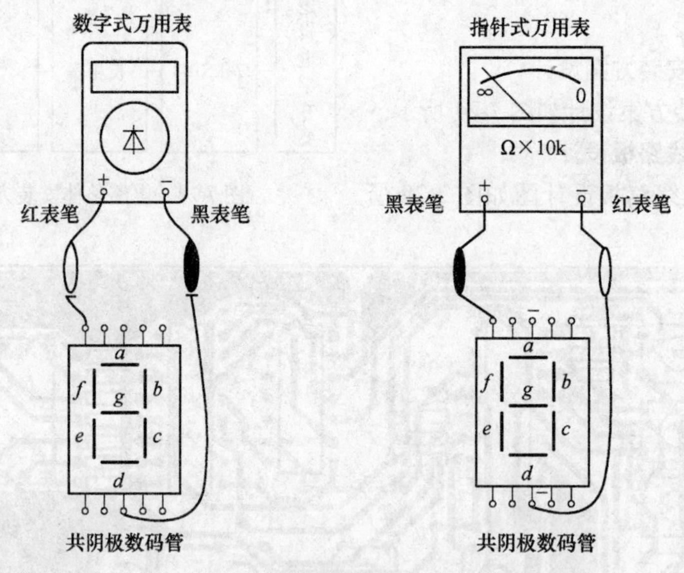

图 7-27　用万用表检测共阴数码管

③用数字万用表的 h_{FE} 插口检测。利用数字万用表的 h_{FE} 插口能够方便地检查 LED 数码管的发光情况。选择 NPN 挡时，*C* 孔带正电，*E* 孔带负电。例如，检测 CL-5161AS 型共阴极 LED 数码管时，从 *E* 孔插入一根单股细导线，导线引出端接一极（第③脚与第⑧脚在内部连通，可任选一个作为一）；再从 *C* 孔引出一根导线依次接触各笔段。若按图 7-28a 所示电路，将第④、⑤、①、⑥、⑦脚短路后再与 *C* 孔引出线接通，则显示数字“2”。把 *a*～*g*

段全部接 C 孔引出线，显示数字“8”，如图7-28b所示。

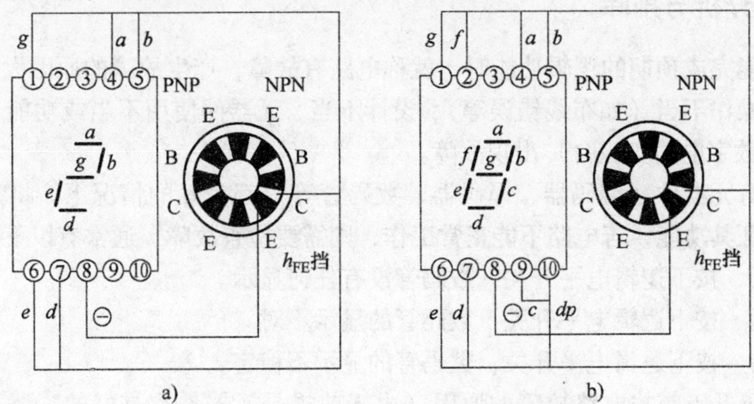

图7-28 用 h_{FE} 挡检测LED共阴极数码管

对型号不明、又无引脚排列图的LED数码管，用数字万用表的 h_{FE} 挡可完成下述的测试工作。

a. 判定数码管的结构形式（共阴极或共阳极）。

b. 识别引脚。

c. 检测全亮笔段。

预先可假定某个电极为公共极，然后根据笔段发光或不发光加以验证。当笔段电极接反或公共极判断错误时，该笔段就不能发光。

数码管使用注意事项具体如下：

①数码管表面不要用手触摸，不要用手触摸引脚。

②焊接温度为260℃，焊接时间为5s。

③表面有保护膜的产品，可以在使用前将保护膜撕下来。

3）优先二进制编码器74LS148的检测。根据74LS148的引脚排列图，利用实验台对照逻辑功能表来逐项检测。

4）显示译码器CC4511的检测。其检测方法同编码器的检测方法，也可将输出直接接数码管，直接测试其逻辑功能。

5）反相器的检测。集成反相器有很多，74LS04是六反相器。本任务中使用四个非门，可选择其中任意四个非门。检测方法可用实验台进行逻辑功能测试。

7.3.2 整机装配与电路调试

将检验合格的元器件按上面的装配线路板图安装并焊接在印制板上。

电路调试步骤如下。

1）仔细检查、核对电路与元器件，确认无误后加入规定的+5V直流电压。

2）通电后，此时数码管无显示。

3）当按下 $S_0\sim S_7$ 中的一个或几个开关时，则数码管将按编码器的优先级别显示相应的数字。例如，同时按下 S_0、S_5、S_7 时数码管将显示数字“7”。

7.3.3 故障分析与排除

当电路不能完成预期的逻辑功能时，就称电路有故障，产生故障的原因大致可以归纳以下四个方面：操作不当（如布线错误等）、设计不当、元器件使用不当或功能不正常，以及仪器（主要指数字电路实验台）出现故障。

在检查所有元器件（编码器、译码器、数码管等）都完好的情况下，将元器件焊接在电路板上，验证其功能，若电路不能正常工作，则需要检查故障，通常有以下几种故障：

1）通电后，按下逻辑电平开关，数码管没有任何显示。

2）通电后，按下逻辑电平开关，数码管的显示不对。

3）通电后，按下逻辑电平开关，数码管的显示不稳定。

一般从以下几点查找电路故障的原因（由于前提是元器件都是好的，那么电路肯定有问题）。

1）查电源：可能是电源和地的原因，电源和地一定不能短接，并且检查电源是否为标准的 +5V，每个芯片的电源是否接上，各个接地点是否可靠接地。

2）查开关：查看开关是否接错。

3）查 74LS148：第 2）步无误后，逐个按下逻辑电平开关，查看编码器的输出是否正确。若不正确，查看芯片的连接是否有误，焊接是否合格。

4）查反相器 IC2：查看反相器能否正常反相工作。

5）查 CC4511：查看数码管的显示是否正确，是否与数码管正确连接。

6）查焊接故障：包括电路虚焊、错焊、漏焊等。

①虚焊：表现为焊点质量非常差，是所有故障中最难查找的。表现为电路有时正常，有时不正常，这个时候需要用电烙铁逐个修补那些焊得不好的焊点。

②错焊：包括电路短路、断路及焊接错误等，通常电路表现为不正常工作，可以依据电路图逐步找到故障点。

③漏焊：这时电路也表现为不正常工作，可以依据电路图查看哪条线路漏焊，补焊即可。

总之，检查故障需要依据电路工作原理一步一步发现问题所在，耐心细致地找到问题症结所在。需要强调的是，经验对于故障检查是大有帮助的，但只要充分掌握基本理论和原理，就不难用逻辑思维的方法较好地判断和排除故障。

【拓展知识】

7.4 数制与码制

（1）数制　数字电路中经常遇到的问题是计数。在日常生活中，人们习惯采用十进制数，在数字电路中一般采用二进制数，有时也采用八进制数和十六进制数。对于任何一个数，可以用不同的数制来表示。

1）十进制数。十进制全称为十进位计数制，是人们日常工作、生活中最熟悉、最常用的计数制。进位规律：逢十进一，借一当十。基数为 10。数码：0、1、2、3、4、5、6、7、

8、9共十个。数码所处位置不同时，所代表的数值不同。

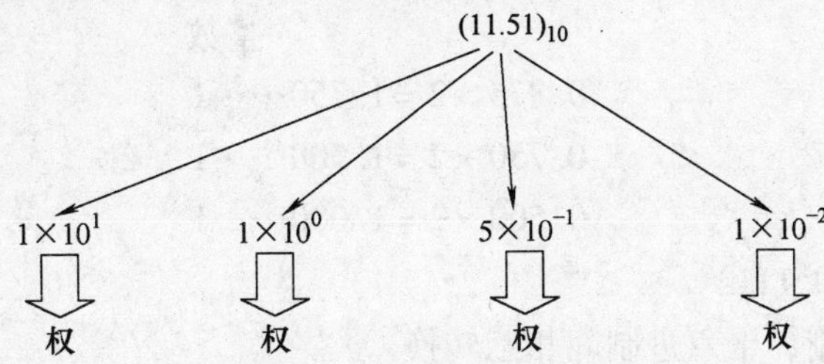

10^i 称为十进制的权，10称为基数，i 称系数数码与权的乘积，称为加权系数。十进制数可表示为各位加权系数之和，称为按权展开式。如 $(3176.54)_{10}=3\times10^3+1\times10^2+7\times10^1+6\times10^0+5\times10^{-1}+4\times10^{-2}$

2）二进制数

数码：0、1　　　　进位规律：逢二进一，借一当二

权：2^i　　基数：2　　系数：0、1

按权展开式表示 $(1011.11)_2=1\times2^3+0\times2^2+1\times2^1+1\times2^0+1\times2^{-1}+1\times2^{-2}=8+0+2+1+0.5+0.25=11.75$

3）八进制数和十六进制数见表7-15。

表7-15　八进制数和十六进制数

进制	八进制	十六进制
数的表示	$(xxx)_8$ 或 $(xxx)_o$	$(xxx)_{16}$ 或 $(xxx)_H$
计数规律	逢八进一，借一当八	逢十六进一，借一当十六
基数	8	16
权	8^i	16^i
数码	0~7	0~9、A、B、C、D、E、F

（2）不同数制之间的相互转换

1）各种数制转换成十进制，按权展开求和。

2）十进制转换为其他进制。整数和小数分别转换具体如下：

整数部分：除 N 取余法。

小数部分：乘 N 取整法。

如十进制转换为二进制，整数部分可“除2取余，倒序排列”，小数部分可“乘2取整，顺序排列”。

例7-3　$(26)_{10}=(\quad)_2$

除数	被除数	余数
2	26	
2	13	……0
2	6	……1
2	3	……0
2	1	……1
	0	……1

所以 $(26)_{10}=(11010)_2$

例 7-4 $(0.875)_{10}=(\quad)_2$

整数

$0.875\times2=1.750\cdots\cdots1$

$0.750\times2=1.500\cdots\cdots1$

$0.500\times2=1.000\cdots\cdots1$

所以$(0.875)_{10}=(0.111)_2$

3）二进制与八进制、十六进制间相互转换

①二进制与八进制之间的相互转换。因为三位二进制数正好表示 0 ~ 7 八个数字，所以一个二进制数转换成八进制数时，只要从最低位开始，每三位分为一组，每组都对应转换为一位八进制数。若最后不足三位时，可在前面加 0，然后按原来的顺序排列就得到八进制数。

例 7-5 试将二进制数 $[10101000]_2$ 转换成八进制数。

解：

010	101	000
↓	↓	↓
2	5	0

即$[10101000]_2=[250]_8$

反之，如将八进制数转换成二进制数，只要将每位八进制数写成对应的三位二进制数，按原来的顺序排列起来即可。

例 7-6 试将八进制数$[250]_8$转换为二进制数。

解：

2	5	0
↓	↓	↓
010	101	000

即$[250]_8=[10101000]_2$

②二进制与十六进制之间的相互转换。因为四位二进制数正好可以表示 O ~ F 十六个数字，所以转换时可以从最低位开始，每四位二进制数分为一组，每组对应转换为一位十六进制数。最后不足四位时可在前面加 0，然后按原来顺序排列就可得到十六进制数。

例 7-7 试将二进制数 $[10101000]_2$ 转换成十六进制数。

解：

1010	1000
↓	↓
A	8

即$[10101000]_2=[A8]_{16}$

反之，十六进制数转换成二进制数，可将十六进制的每一位，用对应的四位二进制数来表示。

例 7-8 试将十六进制数 $[A8]_{16}$转换成二进制数。

解：

A	8
↓	↓
1010	1000

即$[A8]_{16}=[10101000]_2$

(3) 码制　数字电路中处理的信息除了数值信息外，还有文字、符号及一些特定的操作等。为了处理这些信息，必须将这些信息用二进制数来表示。为了便于记忆和查找，这些用来表示数、字母和符号的二进制数也必须遵循一定的规则，这个规则就是码制。这些特定的二进制数码称为这些信息的代码。这些代码的编制过程称为编码。

将若干个二进制数码0和1按一定规则排列起来表示某种特定含义的代码称为二进制代码，或称二进制码。

数字电路中常用的二进制代码有：8421BCD码、2421BCD码和5421BCD码、余3BCD码、格雷码。

7.5 组合逻辑电路的分析方法与设计

1. 组合逻辑电路的分析方法

所谓组合逻辑电路的分析就是根据已知的组合逻辑电路，确定其输入与输出之间的逻辑关系，验证和说明该电路逻辑功能的过程。对给定的一个组合逻辑电路，确定其输入与输出之间的逻辑关系，验证和说明该电路逻辑功能的过程。

（1）基本分析方法

1）写出输出逻辑函数的表达式。根据给定的组合逻辑电路，由输入到输出逐级写出各级门电路的表达式，最后求出电路输出对输入的逻辑函数式。

2）列出逻辑函数的真值表。通常输入变量按自然二进制数顺序取值，代入逻辑函数式中进行计算，输出和输入一一对应列出真值表。

3）逻辑功能分析。主要是根据真值表的特点分析组合逻辑电路输出对输入的逻辑关系，最后说明电路的功能。

组合逻辑电路的分析步骤：

逻辑图 —从输入到输出逐级写出电路的逻辑功能→ 逻辑表达式 —化简→ 最简与或表达式 → 真值表

（2）分析举例

例7-9 试分析图7-29电路的逻辑功能。

解：（1）从输入到输出逐级写出输出端的函数表达式

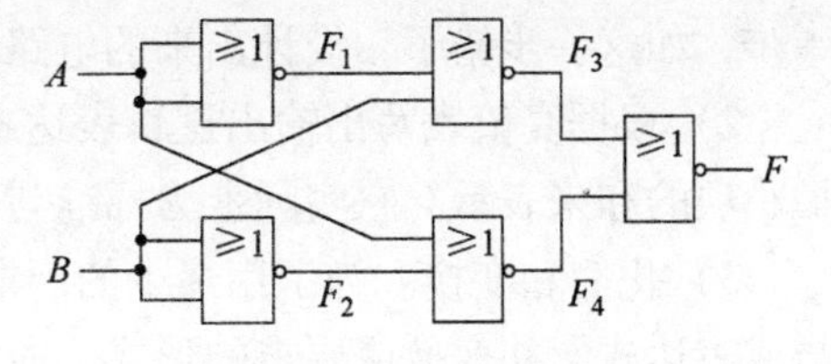

图7-29 例7-8的逻辑图

$$F_1=\overline{A}$$

$$F_2=\overline{B}$$

$$F_3=\overline{\overline{A}+B}=A\overline{B}$$

$$F_4=\overline{A+\overline{B}}=\overline{A}B$$

$$F=\overline{F_3+F_4}=\overline{A\overline{B}+\overline{A}B} \tag{7-10}$$

（2）对式（7-10）进行化简

$$F=\overline{A\overline{B}+\overline{A}B}=\overline{A\overline{B}}\;\overline{\overline{A}B}$$

$$=(\overline{A}+B)(A+\overline{B})=\overline{A}\,\overline{B}+AB \tag{7-11}$$

（3）列出函数真值表，见表7-16所示。

表7-16 函数真值表

A	B	F	A	B	F
0	0	1	1	0	0
0	1	0	1	1	1

（4）确定电路功能　由式（7-11）和表 7-16 可知，图 7-29 是一个同或门。

例 7-10　试分析图 7-30 电路的逻辑功能。

①逐级写出输出端的逻辑表达式

$$F_1 = A \oplus B$$

$$F = F_1 \oplus C = A \oplus B \oplus C \qquad (7\text{-}12)$$

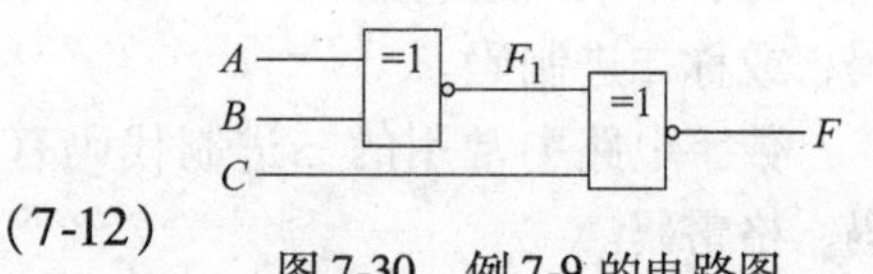

图 7-30　例 7-9 的电路图

②式（7-12）已是最简，故可不用化简。

③列真值表，见表 7-17。

表 7-17　真值表

A	B	C	F	A	B	C	F
0	0	0	0	1	0	0	1
0	0	1	1	1	0	1	0
0	1	0	1	1	1	0	0
0	1	1	0	1	1	1	1

④确定电路功能　由表 7-17 可知，当 A、B、C 的取值组合中，只有奇数个 1 时，输出为 1，否则为 0，所以图 7-30 电路为 3 位奇偶检验器。

2. 组合逻辑电路的设计

所谓设计就是根据给定的功能要求，求出实现该功能的最简单的组合逻辑电路。组合逻辑电路的设计是组合逻辑电路分析的逆过程，即最终画出满足功能要求的最简逻辑电路图。所谓“最简”，就是指电路所用的器件数最少，器件种类最少，器件间的连线也最少。

（1）基本设计方法

1）分析设计要求，列出真值表。根据题意确定输入变量和输出函数及它们相互间的关系，并给予逻辑赋值，从而列出满足逻辑要求的真值表。这是组合逻辑电路设计中最关键的一步，如这一步错了，设计出来的电路也不能满足设计要求。

2）根据真值表写出输出逻辑表达式。输出逻辑表达式通常用真值表中输出等于 1 对应最小项的和来表示。它实际上为标准与或表达式，即最小项表达式。

3）化简和变换。为了用最少的门电路实现要求的逻辑功能，需将逻辑函数化简成最简与或表达式，并变换成要求的形式。通常用卡诺图或代数法进行化简。

4）画逻辑图。根据逻辑表达式画逻辑图。

组合逻辑电路的设计步骤：

电路功能描述 ⟶ 真值表 ⟶ 逻辑表达式或卡诺图 ⟶ 最简与-或表达式 ⟶ 逻辑变换 ⟶ 逻辑电路图

（2）设计举例

例 7-11　试用与非门设计一个在三个地方均可对同一盏灯进行控制的组合逻辑电路。并要求当灯泡亮时，改变任何一个输入可把灯熄灭；相反，若灯不亮时，改变任何一个输入也可使灯亮。

解：①因要求三个地方控制一盏灯，所以设 A、B、C 分别为三个开关，作为输入变量，并设开关向上闭合为1，开关向下断开为0；Y为输出变量，灯亮为1，灯灭为0。

②根据逻辑要求，列真值表，见表7-18所示。

表7-18 真值表

A	*B*	*C*	*F*	*A*	*B*	*C*	*F*
0	0	0	0	1	0	0	1
0	0	1	1	1	0	1	0
0	1	0	1	1	1	0	0
0	1	1	0	1	1	1	1

③写表达式、并化简

$$F=\bar{A}\,\bar{B}C+\bar{A}B\,\bar{C}+A\,\bar{B}\,\bar{C}+ABC \tag{7-13}$$

式（7-13）已不能化简，即为最简与或表达式。

④画逻辑电路图。因题目要求用与非门电路实现，所以先要将式（7-13）变换为与非-与非表达式，然后根据与非-与非表达式再画逻辑图，如图7-31所示。

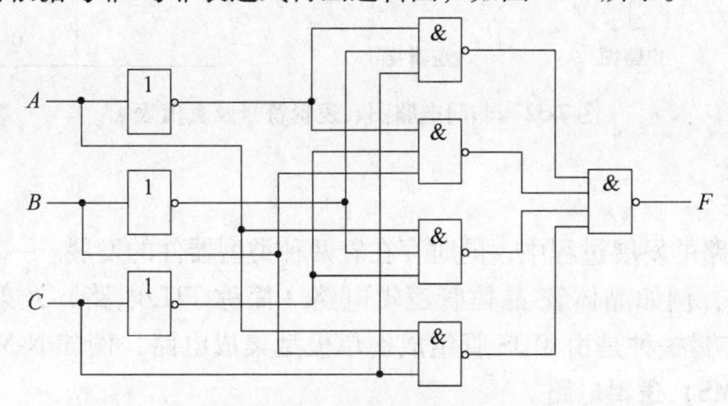

图7-31 例7-10逻辑电路图

$$\begin{aligned}F&=\overline{\overline{\bar{A}\,\bar{B}C+\bar{A}B\,\bar{C}+A\,\bar{B}\,\bar{C}+ABC}}\\&=\overline{\overline{\bar{A}\,\bar{B}C}\;\overline{\bar{A}B\,\bar{C}}\;\overline{A\,\bar{B}\,\bar{C}}\;\overline{ABC}}\end{aligned}$$

7.6 分立元件门电路与集成门电路

用以实现基本和常用逻辑运算的电子电路，简称门电路。门电路按其组成结构的不同，可以分为分立元件门电路和集成门电路。

1. 分立元件门电路

获得高、低电平的基本方法：利用半导体开关元件的导通、截止（即开、关）两种工作状态。从最基本逻辑关系的分析中，不难看出，门电路实际上就是一种开关电路。我们知道，二极管、晶体管都具有开关特性。由于二极管具有外加正向电压时导通、加反向电压时截止的单向导电特性，因此，在数字电路中它可作为一个受外加电压控制的开关来使用。同样，晶体管也可作为一个开关来使用，不过，晶体管作开关使用时，不允许工作在放大状态，而只能工作在饱和导通状态（又称为饱和状态）或截止状态。

由于集成门电路的发展，分立元件门电路在具体应用中已近淘汰，但分立元件门电路是集成门电路的基础，而且分立元件门电路结构简单，可以直观分析其逻辑功能，了解其工作原理和特性，可参阅有关书籍获取相关常识。这里，仅对晶体管构成的非门电路进行简单介绍。

图 7-32 所示是用晶体管构成的非门电路，电路中输入变量为 A，输出变量为 Y。电路实际上是一个反相器，当输入变量为高电平时，晶体管饱和导通，输出近似为 0V，当输入变量为低电平时，晶体管截止，输出近似为 5V。用 1 表示高电平，用 0 表示低电平，显而易见，电路利用晶体管的开关特性，在输入量进行高、低电平跳变时，输出量呈现与输入量相反的变化。电路满足非逻辑功能，简称非门。非门电路图、逻辑符号及真值表如图 7-32 所示。

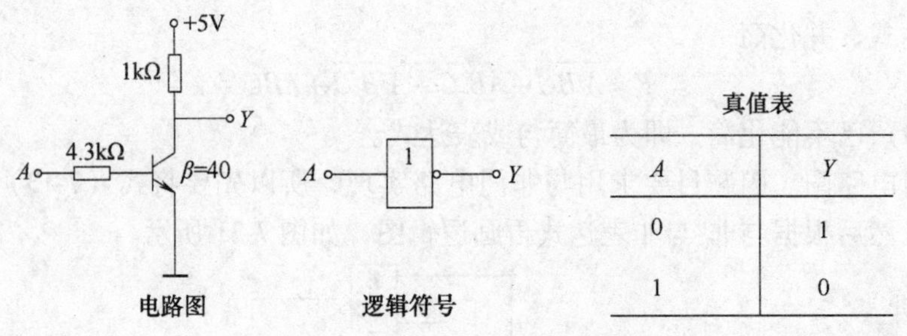

真值表

A	Y
0	1
1	0

图 7-32　非门电路图、逻辑符号及真值表

2. 集成门电路

在数字集成电路的发展过程中，同时存在着两种类型器件的发展。一种是由晶体管组成的双极型集成电路，例如晶体管-晶体管逻辑电路（简称 TTL 电路）及射极耦合逻辑电路（简称 ECL 电路）。另一种是由 MOS 管组成的单极型集成电路，例如 N-MOS 逻辑电路和互补 MOS（简称 COMS）逻辑电路。

（1）TTL 集成门电路　从功能上看，集成逻辑门电路包括与门、或门、与非门、与或非门、异或门、同或门等。

集成与非门是集成逻辑门系列中应用最为普遍、特性上最具代表性的一种。TTL 集成与非门的典型电路如图 7-33 所示。电路分为输入级、中间级和输出级三部分。

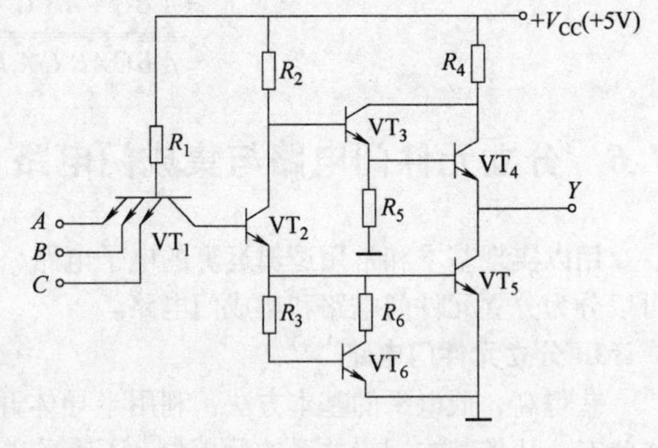

图 7-33　TTL 集成与非门

①输入级：由一个多发射极晶体管 VT_1 和电阻 R_1 组成，相当于一个与门。

②中间级：由晶体管 VT_2 和电阻 R_2、R_3 组成，起反相作用，在 VT_2 的集电极和发射极各提供一个电压信号，两者相位相反，供给推拉式结构的输出级。

③输出级：由晶体管 VT_3、VT_4、VT_5 和电阻 R_4、R_5 组成推拉式结构的输出电路，其作用实现反相，并降低输出电阻，提高带负载能力。

集成与非门的主要参数包括以下几项：

①输出高电平 U_{OH}：TTL 与非门的一个或几个输入为低电平时的输出电平。产品规范值

$U_{OH} \geq 2.4V$，标准高电平 $U_{SH} = 2.4V$。

②输出低电平 U_{OL}：TTL 与非门的输入全为高电平时的输出电平。产品规范值 $U_{OL} \leq 0.4V$，标准低电平 $U_{SL} = 0.4V$。

③高电平输出电流 I_{OH}：输出为高电平时，提供给外接负载的最大输出电流，超过此值会使输出高电平下降。I_{OH}表示电路的拉电流负载能力。

④低电平输出电流 I_{OL}：输出为低电平时，外接负载的最大输出电流，超过此值会使输出低电平上升。I_{OL}表示电路的灌电流负载能力。

⑤扇出系数 N_0：指一个门电路能带同类门的最大数目，它表示门电路的带负载能力。一般 TTL 门电路 $N_0 \geq 8$，功率驱动门的 N_0 可达 25。

⑥最大工作频率 f_{max}：超过此频率电路就不能正常工作。

⑦输入开门电平 U_{ON}：是在额定负载下使与非门的输出电平达到标准低电平 U_{SL} 的输入电平。它表示使与非门开通的最小输入电平。一般 TTL 门电路的 $U_{ON} \approx 1.8V$。

⑧输入关门电平 U_{OFF}：使与非门的输出电平达到标准高电平 U_{SH} 的输入电平。它表示使与非门关断所需的最大输入电平。一般 TTL 门电路的 $U_{OFF} \approx 0.8V$。

⑨高电平输入电流 I_{IH}：输入为高电平时的输入电流，也即当前级输出为高电平时，本级输入电路造成的前级拉电流。

⑩低电平输入电流 I_{IL}：输入为低电平时的输入电流，也即当前级输出为低电平时，本级输入电路造成的前级灌电流。

⑪平均传输时间 t_{pd}：信号通过与非门时所需的平均延迟时间。在工作频率较高的数字电路中，信号经过多级传输后造成的时间延迟，会影响电路的逻辑功能。

⑫空载功耗：与非门空载时电源总电流 I_{CC} 与电源电压 V_{CC} 的乘积。

⑬阈值电压。工作在电压传输特性曲线转折区中点对应的输入电压称为阈值电压，又称为门槛电压。用 U_{TH} 表示。近似分析时，可以认为：当 $u_I < U_{TH}$ 时，与非门工作在关闭状态，输出高电平 U_{OH}；当 $u_I > U_{TH}$ 时，与非门工作在开通状态，输出低电平 U_{OL}。

⑭噪声容限。在输入信号上叠加的噪声电压只要不超过允许值，就不会影响电路的正常逻辑功能，这个允许值称为噪声容限。电路的噪声容限越大，其抗干扰能力就越强。

集成与非门 74LS00 和 74LS20 的引脚排列图如图 7-34 所示。（74LS00 内含 4 个 2 输入与非门，74LS20 内含 2 个 4 输入与非门）

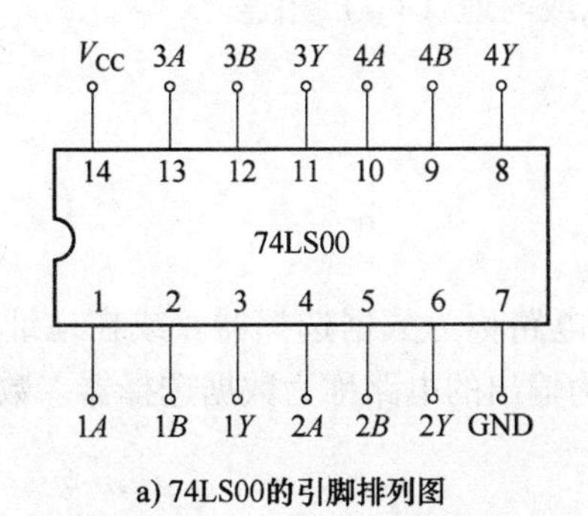

a) 74LS00的引脚排列图

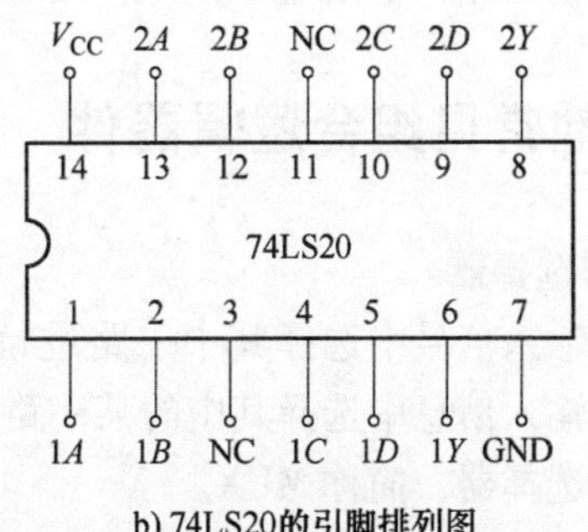

b) 74LS20的引脚排列图

图 7-34　集成与非门 74LS00 和 74LS20 的引脚排列图

为了拓宽TTL集成与非门的应用领域，许多其他类型的TTL集成与非门先后涌现，例如集电极开路与非门（OC门）、三态输出与非门（TSL门）等。

一般TTL与非门使用时，其输出端不能直接和地线或电源线（+5V）相连，两个TTL门的输出端不能直接并接在一起。集电极开路门、三态门是允许输出端直接并联在一起的两种TTL门，并且用它们还可以构成线与逻辑及线或逻辑。

图7-35为集电极开路与非门（OC门）的逻辑符号。图7-36a为低电平有效的三态输出与非门的逻辑符号，图7-36b为高电平有效的三态输出与非门的逻辑符号。

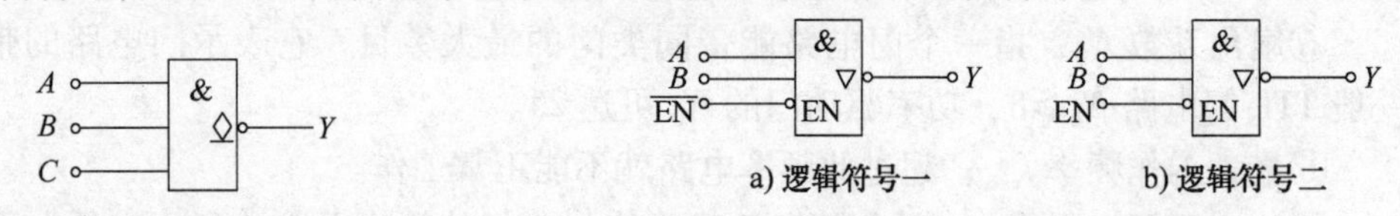

图7-35 OC门的逻辑符号

图7-36 三态输出与非门

（2）CMOS集成门电路　CMOS集成门电路是当前应用十分广泛的逻辑电路之一。CMOS电路便于集成，集成度可以非常高，功耗几乎为0。CMOS电路具有制造工艺简单、功耗小、输入阻抗高、集成度高、电源电压范围宽等优点，其主要缺点是工作速度稍低，但随着集成工艺的不断改进，CMOS电路的工作速度已有了大幅度的提高。

（3）集成逻辑门电路使用注意事项。

1）TTL门的使用注意事项。

①关于电源：对于各种集成电路，使用时一定要在推荐的工作条件范围内，否则将导致性能下降或损坏器件。

②关于输入端：数字集成电路中多余的输入端在不改变逻辑关系的前提下可以并联起来使用，也可根据逻辑关系的要求接地或接高电平。TTL电路多余的输入端悬空表示输入为高电平。

③关于输出端：具有推拉输出结构的TTL门电路的输出端不允许直接并联使用。输出端不允许直接接电源V_{CC}或直接接地。

2）CMOS门的使用注意事项。

①关于电源：对于各种集成电路，使用时一定要在推荐的工作条件范围内，否则将导致性能下降或损坏器件。

②关于输入端：CMOS电路，多余的输入端不允许悬空，否则电路将不能正常工作。

③关于输出端：输出端不允许直接与电源V_{DD}或与地（V_{SS}）相连。

7.7 其他常见组合逻辑器件

1. 数据选择器

从多路输入信号中选择其中一路进行输出的电路称为数据选择器。或在地址信号控制下，从多路输入信息中选择其中的某一路信息作为输出的电路称为数据选择器。数据选择器又称为多路选择器，简称MUX。

（1）4选1数据选择器

D_0、D_1、D_2、D_3：输入数据

A_1、A_0：地址变量

Y 为数据输出端，$\overline{ST}$为使能端，输入低电平有效。

由地址码决定从4路输入中选择哪一路输出。其功能表见表7-19。

表7-19　4选1数据选择器的功能表

输　入							输出
$\overline{ST}$	A_1	A_0	D_3	D_2	D_1	D_0	Y
1	×	×	×	×	×	×	0
0	0	0	×	×	×	×	D_0
0	0	1	×	×	×	×	D_1
0	1	0	×	×	×	×	D_2
0	1	1	×	×	×	×	D_3

图7-37所示为逻辑图。

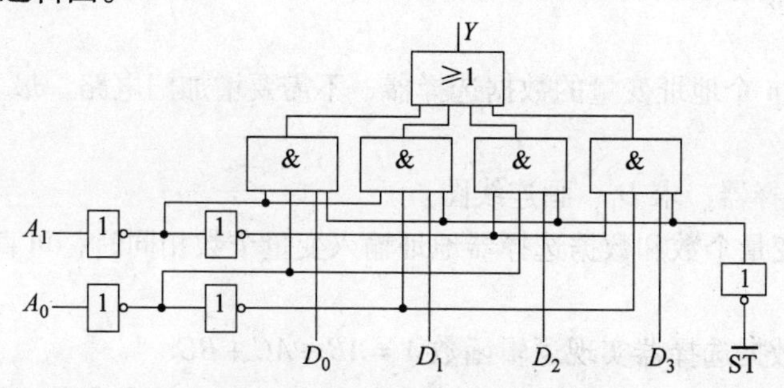

图7-37　4选1数据选择器的逻辑图

（2）集成8选1数据选择器：CT74LS151

图7-38所示为逻辑功能图和引脚排列图。

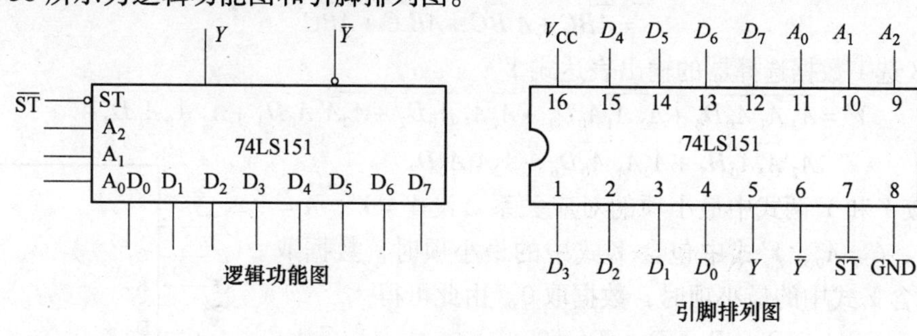

图7-38　8选1数据选择器CT74LS151

逻辑功能：

当$\overline{ST}=1$时，数据选择器被禁止（不工作），无论地址码是什么，Y总是等于0。

当$\overline{ST}=0$时，数据选择器工作。输出功能表见表7-20。

（3）用数据选择器实现组合逻辑函数　基本原理由数据选择器的主要特点决定。

1）具有标准与或表达式的形式。

表 7-20 CT74LS151 的功能表

输入					输出		输入					输出	
D	A_2	A_1	A_0	$\overline{ST}$	Y	$\overline{Y}$	D	A_2	A_1	A_0	$\overline{ST}$	Y	$\overline{Y}$
×	×	×	×	1	0	1	D_4	1	0	0	0	D_4	$\overline{D}_4$
D_0	0	0	0	0	D_0	$\overline{D}_0$	D_5	1	0	1	0	D_5	$\overline{D}_5$
D_1	0	0	1	0	D_1	$\overline{D}_1$	D_6	1	1	0	0	D_6	$\overline{D}_6$
D_2	0	1	0	0	D_2	$\overline{D}_2$	D_7	1	1	1	0	D_7	$\overline{D}_7$
D_3	0	1	1	0	D_3	$\overline{D}_3$							

2）供了地址变量的全部最小项。

3）一般情况下，输入 D_i 可以当做变量处理。

因为任何组合逻辑函数总可以用最小项之和的标准形式构成。所以，利用数据选择器的输入 D_i 来选择地址变量组成的最小项 m_i，可以实现任何所需的组合逻辑函数。

基本步骤如下：

1）逻辑函数（n 个地址变量的数据选择器，不需要增加门电路，最多可实现 $n+1$ 个变量的函数）。

2）确定数据选择器、求 D_i、画连线图。

当逻辑函数的变量个数和数据选择器地址输入变量个数相同时，可直接用数据选择器来实现逻辑函数。

例 7-12 试用数据选择器实现逻辑函数 $Y=AB+AC+BC$

解：①选用数据选择器。由于逻辑函数 Y 中有 A、B、C 三个变量，所以，可选用 8 选 1 数据选择器，现选用 CT74LS151。

②写出逻辑函数的标准与-或表达式。逻辑函数 Y 的标准与-或表达式为

$$\begin{aligned} Y &= AB+AC+BC \\ &= \overline{A}BC + A\overline{B}C + AB\overline{C} + ABC \end{aligned}$$

写出 8 选 1 数据选择器的输出表达式 Y'

$$\begin{aligned} Y' = {} & \overline{A}_2\overline{A}_1\overline{A}_0D_0 + \overline{A}_2\overline{A}_1A_0D_1 + \overline{A}_2A_1\overline{A}_0D_2 + \overline{A}_2A_1A_0D_3 + A_2\overline{A}_1\overline{A}_0D_4 + \\ & A_2\overline{A}_1A_0D_5 + A_2A_1\overline{A}_0D_6 + A_2A_1A_0D_7 \end{aligned}$$

③比较 Y 和 Y' 两式中最小项的对应关系。设 $Y=Y'$，$A=A_2$，$B=A_1$，$C=A_0$，Y' 式中包含 Y 式中的最小项时，数据取 1，没有包含 Y 式中的最小项时，数据取 0。由此可得

$$D_0=D_1=D_2=D_4=0$$

$$D_3=D_5=D_6=D_7=1$$

④画连线图。根据上式可画出图 7-39 所示的连线图。

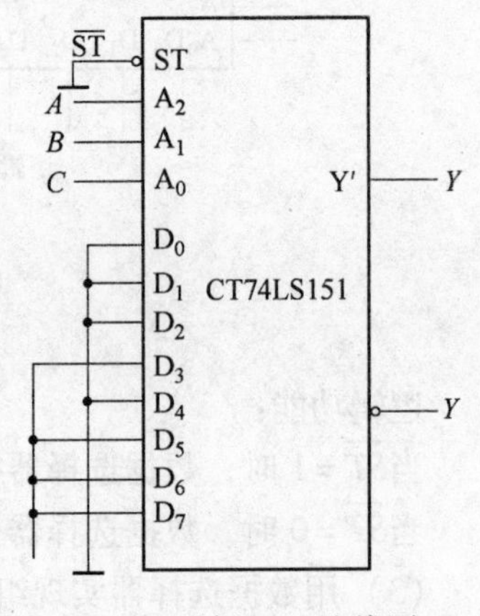

图 7-39 例 7-12 连线图

（4）数据分配器 在数字系统和计算机中，为了减少传输线，经常采用总线技术，即在同一条线上对多路数据进行接收或传送。用来实现这种逻辑功能的数字电路就是数据选择器和数据分配器。

数据分配器能把一个输入数据有选择地分配给任一个输出通道。分配器通常只有一个数据输入端，而有 M 个数据输出端。

如将译码器的使能端作为数据输入端，二进制代码输入端作为地址信号输入端使用时，则译码器便成为一个数据分配器。

如由 74LS138 构成的 1 路-8 路数据分配器如图 7-40 所示。

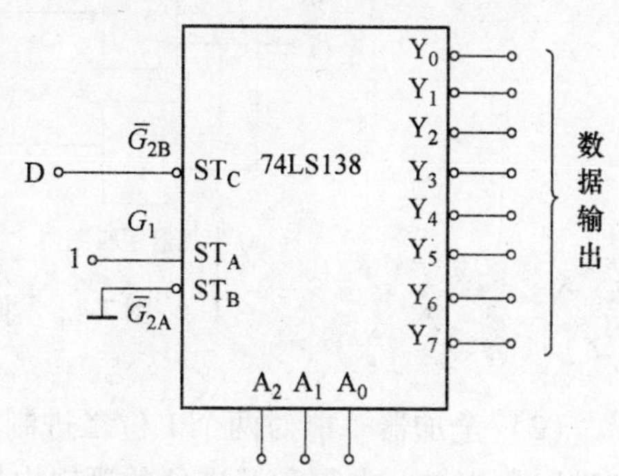

图 7-40 由 74LS138 构成的 1 路-8 路数据分配器

数据分配器和数据选择器一起构成数据分时传送系统，如图 7-41 所示。

2. 加法器

加法器是计算机中不可缺少的组成单元，应用十分广泛。此外，计算机中还要经常对两个数的大小进行比较。因此，加法器和数值比较器是常用的中规模集成电路。

（1）半加器 能对两个一位二进制数进行相加而求得和及进位的逻辑电路称为半加器。或只考虑两个一位二进制数的相加，而不考虑来自低位进位数的运算电路，称为半加器。

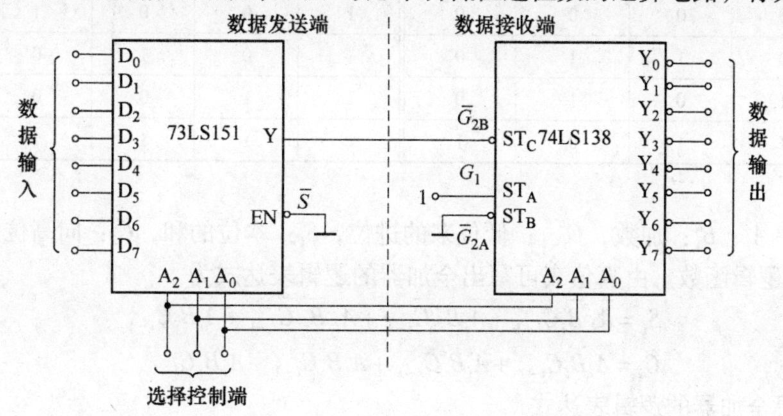

图 7-41 数据分配器和数据选择器一起构成数据分时传送系统

1）半加器真值表见表 7-21。

表 7-21 半加器真值表

输 入		输 出		输 入		输 出	
A_i	B_i	S_i	C_i	A_i	B_i	S_i	C_i
0	0	0	0	1	0	1	0
0	1	1	0	1	1	0	1

真值表中 A_i，B_i 为加数与被加数；S_i 为本位和；C_i 为向高位的进位。

2）输出逻辑函数

$$S_i=\overline{A_i}B_i+A_i\overline{B_i}=A_i\oplus B_i$$
$$C_i=A_iB_i$$

3）逻辑图和逻辑符号，如图7-42所示。

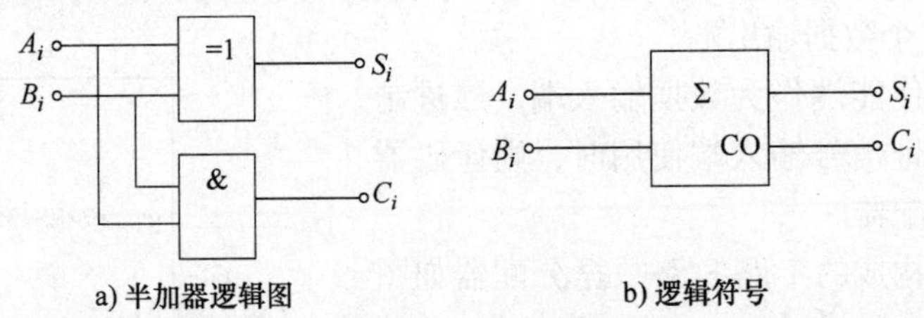

a) 半加器逻辑图　　b) 逻辑符号

图7-42　半加器的逻辑图和逻辑符号

（2）全加器　能对两个1位二进制数进行相加并考虑低位来的进位，即相当于3个1位二进制数相加，求得和及进位的逻辑电路称为全加器。或不仅考虑两个一位二进制数相加，而且还考虑来自低位进位数相加的运算电路，称为全加器。

1）真值表见表7-22。

表7-22　全加器真值表

输入			输出		输入			输出	
A_i	B_i	C_{i-1}	S_i	C_i	A_i	B_i	C_{i-1}	S_i	C_i
0	0	0	0	0	1	0	0	1	0
0	0	1	1	0	1	0	1	0	1
0	1	0	1	0	1	1	0	0	1
0	1	1	0	1	1	1	1	1	1

真值表中A_i、B_i：加数，C_{i-1}：低位来的进位，S_i：本位的和，C_i：向高位的进位。

2）输出逻辑函数。由真值表可写出全加器的逻辑表达式为

$$S_i=\overline{A}_i\overline{B}_iC_{i-1}+\overline{A}_iB_i\overline{C}_{i-1}+A_i\overline{B}_i\overline{C}_{i-1}+A_iB_iC_{i-1}$$

$$C_i=\overline{A}_iB_iC_{i-1}+A_i\overline{B}_iC_{i-1}+A_iB_i\overline{C}_{i-1}+A_iB_iC_{i-1}$$

化简后得全加器的逻辑表达式

$$\begin{aligned}S_i&=A_i\oplus B_i\oplus C_{i-1}\\C_i&=(A_i\oplus B_i)C_{i-1}+A_iB_i\end{aligned}\tag{7-14}$$

3）全加器的逻辑图和逻辑符号，如图7-43所示。

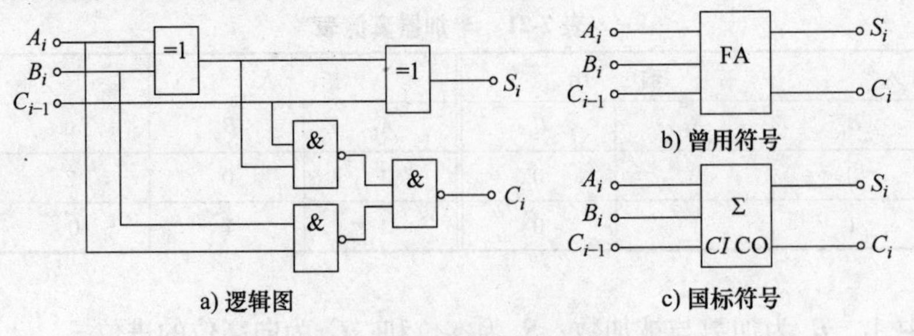

a) 逻辑图　　b) 曾用符号　　c) 国标符号

图7-43　全加器的逻辑图和逻辑符号

（3）加法器　实现多位二进制数相加的电路称为加法器。

1）串行进位加法器。

构成：把 n 位全加器串联起来，低位全加器的进位输出连接到相邻的高位全加器的进位输入。

逻辑电路图，如图7-44所示。

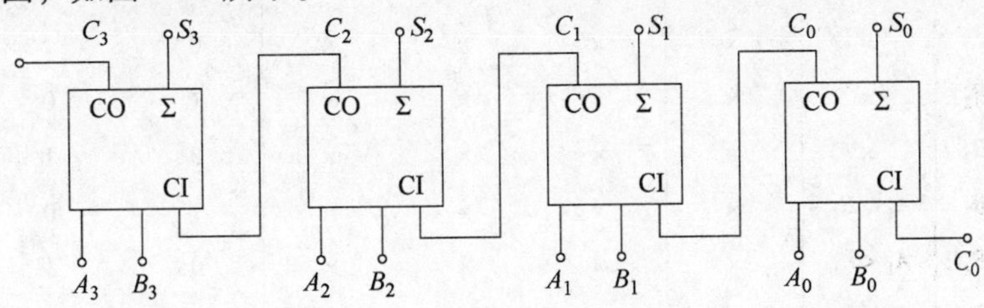

图7-44　串行进位加法器

特点：进位信号是由低位向高位逐级传递的，速度不高。

2）并行进位加法器（超前进位加法器）。

为了克服串行进位加法运算速度慢的缺点，可采用超前进位加法器。它是在进行加法运算时，同时各位全加器的进位信号由输入二进制数直接产生，这比逐位进位的串行进位加法器的运算速度要快得多。

3. 数据比较器

用来完成两个二进制数的大小比较的逻辑电路称为数值比较器，简称比较器。

（1）1位数值比较器　设 $A>B$ 时 $L_1=1$；$A<B$ 时 $L_2=1$；$A=B$ 时 $L_3=1$。由此可列表7-23所示的1位数值比较器的真值表。

表7-23　1位数值比较器的真值表

A	B	$L_1(A>B)$	$L_2(A<B)$	$L_3(A=B)$	A	B	$L_1(A>B)$	$L_2(A<B)$	$L_3(A=B)$
0	0	0	0	1	1	0	1	0	0
0	1	0	1	0	1	1	0	0	1

1位数值比较器逻辑图如图7-45所示。

（2）多位数值比较器　集成数值比较器：4位数值比较器CC14585，其真值表见表7-24。

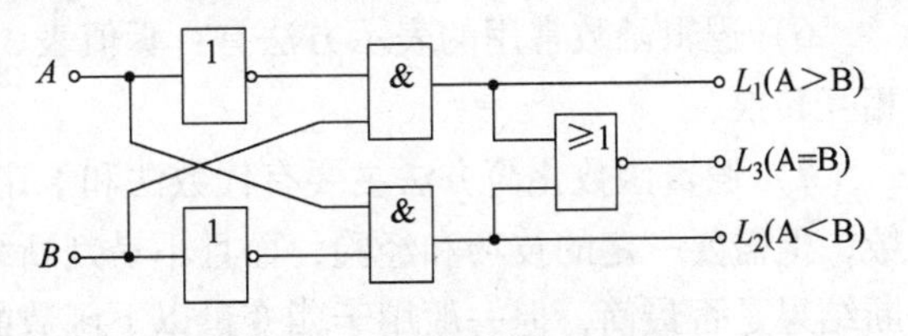

图7-45　1位数值比较器逻辑图

真值表中的输入变量包括 A_3 与 B_3、A_2 与 B_2、A_1 与 B_1、A_0 与 B_0 和 A' 与 B' 的比较结果，$A'>B'$、$A'<B'$ 和 $A'=B'$。A' 与 B' 是另外两个低位数，设置低位数比较结果输入端，是为了能与其他数值比较器连接，以便组成更多位数的数值比较器；3个输出信号 L_1（$A>B$）、L_2（$A>B$）和 L_3（$A=B$）分别表示本级的比较结果。

设 $L_1'=(A'>B')$，$L_2'=(A'<B')$，$L_3'=(A'=B')$，

$L_{31}=A_3\overline{B}_3=(A_3>B_3)$，$L_{32}=\overline{A}_3B_3=(A_3<B_3)$，

$L_{33}=\overline{\overline{A}_3B_3+A_3\overline{B}_3}=(A_3=B_3)$，余类同理推。

表 7-24　4 位数值比较器 CC14585 的真值表

比较输入				级联输入			输出		
A_3 B_3	A_2 B_2	A_1 B_1	A_0 B_0	$A'>B'$	$A'<B'$	$A'=B'$	$A>B$	$A<B$	$A=B$
$A_3>B_3$	×	×	×	×	×	×	1	0	0
$A_3<B_3$	×	×	×	×	×	×	0	1	0
$A_3=B_3$	$A_2>B_2$	×	×	×	×	×	1	0	0
$A_3=B_3$	$A_2<B_2$	×	×	×	×	×	0	1	0
$A_3=B_3$	$A_2=B_2$	$A_1>B_1$	×	×	×	×	1	0	0
$A_3=B_3$	$A_2=B_2$	$A_1<B_1$	×	×	×	×	0	1	0
$A_3=B_3$	$A_2=B_2$	$A_1=B_1$	$A_0>B_0$	×	×	×	1	0	0
$A_3=B_3$	$A_2=B_2$	$A_1=B_1$	$A_0<B_0$	×	×	×	0	1	0
$A_3=B_3$	$A_2=B_2$	$A_1=B_1$	$A_0=B_0$	1	0	0	1	0	0
$A_3=B_3$	$A_2=B_2$	$A_1=B_1$	$A_0=B_0$	0	1	0	0	1	0
$A_3=B_3$	$A_2=B_2$	$A_1=B_1$	$A_0=B_0$	0	0	1	0	0	1

【项目小结】

1）数字电路是传递、加工和处理数字信号的电子电路。它有分立元器件电路和集成电路两大类，数字集成电路发展很快，目前多采用中大规模以上的集成电路。

2）数字电路中的信号只有高电平和低电平两个取值，通常用 1 表示高电平，用 0 表示低电平，正好与二进制数中 0 和 1 对应，因此，数字电路中主要采用二进制。

3）常用的计数进制有十进制、二进制、八进制和十六进制。掌握它们之间相互转换的方法。

4）常用 BCD 码有 8421 码、2421 码、5421 码、余 3 码、格雷码等，其中以 8421 码使用最广泛。

5）基本逻辑运算有与运算（逻辑乘）、或运算（逻辑加）和非运算（逻辑非）三种。常用复合逻辑运算有与非运算、或非运算、与或非运算、异或运算和同或运算。

6）逻辑函数常用的表示方法有：真值表、逻辑函数式、卡诺图和逻辑图。它们之间可相互转换。

7）逻辑函数化简方法主要有代数法和卡诺图法。代数化简法可化简任何复杂的逻辑函数，但需要一定的技巧和经验，而且不易判断结果是否最简。卡诺图化简法直观简便，易判断结果是否最简，但一般用于四变量以下函数的化简。

8）门电路是组成数字电路的基本单元之一，最基本的逻辑门电路有与门、或门和非门。实用中通常采用集成门电路，常用的有与非门、或非门、与或非门、异或门、输出开路门、三态门和 CMOS 传输门等。

9）TTL 数字集成电路主要有 CT74 标准系列、CT74L 低功耗系列、CT74H 高速系列、CT74S 肖特基系列、CT74LS 低功耗肖特基系列等。CT74LS 功耗延迟积很小、性能优越、品种多、价格便宜，实用中多选择。

10）CMOS 数字集成电路主要有 CMOS4000 系列和 HCMOS 系列。与 TTL 集成电路相比，CMOS 集成电路的主要优点是功耗低、抗干扰能力强、电源电压范围大、逻辑摆幅大等。因此，CMOS 电路在数字集成电路中，特别是大规模集成电路应用更广泛，已成为数字集成电路的发展方向。

11）在使用集成逻辑门电路时，未被使用的闲置输入端应注意正确连接。

12）组合逻辑电路是由各种门电路组成的没有记忆功能的电路。其特点是在任何时刻的输出只取决于当时的输入信号，而与电路原来所处的状态无关。组合逻辑电路的逻辑功能可用逻辑图、真值表、逻辑表达式、卡诺图和波形图等五种方法来描述，它们在本质上是相通的，可以互相转换。

13）组合逻辑电路的分析步骤：逻辑图→写出逻辑表达式→逻辑表达式化简→列出真值表→逻辑功能描述。

组合逻辑电路的设计步骤：列出真值表→写出逻辑表达式或画出卡诺图→逻辑表达式化简和变换→画出逻辑图。

14）常用组合逻辑电路有加法器、译码器、编码器、数据选择器等，TTL 系列和 COMS 系列的中规模集成电路中都有包含这些功能的产品，可按需要选用。熟悉常用组合逻辑电路的功能、结构特点及工作原理是十分必要的，这对于正确、合理使用这些集成电路是十分有用的。

15）掌握组合逻辑电路的分析方法和设计方法；掌握数据选择器、译码器的逻辑功能及其实现逻辑函数的方法。

16）理解编码器、加法器和数值比较器的逻辑功能及使用；理解真值表在组合逻辑电路分析和设计中的重要作用。

【项目练习】

7-1 将下列十进制数转换为二进制数。

（1）$(174)_{10}$ （2）$(37.438)_{10}$

7-2 将下列二进制数转换为十进制数。

（1）$(101110.011)_2$ （2）$(1000110.1010)_2$

7-3 将下列二进制数转换为八进制数和十六进制数。

（1）$(1001011.010)_2$ （2）$(1110010.1101)_2$

7-4 什么是集成电路？它与分立元器件相比有哪些优点？

7-5 集成电路按功能不同可分为哪两大类？试比较它们的特点？

7-6 用代数法化简下列各式。

（1）$Y=A\overline{B}+AC+BC$

（2）$Y=AB\ (A+\overline{B}C)$

（3）$Y=\overline{E}\,\overline{F}+\overline{E}F+E\overline{F}+EF$

（4）$Y=ABD+A\overline{B}C\overline{D}+A\overline{C}DE+A$

（5）$Y=AC+\overline{B}C+B\overline{D}+A\ (B+\overline{C})\ +\overline{A}BC\overline{D}+A\overline{B}DE$

（6）$Y=A\overline{B}(C+D)+B\overline{C}+\overline{A}\,\overline{B}+\overline{A}C+BC+\overline{B}\,\overline{C}D$

（7）$Y=\overline{A}\,\overline{B}+ACE+BCE+CD+\overline{D}E$

（8）$Y=A+ABC+ABC+\overline{BC}+B\overline{C}$

7-7　图 7-46 所示的各逻辑图均由 TTL 门电路构成，试写出各自的输出函数表达式。

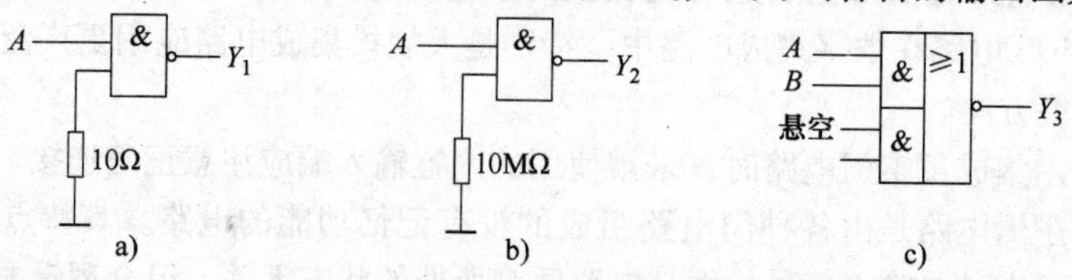

图 7-46　题 7-7 图

7-8　画出下列逻辑函数的逻辑电路图。

（1）$Y=\overline{\overline{AB}}\,\overline{\overline{CD}}$　　（2）$Y=\overline{\overline{A+B}}+\overline{\overline{C+D}}$　　（3）$Y=\overline{AB+CD}$　　（4）$Y=AB+C$

7-9　已知逻辑门及输入波形如图 7-47 所示，试分别画出输出 F_1、F_2、F_3 的波形，并写出逻辑表达式。

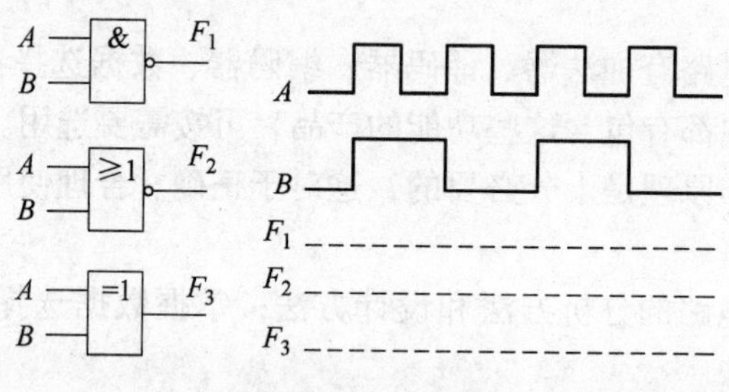

图 7-47　题 7-9 图

7-10　分析图 7-48 所示的两个电路的逻辑功能。

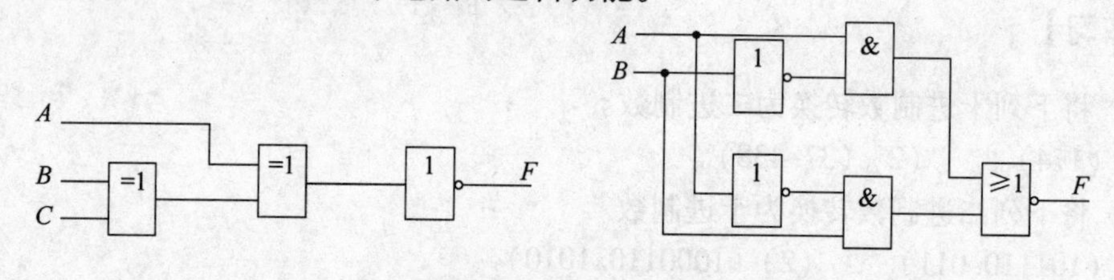

图 7-48　题 7-10 图

7-11　用最少的门电路设计能实现如下功能的组合逻辑电路。

（1）三变量判奇电路。输入中有奇数个 1 时，输出为 1，否则为 0。

（2）三变量判偶电路。输入中有偶数个 1 时，输出为 1，否则为 0。

（3）三变量不一致电路。输入变量取值不一致时，输出为 1，否则为 0。

（4）四变量判偶电路。输入中有偶数个 1 和全 0 时，输出为 1，否则为 0。

7-12　设计一个 4 人表决电路。当表决某一提案时，多数人同意提案通过；如两人同意。其中一人为董事长时，提案也通过。用与非门实现。

7-13　某车间有红、黄两个故障指示灯用来表示三台设备的工作情况。如一台设备出现故障，黄灯亮；如两台设备出现故障，则红灯亮；如三台设备同时出现故障，则红灯和黄灯都亮。试用与非门和异或门设计一个能实现此要求的逻辑电路。

7-14　用 3 线-8 线译码器 CT74LS138 和与非门实现下列逻辑函数：

（1） $Y = AB + AC + BC$

（2） $Y = AC + A\overline{B}$

7-15 用 3 线-8 线译码器 74LS138 和门电路实现如下多输出逻辑函数。

$$\begin{cases} Y_1 = \overline{A}\,\overline{B}\,\overline{C}D + \overline{A}\,\overline{B}\,C\,\overline{D} + A\,\overline{B}\,\overline{C}\,\overline{D} + \overline{A}B\,\overline{C}\,\overline{D} \\ Y_2 = \overline{A}BCD + A\,\overline{B}CD + AB\,\overline{C}D + ABC\,\overline{D} \\ Y_3 = \overline{A}B \end{cases}$$

7-16 用 8 选 1 数据选择器实现逻辑函数：$Y = A \oplus B \oplus C$。

7-17 试用 4 选 1 数据选择器实现逻辑函数：$Y = A\,\overline{B}\,\overline{C} + \overline{A}\,\overline{C} + BC$。

项目8　三位显示测频仪的制作

【项目概述】

数字测频仪是一个实用的器件，它是一种用十进制数字显示被测信号频率的数字测量仪器。它的基本功能是测量正弦波信号、方波信号及其他各种单位时间内变化的物理量。经过技术的不断发展，数字测频仪的设计方案有很多的选择性，性能也越来越高。实现方案有小规模集成电路实现、单片机实现、CPLD 实现、综合实现。根据现在所学的知识，只能采用小规模集成电路实现，这是传统的实现方案。采用该方案只能制作简易的测频仪，精度不高。

本项目就是通过三位显示测频仪的制作这个学习情境的训练，来掌握集成时序逻辑电路的特点和应用。三位显示测频仪实物图如图 8-1 所示。

图 8-1　三位显示测频仪实物图

【项目目标】

1. 知识目标

1）掌握 RS、D、JK 三种同步触发器的逻辑符号、逻辑功能、特性方程和特性表。

2）掌握边沿触发器的工作特点及触发方式。

3）掌握集成 RS、D、JK 触发器的逻辑功能与测试方法。

4）理解基本 RS 触发器、T 触发器的工作原理及工作特点。

5）掌握同步时序逻辑电路的分析方法。

6）掌握利用集成计数器的置零和置数功能构成任意进制计数器的方法。

7）掌握利用移位寄存器构成计数器的方法。

8）理解常用时序逻辑电路的工作原理。

9）掌握 555 定时器的工作原理及其组成施密特触发器、单稳态触发器和多谐振荡器的工作原理。

10）理解集成单稳态触发器的逻辑功能与应用和门电路组成的多谐振荡器的工作原理。

11）应用集成计数器设计三位显示测频仪。

2. 能力目标

1）具备熟练使用数字电路中常用仪器仪表的能力。

2）具备数字集成电路及其芯片的检索与阅读能力。
3）具备数字集成电路及其芯片的识别、选取和测试能力。
4）具备数字集成电路的安装、调试与检测能力。
5）具有初步诊断电子线路故障的能力。
6）具备数字电路的分析与设计能力。
7）培养良好的职业素养、沟通能力及团队协作精神。

【项目信息】

任务 8.1　三位显示测频仪电路的组成

【任务目标】

1）掌握集成触发器的分析方法。
2）掌握常用集成触发器的逻辑功能及应用。

【任务内容】

三位显示测频仪电路整体结构如图 8-2 所示。

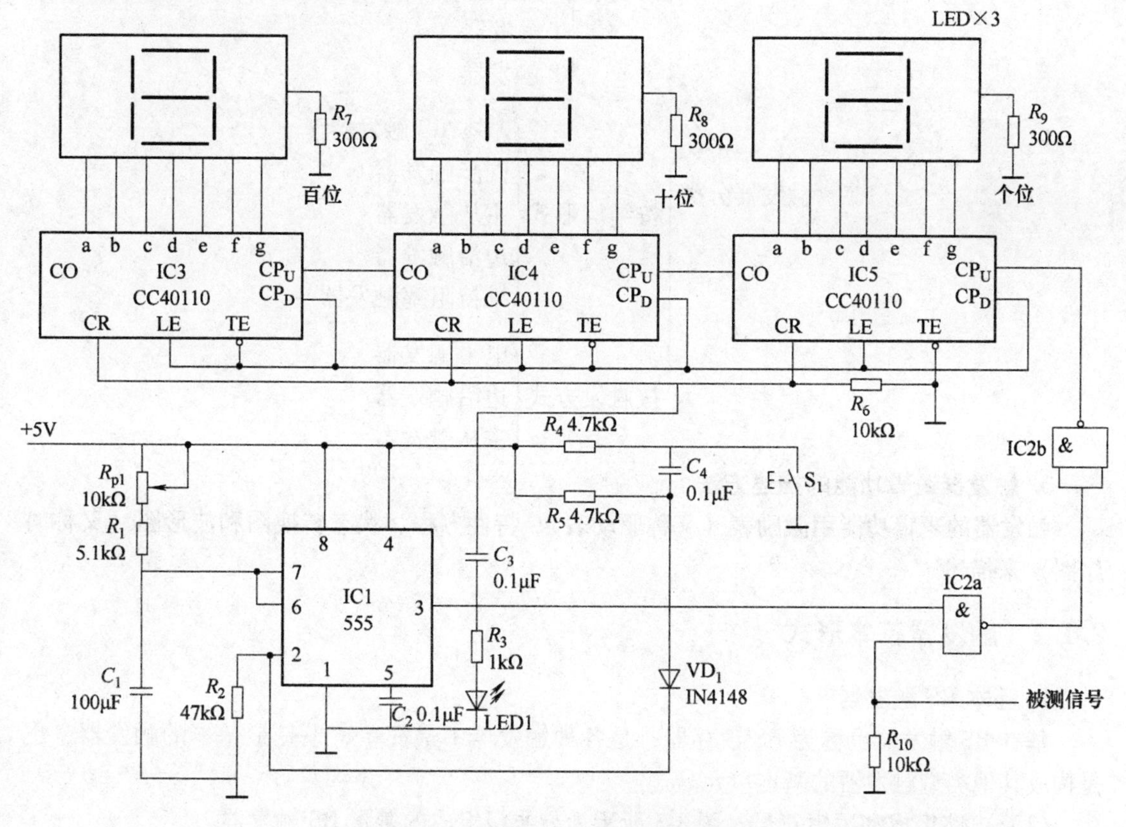

图 8-2　三位显示测频仪电路原理图

该电路由取样电路、门槛电路、计数译码电路和显示电路构成。

【相关知识】

8.1.1 触发器概述

1. 触发器的基本特性和作用

（1）触发器的基本特性

1）它有两个稳定的状态：0 状态和 1 状态。

2）在输入信号作用下，触发器的两个稳定状态可相互转换（称为状态的翻转）。输入信号消失后，新状态可长期保持下来，因此具有记忆功能，可存储二进制信息。

（2）触发器的作用

1）触发器是具有记忆功能的基本逻辑单元。

2）触发器是构成时序逻辑电路的基本逻辑部件。

2. 触发器的类型

触发器的分类如下：

- 触发器分类
  - 按功能
    - RS 触发器
    - JK 触发器
    - D 触发器
    - T 触发器
    - T'触发器
  - 按结构形式
    - 基本 RS 触发器
    - 同步触发器
    - 主从触发器
    - 边沿触发器
    - 维持阻塞触发器
  - 按触发方式
    - 电平触发器
    - 边沿触发器
    - 主从触发器

3. 触发器逻辑功能的描述方法

触发器的逻辑功能用激励表（又称驱动表）、特性方程、状态转换图和波形图（又称时序图）来描述。

8.1.2 触发器基本形式

1. 基本 RS 触发器

基本 RS 触发器也称为 RS 锁存器，是各种触发器中最简单、也是最基本的触发器，也是构成其他类型触发器的基本单元。

（1）电路组成和逻辑符号　图 8-3 所示为与非门组成的基本 RS 触发器。

（2）逻辑功能分析

信号输出端：$Q=0$、$\overline{Q}=1$ 的状态称0状态，$Q=1$、$\overline{Q}=0$ 的状态称1状态；

信号输入端：低电平有效。

工作原理如下：

1）$\overline{R}=0$、$\overline{S}=1$ 时：由于 $\overline{R}=0$，不论原来 Q 为0还是1，都有 $\overline{Q}=1$；再由 $\overline{S}=1$、$\overline{Q}=1$ 可得 $Q=0$。即不论触发器原来处于什么状态都将变成0状态，这种情况称将触发器置0或复位。$\overline{R}$ 端称为触发器的置零端或复位端。

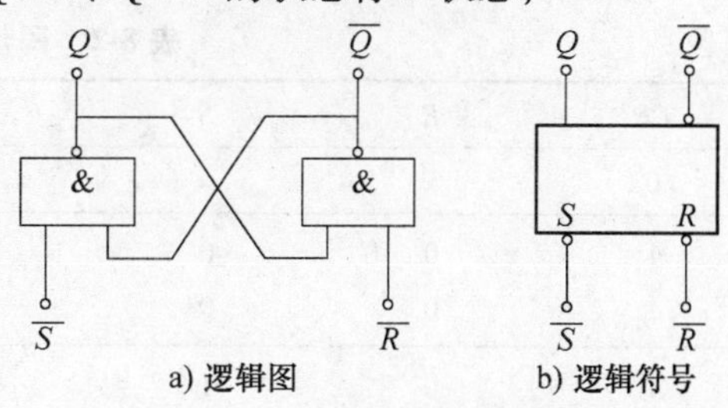

图8-3　与非门组成的基本 RS 触发器

2）$\overline{R}=1$、$\overline{S}=0$ 时：由于 $\overline{S}=0$，不论原来 $\overline{Q}$ 为0还是1，都有 $Q=1$；再由 $\overline{R}=1$、$Q=1$ 可得 $\overline{Q}=0$。即不论触发器原来处于什么状态都将变成1状态，这种情况称将触发器置1或置位。$\overline{S}$ 端称为触发器的置1端或置位端。

3）$\overline{R}=1$、$\overline{S}=1$ 时：根据与非门的逻辑功能不难推得，触发器保持原有状态不变，即原来的状态被触发器存储起来，这体现了触发器具有记忆能力。

4）$\overline{R}=0$、$\overline{S}=0$ 时：$Q=\overline{Q}=1$，不符合触发器的逻辑关系。并且由于与非门延迟时间不可能完全相等，在两输入端的0同时撤除后，将不能确定触发器是处于1状态还是0状态。所以触发器不允许出现这种情况，这就是基本 RS 触发器的约束条件。

将以上的分析结果列成表格即可得到基本 RS 触发器的真值表，也称特性表见表8-1。

表8-1　基本 RS 触发器特性表

$\overline{R}$	$\overline{S}$	Q^n	Q^{n+1}	功　能	$\overline{R}$	$\overline{S}$	Q^n	Q^{n+1}	功　能
0	0	0	不定状态(不用)	不允许(状态不定)	1	0	0	1	$Q^{n+1}=1$　置1
0	0	1	不定状态(不用)		1	0	1	1	
0	1	0	0	$Q^{n+1}=0$　置0	1	1	0	0	$Q^{n+1}=Q^n$　保持
0	1	1	0		1	1	1	1	

Q^n（现态）：触发器接收输入信号之前的状态，也就是触发器原来的稳定状态。

Q^{n+1}（次态）：触发器接收输入信号之后所处的新的稳定状态。

2. 同步 RS 触发器

上述基本 RS 触发器的特点是：当输入的置0或置1信号一出现，输出状态就可能随之而发生变化，这在数字系统中会带来许多的不便。

在实际使用中，往往要求触发器按一定的节拍动作，于是产生了同步式触发器。

同步触发器又称为时钟触发器、钟控触发器。

（1）电路结构和逻辑符号　图8-4所示为同步 RS 触发器和逻辑符号。

（2）逻辑功能分析

1）$CP=0$ 时，$\overline{R}=1$、$\overline{S}=1$，触发器保持原来状态不变。

2）$CP=1$ 时，工作情况与基本 RS 触发器相同。

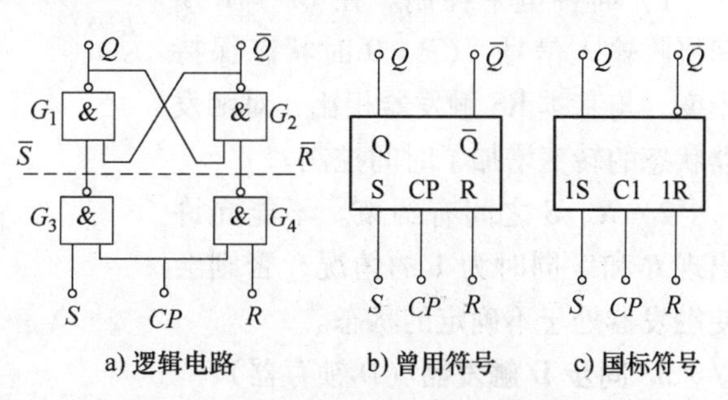

图8-4　同步 RS 触发器和逻辑符号

同步 RS 触发器特性表见表 8-2。

表 8-2　同步 RS 触发器的特性表

CP	R	S	Q^n	Q^{n+1}	功　能
0	×	×	×	Q^n	$Q^{n+1}=Q^n$　保持
1	0	0	0	0	$Q^{n+1}=Q^n$　保持
1	0	0	1	1	
1	0	1	0	1	$Q^{n+1}=1$　置 1
1	0	1	1	1	
1	1	0	0	0	$Q^{n+1}=0$　置 0
1	1	0	1	0	
1	1	1	0	不定状态（不用）	不允许
1	1	1	1	不定状态（不用）	

（3）触发器外部逻辑特性的描述方法　触发器外部逻辑特性的描述方法有：真值表（特性表）、驱动表、特性方程、状态转换图和时序图（波形图）。

1）驱动表（又称激励表）。根据触发器的现态和次态的转化关系来确定输入信号取值的关系表称为驱动表。同步 RS 触发器的驱动表见表 8-3。

表 8-3　同步 RS 触发器的驱动表

Q^n ⟶	Q^{n+1}	R	S	Q^n	Q^{n+1}	R	S
0	0	×	0	1	0	1	0
0	1	0	1	1	1	0	×

2）特性方程。指描述触发器次态 Q^{n+1} 与 R、S 及现态 Q^n 之间关系的逻辑表达式。

同步 RS 触发器的特性方程为

$$\left.\begin{array}{l} Q^{n+1}=S+\overline{R}Q^n \\ RS=0\ \text{（约束条件）} \end{array}\right\}\quad (CP=1\ \text{期间有效}) \tag{8-1}$$

3）状态转换图。它表示触发器从一个状态变化到另一个状态或保持原状态不变时，对输入信号（R、S）提出的要求。同步 RS 触发器的状态转换图如图 8-5 所示。

（4）同步 RS 触发器的主要特点

1）时钟电平控制。在 $CP=1$ 期间接收输入信号，$CP=0$ 时状态保持不变，与基本 RS 触发器相比，对触发器状态的转变增加了时间控制。

2）R、S 之间有约束。不能允许出现 R 和 S 同时为 1 的情况，否则会使触发器处于不确定的状态。

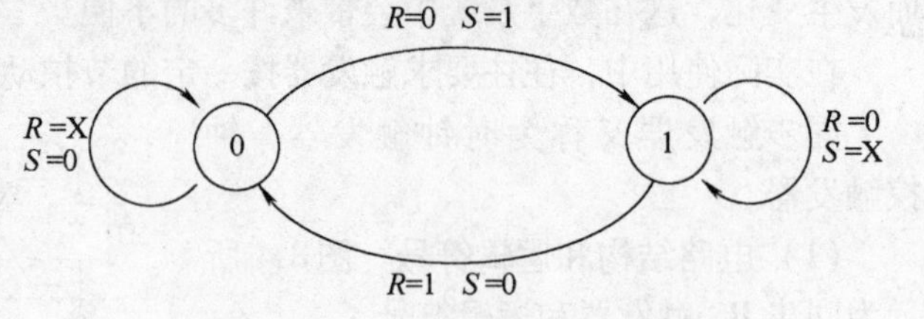

图 8-5　同步 *RS* 触发器的状态转换图

3. 同步 D 触发器（D 锁存器）

为避免同步 RS 触发器同时出现 R 和 S 都为 1 的情况而设计。

（1）电路结构和逻辑符号　其电路结构和逻辑符号如图 8-6 所示。

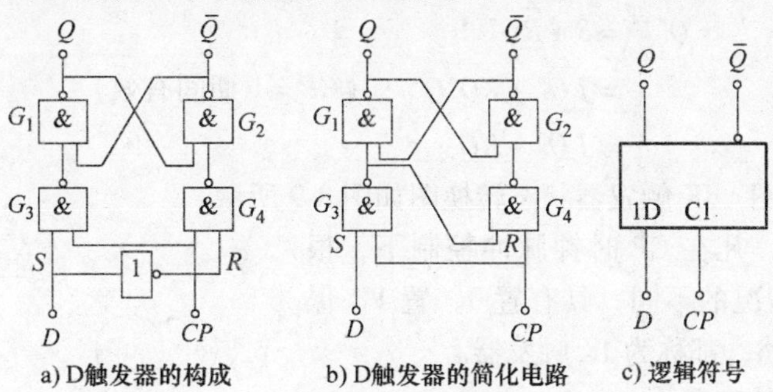

图 8-6　同步 D 触发器的电路结构和逻辑符号

（2）逻辑功能　将 $S=D$、$R=\bar{D}$ 代入同步 RS 触发器的特性方程，得同步 D 触发器的特性方程

$$
\begin{aligned}
Q^{n+1} &= S+\bar{R}Q^{n} \\
&= D+\bar{\bar{D}}Q^{n}=D
\end{aligned}
\quad (CP=1 \text{ 期间有效}) \tag{8-2}
$$

特性表见表 8-4。

同步 D 触发器状态转换图如图 8-7 所示。

表 8-4　同步 D 触发器特性表

CP	D	Q^{n+1}	说明
1	0	0	置 0
	1	1	置 1
0		Q^n	不变

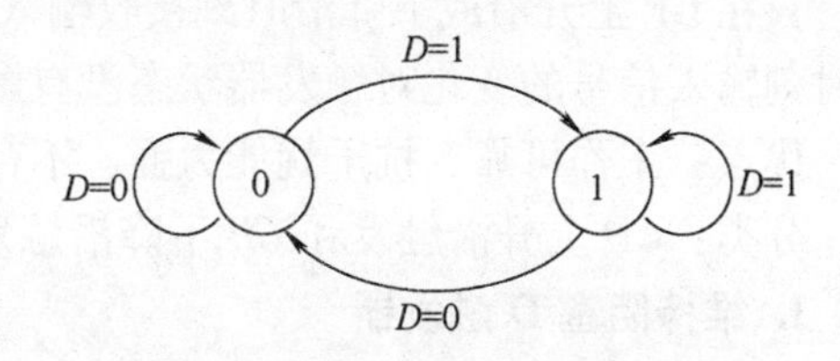

图 8-7　同步 D 触发器状态转换图

4. 同步 JK 触发器

JK 触发器也是一种双输入触发器，功能完善，应用广泛。

（1）电路结构和逻辑符号　逻辑电路图和逻辑符号如图 8-8 所示。

（2）功能分析　逻辑功能特性见表 8-5。即 JK = 00 时不变；JK = 01 时置 0；JK = 10 时置 1；JK = 11 时翻转。

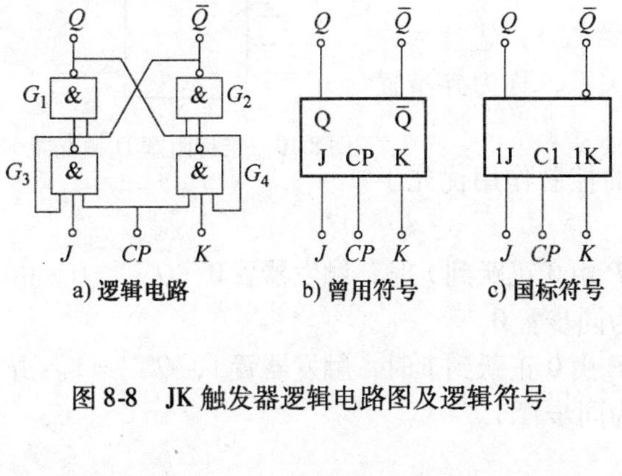

表 8-5　JK 触发器逻辑功能特性

CP	J	K	Q^n	Q^{n+1}	功能
0	×	×	×	Q^n	$Q^{n+1}=Q^n$ 保持
1	0	0	0	0	$Q^{n+1}=Q^n$ 保持
1	0	0	1	1	
1	0	1	0	0	$Q^{n+1}=0$ 置 0
1	0	1	1	0	
1	1	0	0	1	$Q^{n+1}=1$　置 1
1	1	0	1	1	
1	1	1	0	1	$Q^{n+1}=\bar{Q}^n$ 翻转
1	1	1	1	0	

a) 逻辑电路　b) 曾用符号　c) 国标符号

图 8-8　JK 触发器逻辑电路图及逻辑符号

（3）特性方程

$$Q^{n+1}=S+\overline{R}Q^n$$
$$=J\overline{Q}^n+\overline{KQ^n}Q^n \quad （CP=1\text{ 期间有效}） \tag{8-3}$$
$$=J\overline{Q}^n+\overline{K}Q^n$$

（4）状态转换图　JK 触发器状态转换图如图 8-9 所示。

在数字电路中，凡在 CP 时钟脉冲控制下，根据输入信号 J、K 情况的不同，具有置 0、置 1、保持和翻转功能的电路，都称为 JK 触发器。

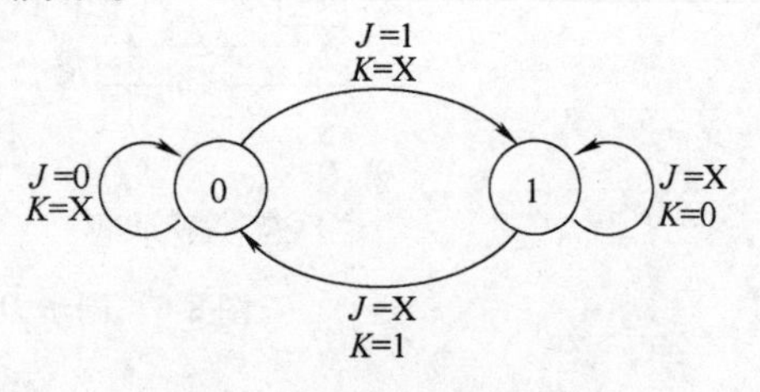

图 8-9　JK 触发器状态转换图

5. 同步触发器的空翻

在 $CP=1$ 期间，如同步触发器的输入信号发生多次变化，则触发器的输出状态也会相应地发生多次变化的现象。

同步触发器由于存在空翻，不能用于计数器、移位寄存器和存储器，只能用于数据锁存。

8.1.3　边沿触发器

只在 CP 上升沿或下降沿时刻接收输入信号，并按输入信号决定的状态进行翻转，而其他时刻输入信号的变化对触发器状态没有影响的触发器。

优点：工作可靠、抗干扰能力强、不存在空翻。

分类：CP 上升沿触发和 CP 下降沿触发两大类。

1. 维持阻塞 D 触发器

（1）逻辑功能　逻辑符号如图 8-10 所示。框内“ > ”表示动态输入，它表明用时钟脉冲 CP 上升沿触发，所以，维持阻塞 D 触发器又称为边沿 D 触发器。它的逻辑功能与前面讨论的同步 D 触发器相同，因此，它们的特性表、驱动表和特性方程也都相同，但边沿 D 触发器只有 CP 上升沿到达时才有效。它的特性方程

$$Q^{n+1}=D \quad （CP\text{ 上升沿到达时刻有效}） \tag{8-4}$$

由表 8-6 可知维持阻塞 D 触发器的工作原理：

1）异步置 0。当 $\overline{R}_D=0$、$\overline{S}_D=1$ 时，触发器置 0，$Q^{n+1}=0$，它与时钟脉冲 CP 及 D 端的输入信号没有关系，称为异步置 0 端。

2）异步置 1。当 $\overline{R}_D=l$、$\overline{S}_D=0$ 时，触发器置 1，$Q^{n+1}=1$。它同样与时钟脉冲 CP 及 D 端的输入信号没有关系，称为异步置 1 端。

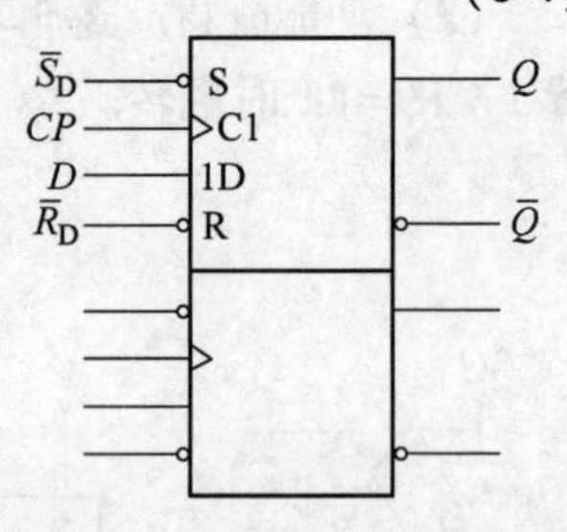

图 8-10　维持阻塞 D 触发器

由此可见，$\overline{R}_D$ 端和 $\overline{S}_D$ 端的信号对触发器的控制作用优先于 CP 信号。

3）置 0。取 $\overline{R}_D=\overline{S}_D=1$，如 $D=0$，则在 CP 由 0 正跃到 1 时，触发器置 0，$Q^{n+1}=0$。由于触发器的置 0 和 CP 同步到来，因此，又称为同步置 0。

4）置 1。取 $\overline{R}_D=\overline{S}_D=1$，如 $D=1$，则在 CP 由 0 正跃到 1 时，触发器置 1，$Q^{n+1}=1$。由于触发器的置 1 和 CP 同步到来，因此，又称为同步置 1。

5）保持。取$\overline{R}_D=\overline{S}_D=1$，在$CP=0$时，这时不论$D$端输入信号为0还是为1，触发器都保持原来的状态不变。

表8-6　维持阻塞D触发器功能表

输入				输出		功能说明	输入				输出		功能说明
$\overline{R}_D$	$\overline{S}_D$	D	CP	Q^{n+1}	$\overline{Q^{n+1}}$		$\overline{R}_D$	$\overline{S}_D$	D	CP	Q^{n+1}	$\overline{Q^{n+1}}$	
0	1	×	×	0	1	异步置0	1	1	1	↑	1	0	同步置1
1	0	×	×	1	0	异步置1	1	1	×	0	Q^n	$\overline{Q^n}$	保持
1	1	0	↑	0	1	同步置0	0	0	×	×	1	1	不允许

（2）集成D触发器　一般常用的D触发器都是边沿触发器，常见的带置位、复位正触发双D触发器74LS74和CC4013。

双D触发器74LS74和CC4013的引脚图如图8-11所示，74LS74功能表见表8-7。

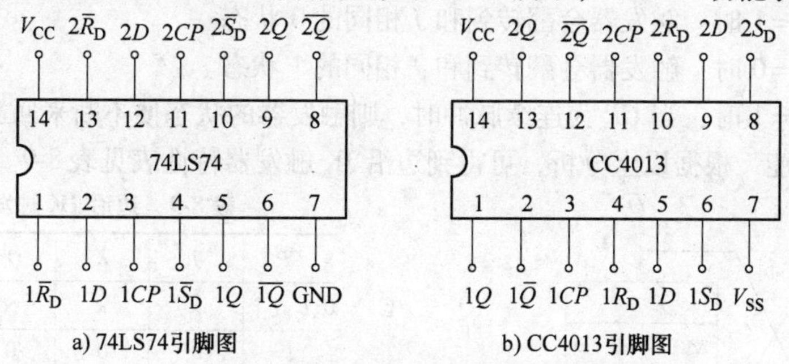

a) 74LS74引脚图　　b) CC4013引脚图

图8-11　双D触发器74LS74和CC4013的引脚图

它们都是CP上升沿触发；CC4013的异步输入端R_D和S_D为高电平有效。

表8-7　74LS74功能表

输　入				输出		输　入				输出	
$\overline{S}_D$	$\overline{R}_D$	CP	D	Q^{n+1}	$\overline{Q^{n+1}}$	$\overline{S}_D$	$\overline{R}_D$	CP	D	Q^{n+1}	$\overline{Q^{n+1}}$
0	1	×	×	1	0	1	1	↑	1	1	0
1	0	×	×	0	1	1	1	↑	0	0	1
0	0	×	×	ϕ	ϕ	1	1	↓	×	Q^n	$\overline{Q^n}$

注：×—任意态；↓—高到低电平跳变；Q^n（$\overline{Q}^n$）—现态；Q^{n+1}（$\overline{Q^{n+1}}$）—次态；ϕ—不定态。

这里再介绍一款集成D触发器，三态同相8D锁存器74LS373，其中8个D触发器彼此独立，OE为选通端（输出控制），低电平有效；G为使能端（输出允许），G为高电平时，D信号向右传送到Q端，G为低电平时，电路保持原状态不变，禁止数据传送。引脚排列如图8-12；功能如表8-8。

2. 边沿JK触发器

（1）电路结构和逻辑符号　逻辑电路图和逻辑符号如图8-13所示。

当$CP=0$、1和0→1时，触发器的状态不变；当CP0→1时，触发器的状态根据J、K端的输入信号翻转。

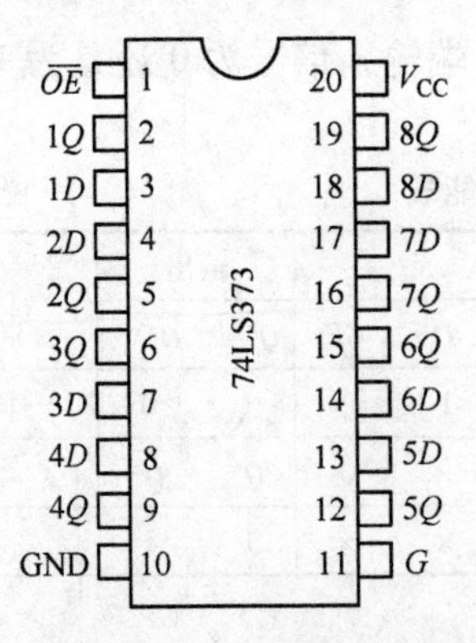

图 8-12　三态同相八 D 锁存器 74LS373 引脚图

表 8-8　三态同相八 D 锁存器 74LS373 功能

$\overline{OE}$(输出控制)	G(输出允许)	D	Q(输出)
L	H	H	H
L	H	L	L
L	L	×	保持
H	×	×	高阻

1）$J=0$、$K=0$ 时：状态保持。

2）$J=0$、$K=1$ 时：触发器会翻转到和 J 相同的 0 状态。

3）$J=1$、$K=0$ 时：触发器会翻转到和 J 相同的 1 状态。

4）$J=1$、$K=1$ 时：当 CP 为连续脉冲时，则触发器的状态便不断来回翻转。

（2）逻辑功能　根据以上分析，可得到边沿 JK 触发器特性表见表 8-9。

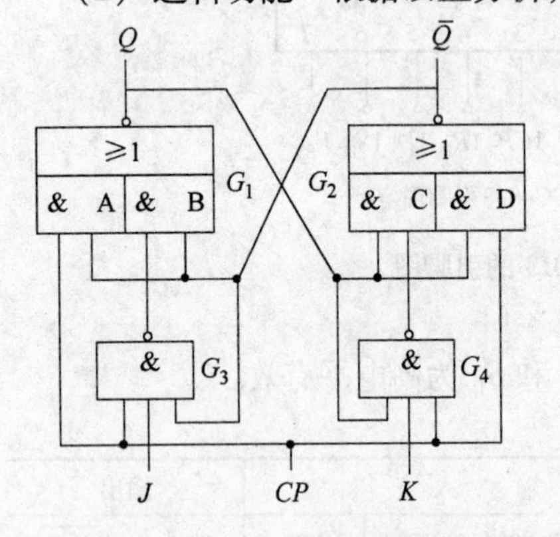

Q　$\overline{Q}$
C1
1J　1K
J CP K

图 8-13　边沿 JK 触发器逻辑电路图和逻辑符号

表 8-9　边沿 JK 触发器特性表

CP	J	K	Q^n	Q^{n+1}	说明
0、1 或↑	×	×	×	Q^n	保持
↓	0	0	0	0	保持
↓	0	0	1	1	
↓	0	1	0	0	置 0
↓	0	1	1	0	
↓	1	0	0	1	置 1
↓	1	0	1	1	
↓	1	1	0	1	翻转
↓	1	1	1	0	

（3）JK 触发器的特性方程

$$Q^{n+1}=J\overline{Q^n}+\overline{K}Q^n \quad (CP\text{下降沿到来有效}) \tag{8-5}$$

（4）常见的集成边沿 JK 触发器　图 8-14 所示为集成边沿 JK 触发器 74LS112 和 CC4027 引脚图。

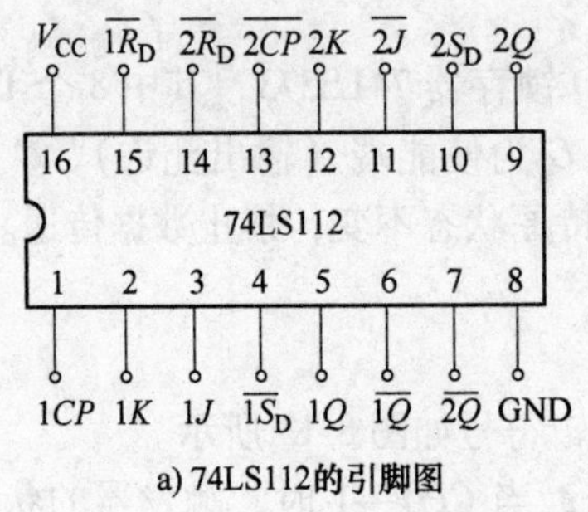

a) 74LS112的引脚图

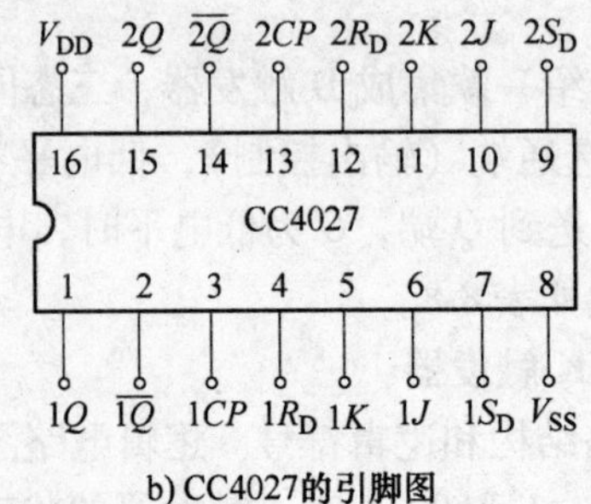

b) CC4027的引脚图

图 8-14　集成边沿 JK 触发器 74LS112 和 CC4027 引脚图

图 8-14a74LS112 为 CP 下降沿触发，图 b 中 CC4027 为 *CP* 上升沿触发，且其异步输入端 R_D 和 S_D 为高电平有效。

3. T 触发器和 T′触发器

在 *CP* 脉冲作用下，根据输入端 *T* 信号的不同，具有保持和翻转功能的触发器称 *T* 触发器。*T* 触发器的逻辑符号如图 8-15 所示。

输入信号 $T=0$，时钟脉冲 *CP* 到来后，$Q^{n+1}=Q^n$，$\overline{Q^{n+1}}=\overline{Q^n}$

输入信号 $T=1$，时钟脉冲 *CP* 到来后，$Q^{n+1}=\overline{Q^n}$，$\overline{Q^{n+1}}=Q^n$

T 触发器的特性表见表 8-10。

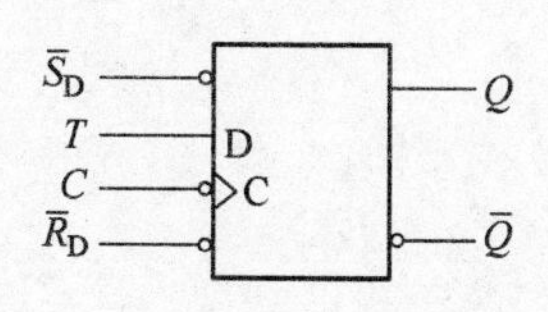

图 8-15　*T* 触发器的逻辑符号

表 8-10　*T* 触发器的特性表

T	*CP*	*Q*
×	—	保持
0	↓	保持
1	↓	翻转

T 触发器又称为可控计数器。

T 触发器的特性方程

$$Q^{n+1}=\overline{T}Q^n+T\overline{Q^n} \tag{8-6}$$

如果让 *T* 触发器的输入端恒接高电平，就构成了 *T′*触发器。因此 *T′*是 *T* 触发器的特例，它只有翻转（计数）功能，是一种专用计数器。

*T′*触发器的特性方程为
$$Q^{n+1}=\overline{Q^n} \tag{8-7}$$

不同类型触发器之间的转换方法和步骤如下：

（1）方法　利用令已有触发器和待求触发器的特性方程相等的原则，求出转换逻辑。

（2）步骤

1）写出已有触发器和待求触发器的特性方程。

2）变换待求触发器的特性方程，使之形式与已有触发器的特性方程一致。

3）比较已有和待求触发器的特性方程，根据两个方程相等的原则求出转换逻辑。

4）根据转换逻辑画出逻辑电路图。

利用 JK 触发器构成 T 触发器和 T′触发器方法如下。

（1）JK 触发器→T 触发器（如图 8-16 所示）　在数字电路中，凡在 *CP* 时钟脉冲控制下，根据输入信号 *T* 取值的不同，具有保持和翻转功能的电路，即当 $T=0$ 时能保持状态不变，$T=1$ 时一定翻转的电路，都称为 *T* 触发器。

T 触发器特性方程　$Q^{n+1}=T\overline{Q}^n+\overline{T}Q^n=T\oplus Q^n$

与 JK 触发器的特性方程比较，得

$$J=K=T$$

（2）JK 触发器→T′触发器　JK 触发器转换为 T′触发器如图 8-17 所示。在数字电路中，凡每来一个时钟脉冲就翻转一次的电路，都称为 T′触发器。与 JK 触发器的特性方程比较，得 $J=1$，$K=1$。

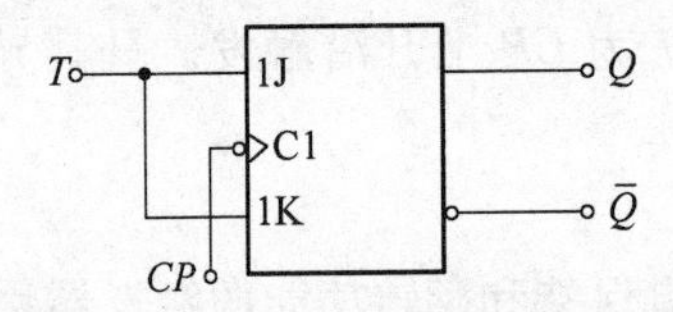

图 8-16　JK 触发器转换为 T 触发器

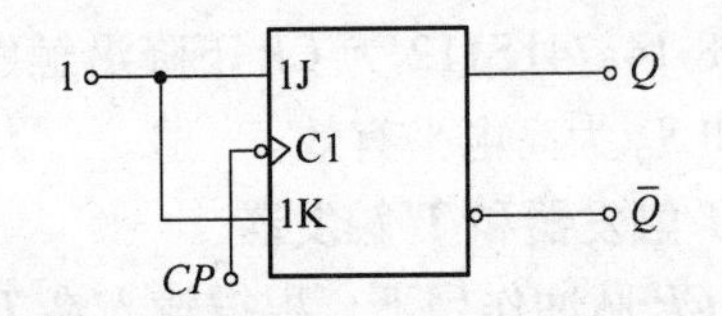

图 8-17　JK 触发器转换为 T′触发器

任务 8.2　三位显示测频仪电路的工作原理

【任务目标】

1）掌握时序逻辑电路的分析方法。

2）掌握常用集成计数器的逻辑功能及应用。

3）掌握 555 定时器的电路结构及其功能。

4）掌握用 555 定时器组成施密特触发器、单稳态触发器和多谐振荡器的工作原理。

【任务内容】

1. 电路原理与元器件作用

简易数字测频仪原理框图如图 8-18 所示，将待测频率的脉冲和取样脉冲一起送入与门中，在取样脉冲为高电平的 $t_1 \sim t_2$ 期间，与门开放，待测脉冲则通过与门进入十进制计数器计数。计数器的计数结果，就是 $t_1 \sim t_2$ 期间待测脉冲的个数 N。如果 $t_1 \sim t_2$ 宽度为 1s，则待测脉冲就是 NHz。

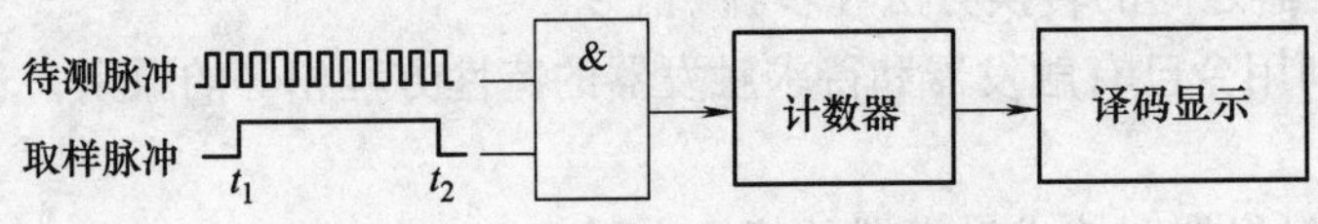

图 8-18　简易数字测频仪原理框图

（1）工作任务电路整体结构图　3 位显示测频仪制作电路整体结构如图 8-2 所示。

（2）电路分析　该电路由取样电路、门槛电路、计数译码电路、显示电路构成。

1）由 IC1（NE555）、R_1、R_{p1}、C_1 等构成单稳态触发器。暂稳态维持时间为 1s；R_4、R_5、C_4、VD_1 等构成单稳态触发电路，静态时按钮处于断开状态，5V 电源经过 R_5，使 VD_1 导通，R_5 与 R_2 串联分压，由于 R_2 远大于 R_5，使 IC1 的 2 脚 T_R 为高电平，电路处于稳态，输出为 0；当按下按钮，由于电容 C_4 的电压不能突变，VD_1 阳极电位下降为零，VD_1 截止，使 IC1 的 2 脚 T_R 为低电平，电路进入暂稳态，输出为 1，同时由于 R_5、C_4 的充电时间常数很小，VD_1 阳极电位很快变为高电平，VD_1 重新导通，使 T_R 恢复为高电平；电路进入暂稳态后，其维持时间由 R_1、R_{p1}、C_1 决定，调整 R_{p1}，使维持时间为 1s。

2）IC2a、R_{10}构成门槛电路，当单稳态触发器处于稳态时，IC1 的 3 脚输出低电平，门槛关闭，被测信号不能送进计数器计数；当按下按钮 S_1，单稳态触发器处于暂稳态时，IC1 的 3 脚输出高电平，门槛打开，计数器开始对被测信号计数，计数时间为 1s。

3）IC3、IC4、IC5 构成计数译码电路，3 块集成计数/译码/驱动电路构成 3 位十进制计数器。每一次重新计数之前必须将计数器清零，本电路由 C_3、R_6 构成的微分电路完成自动清零功能。

4）LED 数码管与 R_7、R_8、R_9 构成显示电路。

2. 电路主要技术参数与要求

（1）特性指标　输入电压：+5V；输入电流：30mA。

（2）质量指标　数码管 LED 应能正确显示数字，无跳变、无叠字、无缺笔画等现象，显示亮度应均匀。逻辑电平开关应操作灵活，接触可靠。计数译码器 CC40110、发光二极管、与非门 CC4011 能正常工作。

3. 电路元器件参数及功能

三位显示测频仪制作电路中元器件的参数及功能见表 8-11。

表 8-11　三位显示测频仪电路中元器件的参数及功能表

序号	元器件代号	名称	型号及参数	功　能
1	IC1	555 定时器	NE555N	构成单稳态触发器
2	R_1 R_{p1} C_1	碳膜电阻 电位器 电容器	1/8W-5.1kΩ 精密-1/4W-10kΩ 电解电容-50V-100μF	单稳态触发器定时
3	C_1	电容器	瓷介-104	去耦电容
4	R_1 LED1	碳膜电阻 发光二极管	1/8W-1kΩ ϕ3 红高亮	测试指示灯
5	R_2 R_4 R_5 开关二极管 C_4 S1	碳棒电阻 碳膜电阻 碳膜电阻 1N4148 电容器 按钮	1/8W-47kΩ 1/8W-4.7kΩ 1/8W-4.7kΩ 瓷介-104 6.3×6.3	低电平触发器
6	C_3 R_6	电容器 碳膜电阻	瓷介-104 1/8W-10kΩ	微分电路，自动清零
7	IC2	四2输入与非门	CC4011	门槛电路
8	R_{10}	碳膜电阻	1/8W-10kΩ	抗干扰，避免输入端悬空
9	IC3 IC4 IC5	计数译码器 计数译码器 计数译码器	CC40110 CC40110 CC40110	计数、译码、锁存、驱动
10	LED	数码管	ULS-5101AS	数据显示
11	R_7 R_8 R_9	碳膜电阻 碳膜电阻 碳膜电阻	1/8W-300Ω 1/8W-300Ω 1/8W-300Ω	限流，保护数码管

【相关知识】

8.2.1 时序逻辑电路的分析方法

1. 时序逻辑电路的特点

按照逻辑功能和电路组成不同，数字电路可以分为组合逻辑电路和时序逻辑电路两大类。时序逻辑电路的输出不仅取决于当时的输入，还与电路原来的状态有关，即具有记忆功能。

时序逻辑电路，简称时序电路，其结构图如图8-19所示。时序逻辑电路由两部分组成，一部分是已经介绍过的组合逻辑电路，一部分是由触发器构成的存储电路，其中触发器是时序逻辑电路的基本单元。

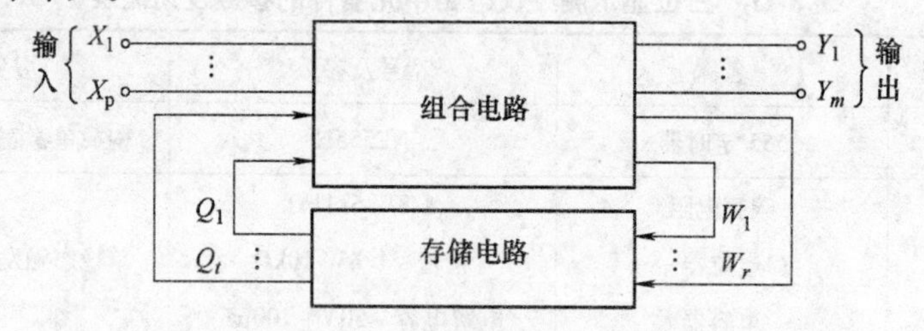

图8-19　时序逻辑电路结构图

（1）逻辑功能特点　在数字电路中，凡是任何时刻电路的稳态输出，不仅和该时刻的输入信号有关，而且还取决于电路原来状态的电路，都称为时序逻辑电路。这既可以看成是时序逻辑电路的定义，也是其逻辑功能的特点。

（2）电路组成特点　时序逻辑电路的状态是由存储电路来记忆和表示的，所以从电路组成看，时序逻辑电路一定包含有作为存储单元的触发器。实际上，时序逻辑电路的状态，就是依靠触发器记忆和表示的，时序逻辑电路中可以没有组合电路，但不能没有触发器。

（3）时序逻辑电路的分类　时序逻辑电路按状态转换情况的不同可分为同步时序电路和异步时序电路两大类。同步时序电路是指电路中所有触发器都受同一时钟脉冲的控制，它们的状态改变在同一时刻发生；而异步时序电路不用同一的时钟脉冲，各触发器的状态改变不在同一时刻发生。典型的时序逻辑电路有寄存器和计数器。

2. 时序逻辑电路的基本分析方法

时序逻辑电路的分析就是对于给定的时序逻辑电路，求其状态表、状态图或时序图，从而确定该电路的逻辑功能和工作特点。

（1）分析的一般步骤　电路图→时钟方程、输出方程、驱动方程→状态方程→计算→状态表（状态图、时序图）→判断电路逻辑功能→分析电路能否自启动。

1）写方程式。

①仔细观察、分析给定的时序逻辑电路，然后再逐一写出。

②时钟方程：列出各个触发器时钟信号的逻辑表达式。

③输出方程：列出时序逻辑电路各个输出信号的逻辑表达式。

④驱动方程：列出各个触发器同步输入信号的逻辑表达式。

2）求状态方程。把驱动方程代入相应触发器的特性方程，即可求出时序逻辑电路的状态方程，也就是各个触发器次态输出的逻辑表达式。

3）状态计算。把电路输入和现态的各种可能取值，代入状态方程和输出方程进行计算，求出相应的次态和输出。这里要注意以下几点。

①状态方程有效的时钟条件，凡不具备时钟条件者，方程式无效，也就是说触发器将保持原来状态不变。

②电路的现态，即组成该电路各个触发器的现态的组合。

③不能漏掉任何可能出现的现态和输入的取值。

④现态的起始值如果给定了，则可以从给定值开始依次进行计算，倘若未给定，那么就可以从自己设定的起始值开始依次计算。

4）画状态图或列状态表、画时序图。画状态图或列状态表、画时序图时应注意以下几点：

①状态转换是由现态转换到次态，不是由现态转换到现态，更不是由次态转换到次态。

②输出是现态和输入的函数，不是次态和输入的函数。

③画时序图时要明确，只有当 CP 触发沿到来时相应触发器才会更新状态，否则只会保持原状态不变。

5）电路功能说明。一般情况下，用状态图或状态表就可以反映电路的工作特性。但是，在实际应用中，各个输入信号和输出信号都有确定的物理含义，因此，常常需要结合这些信号的物理含义，进一步说明电路的具体功能，或者结合时序图说明对时钟脉冲与输入、输出及内部变量之间的时间关系。

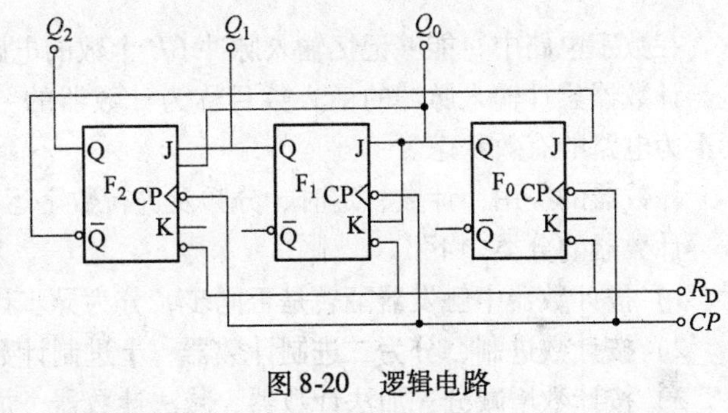

图 8-20　逻辑电路

（2）分析举例　分析图 8-20 所示电路的逻辑功能，在 CP 端输入计数脉冲后，列出它的状态转换真值表，并画出工作波形图。

解：由图 8-20 所示电路可看出，时钟脉冲 CP 加在每个触发器的时钟脉冲输入端上。因此，它是一个同步时序逻辑电路。

①写方程式。

由图可写出各触发器输入端的驱动方程

$$J_0 = \overline{Q_2^n},\ K_0 = 1$$

$$J_1 = Q_0^n,\ K_1 = Q_0^n$$

$$J_2 = Q_0^n Q_1^n,\ K_2 = 1$$

将以上各式代入 JK 触发器的特征方程即得计数器状态方程

$$Q_0^{n+1} = J_0\ \overline{Q_0^n} + \overline{K_0} Q_0^n = \overline{Q_2^n}\ \overline{Q_0^n}$$

$$Q_1^{n+1} = J_1\ \overline{Q_1^n} + \overline{K_1} Q_1^n = Q_0^n\ \overline{Q_1^n} + \overline{Q_0^n} Q_1^n$$

$$Q_2^{n+1} = J_2\ \overline{Q_2^n} + \overline{K_2} Q_2^n = Q_0^n Q_1^n\ \overline{Q_2^n}$$

②列状态转换真值表，画工作波形图。

设初始状态为000，则可得到计数器的状态转换表见表8-12，其工作波形如图8-21所示。

表8-12　计数器的状态转换表

CP	Q_2	Q_1	Q_0
0	0	0	0
1	0	0	1
2	0	1	0
3	0	1	1
4	1	0	0
5	0	0	0

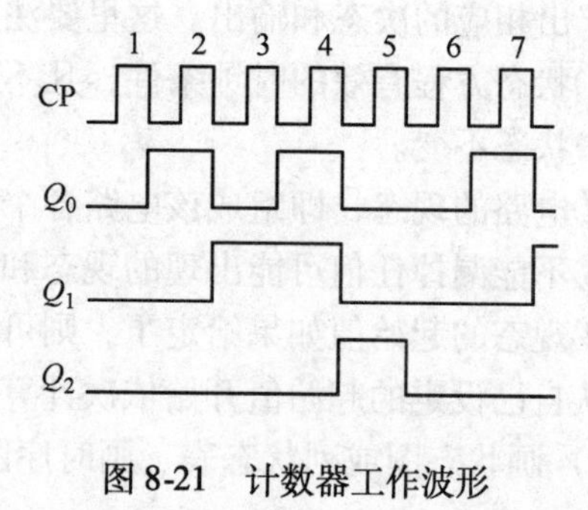

图8-21　计数器工作波形

③逻辑功能说明。由表8-12可看出，图8-20所示电路在输入第5个计数脉冲 CP 后，返回原来的状态，因此图8-20所示电路为同步五进制计数器。

8.2.2　常见的时序逻辑电路：计数器

在数字电路中，能够记忆输入脉冲 CP 个数的电路称为计数器。

计数器累计输入脉冲的最大数目称为计数器的“模”，用M表示。计数器的“模”实际上为电路的有效状态。

计数器的应用：计数、定时、分频及进行数字运算等。

计数器的分类如下：

1）按计数器中触发器翻转是否同步，分为异步计数器、同步计数器。

2）按计数进制，分为二进制计数器、十进制计数器、N进制计数器。

3）按计数增减分：加法计数器、减法计数器、加/减法计数器。

1. 二进制计数器

（1）异步二进制计数器　由于每一个触发器可以存储1位二进制信息，由若干个触发器按一定的方式连接构成计数器电路，即可实现以若干位编码输出的二进制计数器。若各触发器状态不是随计数脉冲 CP 的输入而同时翻转，这种计数方式称为异步计数方式。

图8-22所示为JK触发器组成的四位异步二进制加法计数器的逻辑图。

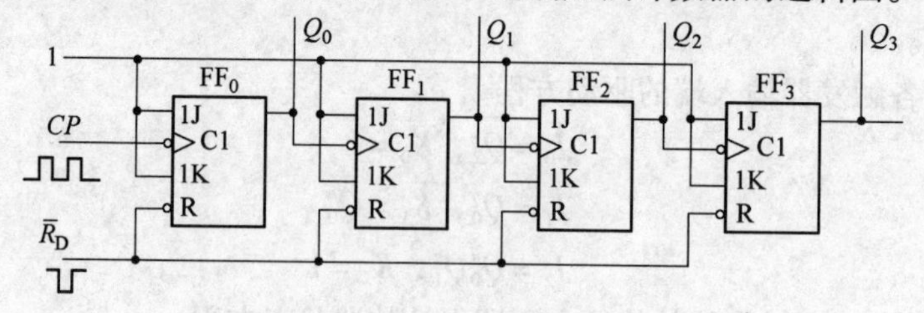

图8-22　四位异步二进制加法计数器

工作原理如下：

1）计数前在计数器的置0端 $\overline{R}_D$ 加负脉冲，使各触发器都为0状态，即 $Q_3Q_2Q_1Q_0=$

0000 状态。在计数过程中，$\overline{R}_D$ 为高电平。

2）当输入第一个计数脉冲 CP 时，第一位触发器 FF_0 状态翻到 1 状态，Q_0 端输出正跃变，FF_1 不翻转，保持 0 状态不变。这时，计数器的状态为 $Q_3Q_2Q_1Q_0=0001$。

3）当输入第二个计数脉冲时，FF_0 由 1 状态翻到 0 状态，Q_0 输出负跃变，FF_1 则由 0 状态翻到 1 状态，Q_1 输出正跃变，FF_2 保持 0 状态不变。这时，计数器的状态为 $Q_3Q_2Q_1Q_0=0010$。

当连续输入计数脉冲 CP 时，根据上述计数规律，只要低位触发器由 1 状态翻到 0 状态，相邻高位触发器的状态便改变。计数器中各触发器的状态转换顺序如表 4. 8 所示。由表 8-13 可看出：当输入第 16 个计数脉冲 CP 时，4 个触发器都返回到初始的 $Q_3Q_2Q_1Q_0=0000$ 状态，同时计数器的 Q_3 输出一个负跃变的进位信号。从输入第 17 个计数脉冲 CP 开始，计数器又开始了新的计数循环。

表 8-13　四位二进制加法计数器状态表

计数顺序	计数器状态				计数顺序	计数器状态			
	Q_3	Q_2	Q_1	Q_0		Q_3	Q_2	Q_1	Q_0
0	0	0	0	0	9	1	0	0	1
1	0	0	0	1	10	1	0	1	0
2	0	0	1	0	11	1	0	1	1
3	0	0	1	1	12	1	1	0	0
4	0	1	0	0	13	1	1	0	1
5	0	1	0	1	14	1	1	1	0
6	0	1	1	0	15	1	1	1	1
7	0	1	1	1	16	0	0	0	0
8	1	0	0	0					

时序图或时序波形如图 8-23 所示。

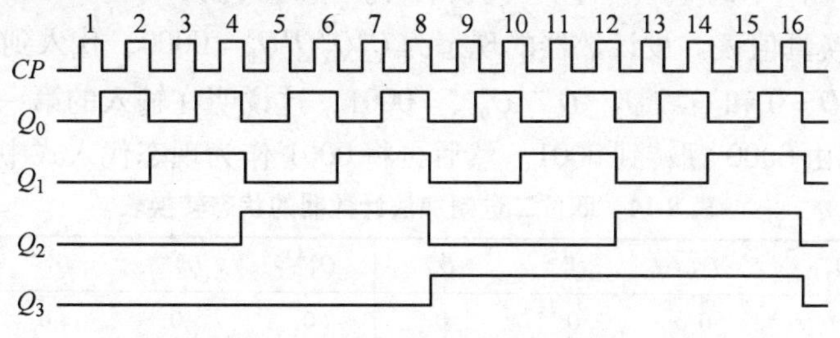

图 8-23　4 位异步二进制加法计数器时序图

分析方法：由逻辑图到波形图（所有 JK 触发器均构成为 T′触发器的形式，且后一级触发器的时钟脉冲是前一级触发器的输出 Q），再由波形图到状态表，进而分析出其逻辑功能。

二进制异步计数器电路简单，但由于各触发器状态的改变是逐位进行的，所以计数速度较慢。

（2）同步二进制计数器　为了提高计数的速度，将计数脉冲送到每一个触发器的时钟控制端，使触发器的状态变化与计数脉冲同步，这种方式的计数器称为同步计数器。

图 8-24 所示电路是由 JK 触发器组成的四位同步二进制加法计数器。

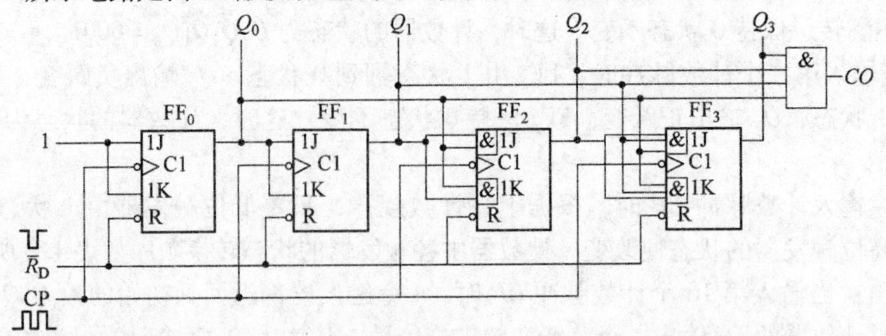

图 8-24　由 JK 触发器组成的四位同步二进制加法计数器

工作原理如下。

1）写方程式。

输出方程：$CO=Q_3^nQ_2^nQ_1^nQ_0^n$

驱动方程：$J_0=K_0=1$

$J_1=K_1=Q_0^n$

$J_2=K_2=Q_1^nQ_0^n$

$J_3=K_3=Q_2^nQ_1^nQ_0^n$

状态方程：将驱动方程代入 JK 触发器的特性方程 $Q^{n+1}=J\,\overline{Q^n}+\overline{K}Q^n$ 中，得到计数器的状态方程为

$$Q_0^{n+1}=J_0\,\overline{Q_0^n}+\overline{K_0}Q_0^n=\overline{Q_0^n}$$
$$Q_1^{n+1}=J_1\,\overline{Q_1^n}+\overline{K_1}Q_1^n=Q_0^n\,\overline{Q_1^n}+\overline{Q_0^n}Q_1^n$$
$$Q_2^{n+1}=J_2\,\overline{Q_2^n}+\overline{K_2}Q_2^n=Q_1^nQ_0^n\,\overline{Q_2^n}+\overline{Q_1^nQ_0^n}Q_2^n$$
$$Q_3^{n+1}=J_3\,\overline{Q_3^n}+\overline{K_3}Q_3^n=Q_2^nQ_1^nQ_0^n\,\overline{Q_3^n}+\overline{Q_2^nQ_1^nQ_0^n}Q_3^n$$

2）列状态转换真值表。设计数器的现态为 $Q_3^nQ_2^nQ_1^nQ_0^n=0000$，代入到输出方程和状态方程中进行计算得 $CO=0$ 和 $Q_3^{n+1}Q_2^{n+1}Q_1^{n+1}Q_0^{n+1}=0001$，这说明在输入的第一个计数脉冲 CP 的作用下，电路状态由 0000 翻转到 0001。然后再将 0001 作为现态代入式中进行计算。

表 8-14　四位二进制加法计数器的状态转换表

计数脉冲序号	Q_3^n	Q_2^n	Q_1^n	Q_0^n	Q_3^{n+1}	Q_2^{n+1}	Q_1^{n+1}	Q_0^{n+1}	输出 CO
0	0	0	0	0	0	0	0	1	0
1	0	0	0	1	0	0	1	0	0
2	0	0	1	0	0	0	1	1	0
3	0	0	1	1	0	1	0	0	0
4	0	1	0	0	0	1	0	1	0
5	0	1	0	1	0	1	1	0	0
6	0	1	1	0	0	1	1	1	0
7	0	1	1	1	1	0	0	0	0

（续）

计数脉冲序号	Q_3^n	Q_2^n	Q_1^n	Q_0^n	Q_3^{n+1}	Q_2^{n+1}	Q_1^{n+1}	Q_0^{n+1}	输出 CO
8	1	0	0	0	1	0	0	1	0
9	1	0	0	1	1	0	1	0	0
10	1	0	1	0	1	0	1	1	0
11	1	0	1	1	1	1	0	0	0
12	1	1	0	0	1	1	0	1	0
13	1	1	0	1	1	1	1	0	0
14	1	1	1	0	1	1	1	1	0
15	1	1	1	1	0	0	0	0	1

3）逻辑功能。由表8-14可看出电路在输入第十六个计数脉冲CP后返回到初始的0000状态，同时进位输出端CO输出一个进位信号。因此该电路为十六进制计数器。

2. 十进制计数器

二进制计数器结构简单，运算也方便，但人们最习惯的是十进制计数器，所以在应用中经常使用十进制计数器。

十进制计数器电路有多种形式，下面介绍使用最多的8421BCD码同步十进制计数器。

图8-25a所示为四位同步十进制加法计数器，它是在四位同步二进制加法计数器的基础上改进而来的。8421BCD码与二进制比较，来第十个脉冲时，不是由“1001”变为“1010”，而是应回到“0000”。比较1010和0000可知，Q_0 和 Q_2 没有变化，所以它们的驱动不变，输入接线不变。但 Q_3 由1变为了0，Q_1 也变为0，所以对 F_1、F_3 作如下修改。

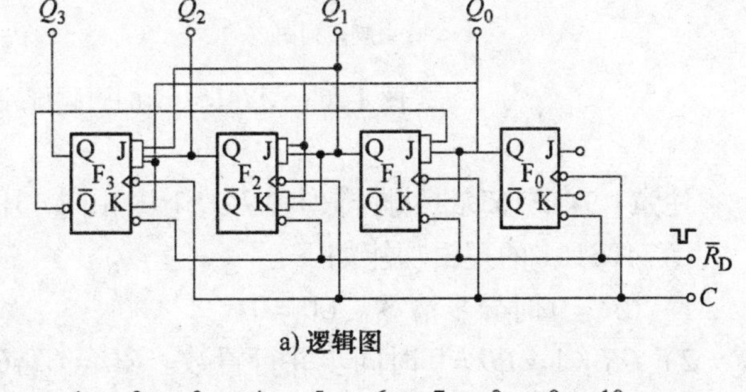

a) 逻辑图

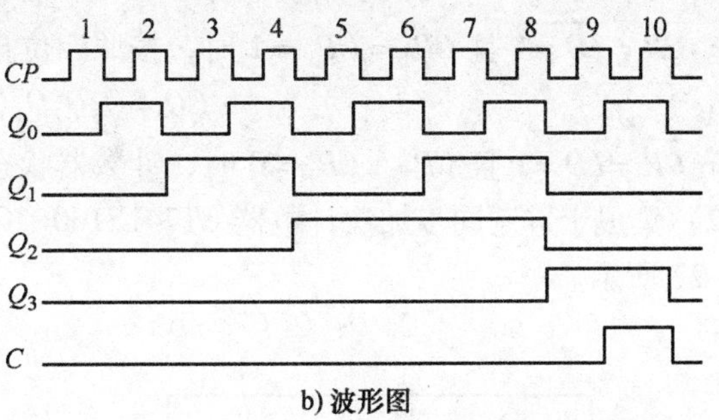

b) 波形图

图8-25　同步十进制加法计数器逻辑图及波形图

触发器 F_1，当 $Q_0=1$ 时来一个计数脉冲翻转一次，但在 $Q_3=1$ 时不得翻转，故

$J_1=Q_0^n\overline{Q_3^n}$　$K_1=Q_0^n$。

触发器 F_3，当 $Q_0=Q_1=Q_2=1$ 时来一个计数脉冲才翻转一次，并在第十个脉冲时应由“1”翻转为“0”，故 $J_3=Q_0Q_1Q_2$，$K_3=Q_0$。

十进制加法计数器工作波形图如图8-25b所示，状态表见表8-15。

3. 中规模集成计数器

（1）集成同步二进制计数器CT74LS161　CT74LS161的引脚排列和逻辑功能示意图如图8-26所示。

表 8-15　十进制加法计数器状态表

输入 CP 脉冲个数	计数器状态				输入 CP 脉冲个数	计数器状态			
	Q_3^n	Q_2^n	Q_1^n	Q_0^n		Q_3^n	Q_2^n	Q_1^n	Q_0^n
0	0	0	0	0	6	0	1	1	0
1	0	0	0	1	7	0	1	1	1
2	0	0	1	0	8	1	0	0	0
3	0	0	1	1	9	1	0	0	1
4	0	1	0	0	10	0	0	0	0
5	0	1	0	1					

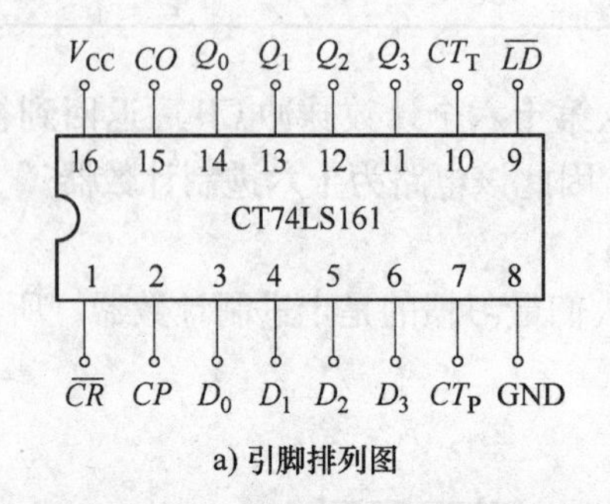

a) 引脚排列图

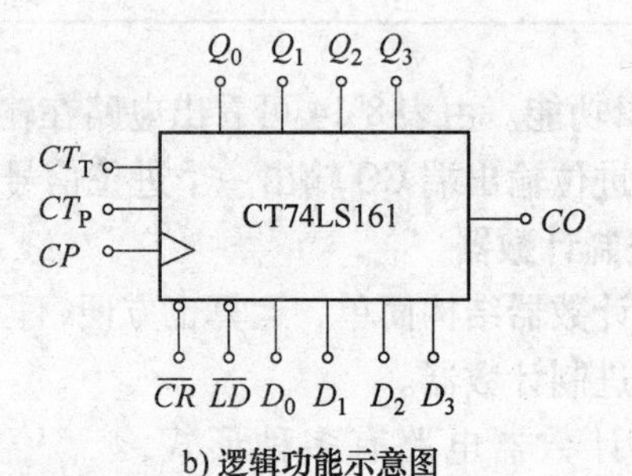

b) 逻辑功能示意图

图 8-26　CT74LS161 的引脚排列和逻辑功能示意图

注意：74LS163 的引脚排列和 74LS161 相同，不同之处是 74LS163 采用同步清零方式。

CT74LS161 的逻辑功能如下：

1）$\overline{CR}=0$ 时异步清零。$CO=0$

2）$\overline{CR}=1$、$\overline{LD}=0$ 时同步并行置数。$CO=CT_TQ_3Q_2Q_1Q_0$

3）$\overline{CR}=\overline{LD}=1$ 且 $CP_T=CP_P=1$ 时，按照四位自然二进制码进行同步二进制计数。

$$CO=Q_3Q_2Q_1Q_0$$

4）$\overline{CR}=\overline{LD}=1$ 且 $CP_T\cdot CP_P=0$ 时，计数器状态保持不变。

（2）集成十进制同步加法计数器 CT74LS160　CT74LS160 的引脚排列和逻辑功能示意图如图 8-27 所示。

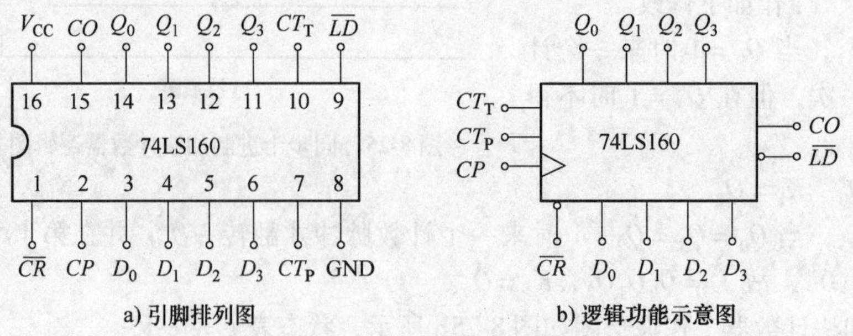

a) 引脚排列图　　b) 逻辑功能示意图

图 8-27　CT74LS160 的引脚排列和逻辑功能示意图

CT74LS160 的逻辑功能如下：

1）$\overline{CR}=0$ 时异步清零。$CO=0$

2）$\overline{CR}=1$、$\overline{LD}=0$ 时同步并行置数。$CO=CT_TQ_3Q_0$

3）$\overline{CR}=\overline{LD}=1$ 且 $CP_T=CP_P=1$ 时，按照 BCD 码进行同步十进制计数。

$$CO=Q_3Q_0$$

4）$\overline{CR}=\overline{LD}=1$ 且 $CP_T\cdot CP_P=0$ 时，计数器状态保持不变。

（3）集成十进制加减计数/译码/锁存/驱动器 CC40110　CC40110 为十进制可逆计数器/锁存器/译码器/驱动器，具有加减计数、计数器状态锁存、七段显示译码输出等功能，引脚排列如图 8-28 所示。

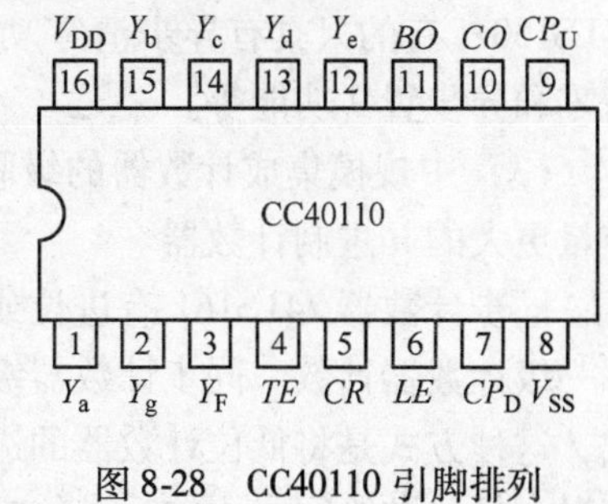

图 8-28　CC40110 引脚排列

CC40110 功能表见表 8-16。

表 8-16　CC40110 功能表

输入					计数器功能	显示
CP_U	CP_D	LE	$\overline{TE}$	CR		
↑	×	0	0	0	加 1	随计数器显示
×	↑	0	0	0	减 1	随计数器显示
↓	↓	×	×	0	保持	保持
×	×	×	×	1	清除	显示“0”
×	×	×	1	0	禁止	不变
↑	×	1	0	0	加 1	不变
×	↑	1	0	0	减 1	不变

4. 用集成计数器构成任意进制计数器

（1）利用异步置零法获得任意进制的计数器　方法如下：

1）写出状态 S_N 的二进制代码。

2）求归零逻辑（写出反馈归零函数），即求异步清零端（或置数控制端）信号的逻辑表达式。

3）画连线图。

图 8-29 所示是用一片集成计数器 74LS163 构成七进制计数器的外部连线图。该计数器采用的是同步清零方式，当计数器输入第 6 个计数脉冲时 $Q_3Q_2Q_1Q_0=0110$，与非门输出为 0，此时计数器并不立即清零，而是要等到第 7 个计数脉冲到来时才使计数器清零，从而也实现了 7 进制计数。

（2）利用同步置数法获得任意进制的计数器　方法如下。

1）写出状态 S_n-1 的二进制代码。

2）求归零逻辑，即求置数控制端的逻辑表达式。

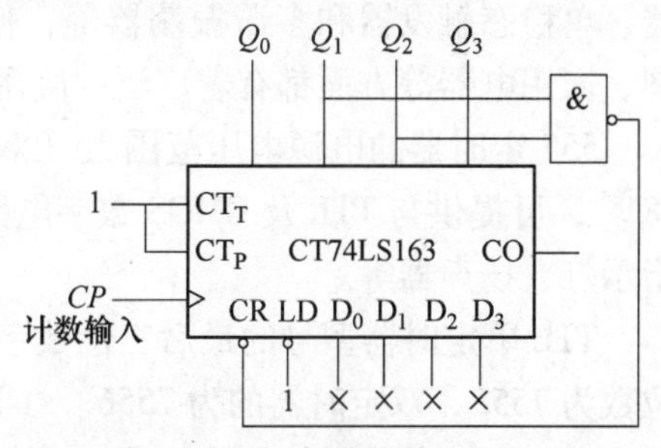

图 8-29　用 74LS163 构成的七进制计数器

3）画连线图。

集成计数器中，清零、置数均采用同步方式的有 74LS163；均采用异步方式的有 74LS193、74LS197、74LS192；清零采用异步方式、置数采用同步方式的有 74LS161、74LS160；有的只具有异步清零功能，如 CC4520、74LS190、74LS191；74LS90 则具有异步清零和异步置 9 功能等。

（3）中规模集成计数器的级联　计数器的级联是将多个计数器串接起来，以获得计数容量更大的 n 进制计数器。

同步计数器 74LS161 有进位或借位输出端，可以选择合适的进位或借位输出信号来驱动下一级计数器计数。同步计数器级联的方式有两种，一种级间采用串行进位方式，即异步方式，这种方式是将低位计数器的进位输出直接作为高位计数器的时钟脉冲，异步方式的速度较慢。另一种级间采用并行进位方式，即同步方式，这种方式一般是把各计数器的 CP 端连在一起接到统一的时钟脉冲，而低位计数器的进位输出送高位计数器的计数控制端。

例如：两片 74LS161 级联构成六十进制计数器，如图 8-30 所示。

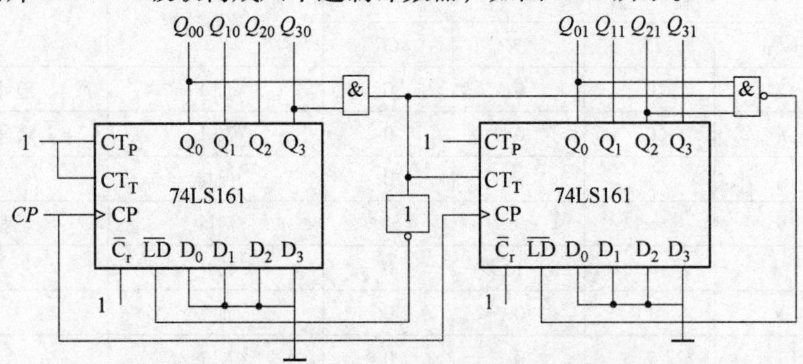

图 8-30　两片 74LS161 级联构成六十进制计数器

8.2.3　555 集成定时器

1. 555 定时器简介

获得脉冲信号的方法主要有两种：一种是利用多谐振荡器直接产生符合要求的矩形脉冲，如触发器的时钟脉冲 CP 等；另一种是通过整形电路对已有的波形进行整形、变换，使之符合系统的要求。施密特触发器和单稳态触发器是两种不同用途的脉冲波形的整形、变换电路。

555 定时器是一种多用途集成电路，只要其外部配接少量阻容元件就可构成施密特触发器、单稳态触发器和多谐振荡器等，使用方便、灵活。因此，在波形变换与产生、测量控制、家用电器等方面都有着广泛的应用。

555 定时器的电源电压范围大（双极型 555 定时器为 5～16V，CMOS555 定时器为 3～18V），可提供与 TTL 及 CMOS 数字电路兼容的接口电平，还可输出一定功率，驱动微电机、指示灯、扬声器等。

TTL 单定时器型号的最后三位数字为 555，双定时器的为 556；CMOS 单定时器的最后四位数为 7555，双定时器的为 7556。

（1）555 定时器的电路组成　555 定时器内部电路如图 8-31 所示，它由分压器、比较器、基本 RS 触发器和放电管等几部分组成。逻辑功能示意图如图 8-32 所示。

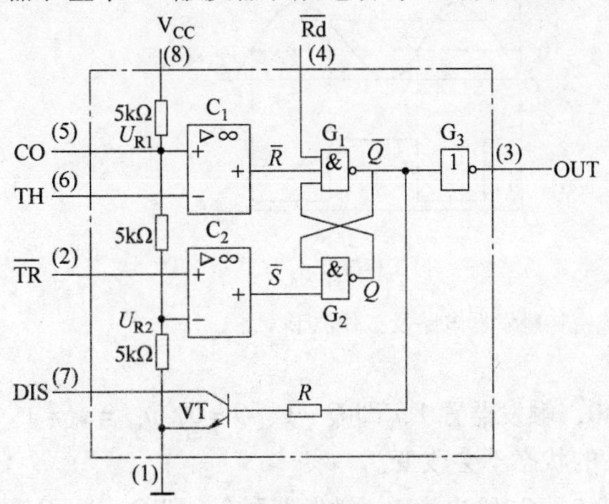

图 8-31　555 定时器内部电路

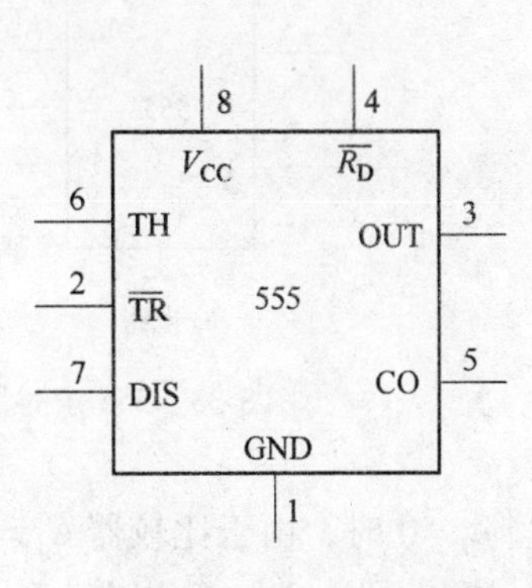

图 8-32　555 定时器逻辑功能示意图

（2）555 定时器的功能　表 8-17 为 555 定时器的简化功能表。

表 8-17　555 定时器功能表

输入			输出		输入			输出	
$\overline{R_D}$	TH	$\overline{TR}$	OUT	V 状态	$\overline{R_D}$	TH	$\overline{TR}$	OUT	V 状态
0	×	×	0	导通	1	$<\frac{2}{3}V_{CC}$	$<\frac{1}{3}V_{CC}$	1	截止
1	$>\frac{2}{3}V_{CC}$	$>\frac{1}{3}V_{CC}$	0	导通	1	$<\frac{2}{3}V_{CC}$	$>\frac{1}{3}V_{CC}$	不变	不变

使用要点如下：

1）R_D 低电平有效，优先级最高，不用时应接高电平。

2）TH 和$\overline{TR}$均为高电平时，输出均为 0；为低电平时，输出为 1。

3）TR 低电平有效，TH 高电平有效，因此，TH 加低电平、TR 加高电平时为非有效电平，电路状态不变。

4）输出 0 时，$Q=1$，因此 V 导通；输出 1 时，$Q=0$，故 V 截止。

5）注意

①TH 电平高低是与 $2/3V_{CC}$相比较，$\overline{TR}$电平高低是与 $1/3V_{CC}$相比较。

②若控制输入端 CO 加输入电压 u_{CO}，则 $U_{R1}=u_{CO}U_{R2}=u_{CO}/2$，故 TH 和$\overline{TR}$电平高低的比较值将变成 u_{CO}和 $u_{CO}/2$。

通常不用 CO 端，为了提高电路工作稳定性，将其通过 0.01 mF 电容接地。

2. 施密特触发器

施密特触发器是一种能够把输入波形整形成为适合于数字电路需要的矩形脉冲的电路。它有两个稳定状态。

（1）用 555 定时器构成的施密特触发器　由 555 定时器构成的施密特触发器电路及工作波形如图 8-33 所示。

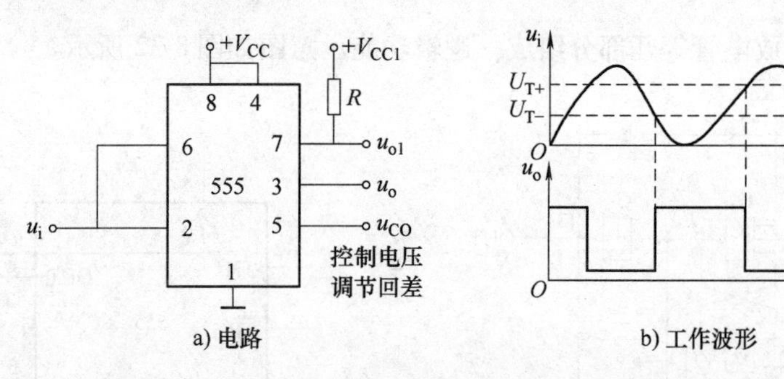

a) 电路　　b) 工作波形

图 8-33　555 定时器构成的施密特触发器电路及工作波形

1）当 $u_i=0$ 时，由于比较器 $C_1=1$、$C_2=0$，触发器置 1，即 $Q=1$、$\overline{Q}=0$，$u_{o1}=u_o=1$。u_i 升高时，在未到达 $2V_{CC}/3$ 以前，$u_{o1}=u_o=1$ 的状态不会改变。

2）u_i 升高到 $2V_{CC}/3$ 时，比较器 C_1 输出为 0、C_2 输出为 1，触发器置 0，即 $Q=0$、$\overline{Q}=1$，$u_{o1}=u_o=0$。此后，u_i 上升到 V_{CC}，然后再降低，但在未到达 $V_{CC}/3$ 以前，$u_{o1}=u_o=0$ 的状态不会改变。

3）u_i 下降到 $2V_{CC}/3$ 时，比较器 C_1 输出为 1、C_2 输出为 0，触发器置 1，即 $Q=1$、$\overline{Q}=0$，$u_{o1}=u_o=1$。此后，u_i 继续下降到 0，但 $u_{o1}=u_o=1$ 的状态不会改变。

（2）施密特触发器的典型应用　图 8-34 所示为其典型应用。

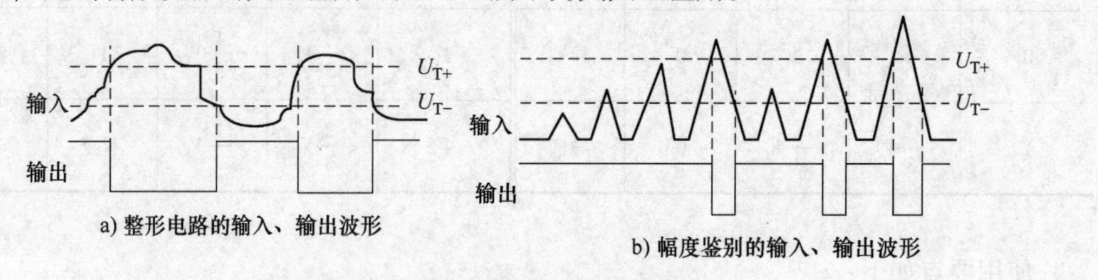

a) 整形电路的输入、输出波形　　b) 幅度鉴别的输入、输出波形

图 8-34　施密特触发器的典型应用

1）用于波形变换。施密特触发器可用于将三角波、正弦波及其他不规则信号变换成矩形脉冲。

2）用于脉冲整形。

3）用于脉冲幅度鉴别。

3. 单稳态触发器

单稳态触发器在数字电路中一般用于定时（产生一定宽度的矩形波）、整形（把不规则的波形转换成宽度、幅度都相等的波形）以及延时（把输入信号延迟一定时间后输出）等。

单稳态触发器具有下列特点。

1）电路有一个稳态和一个暂稳态。

2）在外来触发脉冲作用下，电路由稳态翻转到暂稳态。

3）暂稳态是一个不能长久保持的状态，经过一段时间后，电路会自动返回到稳态。暂稳态的持续时间与触发脉冲无关，仅决定于电路本身的参数。

（1）用 555 定时器构成的单稳态触发器　用 555 定时器构成的单稳态触发器的电路及工作波形如图 8-35 所示。

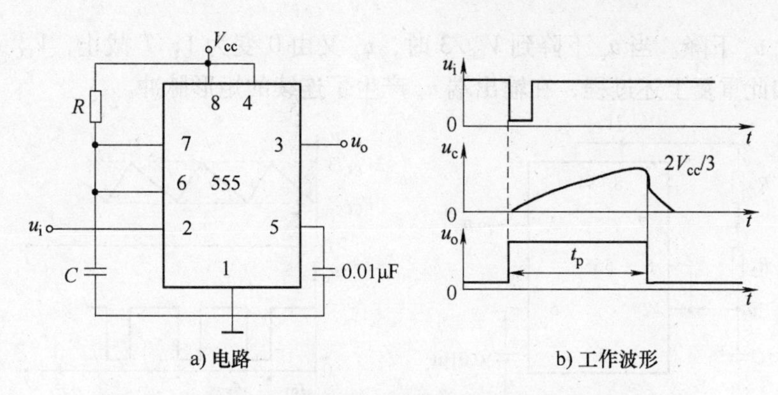

图 8-35　555 定时器构成的单稳态触发器的电路及工作波形

输出脉冲宽度 t_p：$t_p \approx 1.1RC$

接通 V_{CC}后瞬间，V_{CC}通过 R 对 C 充电，当 u_c 上升到 $2V_{CC}/3$ 时，比较器 C_1 输出为0，将触发器置0，$u_o = 0$。这时 $Q = 1$，放电管 T 导通，C 通过 T 放电，电路进入稳态。

u_i 到来时，因为 $u_i < V_{CC}/3$，使 $C_2 = 0$，触发器置1，u_o 又由0变为1，电路进入暂稳态。由于此时 $Q = 0$，放电管 T 截止，V_{CC}经 R 对 C 充电。虽然此时触发脉冲已消失，比较器 C_2 的输出变为1，但充电继续进行，直到 u_c 上升到 $2V_{CC}/3$ 时，比较器 C_1 输出为0，将触发器置0，电路输出 $u_o = 0$，T 导通，C 放电，电路恢复到稳定状态。

（2）单稳态触发器的应用

1）脉冲定时。单稳态触发器可以构成定时电路，如图 8-36 所示，与继电器或驱动放大电路配合，可实现自动控制、定时开关的功能等。

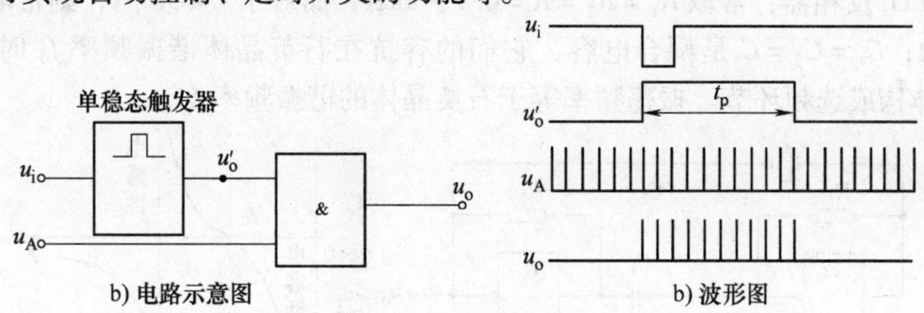

图 8-36　脉冲定时示意图

2）脉冲整形。脉冲整形示意图如图 8-37 所示。

3）脉冲展宽。

4. 多谐振荡器

能产生矩形脉冲的自激振荡电路称为多谐振荡器，它有两个暂稳态。由于矩形脉冲含有丰富的谐波分量，因此常将矩形脉冲产生电路称作多谐振荡器。

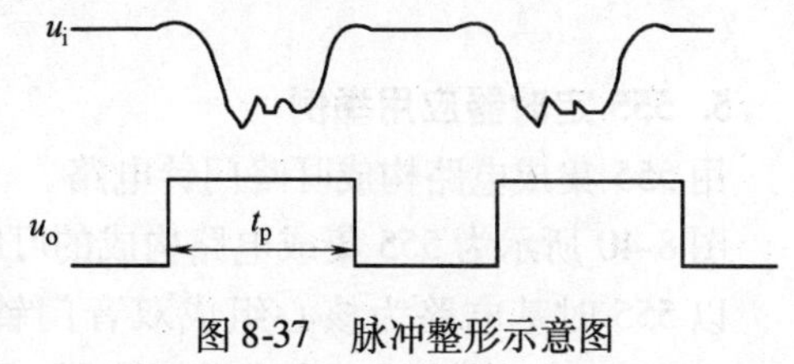

图 8-37　脉冲整形示意图

（1）用555 定时器构成的多谐振荡器　用555 定时器构成的多谐振荡器电路及工作波形如图 8-38 所示。

接通 V_{CC}后，V_{CC}经 R_1 和 R_2 对 C 充电。当 u_c 上升到 $2V_{CC}/3$ 时，$u_o = 0$，T 导通，C 通过

R_2 和 T 放电，u_c 下降。当 u_c 下降到 $V_{CC}/3$ 时，u_o 又由 0 变为 1，T 截止，V_{CC}又经 R_1 和 R_2 对 C 充电。如此重复上述过程，在输出端 u_o 产生了连续的矩形脉冲。

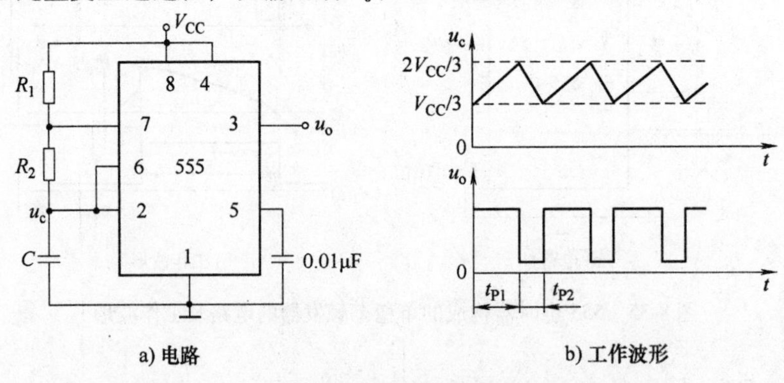

a) 电路　　b) 工作波形

图 8-38　555 定时器构成的多谐振荡器电路及工作波形

第一个暂稳态的脉冲宽度 t_{p1}，即 u_c 从 $V_{CC}/3$ 充电上升到 $2V_{CC}/3$ 所需的时间：

$$t_{p1} \approx 0.7(R_1 + R_2)C$$

第二个暂稳态的脉冲宽度 t_{p2}，即 u_c 从 $2V_{CC}/3$ 放电下降到 $V_{CC}/3$ 所需的时间：

$$t_{p2} \approx 0.7R_2C$$

振荡周期：$T = t_{p1} + t_{p2} \approx 0.7(R_1 + 2R_2)C$

（2）石英晶体振荡器　石英晶体多谐振荡器分并联和串联两种。

在图 8-39 所示电路中，电阻 R_1、R_2 的作用是保证两个反相器在静态时都能工作在线性放大区。对 TTL 反相器，常取 $R_1 = R_2 = R = 0.7 \sim 2\text{k}\Omega$，而对于 CMOS 门，则常取 $R_1 = R_2 = R = 10 \sim 100\text{k}\Omega$；$C_1 = C_2 = C$ 是耦合电容，它们的容抗在石英晶体谐振频率 f_0 时可以忽略不计；石英晶体构成选频环节。振荡频率等于石英晶体的谐振频率 f_0。

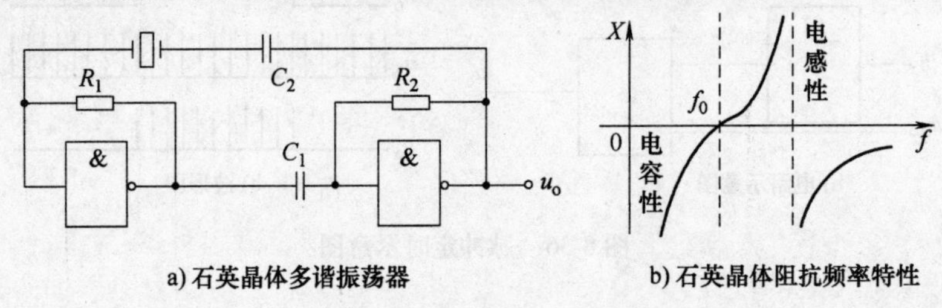

a) 石英晶体多谐振荡器　　b) 石英晶体阻抗频率特性

图 8-39　石英晶体多谐振荡器

5. 555 定时器应用举例

用 555 集成电路构成叮咚门铃电路。

图 8-40 所示为 555 集成电路构成的叮咚门铃电路原理图，该电路颇具特色。

以 555 时基电路为核心组成双音门铃，能发出悦耳的叮咚声，其中 CB555、R_1、R_2、R_3、V_1、V_2、C_1 等组成一个多谐振荡器，SB 为门铃按钮，平时处于断开状态，在 SB 断开的情况下，CB555 的 4 脚呈低电平，使 CB555 处于强制复位状态，3 脚输出低电平，扬声器不发声。

按下 SB 后，电源 V_{CC}通过 V_2 对 C_2 快速充电至 6V，CB555 的 4 脚为高电平，CB555 振

荡器起振。此时电源通过 V_1、R_2、R_3 给 C_1 进行充电，随着 C_1 充电其两端电压（即2、6脚电压升高超过$\frac{2}{3}V_{CC}$时，3脚输出为低电位，同时555内部放电管导通，C_1 开始放电，放电回路为 $C_1 \rightarrow R_3 \rightarrow$芯片内部放电管→地。振荡频率为$f=\frac{1.44}{(R_2+2R_3)C_1}$。

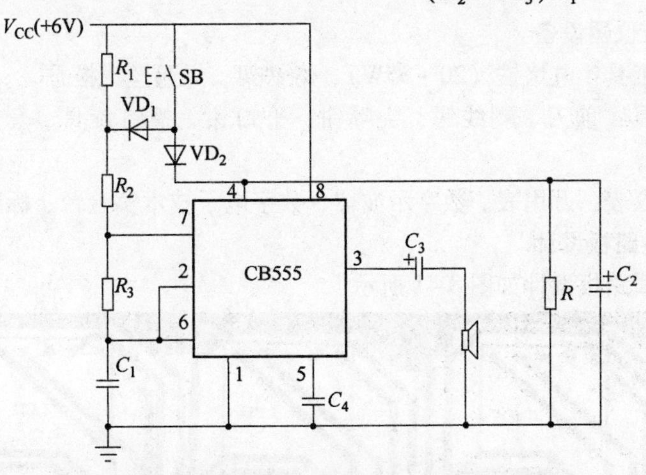

图8-40　555集成电路构成的叮咚门铃电路原理图

随着 C_1 的放电，555的2、6脚电位下降$\frac{1}{3}V_{CC}$时，555的3脚输出高电平，内部放电管截止，放电回路被切断，C_1 又开始新一轮的充电，依次循环往复，实现了振荡。此时，振荡信号从555的3脚输出驱动扬声器发出“叮……”的音响。

当松开SB后，由于 C_2 上已充满电荷，即4脚呈高电平，555振荡器仍继续振荡，但这时 C_1 的充电回路为 $V_{CC} \rightarrow R_1 \rightarrow R_2 \rightarrow R_3 \rightarrow C_1$，而放电时间常数仍为 R_3C_1，此时频率为 $f=\frac{1.44}{(R_1+R_2+2R_3)C_1}$

显而易见，此频率要比按下SB时的振荡频率低，随着 C_2 的放电，C_2 上的电压逐渐变低，当降至0.4V以下后，555处于强制复位状态，电路停振，可见 C_2 放电至0.4V的时间也就是扬声器发出“咚”音频声响的时间，这样电路整个工作过程为当按下按钮SB时，扬声器发出高音“叮”声，到松开按钮SB后发出“咚”声，实现了“叮咚”门铃的效果。

【项目实施】

任务8.3　三位显示测频仪电路的制作与调试

【任务目标】

1）掌握元器件的选择及测试方法。
2）掌握电路的安装、焊接方法。

3）掌握电路的调试、检测方法。

【任务内容】

8.3.1 电路装配准备

1. 制作工具与仪器设备

1）电路焊接工具：电烙铁（20～35W）、烙铁架、焊锡丝、松香。

2）机加工工具：剪刀、剥线钳、尖嘴钳、平口钳、螺钉旋具、套筒扳手、镊子、电钻。

3）测试仪器仪表：万用表、数字示波器、数字电子技术实验台、标准频率计。

2. 电路装配线路板设计

1）电路装配线路板设计如图 8-41 所示。

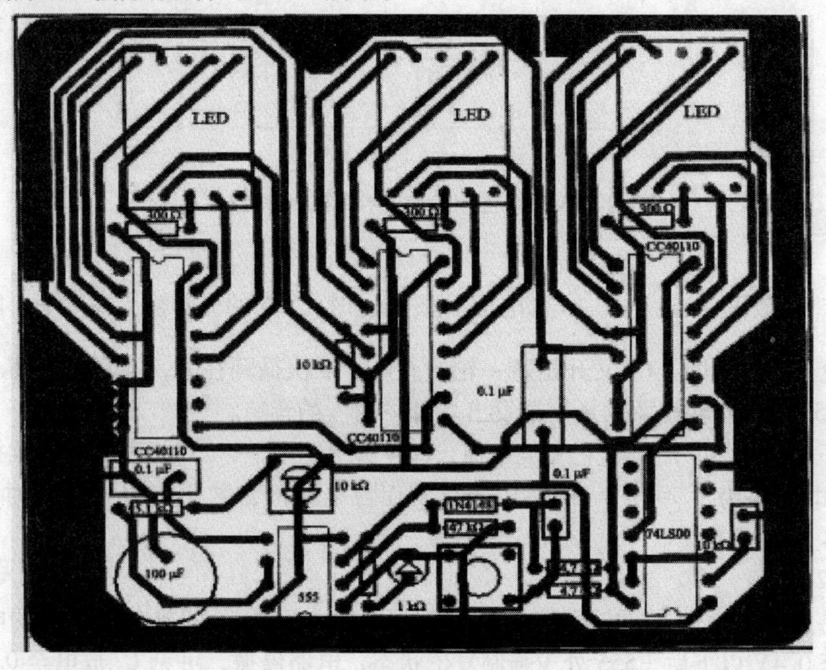

图 8-41 电路装配线路板设计

2）电路装配线路板图设计说明。

①本装配线路板图为采用 Protel99 设计软件绘制，是从元器件面向下看的透明装配线路板图，在装配时要注意各个元器件的方向，不能反接。

②注意电源与地的接线端子，以及被测信号接线端子的处理。

③集成电路最好先装配芯片座子。

3. 元器件检测

1）逻辑电平开关、电阻的检测。

2）共阴数码管检测。前面项目已介绍，参照项目 7。

3）其他元器件在前面项目已做了介绍，这里不再详述，只介绍 CC40110 的测试。

测试方法是将CC40110插入数字电路实验台芯片座上，如图8-42a所示，接上电源和地，首先按照功能表测试各功能端功能；而后使CC40110处于加计数状态，Cpu端按频率1Hz左右的输入脉冲，观察数码管显示的数字，验证加计数显示是否正确。再按图8-42b连接电路，重复以上步骤，验证减计数显示是否正确。

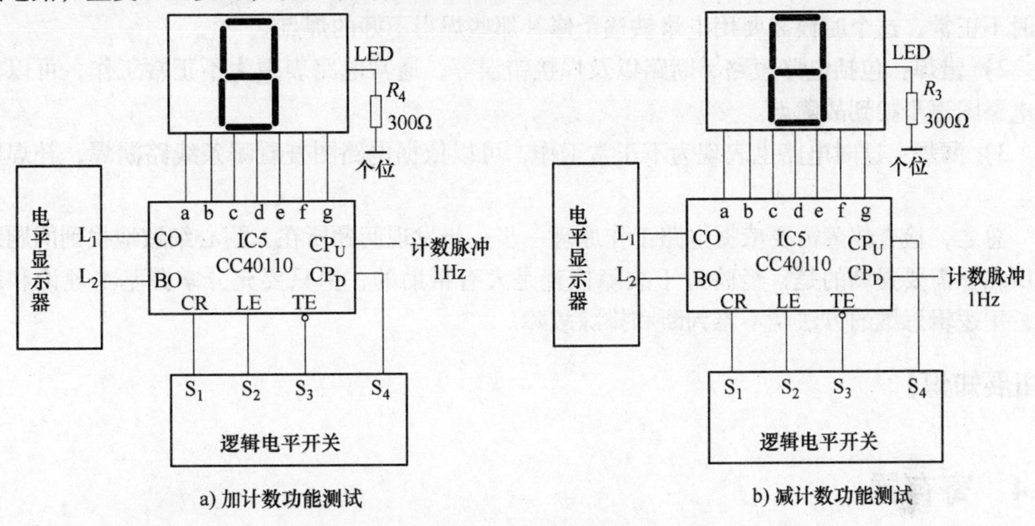

a) 加计数功能测试　　b) 减计数功能测试

图8-42　CC40110功能测试

8.3.2　整机装配与电路调试

将检验合格的元器件按上面的装配线路板图安装并焊接在印制板上。

调试步骤如下：

1）仔细检查、核对电路与元器件，确认无误后加入规定的+5V直流电压。

2）通电后，按下按钮S_1，发光二极管LED1应发光，维持时间约为1s，调节R_p应可改变发光二极管发光时间，说明555单稳态触发电路工作正常。

3）测频功能调试：接入被测信号f_x（频率范围1~999Hz），按下按钮，数码管显示一次被测信号频率。为了保证测频仪的测量精确度，必须确保555单稳态触发电路暂稳态的维持时间为1s。可以先将一被测频率接入标准频率计，读出读数；然后接入简易测频仪中，调节R_p的值，直至测频仪的读数等于标准频率计的读数为止。

8.3.3　故障分析与排除

当电路不能完成预期的逻辑功能时，就称电路有故障，产生故障的原因大致可以归纳以下四个方面：操作不当（如布线错误等）、设计不当、元器件使用不当或功能不正常，以及仪器（主要指数字电路实验台）出现故障。

在检查所有元器件（编码器、译码器、数码管等）都完好的情况下，将元器件焊接在电路板上，验证其功能，若电路不能正常工作，则需要检查故障，通常有以下几种故障：

可将电路分为取样脉冲产生、门槛（与门）电路、计数\译码\显示电路等几部分。出现什么故障就查哪一部分电路。例如，如果出现数码管没有显示，那么可先查译码显示电路，测试有无七段码数据输出；如无问题则查计数电路，检查计数器CC40110有无输入脉冲，功能端信号是否正常；如无问题，再查与门电路，即查 IC2b 与 IC2c，测量 IC2c 有无被测信号脉冲；如无问题，继续查取样脉冲产生电路有无秒脉冲，直至找出故障点。

查焊接故障：包括电路虚焊、错焊、漏焊等。

1）虚焊：表现为焊点质量非常差，是所有故障中最难查找的。表现为电路有时正常，有时不正常，这个时候需要用电烙铁逐个修补那些焊得不好的焊点。

2）错焊：包括电路短路、断路以及焊接错误等，通常电路表现为不正常工作，可以依据电路图逐步找到故障点。

3）漏焊：这时电路也表现为不正常工作，可以依据电路图查看哪条线路漏焊，补焊即可。

总之，检查故障需要依据电路工作原理一步一步发现问题所在，耐心细致地找到问题症结所在。需要强调的是，经验对于故障检查是大有帮助的，但只要充分掌握基本理论和原理，用逻辑思维的方法就不难判断和排除故障。

【拓展知识】

8.4 寄存器

寄存器是由具有存储功能的触发器组合起来构成的。一个触发器可以存储 1 位二进制代码，存放 n 位二进制代码的寄存器，需用 n 个触发器来构成。

按照功能的不同，可将寄存器分为基本寄存器和移位寄存器两大类。基本寄存器只能并行送入数据，需要时也只能并行输出。移位寄存器中的数据可以在移位脉冲作用下依次逐位右移或左移，数据既可以并行输入、并行输出，也可以串行输入、串行输出，还可以并行输入、串行输出，串行输入、并行输出，十分灵活，用途也很广。

1. 基本寄存器

在数字电路中，用来存放二进制数据或代码的电路称为寄存器。

单拍工作方式基本寄存器电路如图 8-43 所示。

无论寄存器中原来的内容是什么，只要送数控制时钟脉冲 CP 上升沿到来，加在并行数据输入端的数据 $D_0 \sim D_3$，就立即被送入进寄存器中，即有

$$Q_3^{n+1}Q_2^{n+1}Q_1^{n+1}Q_0^{n+1}=D_3D_2D_1D_0$$

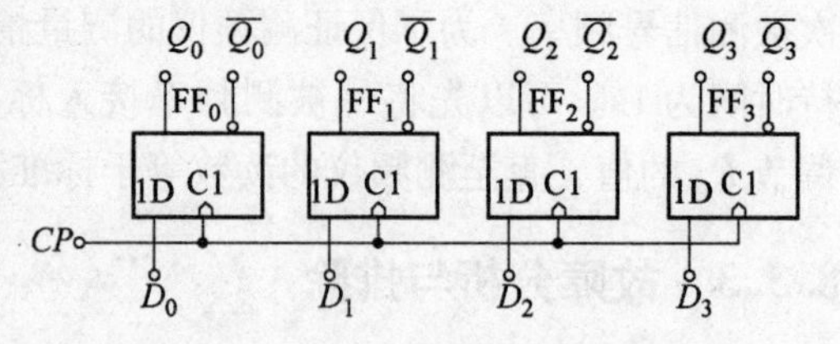

图 8-43　单拍工作方式基本寄存器

双拍工作方式基本寄存器电路如图 8-44 所示。

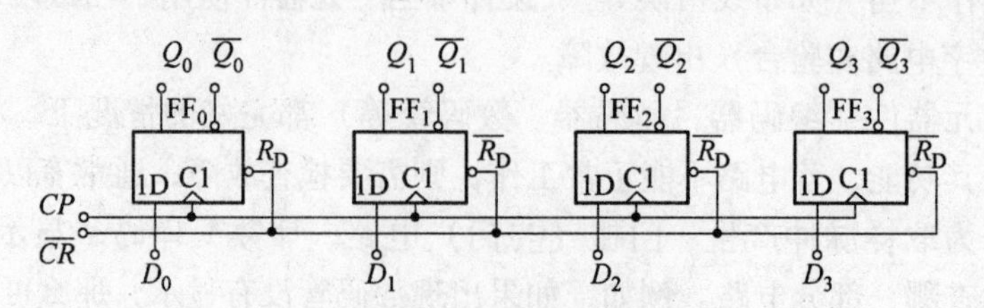

图 8-44　双拍工作方式基本寄存器

1）清零。$\overline{CR}=0$，异步清零。即

$$Q_3^nQ_2^nQ_1^nQ_0^n=0000$$

2）送数。$\overline{CR}=1$ 时，CP 上升沿送数。即

$$Q_3^{n+1}Q_2^{n+1}Q_1^{n+1}Q_0^{n+1}=D_3D_2D_1D_0$$

3）保持。在$\overline{CR}=1$、CP 上升沿以外时间，寄存器内容将保持不变。

2. 移位寄存器

（1）单向移位寄存器　四位右移寄存器电路如图 8-45 所示。

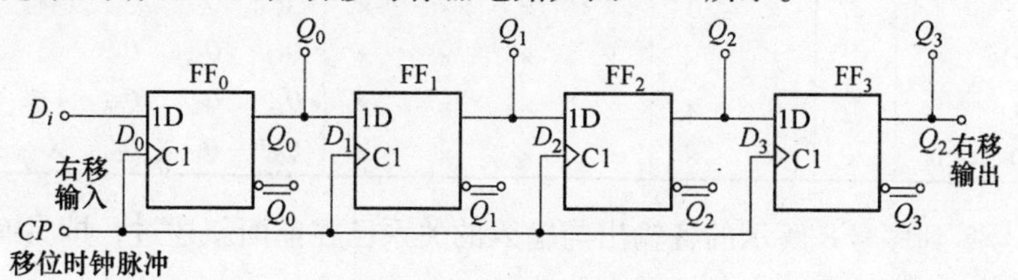

图 8-45　四位右移寄存器

时钟方程 $CP_0=CP_1=CP_2=CP_3=CP$

驱动方程 $D_0=D_i$、$D_1=Q_0^n$、$D_2=Q_1^n$、$D_3=Q_2^n$

状态方程 $Q_0^{n+1}=D_i$、$Q_1^{n+1}=Q_0^n$、$Q_2^{n+1}=Q_1^n$、$Q_3^{n+1}=Q_2^n$

单向移位寄存器具有以下主要特点：

1）单向移位寄存器中的数码，在 CP 脉冲操作下，可以依次右移或左移。

2）n 位单向移位寄存器可以寄存 n 位二进制代码。n 个 CP 脉冲即可完成串行输入工作，此后可从 $Q_0 \sim Q_{n-1}$ 端获得并行的 n 位二进制数码，再用 n 个 CP 脉冲又可实现串行输出操作。

3）若串行输入端状态为 0，则 n 个 CP 脉冲后，寄存器便被清零。

（2）双向移位寄存器　右移寄存器和左移寄存器的电路结构是基本相同的，如适当加入一些控制电路和控制信号，就可将右移寄存器和左移寄存器结合在一起，构成双向移位寄存器。图 8-46 所示为集成四位双向移位寄存器 74LS194。

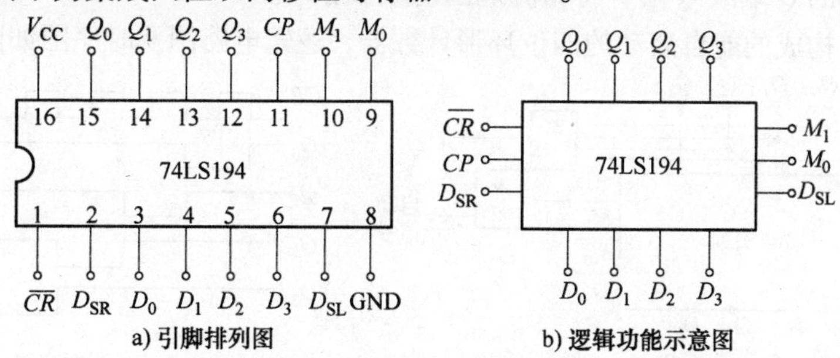

图 8-46　CT74LS194 的引脚排列图和逻辑功能示意图

74LS194 功能表见表 8-18。

1）$\overline{CR}$为清零端，$\overline{CR}$为 0 电平时，寄存器 $Q_3 \sim Q_0$ 均为 0。$\overline{CR}$也是使能端，$\overline{CR}=1$ 时，允许工作；$\overline{CR}=0$ 时，禁止工作，不能进行置数和移位。

表 8-18　74LS194 功能表

序号	清零	控制信号		时钟	串行输入		并行输入				输出				功能
	$\overline{CR}$	M_1	M_0	CP	D_{SL}	D_{SR}	D_0	D_1	D_2	D_3	Q_0	Q_1	Q_2	Q_3	
1	0	×	×	×	×	×	×	×	×	×	0	0	0	0	清零
2	1	×	×	0	×	×	×	×	×	×	Q_{00}	Q_{10}	Q_{20}	Q_{30}	保持
3	1	1	1	↑	×	×	d_0	d_1	d_2	d_3	d_0	d_1	d_2	d_3	置数
4	1	0	1	↑	×	1	×	×	×	×	1	Q_{0n}	Q_{1n}	Q_{2n}	右移
5	1	0	1	↑	×	0	×	×	×	×	0	Q_{0n}	Q_{1n}	Q_{2n}	右移
6	1	1	0	↑	1	×	×	×	×	×	Q_{1n}	Q_{2n}	Q_{3n}	1	左移
7	1	1	0	↑	0	×	×	×	×	×	Q_{1n}	Q_{2n}	Q_{3n}	0	左移
8	1	0	0	×	×	×	×	×	×	×	Q_{00}	Q_{10}	Q_{20}	Q_{30}	保持

2）从序号 3 到序号 8 所示的各输出与输入的关系已在前面叙述过，即具有正常的寄存、移位和保持功能。

3. 移位寄存器的应用

（1）环形计数器　环形计数器是将单向移位寄存器的串行输入端和串行输出端相连，构成一个闭合的环，电路如图 8-47 所示。

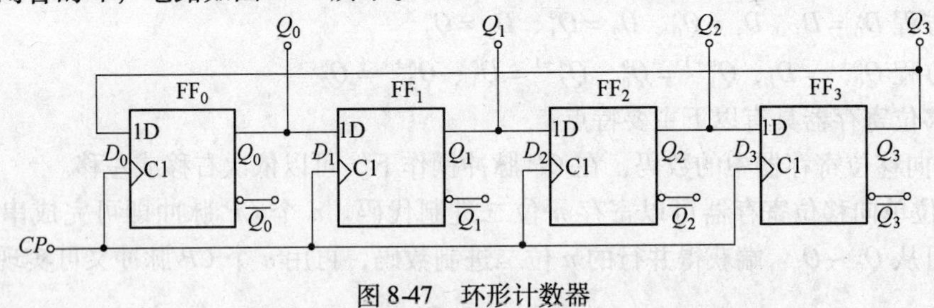

图 8-47　环形计数器

结构特点：$D_0 = Q_{n-1}^n$，即将 FF_{n-1} 的输出 Q_{n-1} 接到 FF_0 的输入端 D_0。

工作原理：根据起始状态设置的不同，在输入计数脉冲 CP 的作用下，环形计数器的有效状态可以循环移位一个 1，也可以循环移位一个 0。即当连续输入 CP 脉冲时，环形计数器中各个触发器的 Q 端或 $\overline{Q}$ 端，将轮流地出现矩形脉冲。

由 74LS194 构成的能自启动的四位环形计数器，逻辑电路图及时序图如图 8-48 所示。

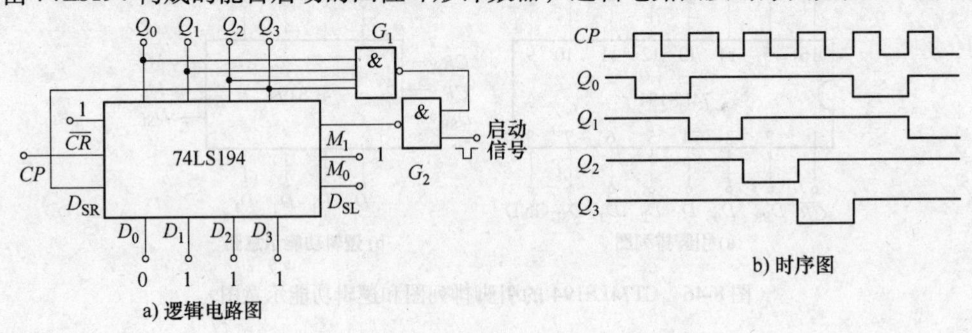

图 8-48　由 74LS194 构成的四位环形计数器

（2）扭环计数器　扭环形计数器是将单向移位寄存器的串行输入端和串行反相输出端相连，构成一个闭合的环，电路如图 8-49 所示。

实现扭环形计数器时，不必设置初态。扭环形计数器的进制数N与移位寄存器内的触发器个数 n 满足 $N=2n$ 的关系。

结构特点为：$D_0=\overline{Q}_{n-1}^{n}$，即将 FF_{n-1} 的输出 $\overline{Q}_{n-1}$ 接到 FF_0 的输入端 D_0。

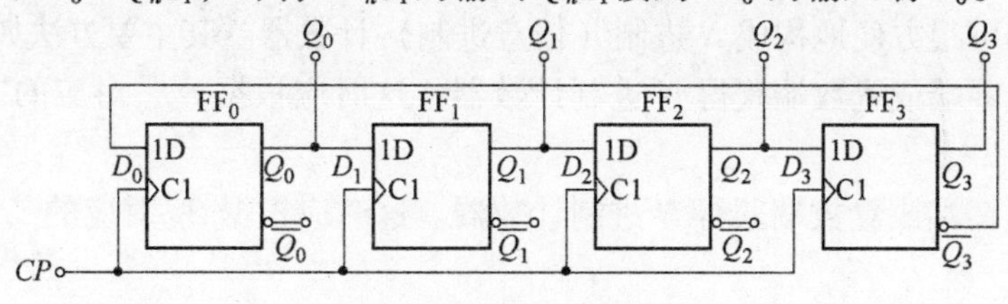

图8-49　扭环形计数器电路

（3）顺序脉冲发生器　在数字电路中，能按一定时间、一定顺序轮流输出脉冲波形的电路称为顺序脉冲发生器。

顺序脉冲发生器也称为脉冲分配器或节拍脉冲发生器，一般由计数器（包括移位寄存器型计数器）和译码器组成。作为时间基准的计数脉冲由计数器的输入端送入，译码器即将计数器状态译成输出端上的顺序脉冲，使输出端上的状态按一定时间、一定顺序轮流为1，或者轮流为0。前面介绍过的环形计数器的输出就是顺序脉冲，故可不加译码电路即可直接作为顺序脉冲发生器。

【项目小结】

1）触发器是数字电路的极其重要的基本单元。触发器有两个稳定状态，在外界信号作用下，可以从一个稳态转变为另一个稳态；无外界信号作用时状态保持不变。因此，触发器具有存储和记忆二进制信息的功能。

2）从有无时钟控制而言，可将触发器分为无时钟控制和有时钟控制两大类。基本RS触发器是构成一切触发器的基础。根据逻辑功能的不同，触发器可以分为RS触发器、D触发器、JK触发器、T和T′触发器；根据触发方式不同，可分为电平触发器、边沿触发器和主从触发器。

3）触发器的逻辑功能可以用真值表、卡诺图、特性方程、状态图和波形图等五种方式来描述。触发器的特性方程是表示其逻辑功能的重要逻辑函数，在分析和设计时序电路时常用来作为判断电路状态转换的依据。

4）同一种功能的触发器，可以用不同的电路结构形式来实现；反过来，同一种电路结构形式，可以构成具有不同功能的各种类型触发器。

5）掌握常用的集成触发器的逻辑功能及应用。

6）时序逻辑电路由触发器和组合逻辑电路组成，其中触发器必不可少。时序逻辑电路的输出不仅与输入有关，而且还与电路原来的状态有关。时序逻辑电路的工作状态由触发器存储和表示。

7）描述时序电路逻辑功能的方法有逻辑图、状态方程、驱动方程、输出方程、状态转换真值表、状态转换图和时序图等。

8）计数器是快速记录输入脉冲个数的部件。按计数进制分有：二进制计数器、十进制计数器和任意进制计数器；按计数增减分有：加法计数器、减法计数器和加/减计数器；按触发器翻转是否同步分为：同步计数器和异步计数器。计数器除了用于计数外，还常用于分频、定时等。

9）中规模集成计数器功能完善、使用方便灵活。功能表是其正确使用的依据。利用中规模集成计数器可很方便地构成 N 进制（任意进制）计数器。其主要方法如下。

①用同步置零端或置数端获得 N 进制计数器。这时应根据 S_{N-1} 对应的二进制代码写反馈函数。

②用异步置零端或置数端获得 N 进制计数器。这时应根据 S_N 对应的二进制代码写反馈函数。

③当需要扩大计数器容量时，可将多片集成计数器进行级联。

10）寄存器主要用以存放数码。移位寄存器不但可存放数码，还能对数码进行移位操作。移位寄存器有单向移位寄存器和双向移位寄存器。集成移位寄存器使用方便、功能全、输入和输出方式灵活，功能表是其正确使用的依据。移位寄存器常用于实现数据的串并行转换，构成环形计数器、扭环计数器和顺序脉冲发生器等。

11）555 定时器是一种多用途的集成电路。只需外接少量阻容元件便可构成施密特触发器、单稳态触发器和多谐振荡器等。此外，它还可组成其他多种实用电路。由于555 定时器使用方便、灵活，有较强的负载能力和较高的触发灵敏度，因此，在自动控制、仪器仪表、家用电器等许多领域都有着广泛的应用。

12）施密特触发器和单稳态触发器是两种常用的整形电路，可将输入的周期信号整形成符合要求的同周期矩形脉冲。

13）施密特触发器具有回差特性，它有两个稳定状态，有两个不同的触发电平。

14）单稳态触发器有一个稳定状态和一个暂稳态。其输出脉冲的宽度只取决于电路本身 R、C 定时元件的数值，与输入信号没有关系。输入信号只起到触发电路进入暂稳态的作用。改变 R、C 定时元件的数值可调节输出脉冲的宽度。

15）多谐振荡器没有稳定状态，只有两个暂稳态。暂稳态间的相互转换完全靠电路本身电容的充电和放电自动完成。因此，多谐振荡器接通电源后就能输出周期性的矩形脉冲。改变 R、C 定时元件数值的大小，可调节振荡频率。

16）本项目就是通过制作一个三位显示测频仪，来掌握集成时序逻辑电路的原理、分析、设计和制作。

【项目练习】

8-1　TTL 边沿 JK 触发器如图 8-50a 所示，输入 CP、J、K 端的波形如图 8-50b 所示，对应画出输出 Q 和 $\overline{Q}$ 端的波形。设触发器的初始状态为 $Q=0$。

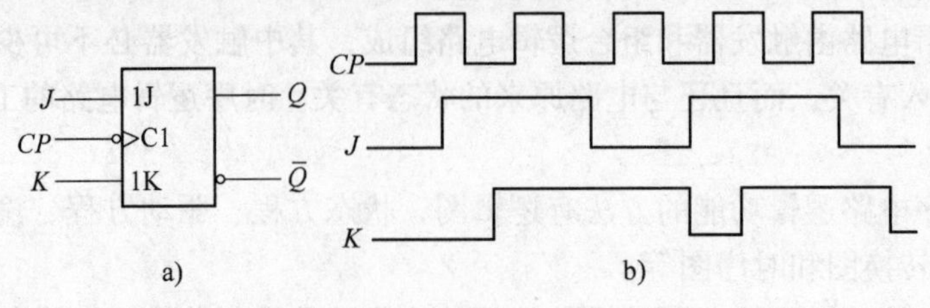

图 8-50　题 8-1 图

8-2　电路如图8-51a所示，输入CP、A、B端波形如图8-51b所示，对应画出输出Q端的波形。设触发器的初始状态为$Q=0$。

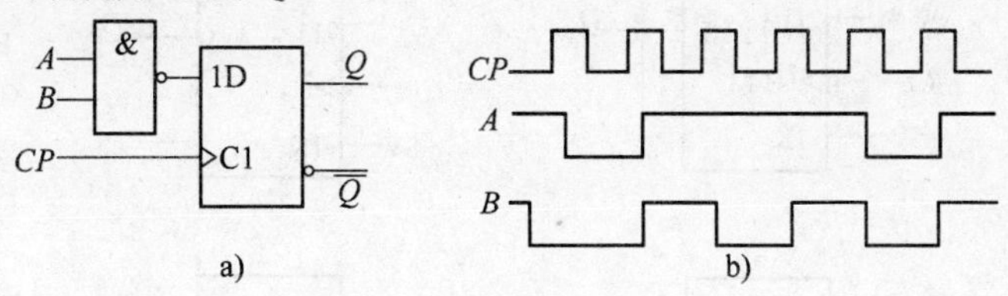

图8-51　题8-2图

8-3　设图8-52中各触发器的初始状态皆为$Q=0$，试画出在CP信号连续作用下各触发器输出端的电压波形。

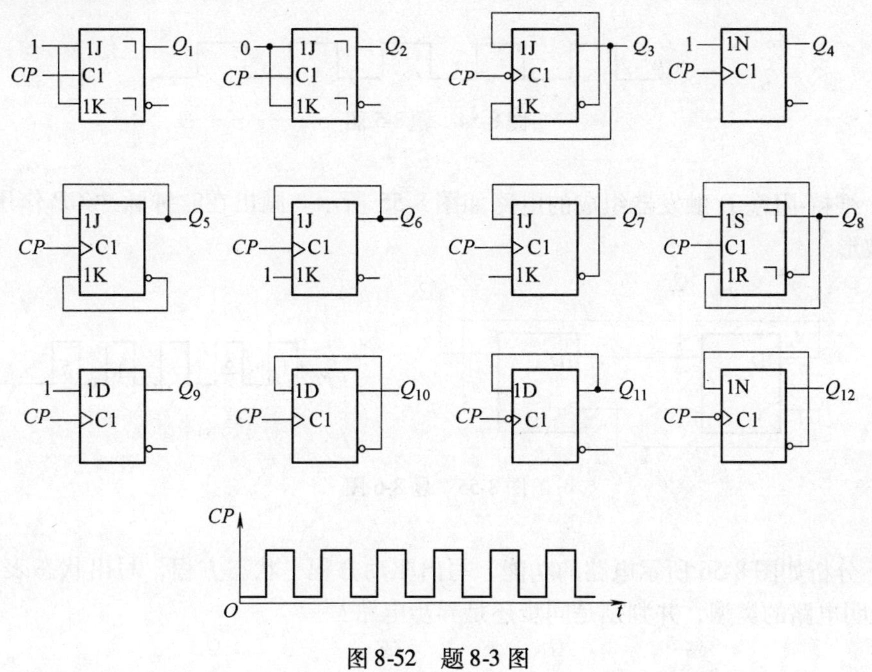

图8-52　题8-3图

8-4　已知维持-阻塞D触发器组成的电路及CP、A的波形如图8-53所示，设触发器初态均为0。试画出输出端Q_1、Q_2的波形。

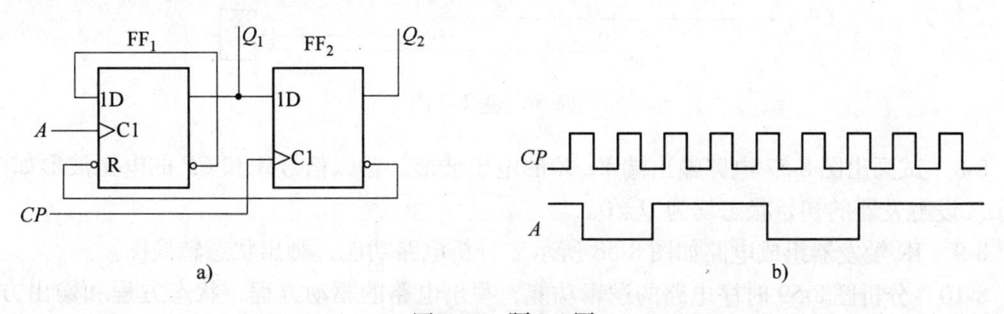

图8-53　题8-4图

8-5　电路如图 8-54 所示，设各触发器的初态为 0，画出在 *CP* 脉冲作用下 *Q* 端波形。

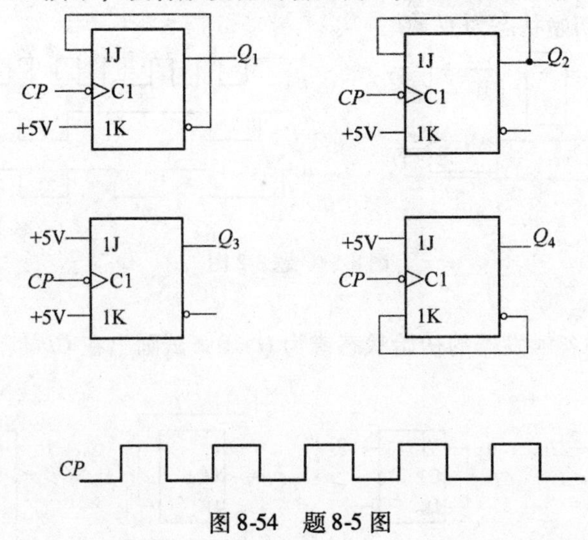

图 8-54　题 8-5 图

8-6　维持-阻塞 D 触发器组成的电路如图 8-55 所示。画出在时钟脉冲 *CP* 作用下，Q_1、Q_2 端的波形。

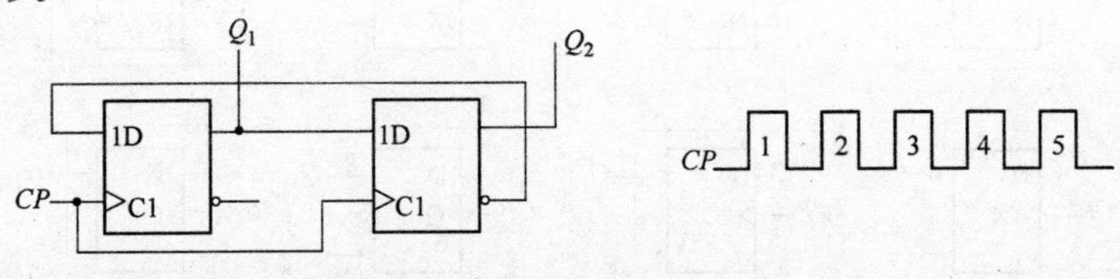

图 8-55　题 8-6 图

8-7　分析如图 8-56 所示电路的功能，写出驱动方程、状态方程，写出状态表或状态转换图，说明电路的类型，并判别是同步还是异步电路?

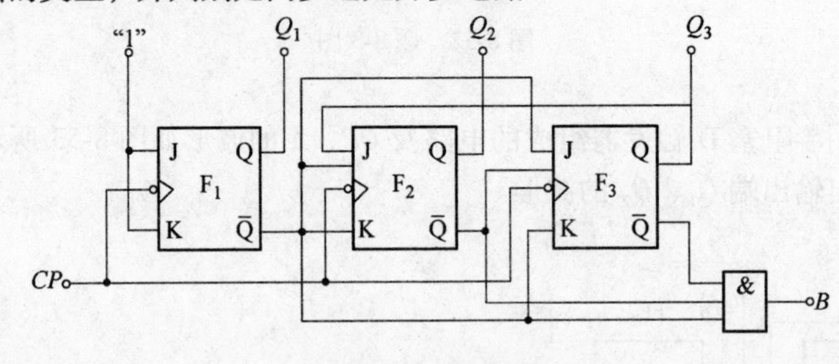

图 8-56　题 8-7 图

8-8　试画出图 8-57 电路输出端 *Y*、*Z* 的电压波形。输入信号 *A* 和 *CP* 的电压波形如图中所示。设触发器的初始状态均为 $Q=0$。

8-9　JK 触发器组成电路如图 8-58 所示。分析电路功能，画出状态转换图。

8-10　分析图 8-59 时序电路的逻辑功能，写出电路的驱动方程、状态方程和输出方程，画出电路的状态转换图，说明电路能否自启动。

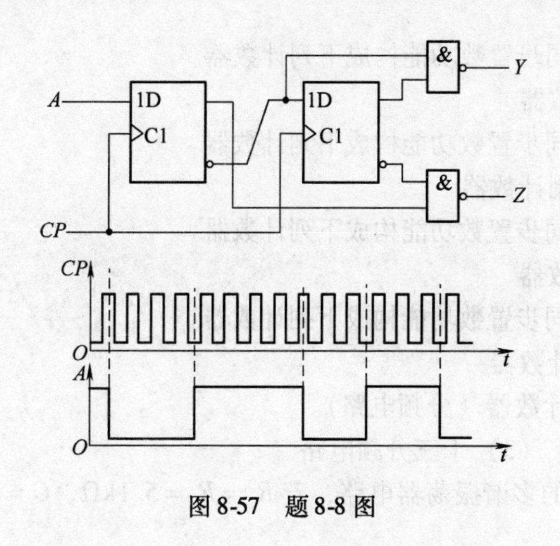

图 8-57　题 8-8 图

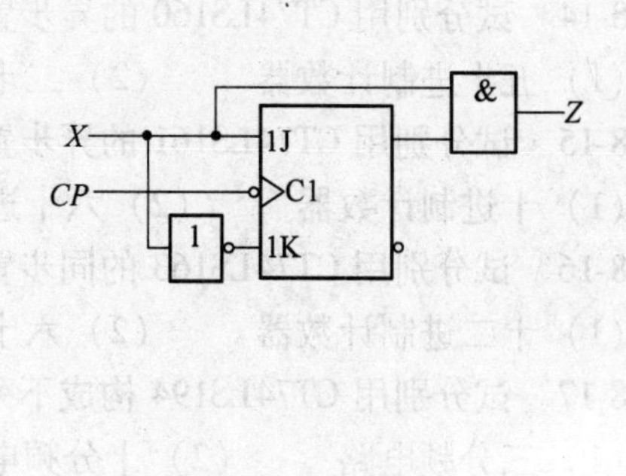

图 8-58　题 8-9 图

8-11　分析图 8-60 所示的计数器电路，说明计数器的进制是多少？

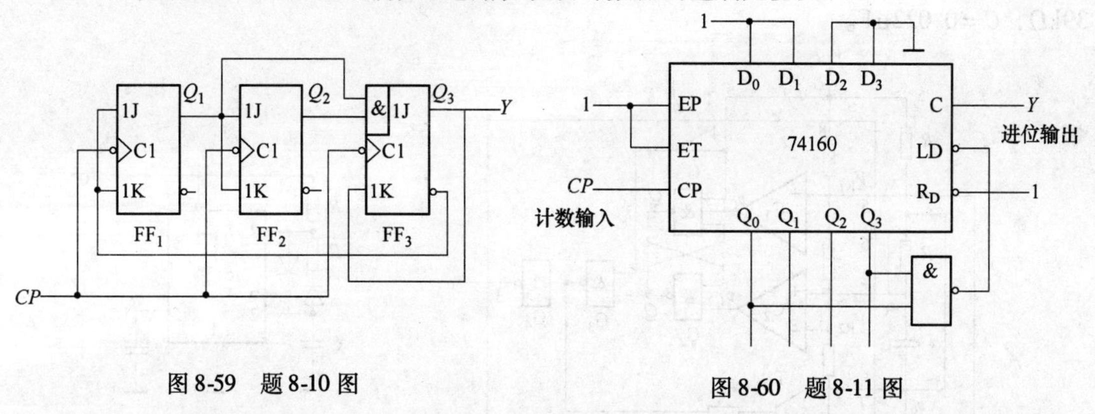

图 8-59　题 8-10 图

图 8-60　题 8-11 图

8-12　74LS161 按照图 8-61 所示连接，分析各电路计数长度 M，并画出相应的状态转换图。

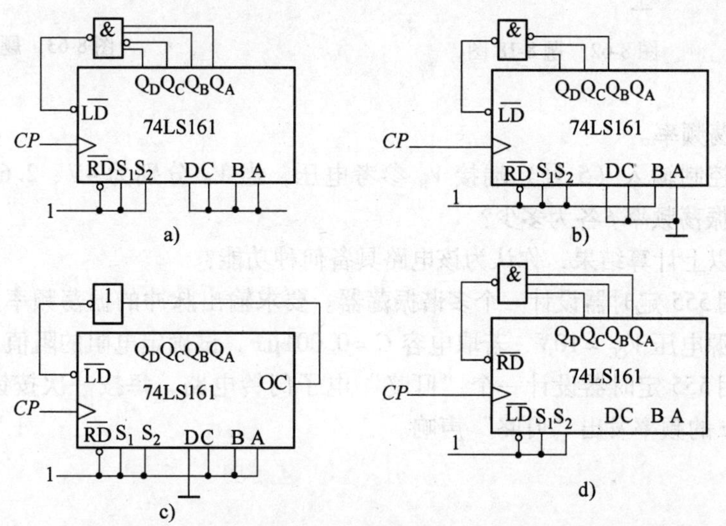

图 8-61　题 8-12 图

8-13　试分别用 CT74LS162 的同步置 0 和同步置数功能构成下列计数器。

（1）九进制计数器　　（2）六十进制计数器

8-14　试分别用 CT74LS160 的异步置 0 和同步置数功能构成下列计数器。

（1）五十进制计数器　　（2）二十四进制计数器

8-15　试分别用 CT74LS161 的异步置 0 和同步置数功能构成下列计数器。

（1）十进制计数器　　（2）六十进制计数器

8-16　试分别用 CT74LS163 的同步置 0 和同步置数功能构成下列计数器。

（1）十二进制计数器　　（2）六十进制计数器

8-17　试分别用 CT74LS194 构成下列扭环计数器（分频电路）。

（1）三分频电路　　（2）十分频电路　　（3）十三分频电路

8-18　图 8-62 所示电路为 555 定时器组成的多谐振荡器电路，若 $R_1=R_2=5.1\text{k}\Omega$，$C=0.01\mu\text{F}$，$V_{CC}=12\text{V}$，试计算电路的振荡频率。

8-19　555 定时器芯片接成如图 8-63 所示的振荡器，已知 $V_{CC}=5\text{V}$，$R_1=22\text{k}\Omega$，$R_2=39\text{k}\Omega$，$C=0.022\mu\text{F}$。

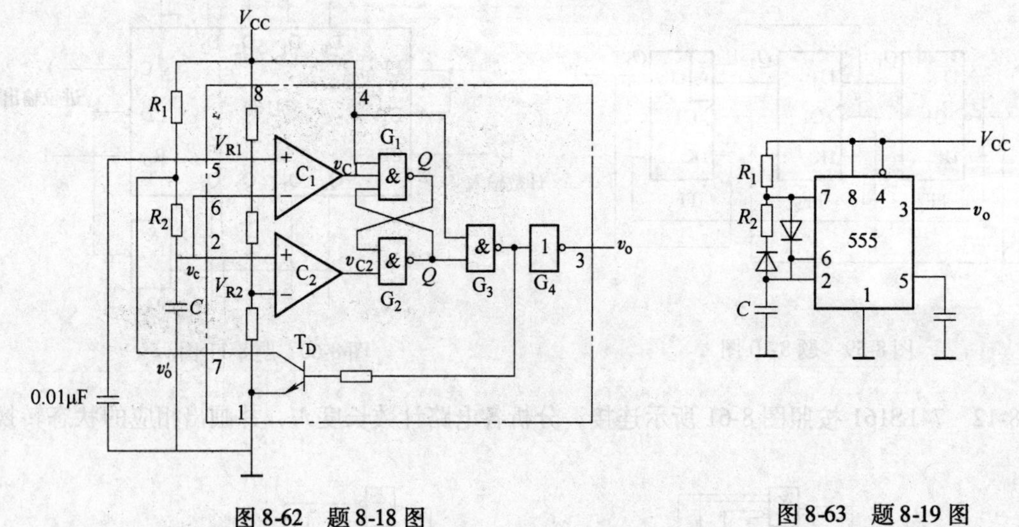

图 8-62　题 8-18 图　　　　图 8-63　题 8-19 图

（1）求振荡频率。

（2）若将控制输入（5 号）端接 V_R 参考电压，当 V_R 分别为 4V、2.6V、2V 和 1.2V 时，输出端 v_o 振荡频率 f 各为多少？

（3）根据以上计算结果，你认为该电路具备何种功能？

8-20　试用 555 定时器设计一个多谐振荡器。要求输出脉冲的振荡频率为 20kHz，占空比为 25%，电源电压 $V_{CC}=10\text{V}$，若取电容 $C=0.001\mu\text{F}$，试确定电阻的阻值，并画出电路。

8-21　试用 555 定时器设计一个“叮咚”电子门铃电路，每按一次按钮，电子门铃以 1.5kHz 和 1kHz 的频率发出“叮咚”声响。

附　录

附录一　维修电工理论试题（电工电子部分）

一、选择题

1. 在用基尔霍夫第一定律列节点电流方程式时，若解出的电流为负，则表示（　　）。

A. 实际方向与假定的电流正方向无关　B. 实际方向与假定的电流正方向相反

C. 实际方向就是假定电流的方向　D. 实际方向与假定的电流正方向相同

2. 用开关、负载、（　　）和导线可构成一个最简单的电路。

A. 电感　B. 电源　C. 电阻　D. 电容

3. 全电路由内电路和（　　）两部分组成。

A. 负载　B. 外电路　C. 附加电路　D. 电源

4. 基尔霍夫第一定律是表明（　　）。

A. 流过任何处的电流为零　B. 流过任一节点的电流为零

C. 流过任一节点的瞬间电流的代数和为零　D. 流过任一回路的电流为零

5. 复杂直流电路指的是（　　）的直流电路。

A. 含有多个电源　B. 不能用电阻串并联关系化简

C. 支路数很多　D. 回路数很多

6. 叠加原理是分析（　　）的一个重要原理。

A. 简单电路　B. 复杂电路　C. 线性电路　D. 非线性电路

7. 关于正弦交流电相量的叙述，（　　）的说法不正确。

A. 模表示正弦量的有效值　B. 幅角表示正弦量的初相

C. 幅角表示正弦量的相位　D. 相量只表示正弦量与复数间的对应关系

8. 对称三相负载三角形联结时，3 个（　　）且三相电流相等。

A. 相电压等于线电压的 1.732 倍　B. 相电压等于线电压

C. 相电流等于线电流　D. 相电流等于线电流的 1.732 倍

9. 在三相四线制中性点接地供电系统中，相电压是指（　　）的电压。

A. 相线之间　B. 中性线对地之间　C. 相线对零线之间　D. 相线对地之间

10. 工厂为了提高 $\cos\phi$，常采用（　　）适当的电容。

A. 串联　B. 并联　C. 串联或并联　D. 对地跨接

11. 衡量供电系统质量的指标是（　　）的质量。

A. 电压和电流　B. 电压和频率　C. 电流和频率　D. 电流和功率因数

12. 按国家规定，凡含有中性线的三相系统，统称为（　　）系统。

A. 三相三线制　B. 三相四线制　C. 三相五线制　D. 二相三线制

13. （　　）可用于切断和闭合线路中的额定电流。

A. 高压隔离开关 B. 高压负荷开关 C. 高压断路器 D. 高压接触器

14. 高压隔离开关没有专门的灭弧装置，（ ）带负荷操作。

A. 允许 B. 不允许 C. 小负载时可以 D. 电磁弧不大时可以

15. 锡焊热电元件，焊头上的含锡量（ ）。

A. 以满足一个焊点为宜 B. 多一些好

C. 少一些好 D. 可多可少

16. 我国使用的正弦交流电的工频为（ ）。

A. 100Hz B. 50Hz C. 60Hz D. 628Hz

17. 在微变等效电路中，直流电源可以看成是（ ）。

A. 短路的 B. 开路的 C. 一个电阻 D. 可调电阻

18. 分压式偏置放大电路中对静态工作点起到稳定作用的元器件是（ ）。

A. 集电极电阻 B. 发射极旁路电容 C. 发射极电阻 D. 基极偏置电阻

19. 多级放大电路中，后级放大电路的输入电阻就是前级放大电路的（ ）。

A. 输出电阻 B. 信号源内阻 C. 负载电阻 D. 偏置电阻

20. 采用交流负反馈的目的是（ ）。

A. 减小输入电阻 B. 稳定静态工作点 C. 改善放大电路的性能 D. 提高输出电阻

21. 运算放大器的中间级都采用（ ）。

A. 阻容耦合方式 B. 乙类放大 C. 共发射极电路 D. 差动放大

22. 串联型稳压电源中，放大管的输入电压是（ ）。

A. 基准电压 B. 取样电压

C. 输出电压 D. 取样电压与基准电压之差

23. 根据三端式集成稳压电路7805的型号可以得知，其输出（ ）。

A. 电压是+5V B. 电压是-5V

C. 电流是5A D. 电压和电流要查产品手册才知道

24. 与门的逻辑功能为（ ）。

A. 全1出1，有0出0 B. 全1出0，有0出1

C. 有1出1，有0出0 D. 全0出0，有1出1

25. 与非门的逻辑功能为（ ）。

A. 全1出1，有0出0 B. 全1出0，有0出1

C. 有1出1，有0出0 D. 全0出0，有1出1

26. 普通晶闸管是一种（ ）半导体元器件。

A. PNP三层 B. NPN三层 C. PNPN四层 D. NPNP四层

27. 单结晶体管是一种特殊类型的二极管，它具有（ ）。

A. 2个电极 B. 3个电极 C. 1个基极 D. 2个PN结

28. 低频信号发生器一般都能输出（ ）信号。

A. 正弦波 B. 梯形波 C. 锯齿波 D. 尖脉冲

29. 电动机的机械特性表示其（ ）之间的关系。

A. 转速与电磁转矩 B. 转速与负载转矩 C. 转速与空载转矩 D. 转速与电流

30. 为了限制直流电动机的起动电流，可采用降低（ ）的方法。

A. 定子电压　　B. 电枢电压　　C. 励磁电压　　D. 定子电流

31. 可能引起直流电动机无法起动的原因有电源电路不通或（　　）。

A. 起动时空载　　B. 励磁回路断开　　C. 起动电阻小　　D. 电枢回路短接

32. 变频调速不仅可改变电动机的转速，还可以（　　）。

A. 调速范围窄　　B. 改变电流大小　　C. 改善起动性能　　D. 改变功率因数

33. 异步电动机常用的电气制动方法有能耗制动和（　　）。

A. 电阻制动　　B. 回馈制动　　C. 抱闸制动　　D. 机电制动

34. 低压电器产生直流电弧从燃烧到熄灭是一个暂态过程，往往会出现（　　）现象。

A. 过电流　　B. 欠电流　　C. 过电压　　D. 欠电压

35. 选择接触器的触头数量和触头类型应满足（　　）要求。

A. 控制电路　　B. 主电路　　C. 主电路和控制电路　　D. 继电保护电路

36. 当接触器的灭弧装置损坏后，该接触器（　　）使用。

A. 仍能继续　　B. 不能继续

C. 在额定电流下可以　　D. 在短路故障下也可以

37. 选用接触器时不应考虑的条件是（　　）。

A. 选择触头数量及触头类型　　B. 选择主触头的额定电压和电流

C. 选择辅助触头的额定电压和电流　　D. 选择吸引线圈的电压

38. 继电器是根据电量或非电量的变化，实现（　　）的接通或断开控制。

A. 主电路　　B. 继电回路　　C. 主电路和控制电路　　D. 控制电路

39. 速度继电器是一种用来反映速度（　　）变化的继电器。

A. 大小　　B. 方向　　C. 大小和方向　　D. 大小或方向

40. 熔断器的分断能力应大于电路可能出现的最大（　　）电流。

A. 额定　　B. 过载　　C. 短路　　D. 断路

二、判断题

1. （　　）应用戴维南定理分析含源二端网络，可用等效电阻代替二端网络。

2. （　　）一含源二端网络测得短路电流是4A，开路电压为10V，则它的等效内阻为40Ω。

3. （　　）一电流源的电流是10A，并联内阻为2Ω，当把它等效变换成电压源时，电压源的电压是5V。

4. （　　）关于正弦交流电相量的叙述中，“幅角表示正弦量的相位”的说法不正确。

5. （　　）某元件两端的交流电压相位超前于流过它的电流90°则该元件为电感元件。

6. （　　）正弦交流电压 $U=100\sin(628t+60°)$，它的频率为100Hz。

7. （　　）正弦量中用相量形式表示在计算时要求幅角相同。

8. （　　）某元件两端的交流电压超前于流过它的电流，则该元件为容性负载。

9. （　　）三相不对称电路通常是指负载不对称。

10. （　　）工厂为了提高 $\cos\phi$ 常采用串联适当的电容。

11. （　　）三相负载三角形联结时，三个相电压总是等于线电压且三相电流相等。

12. （　　）在负载星形联结的三相对称电路中，相电流的相位滞后线电压30°。

13. （　　）额定电压都为220V的40W、60W和100W的三只灯泡串联在220V的电源中，它们的发热量由大到小、排列为100W、60W、40W。

14.（　　）在变配电所中，通常把变压器一次侧的电路称为一次回路，变压器二次侧的电路称为二次回路。

15.（　　）高压断路器只能断开正常负载和短路负载。

16.（　　）在微变等效电路中，直流电源与耦合电容两者都可以看成是短路的。

17.（　　）串联型稳压电源中，放大环节的作用是扩大输出电流的范围。

18.（　　）采用三端式集成稳压电路7809的稳压电源，其输出可以通过外接电路扩大输出电流，也能扩大输出电压。

19.（　　）直流电动机是把机械能转换成电能的设备。

20.（　　）三相交流异步电动机起动时，起动电流可达到其额定电流的4~7倍。

21.（　　）异步电动机常用的调速方法有变频调速和改变定子电流的方法。

22.（　　）三相异步电动机接单相电源也能工作。

参考答案

一、选择题

1~5 B B B C B　　6~10 C C B C B　　11~15 B B B B A　　16~20 B A C C C

21~25 C A A A B　　26~30 C B A A B　　31~35 B B B D C　　36~40 B C D C C

二、判断题

1~5 × × × ✓ ✓　　6~10 ✓ × × ✓ ×　　11~15 × × × ✓ ✓

16~22 ✓ × ✓ × ✓ × ×

附录二　项目练习参考答案（部分）

项目1

1-5　$V_A = 5V$

1-6　$V_A = V_B = 8V$

如将A、B两点直接连接或接一电阻，对电路工作不会有影响，因为这两点电位相等，不能产生电压，所以也就没有电流通过。

1-7　需串电阻　$R_0 = 3698.6\Omega$

需要的瓦数　$P_0 = 19.7W$

所以电阻应选用3.7kΩ、20W的。

1-8　（1）额定电流$I_N = \frac{P_N}{U_N} = \frac{200}{50} = 4$（A）

负载电阻$R = \frac{U}{I} = \frac{50}{4} = 12.5$（Ω）

（2）开路状态下的电源端电压$U_0 = E = U + R_0 I = 50 + 0.5 \times 4 = 52$（V）

（3）电源短路状态下的电流$I_S = \frac{E}{R_0} = \frac{52}{0.5} = 104$（A）

1-9

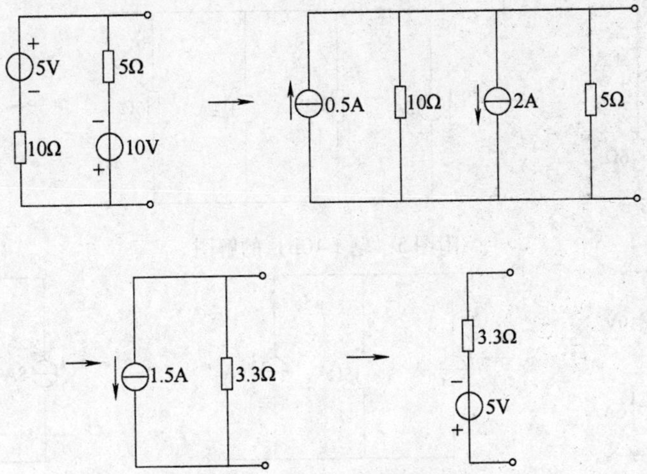

附图 1　题 1-9a）的解图

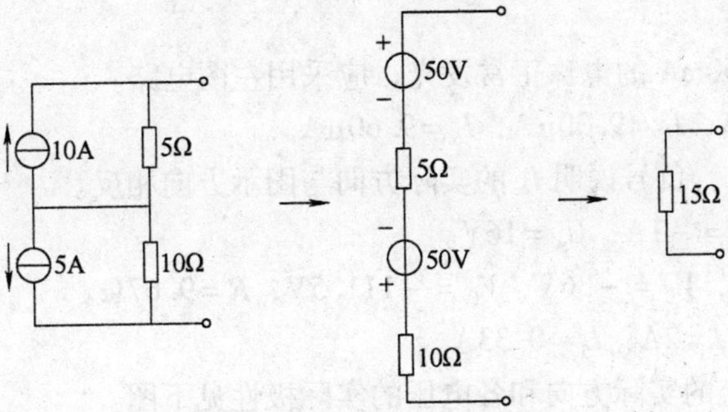

附图 2　题 1-9b）的解图

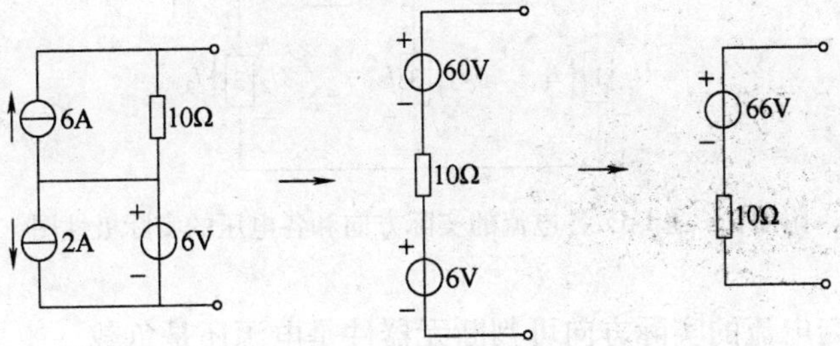

附图 3　题 1-9c）的解图

1-10

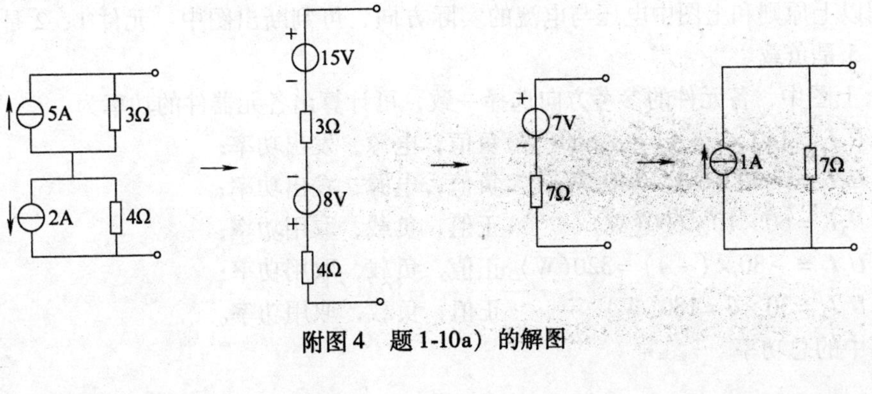

附图 4　题 1-10a）的解图

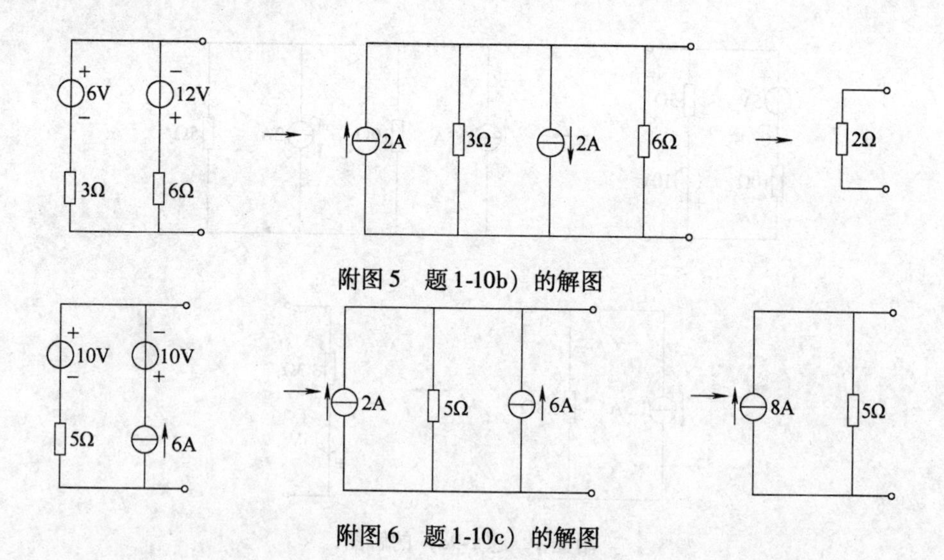

附图5　题1-10b）的解图

附图6　题1-10c）的解图

1-11　要使6V，50mA的电珠正常发光，应采用左图电路。

1-12　$I_3=0.31\mu A$，$I_4=9.30\mu A$，$I_6=9.60\mu A$。

1-13　$I_4=-1.8A$，负号说明I_4的实际方向与图示方向相反。

1-14　$I_2=5A$，$I_3=-1A$，$U_4=16V$。

1-15　$V_A=-39V$，$V_B=-36V$，$V_C=-111.5V$，$R=9.67\Omega$。

1-16　$R=1.5\Omega$，$I=2A$，$I_5\approx0.33A$。

1-17　（1）各电流的实际方向和各电压的实际极性见下图。

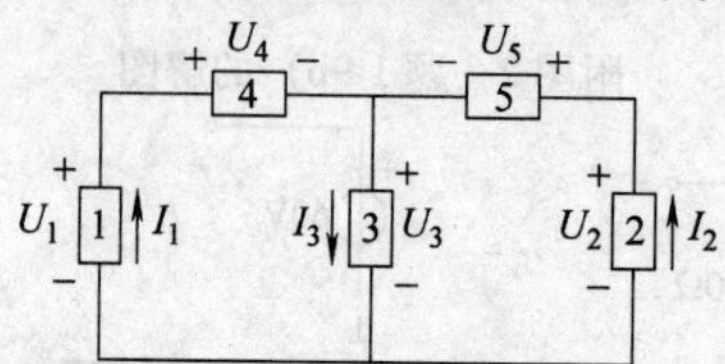

附图7　题1-17各电流的实际方向和各电压的实际极性图

（2）根据电压与电流的实际方向可判断元器件是电源还是负载。

电源：电压与电流的实际方向相反，电流从“+”端流出，发出功率；

负载：电压与电流的实际方向相同，电流从“+”端流入，取用功率。

根据以上原则和上图中电压与电流的实际方向，可判断出图中：元件1、2是电源，元件3、4、5是负载。

（3）上图中，各元件的参考方向选择一致，可计算出各元器件的功率为

$P_1=U_1I_1=140\times(-4)=-560(W)$负值，电源，发出功率；

$P_2=U_2I_2=-90\times6=-540(W)$　负值，电源，发出功率；

$P_3=U_3I_3=60\times10=600(W)$　正值，负载，取用功率；

$P_4=U_4I_1=-80\times(-4)=320(W)$正值，负载，取用功率；

$P_5=U_5I_2=30\times6=180(W)$　正值，负载，取用功率。

电路中的总功率

$$P = P_1 + P_2 + P_3 + P_4 + P_5 = -560 - 540 + 600 + 320 + 180 = 0 \ (\text{W})$$

表明电源发出的功率和负载取用的功率是平衡的。

1-18 图 a)

（1）求等效电源的电动势 E：$E = 0.2\text{V}$。

（2）求等效电阻：$R_0 = 0.6\Omega$。

图 b)

（1）求等效电源的电动势 E：$E \approx -1.33\text{V}$。

（2）求等效电阻：$R_0 = \frac{2}{3}\Omega$。

1-19 $I = 0.1\text{A}$

1-20 $I_1 = 1.6\text{A}$

1-21 $I_{cd} = 0.714\text{A}$，$I_{ba} = 1\text{A}$，$I_{ac} = I_{db} = 0.857\text{A}$，$I_{ad} = I_{cb} = 0.143\text{A}$

1-22 $I_{2\Omega} = 10\text{A}$，$I_{1\Omega} = 6\text{A}$，$I_{4\Omega} = 4\text{A}$，$I_{5\Omega} = 2\text{A}$。

各电阻两端的电压

$$U_{2\Omega} = I_{2\Omega}R_{2\Omega} = 10 \times 2 = 20 \ (\text{V})$$
$$U_{1\Omega} = I_{1\Omega}R_{1\Omega} = 6 \times 1 = 6 \ (\text{V})$$
$$U_{4\Omega} = I_{4\Omega}R_{4\Omega} = 4 \times 4 = 16 \ (\text{V})$$
$$U_{5\Omega} = I_{5\Omega}R_{5\Omega} = 2 \times 5 = 10 \ (\text{V})$$

各电阻取用的功率

$$P_{2\Omega} = U_{2\Omega}I_{2\Omega} = 20 \times 10 = 200 \ (\text{W})$$
$$P_{1\Omega} = U_{1\Omega}I_{1\Omega} = 6 \times 6 = 36 \ (\text{W})$$
$$P_{4\Omega} = U_{4\Omega}I_{4\Omega} = 16 \times 4 = 64 \ (\text{W})$$
$$P_{5\Omega} = U_{5\Omega}I_{5\Omega} = 10 \times 2 = 20 \ (\text{W})$$

电流源两端的电压

$$U_{10A} = 36\text{V}$$
$$P_{10A} = -U_{10A}I_{10A} = -36 \times 10 = -360 \ (\text{W})$$

电压源上的电流

$$I_{10V} = -4\text{A}$$
$$P_{10V} = -U_{10V}I_{10V} = -10 \times (-4) = 40 (\text{W})$$

由以上计算结果可见，10A 电流源发出功率，10V 电压源和各个电阻取用功率。它们的总量相等，功率平衡。

1-23 图中所示的二端网络可利用戴维南定理等效为题 1-23 图中的形式，在此图中，当 S 断开时，只有电压源作用．此时有

$$I = \frac{E}{R_0 + 8 + 1} = 1.8 \ (\text{A})$$

当 S 闭合时，电流源也作用于电路，根据叠加原理有

$$I = \frac{E}{R_0 + 8 + 1} - \frac{1}{R_0 + 8 + 1} \times 8 = 1 \ (\text{A})$$

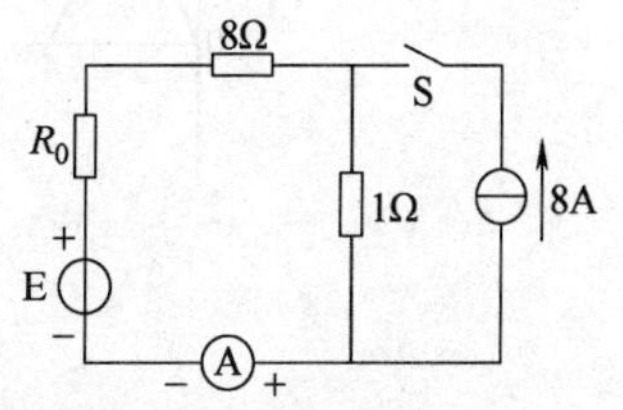

附图 8 题 1-23 图

两式联立求解，得

$$E = 18\text{V}, \ R_0 = 1\Omega$$

1-24 （1）$I = 1.8\text{A}$，（2）$I = 0.9\text{A}$。

项目2

2-2 14.14mA，10mA，314rad/s，50Hz，0.02s，30°，12.23mA。

2-3 电压超前电流90°频率不同，无法比较相位关系。

2-4 略

2-5 （1）14A，（2）2A，（3）10A，（4）12.2A。

2-6 （1）0.45A，（2）0.227A，25W，（3）图略。

2-7 （1）1kΩ，（2）0.22A，（3）0W，（4）48.4var，（5）图略。

2-8 （1）$i_c = 1.1\sqrt{2}\sin(\omega t + 70°)$，（2）$\dot{U}_c = 22\angle -30°\text{V}$，（3）图略。

2-9 160，481mH，图略。

2-10 6Ω，25.5mH。

2-11 （a）14.14A，（b）5A。

2-12 （1）50Ω，（2）4.4A，（3）$U_R = 164\text{V}$，$U_L = 308\text{V}$，$U_C = 164\text{V}$，（4）$P = 721.6\text{W}$，$Q = 580.8\text{var}$，$S = 968\text{VA}$，（5）为感性电路。

2-13 （1）$R = 1000\Omega$，$L = 0.1\text{H}$，（2）$u = 200\sin(10000t + 75°)$。

2-14 （1）0.36，（2）5.55μF。

2-15 （1）100Ω，（2）$P = 1158\text{W}$，$Q = 868\text{var}$，$S = 1448\text{VA}$。

2-16 （1）$U_{相} = 220\text{V}$，$I_{相} = 2.2\text{A}$，$I_{线} = 2.2\text{A}$，$P = 1158\text{W}$，$Q = 868\text{var}$，$S = 1448\text{VA}$（2）$U_{相} = 380\text{V}$，$I_{相} = 3.8\text{A}$，$I_{线} = 6.58\text{A}$，$P = 3465.6\text{W}$，$Q = 2899.2\text{var}$，$S = 4332\text{VA}$（3）$I_{\triangle线} = 3I_{Y线}$

项目3

3-3 （1）3000r/min，（2）0.02。

3-3 （1）2，（2）1500r/min，（3）0.02。

项目4

4-7 a）电流表无读数。因为电路中无电源，PN结本身不导电。

b）电流表读数$\frac{E}{R}$。因为PN结正向导通，结压降近似为零。

c）电流表读数很小或为零。因为PN结反向截止，电路不通。

4-8

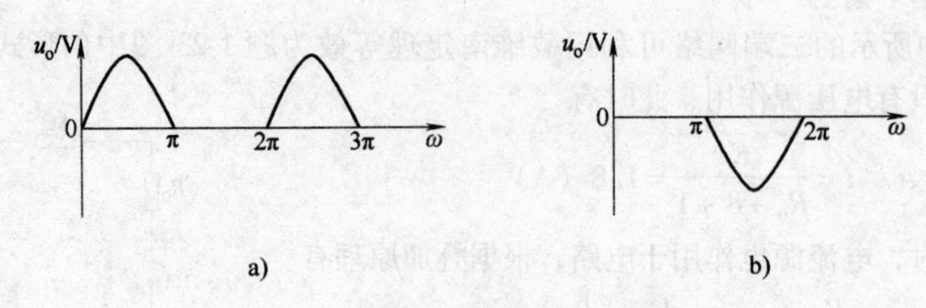

附图9 题4-8图

4-9

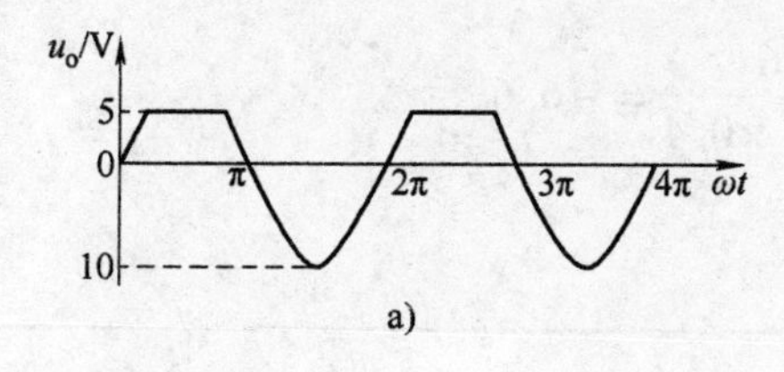

a)

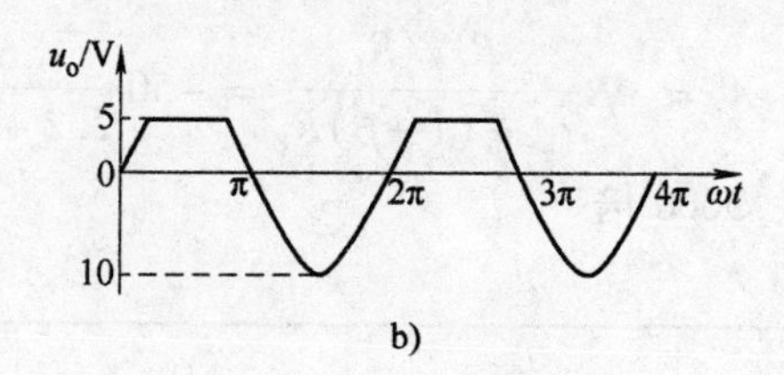

b)

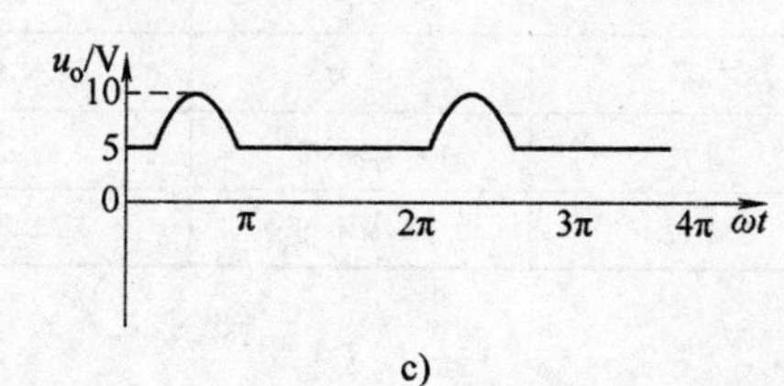

c)

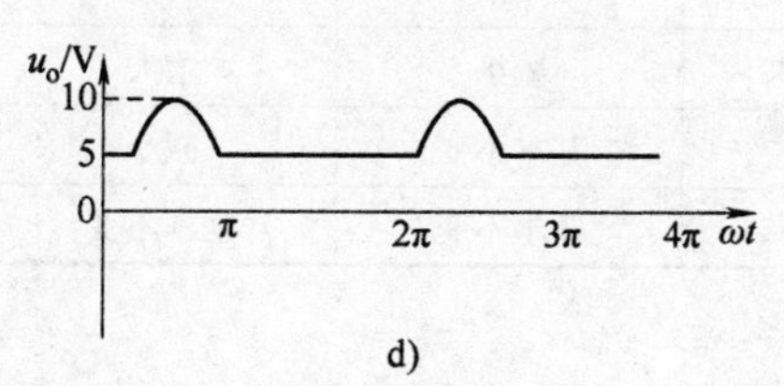

d)

附图 10　题 4-9 图

4-10　(1) $U_Y = 0V$，(2) $U_Y = 5.3V$，(3) $U_Y = 5.3V$。

4-13　$I_F = 400mA$，$U_{RM} = 31.4V$，选取 2CP1 管（最大整流电流 500mA，最高反向工作电压 100V）。

4-14　$U_2 = 55.6V$，$I_F = 500mA$，$U_{RM} = 79V$，选取 2CZ11A 管（最大整流电流 1000mA，最高反向工作电压 100V）。

4-17　$U_o = 10V$，$I_o = 0.1A$，$U_{DRM} = 28.28V$

4-18　(1) 选 2CP12，(2) $C = 125\mu F$。

4-19　(1) 开关 S_1 闭合、S_2 断开时，直流电流表 A 的读数为零。

(2) 开关 S_1 断开、S_2 闭合时，直流电流表 A 的读数为 18mA。

(3) 开关 S_1、S_2 均闭合时，直流电流表 A 的读数为 24mA。

项目 5

5-5　(a) 放大，(b) 放大，(c) 饱和，(d) 截止

5-6　$R_B = 965k\Omega$，$R_C = 8k\Omega$。

5-7　(1) $I_B = 41.9\mu A$，$I_C = \beta I_B = 2.5mA$，$U_{CE} = U_{CC} - I_C R_C = 4.5V$

(2) $A_u = -180$

(3) $U_o = 1.8V$

5-8　(1) $I_B = 0.0135mA$，$I_C = 0.68mA$，$U_{CE} = 7.65V$。

(2) 微变等效电路

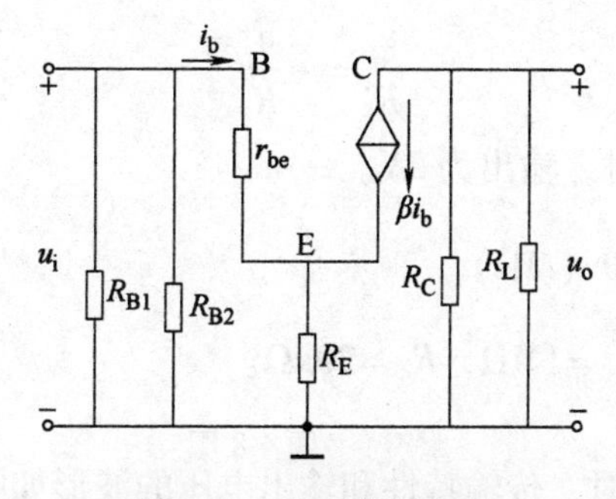

附图 11　微变等效电路

(3) $A_u=-\beta\frac{R_C/\!/R_L}{r_{be}+(1+\beta)R_E}=-50\frac{6/\!/6}{2.2+51\times0.4}=-6.6$

5-9 3600倍

5-10

参数变化	I_{BQ}	U_{CEQ}	$\|A_u\|$	R_i	R_o
R_B 增大	减小	增大	基本不变	增大	基本不变
R_C 增大	基本不变	减小	增大	基本不变	增大
R_L 增大	基本不变	基本不变	增大	基本不变	基本不变

项目6

6-5 由于两运放为理想运放，输入电流为零，在 R_2 和$\frac{R}{2}$上没有压降，故运放反相输入端仍为“虚地”。

$$\begin{cases}\frac{u_i}{R_1}=\frac{-u_{o1}}{R_F}\\ \frac{u_{o1}}{R}=\frac{-u_{o2}}{R}\end{cases}\Rightarrow\begin{cases}u_{o2}=\frac{R_F}{R_1}u_i\\ u_{o1}=-\frac{R_F}{R_1}u_i\end{cases}$$

$$u_o=u_{o2}-u_{o1}=\frac{2R_F}{R_1}u_i$$

6-6 $u_o=(1+K)(u_{i2}-u_{i1})$

6-7 $u_o=u_{o2}-u_{o1}=\frac{3R_f}{R_1}u_i$

6-8 由“虚断”“虚短”得

$$\begin{cases}u_{o1}=u_i\\ \frac{u_{o1}}{R_1}=\frac{-u_o-u_{o1}}{R_F}\end{cases}$$

$$u_o=-\left(1+\frac{R_F}{R_1}\right)u_{o1}=-3u_i=-3\times(-2)=6(\mathrm{V})$$

6-10 由图所示，“虚地”“虚断”的特点得

$$\frac{u_i}{R_i}=-\frac{u_o}{R_F}$$

当被测电压接至50V 档时，输出为5V。

则$\frac{50}{R_1}=\frac{5}{R_F}$，$R_1=\frac{50R_F}{5}=10$（MΩ）

同理可得：$R_2=2\mathrm{M\Omega}$，$R_3=1\mathrm{M\Omega}$，$R_4=20\mathrm{k\Omega}$。

6-11 $R_x=50\mathrm{k\Omega}$。

6-13 （1）当 $U_{REF}=3$V 时，传输特性和输出电压的波形如附图12图所示。

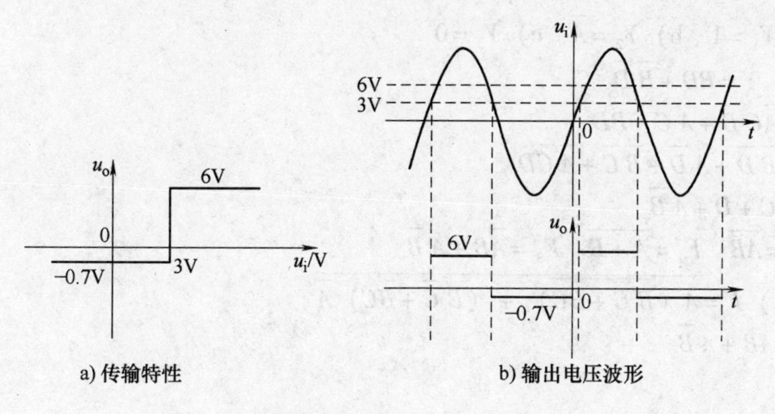

附图12　题6-13（1）图

（2）当 $U_{REF}=-3V$ 时，传输特性和输出电压的波形如附图13所示。

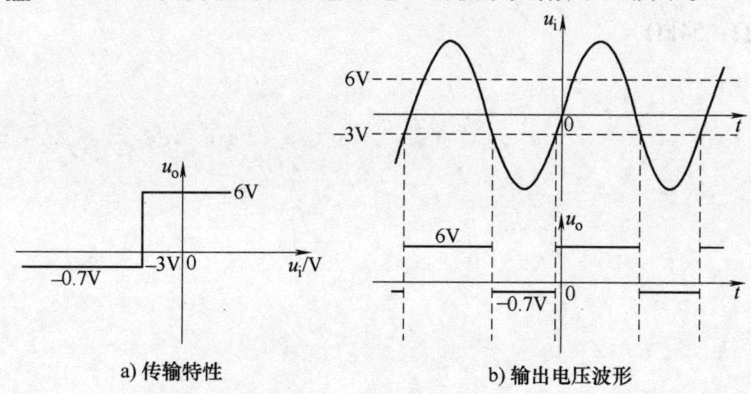

附图13　题6-13（2）图

项目7

7-1　（1）$(174)_{10}=(10101110)_2$　　（2）$(37.438)_{10}=(100101.0111)_2$

7-2　（1）$(101110.011)_2=(46.375)_{10}$　　（2）$(1000110.1010)_2=(70.625)_{10}$

7-3　（1）$(1001011.010)_2=(113.2)_8=(4B.4)_{16}$

（2）$(1110010.1101)_2=(162.64)_8=(72.D)_{16}$

7-4　（1）$Y=A\overline{B}+BC$

（2）$Y=AB$

（3）$Y=1$

（4）$Y=A$

（5）$Y=A+\overline{B}C+B\overline{D}$

（6）$Y=C+D+B+\overline{A}$

（7）$Y=\overline{A}\overline{B}+CD+\overline{D}E$

（8）$Y=A+C$

7-5　（略）

7-6　Y1 和 Y2 互为反函数

7-7　a）$Y_1=1$　b）$Y_2=\overline{A}$　c）$Y_3=0$

7-8　（1）$Y=BD+\overline{B}\,\overline{D}$

（2）$Y=\overline{A}C\overline{D}+A\overline{C}+\overline{B}D$

（3）$Y=\overline{B}\,\overline{D}+A\overline{D}+\overline{B}\,\overline{C}+\overline{A}\,\overline{C}D$

（4）$Y=C+D+A\overline{B}$

7-9　$F_1=\overline{AB}$　$F_2=\overline{A+B}$　$F_3=\overline{A}B+A\overline{B}$

7-10　（1）$F=\overline{A\,(\overline{B\overline{C}+\overline{B}C})+(B\overline{C}+\overline{B}C)\,\overline{A}}$

（2）$F=AB+\overline{A}\,\overline{B}$

项目 8

8-11　七进制计数器

8-18　9.47kHz

8-19　1064.5Hz

8-20　18kΩ　54kΩ

参 考 文 献

[1] 王成安，杨德明. 电工电子技术基础 [M]. 北京：中国铁道出版社，2013.
[2] 张湘洁，武漫漫. 电子线路分析与实践 [M]. 北京：机械工业出版社，2011.
[3] 杨志忠. 数字电子技术 [M]. 北京：高等教育出版社，2010.
[4] 周永洪. 电工电子技术 [M]. 北京：清华大学出版社，2011.
[5] 李福军. 模拟电子技术项目教程 [M]. 武汉：华中科技大学出版社，2010.
[6] 袁惠娟. 实用模拟电子技术项目教程 [M]. 北京：航空工业出版社，2013.
[7] 韩学政. 电工电子技术基础 [M]. 北京：清华大学出版社，2009.
[8] 陈跃安. 电路及电工电子技术 [M]. 北京：清华大学出版社，2009.
[9] 郭宏彦. 电工电子技术 [M]. 北京：化学工业出版社，2010.
[10] 程周. 电工与电子技术 [M]. 北京：中国铁道出版社，2013.
[11] 杨德明. 电工电子技术项目教程 [M]. 北京：北京大学出版社，2010.
[12] 辛健，陈修佳. 电工电子技术 [M]. 北京：清华大学出版社，2012.
[13] 林平勇，高嵩. 电工电子技术 [M]. 北京：高等教育出版社，2006.
[14] 王成安，王洪庆. 电子元器件检测与识别 [M]. 北京：人民邮电出版社，2009.
[15] 陈跃安，余会煊，朱正芳. 电路及电工电子技术：[M]. 北京：清华大学出版社，2005.
[16] 吴文龙，王猛. 数控机床控制技术基础 [M]. 北京：高等教育出版社，2003.
[17] 何军，王志军，王长江. 电工电子技术项目教程 [M]. 北京：电子工业出版社，2010.
[18] 曾祥富，邓朝平. 电工技能与实训 [M]. 北京：高等教育出版社，2006.
[19] 赵景波. 电工电子技术 [M]. 北京：人民邮电出版社，2008.
[20] 彭军. 实用电工电子技术 [M]. 北京：科学出版社，2006.
[21] 孙余凯. 稳压电源设计与技能实训教程 [M]. 北京：电子工业出版社，2007.